国防科技图书出版基金

航空飞行试验光电测量理论与方法

Optical-Electronic Measurement Theory and Methods in Flight Test

杨廷梧　张正中　编著

国防工业出版社

·北京·

图书在版编目(CIP)数据

航空飞行试验光电测量理论与方法/ 杨廷梧,张正中编著.
—北京:国防工业出版社,2014.1
ISBN 978-7-118-08840-3

Ⅰ.①航... Ⅱ.①杨... ②张... Ⅲ.①航空器-飞行试验-光电检测-研究 Ⅳ.①V217

中国版本图书馆 CIP 数据核字(2013)第 294997 号

※

国防工业出版社出版发行
(北京市海淀区紫竹院南路 23 号 邮政编码 100048)
北京嘉恒彩色印刷责任有限公司
新华书店经售
*
开本 710×1000 1/16 **印张** 21½ **字数** 418 千字
2014 年 1 月第 1 版第 1 次印刷 **印数** 1—2000 册 **定价** 88.00 元

国防书店:(010)88540777 发行邮购:(010)88540776
发行传真:(010)88540755 发行业务:(010)88540717

致　读　者

本书由国防科技图书出版基金资助出版。

国防科技图书出版工作是国防科技事业的一个重要方面。优秀的国防科技图书既是国防科技成果的一部分,又是国防科技水平的重要标志。为了促进国防科技和武器装备建设事业的发展,加强社会主义物质文明和精神文明建设,培养优秀科技人才,确保国防科技优秀图书的出版,原国防科工委于1988年初决定每年拨出专款,设立国防科技图书出版基金,成立评审委员会,扶持、审定出版国防科技优秀图书。

国防科技图书出版基金资助的对象是:

1. 在国防科学技术领域中,学术水平高,内容有创见,在学科上居领先地位的基础科学理论图书;在工程技术理论方面有突破的应用科学专著。

2. 学术思想新颖,内容具体、实用,对国防科技和武器装备发展具有较大推动作用的专著;密切结合国防现代化和武器装备现代化需要的高新技术内容的专著。

3. 有重要发展前景和有重大开拓使用价值,密切结合国防现代化和武器装备现代化需要的新工艺、新材料内容的专著。

4. 填补目前我国科技领域空白并具有军事应用前景的薄弱学科和边缘学科的科技图书。

国防科技图书出版基金评审委员会在总装备部的领导下开展工作,负责掌握出版基金的使用方向,评审受理的图书选题,决定资助的图书选题和资助金额,以及决定中断或取消资助等。经评审给予资助的图书,由总装备部国防工业出版社列选出版。

国防科技事业已经取得了举世瞩目的成就。国防科技图书承担着记载和弘扬这些成就,积累和传播科技知识的使命。在改革开放的新形势下,原国防科工委率先设立出版基金,扶持出版科技图书,这是一项具有深远意义的创举。此举势必促使国防科技图书的出版随着国防科技事业的发展更加兴旺。

设立出版基金是一件新生事物,是对出版工作的一项改革。因而,评审工作需要不断地摸索、认真地总结和及时地改进,这样,才能使有限的基金发挥出巨大的效能。评审工作更需要国防科技和武器装备建设战线广大科技工作者、专家、教授,以及社会各界朋友的热情支持。

让我们携起手来,为祖国昌盛、科技腾飞、出版繁荣而共同奋斗!

国防科技图书出版基金
评审委员会

国防科技图书出版基金
第六届评审委员会组成人员

前　言

苏联著名科学家门捷列夫说:“科学始于测量”。我国著名科学家钱学森也指出:“信息技术包括测量技术、计算机技术和通信技术,测量技术是关键和基础”。同样,航空科学技术的发展离不开测量。

航空飞行试验光电测量是一门涉及光学、电子学、通信、计算机科学、摄影测量学、工程测量学、工程数学、飞行力学、数理统计学及系统仿真、软件工程等多种学科知识综合应用的测量与数据分析处理技术。

本书以航空飞行试验光电测量工程为背景,从理论与方法上系统地描述航空飞行器飞行试验光电测量理论与方法。航空飞行试验与航天飞行试验相比既有相同之处,也有很大的不同之处。航空飞行试验的试验对象既有各种类型飞机、直升机、无人机,每一种航空飞行器又包含有不同类型的航空机载设备、武器系统、航空器缩比模型、外挂物投放、座椅弹射试验等;航空飞行试验中的测试内容和参数众多,仅一架飞机的测试参数就数以万计。航空飞行试验光电测试的主要内容有飞机起飞着陆、飞机飞行、武器系统中各种弹试验、飞机外挂物投放、救生弹射座椅试验、飞机模型(自由飞)、飞机失速尾旋、直升机悬停等飞行轨迹和相应的运动参数,还有机载电子设备、航空仪表、救生伞空中试验、模拟空降伞兵试验、空中货物投放、结冰测量、目标隐身特性、电子对抗等试验的航迹测量,此外,还包括在飞机内各种视频、平视显示器的记录、存储与处理。航空飞行试验光电测量过程中获取大量的目标与背景图像,直观、可靠、清晰,有利于试验对象的定性观察与定量分析。

第1章介绍了航空飞行试验光电测量概念、内容以及任务。第2章介绍了测量误差与测量不确定度的基本概念,并对参数估计方法以及测量的基本知识作了简要介绍。第3章介绍了航空飞行试验中的几种常用坐标系,以及坐标系之间的转换,最后以实际应用说明坐标转换所引起误差的计算方法。第4章首先介绍了在航空飞行试验中应用的主要测量设备、摄影测量图像解析理论,然后重点介绍了单站测量与多站(含双站)交会测量的理论模型、空间后方交会模型、(空中和地面)航带测量模型与求解方法,最后介绍了两种特殊条件下的测量方法以及误差椭球求解方法。第5章对光电图像跟踪与测量进行了介绍。首先介绍了跟踪图像的预处理方法,然后介绍了基于小波金字塔特征点跟踪测量模型,最后介绍了基于光电跟踪图像的姿态测量理论与方法。第6章系统地描述了光电测量数据处理中常用的四类方法。首先介绍了处理观测数据中异常值的两种常用方法;其次描述了随机误差(含系统误差残差)的滤波方法与传感器分组模型;介绍了在分布式多传感器系统中,观测数据批处理与序贯处理的两种典型的融合方法:加权融合与卡尔曼滤波方法;最后简要介绍了观测数据回归理论、方法与应用,分别对多元线性回归与非线性回归、偏最小二乘回归方法进行了描述。第 7 章是针对分布式多传感器,从结构分析、系统模型、辅助支持、系统性能评估等方面描述了分布式多传感器系统设计与实现应考虑的问题。第 8 章引入测量不确定度评价方法,并对单站空间极坐标测量模型和空间交会测量模型分别进行了测量不确定度的分析。

本书是在系统地查阅、研究了国内外大量的专业文献资料和总结了近 20 多年来承担的航空飞行试验光电测量及数据处理的实践经验基础上完成的。书中所介绍的理论与方法均在飞行试验中多次应用,实践验证了其有效性和正确性。

本书在编著过程中,得到了任林舟研究员、李宏研究员、贾浩正高级工程师、张虎龙高级工程师和何红丽高级工程师的大力帮助,同时周占庭研究员、乔建军研究员也对本书提出了有益的改进意见。在此,对他们的关心和帮助一并表示衷心的感谢!

本书编著工作得到了国防工业出版社的悉心指导和大力支持,并由国防科技图书出版基金资助出版,在此表示衷心感谢!

由于本书内容涉及专业面宽,加之作者水平有限,难免有不妥或错误之处,敬请读者批评指正。

编著者

2012 年秋

目　　录

第 0 章　术语及定义 …… 1

0.1　设备术语 …… 1

0.2　摄影测量术语 …… 1

0.3　航迹测量术语 …… 2

0.4　测量误差与测量不确定度术语 …… 3

第 1 章　概论 …… 5

1.1　概述 …… 5

1.2　航空飞行试验 …… 5

1.3　航空飞行试验测量 …… 6

1.4　航空飞行试验光电测量 …… 6

1.4.1　航空飞行试验光电测量的基本概念 …… 6

1.4.2　航空飞行试验光电测量的作用 …… 7

1.4.3　航空飞行试验光电测量的特点 …… 8

1.4.4　航空飞行试验光电测量使用的主要设备 …… 8

1.4.5　航空飞行试验光电测量目前涉及的主要技术 …… 9

1.4.6　航空飞行试验光电测量一般工作流程 …… 12

参考文献 …… 13

第 2 章　航空飞行试验光电测量理论基础 …… 14

2.1　测量误差及其性质 …… 14

2.1.1　测量误差 …… 14

2.1.2　随机误差的统计特性 …… 16

2.1.3　精度指标——方差、平均误差、极限误差、相对误差 …… 17

2.1.4　方差估计方法 …… 19

2.1.5　系统误差指标——准确度 …… 22

2.1.6　测量精度有关术语之间相互关系 …… 23

2.2　测量不确定度 …… 24

2.2.1　测量不确定度的提出 …… 24

2.2.2 标准不确定度的评定 …… 25
2.2.3 自由度及其确定 …… 27
2.2.4 测量不确定度与误差 …… 29
2.2.5 测量不确定度传播律 …… 29
2.3 最小二乘误差估计 …… 31
2.3.1 最小二乘误差估计原理 …… 31
2.3.2 最小二乘误差估计变量扩展 …… 31
2.3.3 最小二乘误差估计统计特性 …… 32
2.3.4 最小二乘估计量的几何意义 …… 33
2.4 最小均方误差估计 …… 33
2.4.1 动态系统模型 …… 33
2.4.2 线性最小均方误差估计算法 …… 35
2.5 最大似然估计 …… 36
2.6 无约束最优计算方法 …… 39
2.6.1 最速下降法 …… 39
2.6.2 牛顿法 …… 40
2.6.3 共轭方向法 …… 41
2.6.4 共轭梯度法 …… 42
2.6.5 变尺度法 …… 43
2.7 数字图像处理 …… 45
2.7.1 数字图像处理有关术语 …… 45
2.7.2 数字图像灰度直方图 …… 46
2.7.3 数字图像点运算 …… 47
2.7.4 数字图像代数运算 …… 49
2.7.5 数字图像几何运算 …… 51
参考文献 …… 52

第3章 常用坐标系及其坐标转换 …… 54

3.1 常用坐标系 …… 54
3.1.1 影像坐标系与像空间坐标系 …… 54
3.1.2 空间极坐标系 …… 54
3.1.3 空间直角坐标系 …… 55
3.1.4 机体坐标系 …… 55
3.1.5 辅助坐标系 …… 55
3.1.6 地心坐标系 …… 56

3.2 坐标转换 …… 57
3.2.1 大地坐标转换为地心直角坐标 …… 57
3.2.2 地心直角坐标转换为大地坐标 …… 58
3.2.3 大地坐标转换为切平面直角坐标 …… 59
3.2.4 垂线直角坐标转换为WGS-84地心直角坐标 …… 59
3.2.5 影像平面坐标系与像空间坐标系的关系 …… 60
3.2.6 空间极坐标转换为空间直角坐标 …… 60
3.2.7 辅助空间直角坐标转换为空间直角坐标 …… 61
3.3 高程系统 …… 61
3.3.1 水准面和大地水准面 …… 61
3.3.2 高程系统与高程基准 …… 62
3.3.3 高程系统的选用与转换 …… 63
3.4 坐标转换误差 …… 64
3.4.1 坐标转换误差模型 …… 64
3.4.2 空间极坐标转换为空间直角坐标误差模型 …… 65
3.4.3 辅助空间直角坐标转换为空间直角坐标误差模型 …… 66
参考文献 …… 69
第4章 空间定位测量 …… 70
4.1 光电测量系统 …… 71
4.1.1 光电经纬仪测量系统 …… 71
4.1.2 雷达测量系统 …… 73
4.1.3 数字高速摄影系统 …… 76
4.1.4 航空摄影系统 …… 77
4.2 图像解析摄影测量 …… 79
4.2.1 空间坐标系 …… 79
4.2.2 摄影内外方位元素 …… 81
4.2.3 共线条件方程 …… 84
4.2.4 旋转矩阵 …… 86
4.3 单站定位测量 …… 89
4.3.1 数学模型 …… 89
4.3.2 线性最小均方差机动目标位置估计 …… 92
4.3.3 全局最小二乘机动目标位置估计 …… 94
4.3.4 地球曲率对高程的影响 …… 95
4.3.5 地球曲率对距离测量的影响 …… 96

4.4 空间前方交会 …… 96
4.4.1 两站前方交会 …… 96
4.4.2 多站前方交会 …… 110
4.5 空间后方交会 …… 115
4.5.1 直接线性变换 …… 116
4.5.2 光线束角锥体模型 …… 119
4.5.3 模型不定性问题 …… 124
4.6 航带测量 …… 125
4.6.1 地面观测带测量模型 …… 126
4.6.2 空中观测航带测量模型 …… 128
4.7 特殊条件下的测量 …… 135
4.7.1 系数测量法 …… 135
4.7.2 附有平面约束条件测量法 …… 137
4.8 误差椭圆 …… 138
4.8.1 点位误差 …… 139
4.8.2 误差椭圆 …… 141
4.8.3 相对误差椭圆 …… 142
参考文献 …… 143
第5章 光电图像跟踪与测量 …… 145
5.1 数字图像预处理 …… 145
5.1.1 图像恢复 …… 145
5.1.2 图像分割 …… 150
5.2 特征点线检测 …… 151
5.2.1 图像边缘检测 …… 151
5.2.2 特征标志中心检测 …… 153
5.2.3 序列图像中特征点检测 …… 157
5.2.4 快速跟踪算法 …… 157
5.3 基于小波金字塔的模板匹配算法 …… 158
5.3.1 模板匹配原理 …… 158
5.3.2 图像金字塔 …… 159
5.3.3 金字塔模板匹配 …… 162
5.3.4 仿真与分析 …… 165
5.4 机动目标姿态测量 …… 166
5.4.1 基于单像后方交会的姿态解算 …… 166

5.4.2 基于轮廓匹配的姿态求解 …… 167
5.4.3 摄像机初始参数标定 …… 174
5.4.4 基于灭点理论的飞机起飞着陆姿态解算 …… 175
5.4.5 基于透视几何原理的飞机起飞着陆姿态解算 …… 181
参考文献 …… 185

第 6 章 多传感器数据处理 …… 186

6.1 观测异常值滤波 …… 186
6.1.1 观测异常值及其性质 …… 187
6.1.2 多项式滑动模型 …… 189
6.1.3 观测异常值自适应滤波 …… 195
6.2 数据滤波与动态分组 …… 202
6.2.1 K-L 模型 …… 202
6.2.2 IMM-UKF 滤波模型 …… 207
6.2.3 多传感器动态分组 …… 216
6.3 分布式多传感器数据融合 …… 224
6.3.1 概述 …… 224
6.3.2 多传感器加权融合模型 …… 225
6.3.3 离散卡尔曼滤波模型 …… 233
6.3.4 多尺度卡尔曼滤波模型 …… 242
6.4 多元回归分析 …… 250
6.4.1 多元线性回归模型 …… 250
6.4.2 非线性回归模型 …… 255
6.4.3 偏最小二乘回归模型 …… 258
6.4.4 多元回归模型仿真 …… 264
参考文献 …… 266

第 7 章 分布式多传感器光电跟踪测量系统设计 …… 269

7.1 分布式多传感器跟踪系统结构分析 …… 269
7.1.1 原始观测信号 …… 273
7.1.2 传感器本地处理单元 …… 274
7.1.3 融合中心处理单元 …… 276
7.2 分布式多传感器融合估计 …… 279
7.2.1 系统模型 …… 279
7.2.2 优化准则 …… 280

7.2.3 最优化方法 …… 281
7.2.4 算法分析 …… 281
7.2.5 算法选择过程分析 …… 284
7.3 系统支持功能 …… 285
7.3.1 传感器系统管理 …… 285
7.3.2 航迹管理 …… 287
7.3.3 数据库管理 …… 287
7.4 分布式多传感器跟踪系统性能评估 …… 288
7.4.1 系统的跟踪性能 …… 288
7.4.2 系统综合性能 …… 289
7.4.3 跟踪成功率分析 …… 289
7.5 分布式多传感器跟踪系统的发展 …… 290
7.5.1 开展TENA技术与标准研究 …… 291
7.5.2 开展先进分布式仿真试验与鉴定技术研究 …… 292
7.5.3 开展大武器系统、多靶场与鉴定技术研究 …… 292
参考文献 …… 292

第8章 光电测量不确定度分析 …… 295

8.1 测量不确定度的应用 …… 295
8.1.1 合成标准不确定度 …… 295
8.1.2 扩展不确定度 …… 296
8.1.3 不确定度的报告 …… 297
8.1.4 测量设备精度表示方法 …… 298
8.1.5 测量数据处理 …… 299
8.1.6 测量设备系统误差估计与评定 …… 300
8.1.7 测量设备偶然误差估计与评定 …… 301
8.1.8 极限误差估计与评定 …… 301
8.1.9 测量设备标准差估计与评定 …… 302
8.2 典型测量模型的不确定度分析 …… 302
8.2.1 单站空间极坐标测量模型不确定度分析 …… 303
8.2.2 空间交会测量不确定度分析 …… 305
8.2.3 测量不确定度分析的作用 …… 308
参考文献 …… 309

附录A 时间系统 …… 310

附录B 坐标系统 …… 313

CONTENTS

Chapter 0 Terms and Definitions ······ 1

0.1 Equipment and System ······ 1

0.2 Photogrammetry ······ 1

0.3 Theodolite Measurement ······ 2

0.4 Measurement Error and Measurement Uncertainty ······ 3

Chapter 1 Outline of Optical-Electronic Measurement in Flight Test ······ 5

1.1 Introduction ······ 5

1.2 Flight Test ······ 5

1.3 Measurement in Flight Test ······ 6

1.4 Optical-Electronic Measurement in Flight Test ······ 6

1.4.1 Basic Concepts ······ 6

1.4.2 Function of Optical-Electronic Measurement ······ 7

1.4.3 Characteristics of Optical-Electronic Measurement ······ 8

1.4.4 Main Equipments ······ 8

1.4.5 Technologies Involved ······ 9

1.4.6 General Workflows ······ 12

References ······ 13

Chapter 2 Basic Theory of Optical-Electronic Measurement in Flight Test ······ 14

2.1 Measurement Error and its Character ······ 14

2.1.1 Measurement Error ······ 14

2.1.2 Statistic Characteristics of Random Error ······ 16

2.1.3 Error Index Including Squared Error, Mean Error, Utmost Error and Relative Error ······ 17

2.1.4 Squared Error Estimation Methods ······ 19

2.1.5 Accuracy Index ······ 22

2.1.6 Correlation of Glossaries of Measurement Accuracy ··············· 23
2.2 Measurement Uncertainty ··············· 24
2.2.1 Proposed of Measurement uncertainty ··············· 24
2.2.2 Evaluation of Standard Uncertainty ··············· 25
2.2.3 Degrees of Freedom and its Determination ··············· 27
2.2.4 Measurement Uncertainty and Error ··············· 29
2.2.5 Law of Measurement Uncertainty Propagation ··············· 29
2.3 Least-Squared Error Estimation ··············· 31
2.3.1 Principle of Least-Squared Error Estimation ··············· 31
2.3.2 Variable Extension in Least-Squared Error Estimation ··············· 31
2.3.3 Statistic Characteristics of Least-Squared Error Estimation ··············· 32
2.3.4 Geometric Meaning of Least-Squared Error Estimation ··············· 33
2.4 Minimum Mean Squared Error Estimation ··············· 33
2.4.1 Dynamical Systems Model ··············· 33
2.4.2 Linear Minimum Mean Squared Estimation Algorithm ··············· 35
2.5 Maximum Likelihood Estimation ··············· 36
2.6 Unconstrained Optimal Calculation Method ··············· 39
2.6.1 Steepest Descent Method ··············· 39
2.6.2 Newton Algorithm ··············· 40
2.6.3 Conjugate Direction Algorithm ··············· 41
2.6.4 Conjugate Gradient Algorithm ··············· 42
2.6.5 Variable Scale Algorithm ··············· 43
2.7 Digital Image Processing ··············· 45
2.7.1 Glossaries Related to Digital Image Processing ··············· 45
2.7.2 Gray-Scale Histograms of Digital Image ··············· 46
2.7.3 Digital Image Point Operation ··············· 47
2.7.4 Digital Image Algebra Operation ··············· 49
2.7.5 Digital Image Geometry Operation ··············· 51
References ··············· 52
Chapter 3 Common Coordinate Systems and Coordinate Transformation ··············· 54
3.1 Coordinate Systems in common use ··············· 54
3.1.1 Image Plane Coordinate System and Image Space Coordinate System ··············· 54

3.1.2 Space Polar Coordinate System 54
3.1.3 Space Rectangular Coordinate System 55
3.1.4 Airborne Coordinate System 55
3.1.5 Auxiliary Coordinate System 55
3.1.6 Geocentric Coordinate System 56
3.2 Coordinate Transformation 57
3.2.1 Transformation of Geographic Coordinates to Geocentric Rectangular Coordinates 57
3.2.2 Transformation of Geocentric Rectangular Coordinates to Geographic Coordinates 58
3.2.3 Transformation of Geographic Rectangular Coordinates to Tangent Plane Coordinates 59
3.2.4 Transformation of Vertical Rectangular Coordinates to WGS-84 Geocentric Rectangular Coordinates 59
3.2.5 Image Plane Coordinates in Relation with Image Space Coordinates 60
3.2.6 Transformation of Polar Coordinates to Space Rectangular Coordinates 60
3.2.7 Transformation of Auxiliary Space Rectangular Coordinates to Space Rectangular Coordinates 61
3.3 Height System 61
3.3.1 Level Plane and Geoid 61
3.3.2 Height System and Height Datum 62
3.3.3 Height Systems Selection and Transformation 63
3.4 Transformation Error of Coordinates 64
3.4.1 Model Error of Transformation of Coordinates 64
3.4.2 Model Error of Transformation of Polar Coordinates to Space Rectangular Coordinates 65
3.4.3 Model Error of Transformation of Auxiliary Space Rectangular Coordinates to Space Rectangular Coordinates 66
References 69

Chapter 4 Space Position-Fixing Measurements 70

4.1 Optical-Electronic Measurement Systems 71
4.1.1 Theodolite measurement system 71

4.1.2 Radars measurement system ………………………………… 73
4.1.3 Digital High Speed Camera ………………………………… 76
4.1.4 Airborne Photographic Camera ………………………………… 77
4.2 Image Analytical Phtogrammetry ………………………………… 79
4.2.1 Space Coordinates ………………………………… 79
4.2.2 Elements of Exterior Orientation ………………………………… 81
4.2.3 Collinearity Condition Equations ………………………………… 84
4.2.4 Orientation Matrices ………………………………… 86
4.3 Single-Site Location ………………………………… 89
4.3.1 Mathematics Models ………………………………… 89
4.3.2 Maneuvering Target Location Based on Linear Minimum Mean Squared Estimation ………………………………… 92
4.3.3 Maneuvering Target Location Based on Total Least-Squared Estimation ………………………………… 94
4.3.4 Effect of Height by the Earth Curvature ………………………………… 95
4.3.5 Effect of Space Interval by the Earth Curvature ………………………………… 96
4.4 Space Intersection ………………………………… 96
4.4.1 Two-Site Forward Intersection ………………………………… 96
4.4.2 Multi-Site Forward Intersection ………………………………… 110
4.5 Space Resection ………………………………… 115
4.5.1 Direct Linear Transformation ………………………………… 116
4.5.2 Pyramid Model of Bundle of Rays ………………………………… 119
4.5.3 Uncertainty of Model ………………………………… 124
4.6 Strip Analytical Triangulation ………………………………… 125
4.6.1 Ground Strip Analytical Triangulation ………………………………… 126
4.6.2 Aerial Strip Analytical Aerotriangulation ………………………………… 128
4.7 Triangulation Under Certain Conditions ………………………………… 135
4.7.1 Coefficient Method ………………………………… 135
4.7.2 Triangulation with Condition of Plane Restriction ………………………………… 137
4.8 Error Ellipse ………………………………… 138
4.8.1 Position Error ………………………………… 139
4.8.2 Error Ellipse ………………………………… 141
4.8.3 Relative Error Ellipse ………………………………… 142
References ………………………………… 143

Chapter 5 Optical-Electronic Image Tracking and Measurement ………… 145

5.1 Digital Image Pretreatment ………… 145

5.1.1 Image Restoration ………… 145

5.1.2 Image Segmentation ………… 150

5.2 Characteristic Point and Line Detection ………… 151

5.2.1 Image Edge Detection ………… 151

5.2.2 Mark Center Detection ………… 153

5.2.3 Mark Points Detection in Serial Images ………… 157

5.2.4 Fast Tracking Algorithm ………… 157

5.3 Template Matching Algorithm Based on Wavelet Pyramid ………… 158

5.3.1 Principle of Template Matching ………… 158

5.3.2 Image Pyramid ………… 159

5.3.3 Pyramid Template Match ………… 162

5.3.4 Simulation and Analysis ………… 165

5.4 Maneuvering Target Attitude Measurement ………… 166

5.4.1 Attitude Solution Based on Single-Image Resection ………… 166

5.4.2 Attitude Solution Based on Contour Matching ………… 167

5.4.3 Calibration of Initial Parameters of the Camera ………… 174

5.4.4 Aircraft Attitude Solution in Takeoff and Landing Based on Vanishing Point Principles ………… 175

5.4.5 Aircraft Attitude Solution in Takeoff and Landing Based on Perspective Geometric Principles ………… 181

References ………… 185

Chapter 6 Multi-Sensor Data Processing ………… 186

6.1 Abnormal Observation Filtering ………… 186

6.1.1 Abnormal Observation Filtering and its Properties ………… 187

6.1.2 Polynomial Sliding Model ………… 189

6.1.3 Abnormal Observation Adaptive filtering ………… 195

6.2 Data Filtering and Dynamic Grouping ………… 202

6.2.1 K-L model ………… 202

6.2.2 IMM-UKF Filter Model ………… 207

6.2.3 Multi-Sensor Dynamic Grouping ………… 216

6.3 Distributed Multi-Sensor Data Fusion ………… 224

6.3.1 Outline ········ 224
6.3.2 Multi-Sensor Weighted Fusion Model ········ 225
6.3.3 Discrete Kalman Filter Model ········ 233
6.3.4 Multi-scale Kalman Filtering Model ········ 242
6.4 Multiple Regression Analysis ········ 250
6.4.1 Multiple Linear Regression Model ········ 250
6.4.2 Nonlinear Regression Model ········ 255
6.4.3 Partial Least Squares Regression Model ········ 258
6.4.4 Multiple Regression Simulation ········ 264
References ········ 266

Chapter 7 Design of Distributed Multi-Sensor Electro-Optical Tracking Measurement System ········ 269

7.1 Distributed Multi-Sensor Tracking System Architecture Analysis ········ 269
7.1.1 Original Observation ········ 273
7.1.2 Sensor Local Processing Unit ········ 274
7.1.3 Fusion Center Processing Unit ········ 276
7.2 Distributed Multi-Sensor Fusion Estimation ········ 279
7.2.1 System Model ········ 279
7.2.2 Optimization Criterion ········ 280
7.2.3 Optimization Methods ········ 281
7.2.4 Algorithm Analysis ········ 281
7.2.5 Analysis of Algorithm Selection Process ········ 284
7.3 System Support Functions ········ 285
7.3.1 Sensor Systems Management ········ 285
7.3.2 Track Management ········ 287
7.3.3 Database Management ········ 287
7.4 Distributed Multi-Sensor Tracking System Performance Evaluation ········ 288
7.4.1 System Tracking Performance ········ 288
7.4.2 System Performance ········ 289
7.4.3 Analysis of Track Success Tate ········ 289
7.5 Future Direction of Development of Distributed Multi-Sensor Tracking System ········ 290
7.5.1 Research on the TENA and its Standard ········ 291

7.5.2 Research on the Advanced Distributed Simulation for Test and Evaluation ······ 292
7.5.3 Research on the Test and Evaluation of Complicated Weapon System between Multiple Ranges ······ 292
References ······ 292

Chapter 8 Measurement Uncertainty Analysis ······ 295

8.1 Applications ······ 295
8.1.1 Combined Standard Uncertainty ······ 295
8.1.2 Expanded Uncertainty ······ 296
8.1.3 Uncertainty Report ······ 297
8.1.4 Measuring Device Accuracy Representation ······ 298
8.1.5 Measurement Data Processing ······ 299
8.1.6 Measurement Equipment System Error Estimation and Evaluation ······ 300
8.1.7 Measurement Equipment Accidental Error Estimation and Evaluation ······ 301
8.1.8 Limit Error Estimation and Evaluation ······ 301
8.1.9 Measurement Equipment RMS Error Estimation and Evaluation ······ 302
8.2 Uncertainty Analysis of Typical Measurement Model ······ 302
8.2.1 Measurement Uncertainty Analysis in Single-Site Space Polar Coordinates ······ 303
8.2.2 Measurement Uncertainty Analysis in Space Resection ······ 305
8.2.3 Role of Measurement Uncertainty Analysis ······ 308
References ······ 309

Appendix A Time Systems ······ 310

Appendix B Coordinate System ······ 313

第0章　术语及定义

0.1　设备术语

1　光电经纬仪

航迹测量系统的一种测量设备,现代经纬仪的另称,具有自动跟踪和实时测量运动目标轨迹能力的度量性测量设备。

2　精密测量雷达

使用射频脉冲工作、能连续自动跟踪运动目标并能准确获取目标空间位置的一种无线电测量设备。

3　航空摄影机

俗称"航空照相机",又称"航空摄影仪"或"航摄仪"。是航空侦察摄影机、航空轰炸摄影机和航空摄影测量摄影机的总称。航空摄影测量摄影机简称航测摄影机或航测相机,用于空中摄取影像的设备。

4　时间系统

亦称"时间统一勤务系统",简称"时统",是使处于不同位置、地点的多部或多种测试设备或系统纳入到统一的时间基准的授时系统。

5　高速数字摄像机

以CCD或CMOS作为感光介质、高速率拍摄的影像以数字或模拟电信号表示的像机。感光区域的大小没有统一标准,像元大小也不定。其拍摄速率可从每秒数幅到每秒数千幅之间,替代胶片高速摄影机。

0.2　摄影测量术语

1　非量测像机

内部参数完全未知、部分未知或参数不稳定的像机,一般使用的像机基本都属于此类。

2　量测像机

内部参数完全已知、参数稳定的像机,是专业测量像机。

3　内方位元素

确定物镜后节点相对于像片面的数据。包括像主点的坐标(x_0,y_0)、镜头的光学中心到承影像平面的垂直距离f_0(一般情况下不等于摄影焦距f)。

4　外方位元素

确定摄影瞬间物镜光学中心与物方坐标系相对关系的数据。包括物镜光学中心在物方坐标系中的三个空间坐标值（X_S, Y_S, Z_S）和像机主光轴在某指定坐标系下的向量方向（φ, ω, κ）。

5　后方交会

通过已知的物方控制点，反算像机内、外方位元素的交会算法。

6　前方交会

利用在多台像机影像上相同目标判读量测的数据和已有的内、外方位元素计算目标点的物方坐标系坐标的交会算法。

7　影像坐标系

定义在影像平面内的直角坐标系，用以表示像点在影像平面上的位置。通常将原点设定在影像平面中心，或影像的左下角或左上角，x 轴通常由画面左侧指向右侧，y 轴垂直 x 轴，用 $o-xy$ 表示，通常以毫米或像素为单位。

8　像空间辅助坐标系

原点在镜头中心，X 轴和 Y 轴与影像坐标系平行，Z 轴垂直于像平面指向物方。通常表示为 $S-XYZ$。

9　空间直角坐标系

又称辅助空间直角坐标系。任意指定的一个三维直角坐标系，在摄影测量中将真实物体的空间位置都归并到此坐标系下，也泛指物方空间坐标系。通常表示为 $O-XYZ$。

0.3　航迹测量术语

1　方位角

测站的测角子系统指向目标在当地水准面内的指向与指定初始方位的夹角。方位角测量范围为 360°。

2　俯仰角

“俯角”和“仰角”的总称，又称“高度角”、“垂直角”、“竖直角”。测站点至目标的方向线与水平面间的夹角。目标在水平面以上的高度角为正，称为仰角；目标在水平面以下的高度角为负，称为俯角。

3　天文方位角

在地面的一个测站点上，用天文方法测定地面上另一点与天文北方向点之间的夹角。

4　大地方位角

椭球面上一个点至另一个目标点之间的大地方位角，是以该点的大地子午线与该点至目标的大地线间的夹角。该点的大地子午线方向称为大地北。

5　坐标方位角

在高斯投影平面上，过某点作平行于纵坐标轴的直线称为“坐标纵线”。该坐标纵线所指的方向称为“坐标北方向”或“高斯北”。以坐标北方向起算，沿顺时针方向至另一目标方向的夹角称为“坐标方位角”。

6　水准面

处处与铅垂线成正交的曲面。相邻的水准面是不平行的，但在实际测量中把小范围内(10km)的水准面视为平面。

7　大地水准面

与处于静止平衡状态的海洋面重合并延伸到大陆内部的水准面。由大地水准面所包围的形体称为“大地体”。在习惯上，各国均以海洋的平均海水面来表述大地水准面。我国采用黄海平均海水面作为大地水准面。

8　参心坐标系

以参考椭球为基准建立的大地坐标系统。它的坐标系原点是参考椭球的中心。

9　地心坐标系

地心坐标系的坐标原点是地球质心，其地球椭球的中心应与地球质心重合。椭球的短轴应与地球的旋转轴一致。椭球面应与全球的大地水准面实现最佳密合，椭球面的正常重力位应与大地水准面的重力位相等。椭球的起始大地子午面应与起始天文子午面一致，椭球赤道面应与地球赤道面重合。地心坐标系是全球统一的坐标系。

参心坐标系与地心坐标系的主要区别在于坐标原点的不同，三轴 X,Y,Z 的指向也略有不同，但其表征地面一点坐标的方法相同，均采用大地坐标(L,B,h)。

10　大地坐标系

地理坐标系的一种。坐标系的原点为地球椭球中心 O，Z 轴是地球椭球的旋转轴，指向地球自转轴方向。X 轴指向起始大地子午面与赤道的交点 E_0(经纬度零点)。Y 轴与 X 轴、Z 轴构成右手坐标系，X 轴与 Y 轴构成赤道面。用大地经度 L、大地纬度 B 和大地高 h 表示。

11　站心坐标系

原点位于测量仪器的旋转中心，采用当地水准面作为参考平面，通常 Z 轴垂直参考平面向上，X、Y 轴在参考平面内。它包括垂线测量坐标系和法线测量坐标系等。

12　垂线测量坐标系

垂线测量坐标系属于球面坐标系，它以测量设备的旋转中心为原点，以过该原点的铅垂线为基准的测量坐标系。Y 轴沿铅垂线指向地球外方向，X 轴在水平面内指向天文北方向，Z 轴与 X 轴、Y 轴构成右手坐标系。

0.4　测量误差与测量不确定度术语

1　测量误差

误差的一种，又称“观测误差”，为测量值与其真值之差。

2　随机误差

由于在测量中受到各种偶然因素的影响，使得测量误差呈现一种随机性，表面上看起来并没有什么规律性，但从统计学上分析，则具有一定的统计特性，称此误差为随机误差，一般用 σ 表示。

3　系统误差

所谓系统误差，是指受某些固有的、内在的因素影响，使得测量结果的误差呈现一种规律性，这类误差称为系统误差。

4　观测异常值(粗差)

一般指大于随机误差三倍 σ 的误差，称为粗差。含有粗大误差的测量值称为观测异常值，简称异常值，也称野值。粗差可能是由于其它客观原因造成的，也可能是由于测量工作上的失误所造成的。

5　测量不确定度

简称"不确定度"，又称"测不准关系"。测量结果并非是一个确定的值，而是分散的无限个可能值所处的一个区间，其分散性就是不确定度。

6　合成标准不确定度

若测量结果的标准不确定度包含有多个标准不确定度分量，将此多个标准不确定度分量综合起来就称为合成标准不确定度，用符号 u_c 表示。

7　扩展不确定度

用包含因子 k 乘以合成标准不确定度，得到一个区间来表示的测量不确定度，称为扩展不确定度，用 U 表示。

8　标准差

"标准偏差"的简称。当测量误差的随机误差中仅含有偶然误差时，计算出的均方根误差的正根就是标准差。

9　极限误差

又称"容许误差"，在一定的观测条件下，偶然误差的绝对值不应超过此限值。按误差理论，通常以规定或预期的中误差(标准差)的三倍作为极限误差。实际工作中有些测量不可能重复，此时，关心的是单次测量的最大误差，而极限误差描述了单次测量的最大误差。

10　绝对误差

测量某物理量所得的测量值与真值的差值。它不考虑被测物理量本身的大小，而只描述该物理量的近似值相对于其准确值的差值的大小。

11　相对误差

测量某个物理量所得到的绝对误差与其近似值之比。它能确切地描述所测量的量的精确度。

第1章 概　论

1.1 概　述

航空飞行试验技术是航空科学技术发展的基础,是进行航空新原理、新技术探索和研究不可缺少的手段。航空飞行试验的内容非常广泛,不仅贯穿于航空飞行器设计、制造和定型/鉴定的整个过程,也是进行航空预先研究、新技术验证和改进改型不可缺少的手段[1]。航空飞行试验包括实验室试验、地面试验和飞行试验,是航空飞行器及其动力装置、航电系统、机载设备、武器系统等设计定型/鉴定或改进的重要环节。航空飞行试验离不开测量(测试),特别是航空飞行试验中的光电测量,因此本书主要介绍航空飞行试验光电测量的理论与方法。航空飞行试验光电测量理论与方法不仅可应用于航空飞行器设计、制造时实验室试验和地面试验,而且也普遍应用于航空飞行器的飞行试验,如航空飞行器起飞/着陆性能、操纵性和稳定性、空速系统校准、气动激波修正、失速尾旋特性、下沉速度、缩比模型自由飞、动力装置、航电系统、机载设备(雷达高度表、惯导、无线电)、结构载荷和强度、外挂物抛放、救生弹射座椅、武器系统、空中加油、噪音特性、结冰、舰载机起飞和着陆(舰)拦阻试验以及无人机飞行试验等。光电测量是航空飞行试验测试技术的重要组成部分,无论是在航空还是空天飞行试验中都起着不可替代的作用。

1.2 航空飞行试验

航空飞行试验简称“航空试飞”。航空飞行试验是在真实大气环境条件下进行的航空科学研究和航空产品研制和鉴定的必须环节。通常将飞行试验划分为研究性试飞和型号试飞两大类,前者包括理论探索和新技术研究与验证试飞;后者包括型号定型/鉴定和试用、使用试飞[1,2]。

航空飞行试验是一项科学性和实践性强、风险性大、周期长和投资多的系统工程。航空飞行试验专业几乎涵盖了所有航空科学范畴,同时还有其特有的航空试飞技术。航空飞行试验技术包括试飞理论与方法研究、试飞设计、建模验模、驾驶技术、试飞测试(测量)、数据处理、试飞改装、飞行监控、地面试验和维修保障等技术以及各种试飞设施建设等。

航空飞行试验既是验证航空新概念、新材料、新技术和探索航空未知领域的重要途径,又是在真实飞行环境条件下鉴定民用航空飞行器和军用航空飞行器及其武器装备技术性能和使用要求的必要手段,也贯穿于航空新装备研制、生产、定型和使用的全过程。它为新型号立项、设计定型和投产决策提供依据，是航空新产品研制的一个极其重要和必不可少的最终环节。

航空飞行试验是航空领域的一门应用学科，需要宽广而坚实的航空及与其相关专业理论基础、科学试验方法与严密的试验程序、高超驾驶技术和丰富的实践经验。航空飞行试验涉及各种被试航空飞行器及其系统或装备的特性和技术、试飞工程师试验设计水平、试飞驾驶技术、遥测、光电测量和数据处理能力、飞行综合保障和专用设施，耗资巨大，具有系统性、复杂性、风险性和周期长等的特点。因此进行航空飞行试验时，必须进行精心策划和严密组织，必须明确预防风险预案、安全保障措施，才能确保航空试飞的质量、安全和进度。

1.3 航空飞行试验测量

航空飞行试验不仅仅是航空飞行器（也称机动目标）在真实飞行环境中飞行，更重要的是在飞行过程中，按照试验设计规定的要求，利用各种测量方法和手段获取大量与试验相关的信息，经信息处理后，以验证或确定飞行器及其系统、装备的实际功能与性能指标。试验相关信息包括定性和定量的信息（数据、图像、语音）。即使是定性的信息，也需要通过音频或视频信息的记录才能使定性评定的依据更可靠，定性评述更准确。因此，航空飞行试验离不开航空飞行试验测试（测量）技术。测试是人们获取定量或定性信息的一种实践，是在实际需求牵引下，面向对象开展研究的一项科学实践活动。没有试验测试的飞行试验只是飞行，单纯的飞行只能增加飞行员或无人机操纵手的感性认识，不能为飞行器的设计、定型和改进提供真实、客观、可靠的技术依据。所以，航空飞行试验测试是航空飞行试验不可缺少的重要组成部分。航空飞行试验测试涉及测试领域的相关理论与方法、测试要求、测试方案设计、流程、测试设备（系统）、测试设备在飞机上的加改装、测试数据处理与规范标准等。

航空飞行试验测试通常分为航空飞行试验光电测量（又称为飞行试验外部参数测量）和航空飞行试验遥测（又称为飞行试验内部参数测试）。航空飞行试验遥测和光电测量都离不开测试方案设计、设备（系统）研制及其校准，更离不开试验测试数据处理与分析。为了进行飞行安全监控，必须对各种试验参数和试验图像进行感知、采集、记录、传输、检测、实时处理、显示等。各种试验数据和图像、语音的传输又包括有线、无线传输等。因此，航空飞行试验测试是一门综合性强的系统工程技术，涉及到电子、通信、遥测、计算机技术、微电子、传感器技术、光学、精密机械、测量、数值分析、数字图像处理、参数估计、误差分析等多门学科的基础知识和最新技术。

1.4 航空飞行试验光电测量

1.4.1 航空飞行试验光电测量的基本概念

航空飞行试验光电测量又称为航空飞行试验外部参数测量，简称“试飞外测”

或“试飞光电测量”。

航空飞行试验光电测量技术涉及多专业、多学科，技术复杂，难度大。其主要包括信息获取、记录、传输、信息(数据和图像)处理、误差分析等过程，是非接触式测量，其信息量大、直观、真实。

航空飞行试验光电测量依据其相关的理论和技术，利用各种光电测量系统来完成航空飞行试验测试工作。其主要任务是建立飞行试验空间基准、时间基准，利用光电测量设备(系统)进行测量、记录及数据处理，以获取飞机、直升机及其系统和装备的瞬间位置、速度、加速度、姿态、状态信息等，为飞行试验提供定性和定量的测量信息，最终为新型飞机、直升机的设计定型、改进改型和预先研究提供技术依据；同时，进行飞行试验状态的实时监控，以保障飞行试验安全。它是航空飞行试验测试的重要组成部分，是飞行试验重要的基础技术之一。

航空飞行试验外测与航天飞行试验外测相比，既有相同之处，也有不同之处。相同之处是涉及的理论知识相似，大部分测量任务以飞行器运动参数测量为主；不同之处是测量对象和测量范围不同，专业面更宽。航空飞行试验都是在大气层中进行，试验对象为航空飞行器，既有飞机、直升机、无人机和舰载机等各种类型飞机，又有航空机载设备(系统)、武器系统、飞机缩比模型、航空飞行器的外挂物投放、救生弹射座椅等；测量范围从几米到几百公里；测量设备(系统)不仅有常用的航迹测量系统，还有各种类型高速摄影系统、航空摄影系统、全站仪、GPS、光电测量吊舱等；航空飞行试验中的测量参数为各种试验对象的起飞着陆轨迹、飞行轨迹、武器系统中各种弹的运动轨迹、飞行器外挂物投放轨迹、救生弹射座椅的运动轨迹、飞机模型(自由飞)运动轨迹、飞机失速尾旋轨迹、直升机悬停位置及飞行轨迹等。此外，还有机载电子设备、航空仪表、救生伞空中试验、模拟空降伞兵出舱轨迹测量、空中投放货物航迹测量、噪声测定航迹测量、防冰结冰测量、目标隐身特性以及电子对抗等。光电测量过程中获取的大量试验对象影像，直观、清晰、可靠，通过远距离的实时遥测传输和记录，有利于实时监控和事后对研究对象的观察、测量与分析。

1.4.2 航空飞行试验光电测量的作用

航空飞行试验光电测量是在真实飞行环境下，通过飞行试验测试所获得的各种信息为预先研究课题和评定飞机、直升机、无人机、舰载机及其试验件等的性能、品质及战术、技术指标提供必要的技术依据。其信息包括数据、图像和语音；其参数主要包括试验对象的瞬间位置、姿态、状态数据以及它们随时间的动态变化率。光电测量所得到的航迹参数不多，但这些参数是在飞行条件下飞机各种状态的综合反映。美、俄、英、法、德各国的飞行试验机构都不惜巨资建立了以光电经纬仪、测量雷达为主的航迹测量系统，因此，航空飞行试验光电测量作用显著，不可缺少。

1.4.3 航空飞行试验光电测量的特点

航空飞行试验光电测量具有以下显著的特点:

(1) 被测对象多、大小不一。有几何尺寸大到几十米的大型飞机和大小不等的歼击机、导弹、炸弹、武器挂架、副油箱、飞机模型,还有甚至不到1m左右的弹射座椅、火箭弹等。

(2) 测量范围变化大。有远至数百千米,有近至几米距离。

(3) 被测对象速度差异大。如:速度高至数马赫的各种试验弹,亚声速和超声速飞机航迹测量,空中机翼变形测量,长期缓慢变化的飞机疲劳变形测量以及静态的测站站址坐标测量等。

(4) 试验频繁,实时或准实时数据处理。往往一天之内要进行数架飞机、数个飞行架次的测量,并要求快速给出数据处理结果,要求测试设备可靠性高,测量系统灵活机动等。

(5) 测量要求高。光电测量不仅需要精确测量被试对象的位置、速度、加速度等动态轨迹、状态参数、目标特性参数,记录试验过程的图像,还要有实时采集、处理、传输、显示的功能,能实时监控被试对象的状态。光电测量通常需要高精度测量,这就对测量设备研制、测试方案设计、数据处理、精度保证和评估提出了很高的要求。

(6) 测量手段和方法多。包括摄影测量、各种机动目标的航迹跟踪测量、激光测量、红外测量、无线电测量、GPS测量、精密时间测量、各参数精确同步测量、空间基准点测量等。

(7) 测量设备种类多,结构与技术复杂,造价昂贵。

1.4.4 航空飞行试验光电测量使用的主要设备

随着科学技术的发展,航空飞行试验光电测量主要设备更新换代快。目前使用的主要设备一般可划分为两类:一类是光学测量设备(系统);另一类是无线电测量设备(系统)。具体有:

(1) 用于较大范围内目标航迹、姿态测量的各类光电(可见光、红外和激光)跟踪测量系统、航空数字摄影机、无线电定位测量系统、单脉冲测量雷达、相控阵雷达、卫星导航定位系统和惯性导航系统等。

(2) 用于机载和小范围内目标航迹、姿态测量的各类航空摄影机、高速数字摄影机和微波着陆系统等。

(3) 用于目标特性测量的红外辐射计、(长波、中波、短波)热像仪、光谱仪,以及基于这些红外测量仪器的跟踪测量系统。

(4) 用于测量参数同步的时间统一勤务系统(简称时统)。

(5) 用于飞机飞行姿态测量的三自由度姿态测量系统及惯性导航系统等。

(6) 用于飞行试验场区测量基准、站址坐标、方位标、机上控制点、摄影机外方位元素、跑道不平度和机翼变形等测量的试飞工程测量设备，如光学经纬仪、全站仪、水准仪和大地测量型 GPS 等。

(7) 用于建立飞行器几何模型和精密坐标测量的三维激光扫描系统、光笔坐标测量仪及其辅助设备。

(8) 用于数据处理、数字图像处理、传输和显示的计算机网络处理平台。

(9) 用于飞机防冰、结冰测量的结冰测量系统。

(10) 用于采集、记录飞行试验过程的机载视、音频采集与记录系统等。

1.4.5 航空飞行试验光电测量目前涉及的主要技术

航空飞行试验光电测量涉及的技术是随着科学技术的发展而变化的，目前主要涉及如下技术。

1.4.5.1 航迹测量

航迹测量技术是指航空飞行试验中测量各种机动目标瞬时位置、姿态和状态随时间历程变化的技术。航迹测量技术是航空飞行试验光电测量技术的主要组成部分。

航迹测量主要为飞行试验提供被测目标在时间历程上的空间位置、速度和加速度、合成速度和合成加速度向量，有时还能提供被测目标的姿态。

航迹测量技术不仅涉及小范围内机动目标的航迹测量技术，而且还涉及大范围内各种目标机动飞行时的航迹测量技术；不仅涉及单跟踪系统或多跟踪系统的单(多)目标的探测、引导、跟踪、识别和测量技术，同时还涉及各跟踪测量系统的信息传输、时空信息关联、数据融合处理以及各种跟踪传感器系统的设计技术。

1.4.5.2 摄影测量

摄影测量技术是利用摄影系统拍摄目标的影像，通过对影像特征点坐标的测量可获得目标的各种状态数据的技术。由于影像记录介质的不同，影像的前期处理方法也不同，因此摄影测量分成了传统胶片摄影测量和数字摄影测量。它们在航空飞行试验光电测量发展的不同阶段中都起着重要的作用。数字摄影测量技术是数字摄影设备和计算机技术发展的结果。在现代飞行试验中，数字摄影机已取代了用于机舱内的仪表画面记录的照相枪，同时也用于测量和实时监控。目前数字摄影机已经取代了胶片摄影机，它与计算机技术相结合，使图像的处理和分析更加方便和高效。另外，摄影测量技术在光电经纬仪、测量雷达和激光电视经纬仪等光电跟踪测量设备上也得到了广泛的应用。

1.4.5.3 数字图像处理

由于摄影测量技术在航空飞行试验光电测量中有广泛的应用，因此图像处理技术是试飞光电测量技术领域不可缺少的技术。

数字图像处理技术既可以用于模拟图像，也可以用于数字图像的数字化处理。数字图像处理包括模拟图像的数字化采集、图像增强、锐化；缩放、插值；彩色图像分析、建模；图像分割、目标提取；图像文件的编码、传输、解码；图像的压缩、恢复、重建与变形校正等工作。数字图像识别则是利用某种计算方法分析图像的特征，然后将其特征用数学的方法表示出来并输入到计算机图像识别程序中，这样，计算机就可以通过程序对数字图像的信息进行计算分析，自动识别出图像的特征并进行坐标自动量测。

数字图像处理在飞行试验测试领域有广泛的应用，从飞行器轨迹测量到机翼变形测量，从机载视频处理到高速摄影测量，从飞机驾驶员座椅弹射到投弹轨迹分析都有大量图像以及图像的处理、分析与判读工作。其应用可大大提高工作效率，减少人为差错和劳动强度，提高测试技术水平。

1.4.5.4 试飞大地和工程测量

试飞大地和工程测量技术是大地测量技术和工程测量技术在航空飞行试验测试中的应用，主要用于静态高精度空间测量，是航空飞行试验光电测量技术的基础技术之一。大地测量是为建立国家或地区大地控制网所进行的精密控制测量工程；工程测量是为工程建设勘测设计、施工和管理阶段所进行的各种测量。它们用于国民经济和国防建设的许多领域和部门。在试飞中的具体应用是：建立本场及其它飞行试验场区的空间基准及试验空间测量坐标系，建立各类定位测量系统定位和定向基准，航迹测量系统的校准，空间坐标变换的依据，摄影测量校准，复杂几何体特征点的空间位置测量，武器试验中弹着点脱靶量及脱靶方向的测量，跑道不平度测量，飞机架水平测量，飞行器几何模型测量和飞机形变测量等。

1.4.5.5 卫星导航定位测量

卫星导航定位测量技术是以卫星为空间基准点，利用卫星信号接收机测定接收机天线至卫星间的距离或多普勒频移等观测量，来确定用户瞬间位置和速度以实现定位和导航的技术。该技术在航空飞行试验中被广泛应用，且应用范围还在不断扩大。根据不同试验任务的要求，可分别选用高精度的测地型差分 GPS 接收机，多种类型、高精度的机载差分型 GPS 接收机，单频接收机和双频接收机。它们已分别用于大地点与测量站点的定位测量、飞机导航、各种科研试飞科目的飞机定位以及高精度的时间基准。

1.4.5.6 数据处理

在航空飞行试验光电测量中，数据处理技术也是不可或缺的一门技术。对试验数据进行分析、处理，形成最终试验结果是航空飞行试验的最后一个环节。通常，光电测量数据处理可分实时、准实时和事后数据处理。为了提高测试数据的精度与置信度，常常同时使用多种测量系统，如光电经纬仪、测量雷达和 GPS 等来对某些参数进行同时测量，这就必须采用数据融合技术。数据融合技术充分利用多个测量系统的观测信息，并进行合理支配与使用，将各个测量系统在时间和空间上的互补与冗余信息依据某种优化准则组合起来，产生对观测环境的一致性描述和解释。多测量设备或系统是数据融合技术的“硬件”基础，多源信息是数据融合的加工对象，算法是数据融合的核心。在进行数据融合前，还需进行时间和空间配准及合理性检验等。

航空飞行试验光电测量中的数据融合主要应用在机动目标跟踪测量与数据处理计算的过程中。对于多测站数据融合，可以分别从定量和定性两方面来描述。通过数据融合可以扩大时空范围、增加置信度、减少模糊度、改善探测性能/提高空间分辨力、提高系统的可靠性、增加维数、增大电磁波谱的探测范围等。航空飞行试验数据处理不仅涉及数学理论基础，而且涉及现代计算机技术、软件开发和计算机网络等相关技术。

1.4.5.7 测量误差分析

航空飞行试验光电测量涉及的技术领域中还包括了测量误差分析技术。航空飞行试验光电测量一般包括直接测量、间接测量、复合测量；从目标的运动特性来看，它还可分为静态测量和动态测量。动态测量是若干静态测量组合的过程，是静态测量的延伸和拓展；静态测量是动态测量的特殊情况。但是，动态测量和动态测量数据处理的难度要比静态测量大得多、复杂得多，因为动态测量具有时空性、随机性等特点。航空飞行试验中，光电测量一般是高动态测量，机动目标飞行时没有固定的航迹，外界条件也在不断地变化。动态测量往往与时间或时统精度联系在一起，特别是高速变化的物理量，保证时间（时统）精度和参数同步精度至关重要。

航空飞行试验中的被测对象多种多样、特性各异，试验环境、测试条件也在变化，误差产生的原因也错综复杂，直接影响测量数据的置信度和精度。因此，测量误差分析技术是航空飞行试验光电测量技术的重要组成部分，它贯穿于测试过程的始终。要正确分析和处理各种误差信息及测试数据，必须了解测试方法和测试设备（系统）的特性、处理的方法和现代误差理论。

随着计量科学的发展，又提出了测量不确定度理论。测量误差和测量不确定度是误差理论在不同技术发展时期的两个重要概念。它们具有相同点，都是评价测量结果质量高低的重要指标，都可作为测量结果质量的评定参数。它们也有区别，主要表现在概念上和某些评定方法上。同时它们也有联系，测量不确定度是在测量误差理论的基础上发展起来的，是对经典误差理论的一个补充和发展，是现代误差理论的内容之一，还有待于进一步研究、完善与发展。因此，测量不确定度也是航空飞行试验光电测量技术领域需要研究的内容之一。

1.4.5.8 时间测量技术

自古以来,人们对时间测量技术的研究从来没有停止过。今天,时间测量技术仍然是国防、航空航天、通信、电子、计量和天文等诸多领域研究的重点。在航空飞行试验光电测量领域,特别是精密时间测量技术也是其研究的重点之一,它直接关系到飞行器跟踪、测量和监控等精确控制及各测试参数精确同步等。该技术包括时统的建立,时刻、时间间隔和频率的精确测量,各参数信号同步采集,传输时间延迟,测量设备和测量方法对精密时间测量精度的影响等。

1.4.5.9 航空飞行试验光电测量设备精度鉴定

在通常情况下,测量精度包含测量精密度和准确度,既反映了测量的系统误差,又反映了测量的随机误差。航空飞行试验光电测量设备(系统)的精度是评价测量设备研制成功与否的主要指标。航空飞行试验中通过测试所获得的测量数据不仅是鉴定和分析航空飞行器及其装备的性能指标以及改进、定型和预先研究的重要依据,也是飞行试验指挥、监控显示、保证飞行试验安全的基础。因此,航空飞行试验光电测量设备精度鉴定技术是航空飞行试验光电测量技术的重要组成部分。

在进行航空飞行试验光电测量设备的精度鉴定时,传统的方法是用高精度测量设备作为基准,对光电测量设备进行鉴定。随着科学技术的不断发展,光电测量设备(系统)的精度也越来越高,已经很难找到更高精度的基准设备对其进行鉴定。因此,国内外专家学者研究了基于数理统计和数据分析方法以及实际工程经验的"软方法",对光电测量设备精度等性能指标进行鉴定,并形成了相应的国军标。

总之,航空飞行试验光电测量涉及的技术领域多、专业广。随着航空工业技术和现代科学技术的飞速发展,航空飞行试验光电测量涉及的技术领域、专业和学科也在不断的发生变化。因此,必须把握其发展方向,了解国内外航空飞行试验光电测量技术和相关科学技术发展趋势,跟踪、研究、创新,以满足航空工业对飞行试验光电测量技术的发展需求。

1.4.6 航空飞行试验光电测量一般工作流程

航空飞行试验光电测量的工作流程是依据飞行试验大纲和测试任务书来确定的,其工作流程为:

(1) 充分理解和掌握测试任务书中提出的测量参数的物理意义、精度要求、测量范围等具体要求。

(2) 对测试任务书进行分析,选定所需测试设备(系统),依据相关标准和规范制定测试方案、数据处理方案,建立数学模型,编写应用软件,规范试验流程。进行试验仿真,以完善测量方案。

（3）在进行测试方案设计时，要考虑在有条件的情况下或必要时需采用多余观测，以增加测量结果的置信度，提高测量结果的精度；在没有多余观测的情况下，要有确保测试结果置信度和精度的检查方法。

（4）测试设备（系统）检校，确定设备（系统）各类误差（系统误差、随机误差、极限误差等）大小。

（5）根据光电测量试验仿真模型，进行误差分析和参数精度估算。当参数估算的精度达不到要求时，改进测试方案，直至满足要求。

（6）进行地面测量模拟试验，以检验试验流程、数据处理方案及软件是否可行，测试参数处理的结果能否满足精度要求。若不能满足任务精度要求时，应分析其原因，并找出解决的途径。

（7）飞机加改装后的第一次飞行通常称为“检飞”。目的是检验空地所有试验系统、飞行指挥、试飞流程、可靠以及其协调性是否达到要求。通过检飞，进一步检验试验流程、数据处理方案软件和测量结果等是否满足测量要求等。

（8）在试验中，须严格按照相应光电测量系统操作程序进行。

（9）数据处理时必须根据测量数据的特性选用合适的数据处理方法。采用多台或多种设备（系统）进行测量时，必须注意被测量位置点的一致，时间和空间坐标系的统一及参数同步精度等。

（10）按规定和要求编写并提交技术总结报告。

参考文献

[1] 周自全. 飞行试验工程. 北京：航空工业出版社，2010.

[2] 张铁生等. 飞机试飞工作手册：飞机飞行试验与数据采集. 北京：国防工业出版社，1998.

第2章　航空飞行试验光电测量理论基础

航空飞行试验光电测量是光电测量科学的分支,离不开参数估计理论、数字图像处理方法、测量误差分析以及大型方程组解算的基础方法。因此,作为航空飞行试验光电测量涉及的基础理论,本章将介绍航空飞行试验光电测量专业中涉及到的测量误差和测量不确定度的基本概念、测量参数估计的基本方法,最后描述方程组解算的最优计算方法和数字图像处理基础知识。

2.1　测量误差及其性质

测量误差是光电测量研究的主要对象之一,误差理论是试验测量与数据分析的基础[1]。本节主要介绍测量误差的基本性质以及测量误差理论中的基本理论——广义误差传播律。

2.1.1　测量误差

误差无处不在,它普遍存在于测量工作中。为了下面叙述方便,首先介绍一些概念。

观测是指利用测量仪器直接对被测目标进行测量的过程。观测误差是指观测数据中含有的各种形式的误差。

观测误差通常包括三个环节所产生的误差:观测者、观测仪器与观测时的环境影响。“观测者”带来的误差主要是因为观测者的技术水平、状态、观测方法和程序等因素引起的观测结果误差。当观测仪器无需观测者操作且事先为固定设置的观测来说,“观测者”这一项带来的误差就是观测仪器的安装误差,比如对于安装在飞机上的高速摄影系统来说,应该估计其安装误差。“观测仪器”误差是指仪器本身固有的测量误差,一般在出厂前以说明书的形式给出,每隔一定的周期,都需要在有资质的国家计量部门进行计量。“观测环境误差”是指观测仪器进行观测时温度、压力、过载、冲击等因素对观测结果的影响所产生的误差。

测量一般是指从观测到数据处理的全过程。对直接观测而言,观测和测量没有什么区别。比如,利用激光测距仪测量一段距离,既是观测也是测量。

测量误差通常是指从观测仪器、数学模型、观测过程到数据处理等全过程所有误差合成的总称。

测量工作不可能完美无缺,观测结果不可能就是被观测值的真值,也就是说,观测中必然产生观测误差。以 $\tilde{m}$ 表示被测量值的真值,以 m 表示观测值,它们之

间的差值 Δ 即为观测真误差,即有

$$m + \Delta = \tilde{m} \tag{2-1}$$

或

$$\Delta = \tilde{m} - m$$

为了说明此问题,不妨举两个例子。如用全站仪测量站点到目标(如方位标)的距离,一般要进行多次测量,每次得到的观测值往往互有差异,各不相等。又如,对处于三角形各个顶点的控制点标志点进行内角的测量,理论上三个内角之和应为 180°,但是实际测量的结果之和往往不等于理论值 180°,而是处在一定的范围之内,即 180° ±Δ。这种现象在测量工作中无处不在,是每一个测量过程经常遇到的问题。究其原因,是在测量中不可避免地产生误差所引起的。换句话说,测量过程中永远包含着误差,即使测量结果是正确的,那也是指在满足一定条件下并符合测量精度要求的测量结果。

测量误差由多方面的因素所引起,按照其影响性质,可分为三类:系统误差、随机误差与粗大误差,即

$$\Delta = \Delta_s + \Delta_c + \Delta_g \tag{2-2}$$

式中,Δ_s 为系统误差;Δ_c 为随机误差;Δ_g 为粗差。

2.1.1.1 随机误差

由于在测量中受到各种偶然因素的影响,使得测量结果的误差呈现一种随机性,表面上看起来并没有什么规律性,但从统计学上分析,则具有一定的统计特性,称此误差为随机误差。

随机误差存在于所有的测量工作中,无论是外界因素影响,还是测量仪器内部噪声的影响,都必然会反映到最终测量结果之中。因此,减小随机误差对测量结果的影响是测量数据处理中的一项重要任务。

2.1.1.2 系统误差

由于受某些固有、内在因素的影响,使得测量结果的误差呈现出一定的规律性的这类误差称为系统误差。系统误差的系统性就是指误差的规律性。一般来说,可以采用一定的数学模型修正其主要部分,也可以在测量工作中采取一定的措施和步骤直接消除其影响。

2.1.1.3 粗大误差

粗大误差指的是量级大的误差,又称粗差。它可能是由于测量工作中的人为失误所造成的,也可能是由于其它不可预知的原因所造成的。粗差在航空飞行试验测量中经常会遇到。一般来说,粗差与随机误差相比,往往高一个数量级。因此,为了判别粗差,学者们通常都把大于 3σ 的误差称为粗差。含有粗大误差的测

量值称为测量异常值,简称为异常值。

系统误差、随机误差与粗大误差是观测误差的三个方面,但在测量工作中又可能会同时出现。

观测误差并不能完全代表测量误差。一般所指的测量不仅是对被观测对象的直接测量,也包括间接测量和复合测量,例如三内角和的测量,是由三个内角测量值相加得到的,测量值是三个观测值的函数。因此,测量误差在这里还包括数学模型带来的误差,它与观测误差不尽相同。只有当观测值就是测量值时,两者才相同。

测量误差除观测误差外,还包含有数学模型误差、计算误差。数学模型误差主要是因数学模型引起,不同的数学模型,对观测误差进行放大的程度也不尽相同。计算误差是由于计算时末尾数字的取位造成的。末尾取位问题不能完全忽视,因为经数学模型转换之后,其带来的误差可能会超过预计误差估值。

用下式表示观测变量与测量变量的函数关系:

$$Y = f(X) \tag{2-3}$$

式中,X 为观测变量;Y 为观测量 X 的测量函数。

测量函数可能是线性的,也可能是非线性的。不管是线性的还是非线性的,都会给测量结果带来模型误差,设为 Δ_m。计算误差如果只是计算取位造成的,则可以采用浮点计算的方法,预先估计取位数,这样就可以将其误差限制在允许范围内,从而可以忽略不计。

考虑到模型误差 Δ_m 后,则式(2-2)给出的测量误差计算式可由下式给出:

$$\Delta = \Delta_s + \Delta_c + \Delta_g + \Delta_m \tag{2-4}$$

2.1.2 随机误差的统计特性

在航空飞行试验中,数据处理研究的对象是含有随机误差的测量值。因此,有必要对随机误差的性质做进一步的分析。

任何测量都伴随有随机误差。随机误差的绝对值大小和符号呈现偶然性(即无规律性),但是从统计观点分析,就会发现随机误差的统计规律性。通常,航空试验飞行器跟踪的航迹测量设备大致可分两类:光电跟踪测量系统和无线电雷达测量系统。这些系统测量得到的航迹测量数据中都包含有随机误差,这种随机误差主要来自于系统本身内部噪声和外部环境条件等因素。其随机误差一般呈现如下特性:

(1) 有界性。对在一定条件下的有限测量值中,其随机误差的绝对值不会超过一定的界限,误差所具有的这个特征,称为有界性。

(2) 对称性。绝对值相等的正负误差出现的概率相等,这一特性称为对称性。

(3) 单峰性。绝对值小的误差出现的次数比绝对值大的误差出现的次数多,这一特性称为单峰性。

由随机误差的三个特性可以引出以下两个极为重要的概念:

（1）由随机误差的有界性可得到：在一定的观测条件下，既然随机误差的绝对值不会超过一定的界限，即 $\max|\Delta_i| < \Delta_M$，那么，我们就可以依据观测条件来确定一个误差的阈值，用来判断实际观测中的观测值是否合格。

（2）由随机误差的对称性和单峰性可以得出，随机误差的理论平均值应趋于零，即

$$E(\Delta) = 0 \tag{2-5}$$

式(2-5)的结论还给了我们一个重要启示：在实际工作中，通常 $\frac{1}{n}\sum\Delta_i \neq 0$。随着测量次数的增加，其值就越接近零。当其绝对值与零值之差超过预先估计的值，这就表明，Δ 中不仅含有随机误差，而且还含有系统误差或者粗差。

2.1.3 精度指标——方差、平均误差、极限误差、相对误差

精度是数据精确度的简称。精确度包含了精密度和准确度两个概念。精密度表示了随机误差对测量值影响的程度；通常，准确度仅描述了系统误差的影响程度。它与测量仪器、观测者和外界因素等多种因素有关。在一定的观测条件下进行的一组测量，总是对应着一种确定的误差分布。若观测条件好，则对应的误差分布一定较为密集，小的误差出现多，表明观测精度高。反之，观测条件差，观测误差较为离散，大的误差出现多，说明精度较低。由此可见，所谓观测精度，指的就是观测值误差分布的密集与偏离的程度，如图2-1所示。在不同的观测条件下将会得到不同的测量精度。

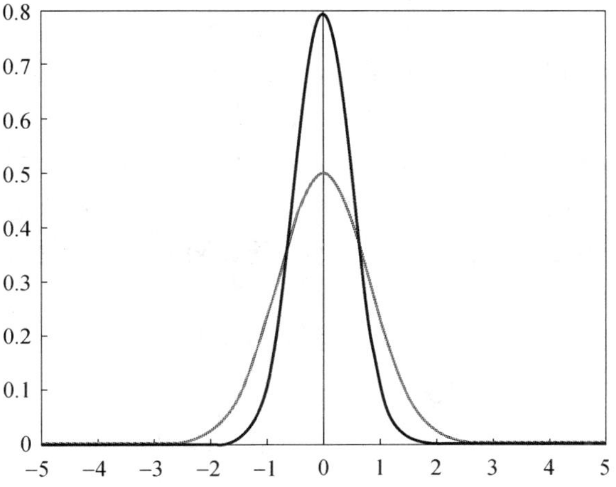

图2-1　两组观测精度不同的误差分布

下面给出在航空飞行试验测试中评价观测精度的常用的几种数值指标。

2.1.3.1 *方差*

由数理统计学知，随机变量 X 的方差定义为

$$\sigma_X^2 = E((X - E(X))^2) = \int_{-\infty}^{+\infty} (X - E(X))^2 f(X)\mathrm{d}X \tag{2-6}$$

式中，$f(X)$为X的概率分布密度函数。

X的方差也可记为$D(X)$或D_X。

观测值和观测值的真误差均为随机变量，并顾及$E(\Delta)=0, E(m)=\tilde{m}$，则观测值和观测值误差的方差为

$$D(m) = \sigma_m^2 = E((m - E(m))^2), D(\Delta) = \sigma_\Delta^2 = E((\Delta - E(\Delta))^2)$$

$$D(m) = D(\Delta) = E(\Delta^2) \tag{2-7}$$

可见，任一观测值的方差与观测值误差的方差相等。

之所以选择方差σ^2作为观测值的精度指标，这主要是因为方差能够反映观测值的离散程度。观测条件越好，方差也就越小，反之，方差也就越大。因此，方差的大小是表征观测精度的一个理想指标。方差越大，精度越低，方差越小，精度越高。在以后的章节中很多地方要用到方差的这种特性。

σ^2的正平方根σ称为标准差，有

$$\sigma = \sqrt{\lim_{n\to\infty}\frac{[\Delta\Delta]}{n}} \tag{2-8}$$

不管是方差还是标准差，只有当观测个数n充分大时上式才能够成立。然而，观测个数总是有限的，所以，当n有限时，只能依据有限的观测值求取方差或者标准差的估计值，分别用$\hat{\sigma}^2$和$\hat{\sigma}$表示如下：

$$\begin{cases}\hat{\sigma}^2 = [\Delta\Delta]/n \\ \hat{\sigma} = \sqrt{[\Delta\Delta]/n}\end{cases} \tag{2-9}$$

需要说明的是，在一定的观测条件下，Δ具有确定不变的概率分布，即方差和标准差均为定值，是一个固定不变的常数，由式(2-9)估计得到的方差或者标准差的估计值$\hat{\sigma}^2$和$\hat{\sigma}$会随着n的多少以及试验中取值的随机性而发生波动，即估计值$\hat{\sigma}^2$和$\hat{\sigma}$仍是一个变量。当n逐渐增大时，$\hat{\sigma}^2$和$\hat{\sigma}$就越来越接近于理论值σ^2和σ。但是在工作中，观测个(次)数n不可能无限大，总是有限的，因此式(2-9)中的n应为$n-1$，即

$$\begin{cases}\hat{\sigma}^2 = [\Delta\Delta]/(n-1) \\ \hat{\sigma} = \sqrt{[\Delta\Delta]/(n-1)}\end{cases} \tag{2-10}$$

2.1.3.2 平均误差

是指在一定的观测条件下出现的一组独立的随机误差绝对值的数学期望。若以$\bar{m}$表示平均误差，则有

$$\bar{m} = E(|\Delta|) = \lim_{n\to\infty}\frac{[|\Delta|]}{n} \tag{2-11}$$

当n有限时，平均误差的估算公式为

$$\bar{m} = \pm \frac{[|\Delta|]}{n} \tag{2-12}$$

平均误差与标准差的关系如下：

$$\bar{m} = \sqrt{\frac{2}{\pi}}\sigma = 0.798\sigma \tag{2-13}$$

2.1.3.3 极限误差

在一定的观测条件下，偶然误差的绝对值不应超过的限值称为极限误差，所以极限误差又称“容许误差”。按误差理论，通常以规定或预期标准差的三倍作为极限误差，此时，极限误差的置信水平 $1-\alpha$ 大于等于99%或99.73%。

如果极限误差的值很小，则说明测量值与真值很接近，或者说测量的系统误差和偶然误差都很小，即精度高，因此极限误差描述了精度。

实际工作中有些测量不可能重复，此时，人们关心的是单次测量的最大误差，而极限误差正是描述了单次测量的最大误差。

2.1.3.4 相对误差

是指测量误差与测量值之比，用 r_e 表示。通常以百分数来表示，即

$$r_e = \frac{\Delta}{m} \times 100\% \tag{2-14}$$

相对误差常常用于测量距离、角度、温度、压力等多种物理参数的精度的度量，也是用得比较广泛的一种指标，比较直观，容易理解。缺点是相对误差不能客观反映某物理量的真正精度，只是一个相对概念。所以，相对精度指标在某些场合可以作为精度指标要求，但在很多场合又不能作为测量精度指标来要求。

2.1.4 方差估计方法

观测值方差估计方法一般有两种形式：对于观测值就是最终测量值而言，有直接计算方法；对于测量值是多个观测值的函数时，则需要建立广义误差传播律的概念，以求取其方差。

2.1.4.1 观测方差估计

当真值或理论值已知时，可以直接采用式(2-9)估算观测值的方差：

$$\hat{\sigma}^2 = [\Delta\Delta]/n = \sum \Delta_i^2/n \tag{2-15}$$

式中，$\Delta_i = \tilde{m} - m_i, i = 1, 2, \cdots, n$。

当真值或理论值未知时，可采用数理统计中经常使用的方法。其实，在大多数情况下，我们都无法获得被测对象的真值。此时，应将计算观测值的算术平均值作为其真值的估值，即

$$\bar{X} = \frac{1}{n}\sum X_i \qquad i = 1,2,\cdots,n \tag{2-16}$$

式中,X_i 为观测子样;$\bar{X}$ 为子样均值。

利用子样均值计算子样方差,并以此作为观测值方差的估计,其计算模型如下:

$$\hat{\sigma}^2 = \frac{1}{n-1}\sum_{i=1}^{n}(X_i - \bar{X})^2 \qquad i = 1,2,\cdots,n \tag{2-17}$$

式(2-17)就是观测值方差的计算公式,可以证明其方差的无偏性。

2.1.4.2 测量方差估计

测量向量往往都是观测向量的函数,欲获取测量向量的方差,则需引入几个新的相关概念。

1. 权与协因数——表征观测值之间的相对精度

定义 权为单位权方差与观测值方差之比,即

$$P_i = \sigma_0^2/\sigma_i^2 \qquad i = 1,2,\cdots,n \tag{2-18}$$

式中,σ_0^2 为某一任取常数;σ_i^2 为观测值 m_i 的方差;P_i 为观测值 m_i 的权。

由式(2-18)可知,观测值 m_i 的权 P_i 与方差 σ_i^2 成反比。因此,权的大小能够说明观测精度的高低(相对的)。由于 σ_0^2 为某一任取的常数,故观测值的权不是唯一的,它随着 σ_0^2 选取的不同而改变。所以,观测值的权只是用来表征观测值之间的相对精度,而观测值方差则是表征观测值的精度。两者之间既有关联又有区别。

σ_0^2 的选择一般有两种方法。第一种方法是任选一常数,令 $\sigma_0^2 = c$,据此而获取各个观测值的权值;第二种方法是将某一观测值的方差作为 σ_0^2,那么,该观测值被称为单位权观测值,即权等于1。

在航空飞行试验中,常常要进行非等精度测量数据的数据融合,"权"的概念非常重要。"权"代表着每一观测值在误差估计中所占的"份量",它对最终估计值将产生很大的影响。

协因数也是在误差估计中常用到的一个概念。

定义 协因数为观测方差与单位权方差之比,即

$$Q_i = \sigma_i^2/\sigma_0^2 = \frac{1}{P_i} \tag{2-19}$$

式中,σ_0^2 为单位权方差;σ_i^2 为观测值 m_i 的方差。

从式(2-19)可以得出协因数的另一种定义,即协因数是权的逆。将式(2-19)又可写成:

$$\sigma_i^2 = \sigma_0^2 Q_i \tag{2-20}$$

式(2-20)说明:任一观测值(或任意一个随机变量)的方差总是等于单位权方差与该观测值(或该随机变量)协因数(权倒数)之积。

2. 广义误差传播律

在航空飞行试验测量工作中,往往需要评定随机变量函数的精度问题,即测量精度问题。例如,利用光电经纬仪测定飞机起飞着陆航迹时,需要估计其航迹的精度,即空间坐标 X,Y,Z 的测量精度,但是这三个参数并非是直接测量得到,而是观测参数斜距 R、方位角 A 和俯仰角 E 的函数,如何根据观测参数的方差来求得空间航迹参数的方差,是需要根据广义误差传播律对其方差进行评估。

广义误差传播律有两种形式:协方差传播律与协因数传播律。这两种形式没有本质的区别,可以相互导出,之所以提出来是因为在不同的参数估计时用到不同的形式。误差传播的概念如下所述。

定义 设 Ω_1 为传感器观测误差空间,$\sigma_i^2 \subset \Omega_1$ 且 σ_i^2 为不为零的误差元素($i=1,2,\cdots,n$),若 Ω_1 中元素 σ_i^2 映射到测量函数空间 Ω_2 中相应的元素 δ_i^2($i=1,2,\cdots,n,\delta_i^2 \subset \Omega_2$),则称从 σ_i^2 到 δ_i^2 的映射过程为误差传播。

1)协方差传播律

设已知随机向量 $\boldsymbol{X}$,其数学期望为 $E(\boldsymbol{X})$,方差阵为 $\boldsymbol{D}_X$。若 $\boldsymbol{Y}$ 的线性函数为

$$\boldsymbol{Y} = \boldsymbol{F}\boldsymbol{X} + \boldsymbol{F}_0$$

则随机向量函数 $\boldsymbol{Y}$ 的方差为

$$\boldsymbol{D}_Y = E((\boldsymbol{Y} - E(\boldsymbol{Y}))(\boldsymbol{Y} - E(\boldsymbol{Y}))^{\mathrm{T}}) = \boldsymbol{F}\boldsymbol{D}_X\boldsymbol{F}^{\mathrm{T}} \tag{2-21}$$

对于线性函数来说,随机变量的函数方差等于观测向量方差与系数(或常数)矩阵之积。在光电测量中,若观测向量 $\boldsymbol{X}$ 中的各个分量相互独立,则观测方差阵为对角矩阵,其形式如下:

$$\boldsymbol{D}_X = \begin{bmatrix} \sigma_1^2 & & & 0 \\ & \sigma_2^2 & & \\ & & \ddots & \\ 0 & & & \sigma_n^2 \end{bmatrix}$$

设系数矩阵为 $\boldsymbol{F} = [f_1 \quad f_2 \quad \cdots \quad f_n]$,则按照式(2-21)可计算出随机变量的函数方差为

$$\boldsymbol{D}_Y = \sigma_Y^2 = \boldsymbol{F}\boldsymbol{D}_X\boldsymbol{F}^{\mathrm{T}} = f_1^2\sigma_1^2 + f_2^2\sigma_2^2 + \cdots + f_n^2\sigma_n^2 \tag{2-22}$$

式(2-22)在飞行器试验测量工作中经常被用到。但是它的应用必须满足两个条件:第一,观测量必须是相互独立的;第二,随机变量函数应是线性的,或者是经线性化后的形式。对于非线性式,只需要将该式进行微分,便可得到其线性式。

2)协因数传播律

当已知随机量的协因数时,可以求得随机量函数的协因数阵。由于随机向量的协方差阵总是等于单位权方差因子 σ_0^2 与该向量的协因数阵的乘积,所以,协因数传播律可以由此而导出。

随机向量函数的协因数传播律模型:

$$\boldsymbol{Q}_Y = \boldsymbol{F}\boldsymbol{Q}_X\boldsymbol{F}^{\mathrm{T}} \tag{2-23}$$

至此，由式（2－21）、式（2－23）共同组成的协方差传播律和协因数传播律合称为广义误差传播律。

3. 非线性函数下的广义误差传播律

设有随机向量 $\boldsymbol{X}$ 的非线性函数为 $\boldsymbol{Y}=f(\boldsymbol{X})$，且已知 $\boldsymbol{X}$ 的方差阵为 $\boldsymbol{D}_X$。首先，取 $\boldsymbol{X}$ 的近似值 $\boldsymbol{X}_0$，并在点 $\boldsymbol{X}_0$ 处按泰勒级数展开，并略去二次以上各项，则得到线性形式：

$$\mathrm{d}\boldsymbol{Y} = \boldsymbol{F}\mathrm{d}\boldsymbol{X} \tag{2-24}$$

变成线性式后，则可利用前面介绍的方法来计算随机量函数的方差与协因素矩阵。

综上所述，不管随机变量的函数是线性的还是非线性的，其广义误差传播律最终的表现形式完全一样。其区别仅在于函数为线性函数时，系数矩阵 $\boldsymbol{F}$ 是已知的；而函数为非线性时，系数矩阵 $\boldsymbol{F}$ 要通过线性化才能获得。

2.1.5 系统误差指标——准确度

在测量工程中，准确度有时比精密度还要重要。观测精密度主要是指观测值密集或离散的程度。尽管观测精度较差，但是如果能够进行大量的观测，即采集足够的样本数，则其均值就非常接近于真值。但是，如果观测值中存在系统误差，即使进行了大量的观测，采集足够的样本数，也不能使其均值非常接近于真值，而是存在一个相对固定的差值 Δ_s。举个例子，光电跟踪测量系统的方位度盘是24位绝对编码盘，代表360°的方位角，由于是由精密机械部件组成，总是存在一定量值的隙动差，使得零位值不为零。因此，在整个观测过程中，所有的观测值（方位角观测值）均带有系统误差，而使其期望值总是偏离真值一个差值。这种现象无论在光电经纬仪还是精密测量雷达系统上，都会存在。所以说，尽管测量精密度很高，但是由于测量准确度不高，其结果是测量精度也不高。因此，在实际测量中，关心观测数据的准确度更甚于观测数据精密度。

从图2－2可以看出，观测值方差大小与期望值偏离真值的多少没有必然关

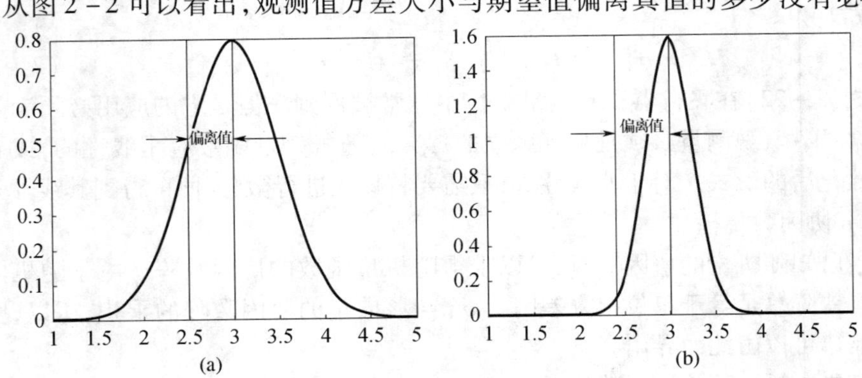

图2－2　具有不同方差、不同系统误差的误差分布曲线

系。方差小的观测数据其准确度未必比方差大些的观测数据高。所以说,研究观测数据准确度,并分清楚精度与准确度的概念十分重要。

所谓准确度,是指观测值的数学期望 $E(m)$ 与其真值 $\tilde{m}$ 接近的程度。由于

$$\tilde{m} = E(m) + E(\Delta) \tag{2-25}$$

当观测值中不含系统误差且只含有随机误差时,$E(\Delta)$ 才等于零。反之,观测值的数学期望 $E(m)$ 与其真值 $\tilde{m}$ 就存在一个偏离值 e,通常称为准确度。偏离量越大,说明观测值的准确度就越低;反之,偏离量越小,观测数据的准确度就越高。也有学者将这个偏离值的倒数称为观测值的准确度,即 e^{-1} 为准确度,其实,这只是换了一种描述方法。那么,e^{-1} 越大,准确度越高;e^{-1} 越小,准确度越低。

从上面的描述可以得出这样一个结论:系统误差是决定准确度高低的主要因素。而粗差是偶尔发生的,并不带有系统性质,也就是说粗差的产生是没有规律性的,可以利用序列观测值的趋势进行剔除,本书后面的章节将介绍对含有粗差的观测值进行处理的方法。那么,欲获得准确度高的测量数据,就必须对系统误差产生的机理进行深入的分析,以有效的数学模型加以修正,或者采用有效的观测方法在观测过程中加以消除。这种处理方法是有效的,系统误差能够被消除或者绝大部分能被消除,以保证观测值的准确度。然而,要彻底消除系统误差也不可能,因为任何一个数学模型不可能完全真实可靠地描述系统误差产生的机理,系统误差或多或少地留有残差。一般情况下,系统误差残差一般作为随机误差予以处理。

系统误差数学模型的建立,是需要根据观测对象、观测仪器、大气传输特性等因素具体建模。由于测量对象的不同、测量精度也不同,所以,在建立系统误差模型时也要有选择性。简单地说,精度要求高的测量,所考虑的模型需要全面些;反之,可以选择或不予考虑。例如,近距离测量直升机悬停高度时,就可以不考虑大气折射的影响。

测量仪器制造商在测量系统研制中,已经嵌入了一些系统误差修正模型,或者在其用户使用说明书中已经规定了操作程序,其中某些要求是用来消除系统误差的。例如,激光测距装置中,考虑了大气传输模型、温度梯度模型等,其目的是为了消除测距系统误差。在全站仪测量过程中,其操作程序中规定了正、倒镜观测的要求,其目的也是为了消除系统误差。光电经纬仪和精密测量雷达在正式测量工作开始之前,操作程序规定了首先要对方位标进行观测,将得到方位标的观测值(方位角、高低角、距离)与标准值进行比较,计算出系统误差以便进行修正。因此,测量仪器的操作程序不能随意更改或者省略,否则将带来观测误差,影响观测精度。

这些常规的考虑并不能完全消除系统误差的隐患。在航空飞行试验中,必须根据具体的试验对象,事先研究分析测量过程中产生系统误差的因素及其影响大小,并对其机理进行建模,最大限度地消除观测过程中的系统误差,而系统误差的残差通常就作为随机误差的一部分进行处理。

2.1.6 测量精度有关术语之间相互关系

测量精度的两个最重要的概念是精密度和准确度,其中精密度与随机误差和

系统误差的残差有关,而准确度一般与系统误差有关。

精密度主要取决于偶然误差,偶然误差愈小观测数据愈集中;准确度主要取决于系统误差,系统误差越小观测数据越接近真值。一个观测值可能精密度高而准确度低,反之也可能成立,要看观测值中偶然误差与系统误差各占多大的比重而定。测量值越密集且与真值越接近,就可以说该测量值的精度越高。精密度、准确度和精度的含义及其相互关系,可用航空武器系统靶试的例子来描述,如图2-3所示。

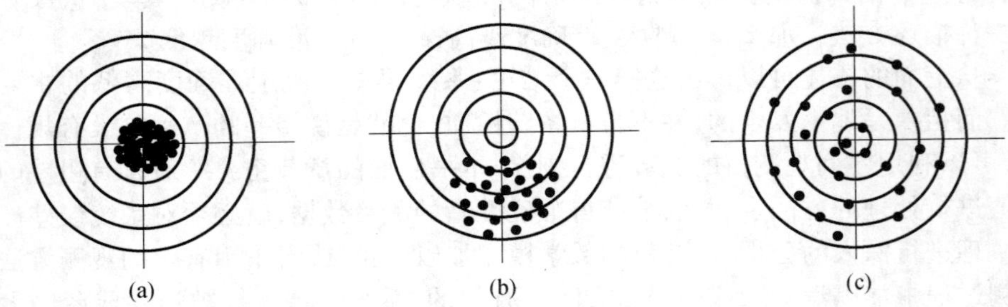

图2-3 精密度、准确度和精度的含义及其相互关系

图2-3(a)表示弹着点密集于靶子的中心部位,说明精密度和准确度都好,因此射击精度高;图2-3(b) 表示弹着点较密集,且偏离靶心,说明精密度较好,而准确度不好,有系统误差存在;图2-3(c)表示精密度不好,而准确度好,没有系统误差存在,但精度相对图2-3(a)也较低。如果弹着点分布很松散,且远离靶心,则射击精度就低。因此评价测量的精度,既要检查系统误差,也要衡量偶然误差,同时还要设法修正系统误差。

2.2 测量不确定度[2,3]

2.2.1 测量不确定度的提出

在测量不确定度未提出以前,国内外均使用准确度、精密度和精度来描述测量的误差。随着计量科学的出现,从事计量科学研究的人,从用词和概念的准确性出发,提出了使用"测量不确定度"(简称"不确定度")一词,源于1927年德国物理学家海参堡在量子学中提出的不确定关系,又称测不准关系。1970年以后,一些学者逐渐使用"不确定度"一词,一些国家的计量部门也开始使用不确定度。

提出不确定度的理由:测量准确度的定义是测量结果与被测量真值之间的一致程度。由于测量准确度与真值相连,真值在大多数情况下是未知的,故用测量准确度表示也就遇到了困难。因此,在大多数情况下准确度是一个定性概念,不是定量概念,定量概念用不确定度。

由于对不确定度的认识、理解和表示方法尚缺乏一致性,同时又鉴于国际间表示测量不确定度的不一致,20世纪60年代就提出了用不确定度表示测量准确度的建议;70年代得到了进一步的发展;1980年,国际计量局(BIPM)在征求各国意见的基础上提出了《实验不确定度建议书 INC－1》;1986年由国际标准化组织(ISO)等七个国际组织共同组成了国际不确定度工作组,制定了《测量不确定度表示指南》,简称“指南 GUM”;1993年,国际标准化组织出版了《测量不确定度表示导则》目的是促进以完整的信息表示不确定度,统一测量不确定度的评定与表示方法,为测量结果的国际比对提供基础。

测量不确定度是指测量结果变化的不肯定,是表征被测量的真值在某个量值范围的估计,是测量结果含有的一个参数,用以表示被测量值的分散性。

测量不确定度的定义表明,一个完整的测量结果应包含被测量值的估计与分散性参数两部分。例如被测量值 Y 的测量结果为 $\hat{Y} \pm U$,其中 $\hat{Y}$ 是被测量值的估计,它具有的区间为测量不确定度 U(称为扩展不确定度)。显然,由测量不确定度的定义表明,被测量的测量结果所表示的并非为一个确定的值,而是分散的无限个可能值所处的一个区间,其分散性就是不确定度。

2.2.2 标准不确定度的评定

根据测量不确定度定义,在测量实践中如何对测量不确定度进行合理的评定,这是必须解决的基本问题。对于一个实际测量过程,影响测量结果的不确定度有多方面因素,因此测量不确定度一般包含若干个分量,各不确定度分量不论其性质如何,皆可用两类方法进行评定,即 A 类评定与 B 类评定。其中一些分量由一系列观测数据的统计分析来评定,称为 A 类评定;另一些分量不是用一系列观测数据的统计分析法,而是基于经验或其它信息所认定的概率分布来评定,称为 B 类评定。所有的不确定度分量均用标准差表征,它们或是由随机误差和系统误差而引起,都会对测量结果的分散性产生相应的影响。

根据表示方式的不同,测量不确定度在使用中有三种情况:标准不确定度 u、合成标准不确定度 u_c、扩展不确定度 U。

标准不确定度 u 是用标准差表征的不确定度。包含若干个不确定度分量,均是标准不确定度分量,用 u_i 表示。

合成标准不确定度简称“合成不确定度”,就是将若干个标准不确定度综合成合成标准不确定度,用 u_c 表示,它等于若干个变量的方差与协方差加权和的正平方根。

扩展不确定度 U 是用包含因子 k 乘以合成标准不确定度 u_c,得到一个区间表示的测量不确定度。它将合成标准不确定度扩展了 k 倍,从而提高了置信水平。

2.2.2.1 标准不确定度的 A 类评定

A 类评定是对一系列观测值用统计分析方法进行标准不确定度评定的方法。其标准不确定度 u 等同于由系列观测值获得的标准差 σ,即 $u=\sigma$。标准差 σ 的基本求法与随机误差的求法一样。

1. 算术平均值

在相同测量条件下，对被测量 X 进行 n 次独立重复观测，得到观测值 $X_i(i=1,2,\cdots,n)$。则样本算术平均值为

$$\bar{X} = \frac{1}{n}\sum_{i=1}^{n} X_i \tag{2-26}$$

在大多数情况下，随机变量的期望的最佳估计是在相同条件下 n 次独立重复观测的算术平均值，且满足无偏性、有效性、充分性和一致性。在相同的条件下进行观测，意味着每一次的观测值具有相同的概率 p_i，即其概率均为 $1/n$。

2. *A* 类评定的基本方法

由于重复观测的随机变化，其观测值不会相同，故测量方差为

$$V(X) = \sum_{i=1}^{\infty} (X_i - E(X))^2 p_i = \sigma^2(X) \tag{2-27}$$

式中，$p_i = P(X = X_i), i = 1,2,\cdots,n$。

在等概率测量条件下，式(2-27)可写成：

$$V(X) = \lim_{n\to\infty}\left(\frac{1}{n}\sum_{i=1}^{n} (X_i - E(X))^2\right) \tag{2-28}$$

由于测量次数总是有限的，故有方差为

$$V(X) \equiv \frac{1}{n}\sum_{i=1}^{n} (X_i - E(X))^2 \tag{2-29}$$

即标准差为

$$\sigma(X) = \sqrt{\frac{1}{n}\sum_{i=1}^{n} (X_i - E(X))^2} \tag{2-30}$$

实际上，很难直接用式(2-30)求解标准差，因为测量值 X 的期望 $E(X)$ 总是未知的。因此，在实际工程应用中只能采用贝塞尔(Bessel)公式进行计算：

$$s^2(x) = \frac{1}{n-1}\sum_{i=1}^{n} (X_i - \bar{X})^2 = \frac{1}{n-1}\sum_{i=1}^{n} v_i^2 \tag{2-31}$$

式中，$v_i = X_i - \bar{X}$。

可以证明，由式(2-31)计算的样本方差是总体方差的无偏估计。样本标准差为

$$s(X) = \sqrt{\frac{1}{n-1}\sum_{i=1}^{n} (X_i - \bar{X})^2} \tag{2-32}$$

在标准不确定度的 A 类评定中，用样本标准差作为方差的估计值。

2.2.2.2 标准不确定度的 B 类评定

对于不能进行或不需要重复测量的标准不确定度评定采用 B 类评定。B 类评定不用统计分析法，而是基于其它方法估计概率分布或分布假设来评定标准差并得到标准不确定度。B 类评定在不确定度评定中占有重要地位，因为有的不确定

度无法用统计方法来评定，或者虽然可用统计法，但不经济可行，所以在实际工作中，采用 B 类评定方法居多。

设被测量 X 的估计值为 $\hat{X}$，其标准不确定度的 B 类评定是借助于影响 $\hat{X}$ 可能变化的全部信息进行科学判定的。这些信息可能是：

（1）以前的测量数据、经验或资料；

（2）有关仪器和系统的性能；

（3）制造说明书和检定证书或其它报告所提供的数据；

（4）由手册提供的参考数据等。

为了方便起见，将 B 类评定中的方差和标准不确定度分别用 $u^2(\hat{X})$ 和 $u(\hat{X})$ 表示。采用 B 类评定法，需要对实际情况进行分析，对测量值进行一定的分布假设。可假设为正态分布，也可假设为其它分布。

1. 已知 $u(\hat{X})$ 与 v 的情况

若分别知道了 A 类与 B 类的标准不确定度以及它们的自由度，就可以求出合成标准不确定度 u_c 以及 u_c 的有效自由度 v_{eff}，从而可以确定包含因子 k 值，得到扩展不确定度 $U=ku_c$。

2. 已知 U 与 k 的情况

当给出了扩展不确定度及包含因子时，标准不确定度可以由下式求得：

$$u(\hat{X}) = U/k \tag{2-33}$$

3. 已知 U 与置信水平 p 的情况

给出置信水平 p 以及扩展不确定度 U，判断其分布类型。在“导则”中，说明了如果不清楚其分布，可以假设观测值为近似正态分布。也就是说，按经验可以将其看成是正态分布，经查表得到相应于置信水平为 p 时的包含因子 k 值，这样，就可以利用式(2-33)计算标准不确定度。

4. 已知置信区间上下限的情况

给出了置信区间的上下限$[a,b]$，且落在该区间内的概率为1，而落在该区间外的概率为0。对于这种情况，若没有特别说明，则假设观测值按等概率落在该区间的任何地方，即为均匀分布，其期望为$(a+b)/2$，方差为$(a-b)^2/12$。

2.2.3 自由度及其确定

不确定度评定要给出标准不确定度，在许多场合下，还要给出标准不确定度的自由度，有时又称多余观测数或冗余观测数。自由度是标准不确定度的不确定度，是评定扩展不确定度的依据。

2.2.3.1 自由度概念

根据概率论与数理统计所定义的自由度，在 n 个变量 v_i 的平方和 $\sum_{i=1}^{n} v_i^2$ 中，

如果 n 个 v_i 之间存在着 k 个独立的线性约束条件，即 n 个变量中独立变量的个数仅为 $n-k$ 个，则称平方和 $\sum_{i=1}^{n} v_i^2$ 的自由度为 $n-k$。因此若用贝塞尔公式计算单次测量的标准差 σ，式中 $\sum_{i=1}^{n}(X_i-\bar{X})^2=\sum_{i=1}^{n} v_i^2$ 中的 n 个变量之间存在唯一的线性约束条件，故平方和 $\sum_{i=1}^{n} v_i^2$ 的自由度为 $n-1$，则由贝塞尔公式计算出的单次测量的标准差 σ（常用 s 表示）的自由度也等于 $n-1$。由此可以看出，标准差的可信赖程度与自由度有密切关系，自由度越大，标准差越可信赖。由于不确定度是用标准差来表征，因此不确定度评定的质量如何，也可用自由度来说明。每个不确定度都对应着一个自由度，并将不确定度计算表达式中总和所包含的项数减去各项之间存在的约束条件数，所得差值称为不确定度的自由度。

2.2.3.2 自由度确定

1. 标准不确定度 *A* 类评定的自由度

对 A 类评定的标准不确定度，其自由度 v 即为标准差 σ 的自由度。由于标准差有不同的计算方法，其自由度也有所不同，并且可由相应公式计算出不同的自由度。例如，用贝塞尔法计算的标准差，其自由度 $v=n-1$，而用其它方法计算标准差，其自由度也有所不同。

（1）求算术平均值时，受约束的项数为 1，故其自由度为 $n-1$；

（2）当 $X \sim N(\mu,\sigma)$ 时，则 $\frac{1}{\sigma^2}\sum_{i}(X_i-\bar{X})^2$ 服从于自由度为 $v=n-1$ 的 $\chi^2(v)$ 分布。

2. 标准不确定度 *B* 类评定的自由度

对 B 类评定的标准不确定度 u_c，由估计 u_c 的相对标准差来确定自由度，其自由度定义为

$$v(u(\hat{X})) \approx \frac{1}{2}\frac{u^2(\hat{X})}{\sigma^2(u(\hat{X}))} \approx \frac{1}{2}\left[\frac{\Delta u(\hat{X})}{u(\hat{X})}\right]^{-2} \tag{2-34}$$

式中，$u(\hat{X})$ 为 B 类标准不确定度；$\Delta u(\hat{X})=\sigma(u(\hat{X}))$；$\Delta u(\hat{X})/u(\hat{X})$ 为 B 类标准不确定度的相对不确定度；$\sigma(u(\hat{X}))$ 为 B 类标准不确定度的标准偏差。

因此，作为生产测量设备厂商应该提供 $u(\hat{X})$ 及其自由度，当没有提供自由度时，应根据产品说明书、校正、试验观测数据以及其它信息判断 $u(\hat{X})$ 的不可信度。

总之，对测量结果的不同准确度要求，需要给出不同层次的测量结果，基本要求是要得到估计值，其次是估计值的不确定度，即知道该估计值可以信任到什么程度。

2.2.4 测量不确定度与误差

测量不确定度和误差是误差理论在不同技术发展时期的两个重要概念。它们具有相同点，都是评价测量结果质量高低的重要指标，都可作为测量结果的精度评定参数。但它们又有明显的区别，必须正确认识和区分，以防混淆和误用。

从定义上讲，按照误差的定义式，误差是测量结果与真值之差，它是以真值为中心，而测量不确定度是以被测量的估计值为中心。因此误差是一个理想的概念，一般不能准确知道，难以定量，因此在实际操作中，往往是以真值的替代值（平均值、最或然值等）来代替；而测量不确定度是反映人们对测量认识不足的程度，是可以定量评定的。然而，真值的替代值和被测量的估计值的计算方法是一致的。

在分类上，误差按自身特征和性质分为系统误差、随机误差和粗大误差，并可采取不同的措施来减小或消除各类误差对测量的影响。但由于各类误差之间并不存在绝对界限，分类判别和误差计算时不易准确掌握；测量不确定度不按性质分类，而是按评定方法分为 A 类评定和 B 类评定。两类评定方法不分优劣，按实际情况的可能性加以选用。由于不确定度的评定不考虑影响不确定度因素的来源和性质，只考虑其影响结果的评定方法，从而简化了分类，便于评定与计算。

不确定度与误差既有区别，也有联系。误差是不确定度的基础，研究不确定度首先需了解误差。只有对误差的性质、分布规律、相互联系及对测量结果的误差传递关系等有了充分认识和了解，才能更好地估计各不确定度分量，正确得到测量结果的不确定度。用测量不确定度代替误差表示测量结果，概念更加清楚，易于理解，便于评定，具有合理性和实用性。但测量不确定度并不能完全取代误差理论的所有内容，传统的误差分析方法在一定的场合还在使用，并被工程技术人员所认可和接收。客观地说，不确定度是对经典误差理论的一个补充和发展，是现代误差理论的内容之一，还有待于进一步研究、完善与发展。

测量不确定度应充分考虑测量设备、测量人员、测量环境、测量方法等众多来源带来的不确定度分量，做到不遗漏、不重复，并正确评定其数值，以获得测量结果的不确定度。

2.2.5 测量不确定度传播律

在航空飞行试验中，许多待测量参数均为观测值的复合函数。例如单站测量时，机动目标的空间三维坐标(X,Y,Z)是观测值(R,A,E)的非线性函数。因此，需要分析复合函数不确定度的表示方法。

设非线性函数形式如下：

$$\boldsymbol{Y} = \boldsymbol{f}(X_1, X_2, \cdots, X_N) \tag{2-35}$$

式中，$\boldsymbol{Y}=[Y_1 \quad Y_2 \quad \cdots \quad Y_M]^{\mathrm{T}}$；$\boldsymbol{f}=[f_1 \quad f_2 \quad \cdots \quad f_M]=\begin{bmatrix} f_{11} & f_{12} & \cdots & f_{1N} \\ f_{21} & f_{22} & \cdots & f_{2N} \\ \vdots & \vdots & \ddots & \vdots \\ f_{M1} & f_{M2} & \cdots & f_{MN} \end{bmatrix}$。

将式(2－35)按泰勒级数展开，忽略二阶以上项，有

$$\delta Y = \frac{\partial f}{\partial X_1}\delta X_1 + \frac{\partial f}{\partial X_2}\delta X_2 + \cdots + \frac{\partial f}{\partial X_N}\delta X_N \tag{2-36}$$

根据协方差传播律，若分别用 X_i 的估计值 $\hat{X}_i$，Y 的估计值 $\hat{Y}$ 表示时，则有

$$\boldsymbol{\sigma}^2(\hat{Y}) = \left(\frac{\partial f}{\partial \hat{X}_1}\right)^2 \boldsymbol{\sigma}^2(X_1) + \left(\frac{\partial f}{\partial \hat{X}_2}\right)^2 \boldsymbol{\sigma}^2(\hat{X}_2) + \cdots + \left(\frac{\partial f}{\partial \hat{X}_N}\right)^2 \boldsymbol{\sigma}^2(\hat{X}_N) + 2\sum_{i=1}^{N-1}\sum_{j=i+1}^{N}\frac{\partial f}{\partial \hat{X}_i}\frac{\partial f}{\partial \hat{X}_j}\boldsymbol{\rho}_{ij}\boldsymbol{\sigma}(\hat{X}_i)\boldsymbol{\sigma}(\hat{X}_j) \tag{2-37}$$

式中，$\boldsymbol{\rho}(X_i,X_j)$ 为 X_i 与 X_j 的相关系数，简写为 $\boldsymbol{\rho}_{ij}$。

再用 $u(\hat{X}_i)$、$u(\hat{X}_j)$ 分别估计 $\boldsymbol{\sigma}(\hat{X}_i)$、$\boldsymbol{\sigma}(\hat{X}_j)$，以及用合成标准不确定度 $u_c(\hat{Y})$ 估计 $\boldsymbol{\sigma}(\hat{Y})$，并用估计的相关系数 $r(\hat{X}_i,\hat{X}_j)$ 代替 $\boldsymbol{\rho}_{ij}$，则

$$u_c^2(\hat{Y}) = \sum_{i=1}^{N}\left(\frac{\partial f}{\partial \hat{X}_i}\right)^2 u^2(\hat{X}_i) + 2\sum_{i=1}^{N-1}\sum_{j=i+1}^{N}\frac{\partial f}{\partial \hat{X}_i}\frac{\partial f}{\partial \hat{X}_j}r(\hat{X}_i,\hat{X}_j)u(\hat{X}_i)u(\hat{X}_j) \tag{2-38}$$

式中，$\boldsymbol{r}(\hat{X}_i,\hat{X}_j)$ 为 $(\hat{X}_i,\hat{X}_j)$ 的协方差估计值。

式(2－38)表示了 $u(\hat{X}_i)$ 与 $u_c(\hat{Y})$ 的传递关系，称为不确定度传播律。

当 X_i 与 X_j 之间不相关时，也即 $r(\hat{X}_i,\hat{X}_j)$ 为 0，式(2－38)就可以简化为

$$u_c^2(\hat{Y}) = \sum_{i=1}^{N}(c_i)^2 u^2(\hat{X}_i) \tag{2-39}$$

利用方差性质求取合成方差适用于函数关系较为简单的情况。对于不相关的输入量，不确定度传播律中的协方差项为零，因此，计算较为简单。对于相关的输入量，可以通过变量置换，把相关输入量置换为另外的不相关输入量。当 A，B 两类方差均已知时，合成方差即为它们的和，合成标准不确定度是合成方差的正平方根。变量之间是否相关一定要分析清楚，不应将相关的变量认为是不相关的变量，这样会带来较大的差别。

对于应用动态不确定度原理来评定动态测量结果的不确定度有着十分重要的意义。动态测量不确定度原理在理论和实践上与测量系统动态特性和随机测量数据特征参数有密切关系，但它既不是系统内部动态特性的描述，也不是系统外部动态测试数据随机特征参数传统评定理论的简单应用。动态测量不确定度的科学分析与评定，仍需要继续深入研究。

2.3 最小二乘误差估计[4]

最小二乘误差估计是测量数据处理中经常使用的方法。从数学家高斯(Gauss)把它引入数学领域以来,已经成为数据分析和处理的常用方法。

2.3.1 最小二乘误差估计原理

设两个变量之间具有如下线性关系:

$$y = bx + a \tag{2-40}$$

式中,y 为因变量;x 为自变量;a 与 b 是常数。

设实际测量得到的观测值为 z,则有

$$z_i = y_i + v_i,\ i = 1,2,\cdots,n \tag{2-41}$$

或

$$z_i = a + bx_i + v_i \tag{2-42}$$

式中,v_i 为随机噪声,一般认为 v_i 是零均值随机白噪声。

有了 N 组测量值$(x_i,z_i)(i=1,2,\cdots,N)$,就可以求出最佳 a 与 b 两个常数。

根据准则函数,先定义误差:

$$v_i = z_i - (a + bx_i) \tag{2-43}$$

然后定义 v_i 的范数 J 作为准则函数。

$$J = \sum_{i=1}^{N} v_i^2 = \sum_{i=1}^{N} [z_i - (a + bx_i)]^2 \tag{2-44}$$

上式可用来确定使 J 最小时 a 与 b 两个常数的最佳估计。

正规方程的解如下:

$$a = \frac{\sum_{i=1}^{N} x_i \sum_{i=1}^{N} z_i x_i - \sum_{i=1}^{N} x_i^2 \sum_{i=1}^{N} z_i}{\left(\sum_{i=1}^{N} x_i\right)^2 - N\sum_{i=1}^{N} x_i^2},\quad b = \frac{\sum_{i=1}^{N} z_i \sum_{i=1}^{N} x_i - N\sum_{i=1}^{N} z_i x_i}{\left(\sum_{i=1}^{N} x_i\right)^2 - N\sum_{i=1}^{N} x_i^2} \tag{2-45}$$

由式(2-45)解算出的值就称为参数 a 与 b 的最小二乘估计,因为准则函数是关于误差的二次方,又是在准则函数最小的情况下求得的参数估计,故称最小二乘法。实际上,很容易用二阶偏导数进行检验,证明最小二乘估计量 a 与 b 可使准则函数 J 取得最小值。

2.3.2 最小二乘误差估计变量扩展

当观测量所涉及的相关变量有 p 个时,可以建立线性方程:

$$z_i = a_0 + a_1 x_{1i} + a_2 x_{2i} + \cdots + a_p x_{pi} + v_i \tag{2-46}$$

式中,$x_{1i},x_{2i},\cdots,x_{pi}$ 为 p 个与观测量相关的变量;$a_0,a_1,a_2,\cdots,a_p$ 为 $p+1$ 个参数;v_i 表示零均值随机白噪声。

引入向量表达式：

$$\boldsymbol{Z} = [z_1, z_2, \cdots z_N]^{\mathrm{T}}, \boldsymbol{V} = [v_1, v_2, \cdots v_N]^{\mathrm{T}}, \boldsymbol{\phi} = \begin{bmatrix} x_1^{\mathrm{T}} \\ x_2^{\mathrm{T}} \\ \vdots \\ x_N^{\mathrm{T}} \end{bmatrix} = \begin{bmatrix} 1 & x_{11} & x_{21} & \cdots & x_{p1} \\ 1 & x_{12} & x_{22} & \cdots & x_{p2} \\ \vdots & \vdots & \vdots & \ddots & \vdots \\ 1 & x_{1N} & x_{2N} & \cdots & x_{pN} \end{bmatrix}$$

可得到矩阵方程：

$$\boldsymbol{Z} = \boldsymbol{\phi A} + \boldsymbol{V} \tag{2-47}$$

对式(2-47)进行转换，建立误差方程，然后以误差函数的范数作为求解最优估计值的准则函数，使 J 达到极小值的向量 $\boldsymbol{A}$ 就是参数的最佳估计。根据求极值原理和向量微分法则，得

$$\hat{\boldsymbol{A}} = (\boldsymbol{\phi}^{\mathrm{T}}\boldsymbol{\phi})^{-1}\boldsymbol{\phi}^{\mathrm{T}}\boldsymbol{Z} \tag{2-48}$$

式(2-48)就是涉及相关变量较多时且为线性模型的参数最佳估计方法。

2.3.3 最小二乘误差估计统计特性

1. 无偏性

当相关变量 x 和随机干扰 v 统计独立时，我们可以看出矩阵 $\boldsymbol{\phi}$ 和向量 $\boldsymbol{V}$ 统计独立，如果随机向量 $\boldsymbol{V}$ 是零均值的，则有

$$\begin{aligned} E(\hat{\boldsymbol{A}}) &= E[(\boldsymbol{\phi}^{\mathrm{T}}\boldsymbol{\phi})^{-1}\boldsymbol{\phi}^{\mathrm{T}}(\boldsymbol{\phi A} + \boldsymbol{V})] \\ &= \boldsymbol{A} + \boldsymbol{E}[(\boldsymbol{\phi}^{\mathrm{T}}\boldsymbol{\phi})^{-1}\boldsymbol{\phi}^{\mathrm{T}}]E(\boldsymbol{V}) = \boldsymbol{A} \end{aligned} \tag{2-49}$$

这就证明了参数估计 $\hat{\boldsymbol{A}}$ 是无偏的。

2. 有效性

设随机向量 $\boldsymbol{V}$ 的协方差阵为

$$\boldsymbol{R}_V = E[\boldsymbol{V}\boldsymbol{V}^{\mathrm{T}}]$$

参数估计向量的协方差阵为

$$\begin{aligned} \mathrm{cov}[\hat{\boldsymbol{A}}] &= E[(\hat{\boldsymbol{A}} - \boldsymbol{A})(\hat{\boldsymbol{A}} - \boldsymbol{A})^{\mathrm{T}}] = E[(\boldsymbol{\phi}^{\mathrm{T}}\boldsymbol{\phi})^{-1}\boldsymbol{\phi}^{\mathrm{T}}\boldsymbol{V}\boldsymbol{V}^{\mathrm{T}}\boldsymbol{\phi}(\boldsymbol{\phi}^{\mathrm{T}}\boldsymbol{\phi})^{-1}] \\ &= (\boldsymbol{\phi}^{\mathrm{T}}\boldsymbol{\phi})^{-1}\boldsymbol{\phi}^{\mathrm{T}}\boldsymbol{R}_V\boldsymbol{\phi}(\boldsymbol{\phi}^{\mathrm{T}}\boldsymbol{\phi})^{-1} \end{aligned} \tag{2-50}$$

当随机向量 $\boldsymbol{V}$ 服从联合正态分布时，Fisher 信息矩阵为

$$\boldsymbol{F} = \boldsymbol{\phi}^{\mathrm{T}}R_V^{-1}\boldsymbol{\phi} \tag{2-51}$$

一般来说，有

$$\mathrm{cov}(\hat{\boldsymbol{A}}) \geqslant \boldsymbol{F}^{-1}$$

所以最小二乘估计不是有效估计，只有当 $\boldsymbol{V}$ 为白噪声时，$R_V = \sigma^2 I$，那么

$$\mathrm{cov}(\hat{\boldsymbol{A}}) = \sigma^2(\boldsymbol{\phi}^{\mathrm{T}}\boldsymbol{\phi})^{-1} = \boldsymbol{F}^{-1} \tag{2-52}$$

参数估计向量 $\hat{\boldsymbol{A}}$ 才成为有效估计量。

3. 一致性

参数估计向量 $\hat{\boldsymbol{A}}$ 的一致性证明较为复杂，当噪声为零均值、正态分布、白噪声

时,$\hat{A}$ 是参数 A 的一致估计量。

2.3.4 最小二乘估计量的几何意义

因为 $\hat{Z}$ 是 $x_1, x_2, \cdots x_n$ 的线性组合,故 $\hat{Z}$ 是由 $x_1, x_2, \cdots, x_n$ 组成的子空间 W_x 中的一个向量。因为有

$$\| Z - \hat{Z} \|^2 \to \min$$

可知 $\hat{Z}$ 是 Z 在 W_x 空间上的正交投影。由于

$$\hat{Z} = X\hat{A} = X(X^{\mathrm{T}}X)^{-1}X^{\mathrm{T}}Z \tag{2-53}$$

如果记这个投影算子为 $P_{W_x(\cdot)}$,故有正交投影算子:

$$P_{W_x} = X(X^{\mathrm{T}}X)^{-1}X^{\mathrm{T}} \tag{2-54}$$

记残差向量 $\boldsymbol{\delta} = Z - \hat{Z}$,则 $\boldsymbol{\delta}$ 是与 $\hat{Z}$ 直交的向量,所以,$Z = \hat{Z} + \boldsymbol{\delta}$。这是对 Z 的正交分解。因此,最小二乘估计量的几何意义就是寻求 Z 在 W_x 空间上的正交投影向量 $\hat{Z}$ 与 Z 的误差最小。

2.4 最小均方误差估计[5]

在机动目标跟踪测量中,需要建立动态系统模型,研究参数估计算法。由于动态跟踪系统测量中,目标处于机动状态,本次观测数据可用于下一时刻的预测估计,以达到对目标新的状态参数最优估计。下面将介绍一种常用的准则函数:最小均方误差。

2.4.1 动态系统模型

动态系统模型采用如下状态转移方程描述:

$$\boldsymbol{s}_i = \boldsymbol{\Phi}_i \boldsymbol{s}_{i-1} + \boldsymbol{B}\boldsymbol{u}_{i-1} + \boldsymbol{n}_{i-1}, i = 1,2,\cdots \tag{2-55}$$

其中,$\boldsymbol{s} \in \Re^N$,测量向量为

$$z_i = \boldsymbol{H}\boldsymbol{s}_i + \boldsymbol{\eta}_i, i = 1,2,\cdots \tag{2-56}$$

式中,$\boldsymbol{z} \in \Re^P$;$\boldsymbol{s}_i$ 为 i 时刻系统的状态;$\boldsymbol{\Phi}_i$ 为状态转移矩阵,既可以是线性的,也可以是非线性的,可以是时变的,也可以是非时变的。

矩阵 $\boldsymbol{B}$ 反映了输入 $\boldsymbol{u}_{i-1}$ 对 i 时刻系统状态 $\boldsymbol{s}_i$ 的影响。随机噪声向量 $\boldsymbol{n}_i$ 通常定义为白噪声:

$$E(\boldsymbol{n}_i) = 0 \tag{2-57}$$

$$E(\boldsymbol{n}_i\boldsymbol{n}_j^{\mathrm{T}}) = \begin{cases} \sigma_n^2, i = j \\ 0, \text{其它} \end{cases} \tag{2-58}$$

故有

$$\boldsymbol{Q}_i = \mathrm{diag}[\boldsymbol{\sigma}_n^2 \quad \boldsymbol{\sigma}_n^2 \quad \cdots \quad \boldsymbol{\sigma}_n^2] \tag{2-59}$$

式(2-59)是过程噪声的协方差矩阵。

同样,测量噪声的性质也可作如下描述:

$$E(\boldsymbol{\eta}_i) = 0 \tag{2-60}$$

$$E(\boldsymbol{\eta}_i\boldsymbol{\eta}_j^{\mathrm{T}}) = \begin{cases} \boldsymbol{\sigma}_{\eta_i}^2, i = j \\ 0, 其它 \end{cases} \tag{2-61}$$

同样有

$$\boldsymbol{R}_i = \mathrm{diag}[\boldsymbol{\sigma}_{\eta_1}^2 \quad \boldsymbol{\sigma}_{\eta_2}^2 \quad \cdots \quad \boldsymbol{\sigma}_{\eta_p}^2] \tag{2-62}$$

式(2-62)表示为测量误差协方差矩阵。假设状态变量噪声与测量噪声之间相互独立,则有

$$E(\boldsymbol{\eta}_i\boldsymbol{n}_j^{\mathrm{T}}) = 0, \forall i,j \tag{2-63}$$

我们希望确定系统在 i 时刻的状态 $\boldsymbol{s}_i$,但是又不能通过直接测量的方法得到。实际上,测量值 $z_i = \tilde{z}_i$ 是 $\boldsymbol{s}_i$ 的函数,现在的问题是如何在确定了 z_i 之后,正确估计 $\boldsymbol{s}_i$ 的值。对于最小均方误差估计而言,最优估计准则是使其平方误差均值达到最小,即

$$E((\boldsymbol{s}_i - \hat{\boldsymbol{s}}_j)^2) = \min$$

假设概率密度函数 $p(\boldsymbol{s}_i)$ 和 $p(\boldsymbol{s}_i/z_i)$ 已知,当给定 $z_i = \tilde{z}_i$ 时,得到 $\boldsymbol{s}_i$ 在最小均方误差意义上的最优估计。因此,设定一个函数 $\hat{\boldsymbol{s}}_i = g(\hat{z}_i)$,使得下式最小化,即

$$J = E((\boldsymbol{s}_i - g(\tilde{z}_i))^2 | z_i = \tilde{z}_i) = \min \tag{2-64}$$

通过求解

$$\frac{\mathrm{d}J}{\mathrm{d}g} = \frac{\mathrm{d}}{\mathrm{d}g}E((\boldsymbol{s}_i - g(\tilde{z}_i))^2 | z_i = \tilde{z}_i) = 0$$

可得

$$g(\tilde{z}_i) = E(\boldsymbol{s}_i | z_i - \tilde{z}_i) \tag{2-65}$$

所以,在已知 $z_i = \tilde{z}_i$ 时,最优估计为 $\boldsymbol{s}_i$ 的期望值,或称均值。

随机函数 $g(z_i) = E(\boldsymbol{s}_i | z_i)$ 可使得均方差 $E((\boldsymbol{s}_i - g(z_i))^2)$ 最小化,也可使条件均方差 $E((\boldsymbol{s}_i - g(z_i))^2 | z_i)$ 最小化。利用期望的迭代性质,有

$$\begin{aligned} E((\boldsymbol{s}_i - g(z_i))^2) &= E(E((\boldsymbol{s}_i - g(z_i))^2 | z_i)) \\ &= \int_{-\infty}^{\infty} (E((\boldsymbol{s}_i - g(\tilde{z}_i))^2 | z_i = \tilde{z}_i)) p_{z_i}(\tilde{z}_i) \mathrm{d}\tilde{z}_i \end{aligned} \tag{2-66}$$

因为对于每个 $\tilde{z}_i$,函数 $g(z_i) = E(\boldsymbol{s}_i | z_i = \tilde{z}_i)$ 都能使 $E((\boldsymbol{s}_i - g(z_i))^2 | z_i = \tilde{z}_i)$ 最小化,所以,该积分也被最小化了。令 $\hat{\boldsymbol{s}}_i = E(\boldsymbol{s}_i | z_i)$,$\widehat{\boldsymbol{s}} = \boldsymbol{s}_i - \hat{\boldsymbol{s}}_i$,则

$$E(\widehat{\boldsymbol{s}}_i | z_i = \tilde{z}_i) = E(\boldsymbol{s}_i - \hat{\boldsymbol{s}}_i | z_i = \tilde{z}_i) = 0 \tag{2-67}$$

$$E(\widehat{\boldsymbol{s}}_i) = E(E(\boldsymbol{s}_i | z_i)) = 0 \tag{2-68}$$

所以最小均方误差估计是无偏的。由于

$$\mathrm{cov}(\tilde{s}_i,\hat{s}_i) = E((\tilde{s}_i - E(\tilde{s}_i))(\hat{s}_i - E(\hat{s}_i))) = 0 \tag{2-69}$$

所以，$\tilde{s}_i$ 与 $\hat{s}_i$ 是不相关的，因而有

$$\mathrm{var}(s_i) = \mathrm{var}(\hat{s}_i) + \mathrm{var}(\tilde{s}_i) \tag{2-70}$$

2.4.2 线性最小均方误差估计算法

从上述介绍中可以看出最小均方误差估计必须满足一个条件，即后验概率密度 $p(\boldsymbol{s}/\boldsymbol{z})$ 必须已知。但是实际上这一点很难计算得到。如果将分析限定在估计器上，估计器就是观测向量 $\boldsymbol{z}$ 的仿射函数，可以采用线性最小均方误差估计（LMMSE）方法。线性最小均方误差估计能够使得估计器仅是 $\boldsymbol{s}$ 和 $\boldsymbol{z}$ 的一阶和二阶矩的函数。

已知 N 维观测向量 $\boldsymbol{z}$，求解未知向量 $\boldsymbol{s}$ 的线性最小均方误差估计，其估计器形式为

$$\hat{\boldsymbol{s}} = \boldsymbol{H}\boldsymbol{z} + \boldsymbol{b} \tag{2-71}$$

式中，$\hat{\boldsymbol{s}}$ 为一个 $M \times N$ 矩阵；$\boldsymbol{b}$ 为一个 M 维向量。

适当选取 $\boldsymbol{H}$ 和 $\boldsymbol{b}$ 可使下式最小化：

$$E((\boldsymbol{s} - \hat{\boldsymbol{s}})^{\mathrm{T}}(\boldsymbol{s} - \hat{\boldsymbol{s}})) = \min \tag{2-72}$$

LMMSE 估计为

$$\hat{\boldsymbol{s}} = E(\boldsymbol{s}) + \boldsymbol{R}_{sz}\boldsymbol{R}_{zz}^{-1}(\boldsymbol{z} - E(\boldsymbol{z})) \tag{2-73}$$

式中，$E(\boldsymbol{s})$ 为 $\boldsymbol{s}$ 的均值；$E(\boldsymbol{z})$ 为 $\boldsymbol{z}$ 的均值；$\boldsymbol{R}_{sz}$ 是 $\boldsymbol{s}$ 与 $\boldsymbol{z}$ 的互协方差矩阵，其中

$$\boldsymbol{R}_{sz} = E((\boldsymbol{s} - E(\boldsymbol{s}))(\boldsymbol{z} - E(\boldsymbol{z}))^{\mathrm{T}}); \tag{2-74}$$

$\boldsymbol{R}_{zz}$ 为 $\boldsymbol{z}$ 的自协方差矩阵：

$$\boldsymbol{R}_{zz} = E((\boldsymbol{z} - E(\boldsymbol{z}))(\boldsymbol{z} - E(\boldsymbol{z}))^{\mathrm{T}}) \tag{2-75}$$

假设 $\boldsymbol{z}$、$\boldsymbol{s}$ 的均值都为零，则有如下正交原理。

性质：正交原理

对于 LMMSE 估计 $\hat{\boldsymbol{s}}$，估计误差与观测向量 $\boldsymbol{z}$ 正交，即

$$E((\boldsymbol{s} - \hat{\boldsymbol{s}})\boldsymbol{z}^{\mathrm{T}}) = \boldsymbol{0} \tag{2-76}$$

式中，$\boldsymbol{0}$ 为一个 $M \times N$ 矩阵。

证明：令 $\boldsymbol{A}$ 为一个满足以下正交要求的 $M \times N$ 矩阵：

$$E((\boldsymbol{s} - \boldsymbol{A}\boldsymbol{z})\boldsymbol{z}^{\mathrm{T}}) = \boldsymbol{0} \tag{2-77}$$

同时，令 $\boldsymbol{B}$ 为任意某个 $M \times N$ 矩阵，$\boldsymbol{B}\boldsymbol{z}$ 为 $\boldsymbol{s}$ 的估计，则估计的方差的期望为

$$\begin{aligned} E((\boldsymbol{s} - \boldsymbol{B}\boldsymbol{z})^{\mathrm{T}}(\boldsymbol{s} - \boldsymbol{B}\boldsymbol{z})) &= E((\boldsymbol{s} - \boldsymbol{A}\boldsymbol{z} + \boldsymbol{A}\boldsymbol{z} - \boldsymbol{B}\boldsymbol{z})^{\mathrm{T}}(\boldsymbol{s} - \boldsymbol{A}\boldsymbol{z} + \boldsymbol{A}\boldsymbol{z} - \boldsymbol{B}\boldsymbol{z})) \\ &= E((\boldsymbol{s} - \boldsymbol{A}\boldsymbol{z})^{\mathrm{T}}(\boldsymbol{s} - \boldsymbol{A}\boldsymbol{z})) + E((\boldsymbol{s} - \boldsymbol{A}\boldsymbol{z})^{\mathrm{T}}(\boldsymbol{A} - \boldsymbol{B})\boldsymbol{z}) + \\ &\quad E(((\boldsymbol{A} - \boldsymbol{B})\boldsymbol{z})^{\mathrm{T}}((\boldsymbol{s} - \boldsymbol{A}\boldsymbol{z}))) + \\ &\quad \boldsymbol{E}(((\boldsymbol{A} - \boldsymbol{B})\boldsymbol{z})^{\mathrm{T}}((\boldsymbol{A} - \boldsymbol{B})\boldsymbol{z})) \end{aligned} \tag{2-78}$$

由于

$$\begin{aligned} E((\boldsymbol{s} - \boldsymbol{A}\boldsymbol{z})^{\mathrm{T}}(\boldsymbol{A} - \boldsymbol{B})\boldsymbol{z}) &= \mathrm{tr}\boldsymbol{E}((\boldsymbol{s} - \boldsymbol{A}\boldsymbol{z})((\boldsymbol{A} - \boldsymbol{B})\boldsymbol{z})^{\mathrm{T}}) \\ &= \mathrm{tr}\,\boldsymbol{0}\,(\boldsymbol{A} - \boldsymbol{B})^{\mathrm{T}} = 0 \end{aligned} \tag{2-79}$$

$$E(((\boldsymbol{A}-\boldsymbol{B})\boldsymbol{z})^{\mathrm{T}}(\boldsymbol{s}-\boldsymbol{A}\boldsymbol{z}))=\boldsymbol{0} \tag{2-80}$$

$$E(((\boldsymbol{A}-\boldsymbol{B})\boldsymbol{z})^{\mathrm{T}}(\boldsymbol{A}-\boldsymbol{B})\boldsymbol{z})\geqslant\boldsymbol{0} \tag{2-81}$$

因此,式(2-78)可以写成:

$$\begin{aligned}&E((\boldsymbol{s}-\boldsymbol{B}\boldsymbol{z})^{\mathrm{T}}(\boldsymbol{s}-\boldsymbol{B}\boldsymbol{z}))\\&=E((\boldsymbol{s}-\boldsymbol{A}\boldsymbol{z})^{\mathrm{T}}(\boldsymbol{s}-\boldsymbol{A}\boldsymbol{z}))+E(((\boldsymbol{A}-\boldsymbol{B})\boldsymbol{z})^{\mathrm{T}}(\boldsymbol{A}-\boldsymbol{B})\boldsymbol{z})\end{aligned}$$

故有

$$E((\boldsymbol{s}-\boldsymbol{B}\boldsymbol{z})^{\mathrm{T}}(\boldsymbol{s}-\boldsymbol{B}\boldsymbol{z}))\geqslant E((\boldsymbol{s}-\boldsymbol{A}\boldsymbol{z})^{\mathrm{T}}(\boldsymbol{s}-\boldsymbol{A}\boldsymbol{z})) \tag{2-82}$$

从式(2-82)可知,任意线性估计器,其平方误差均值都不会小于一个满足正交原理的线性估计器的平方误差均值,所以,线性最小均方误差估计一定会满足正交原理。

正交原理可以用超空间几何概念进行解释。一组随机变量的集合可以成一个 Hilbert 空间(向量空间)。随机变量 z_0 到 z_{N-1} 及 s 都是该空间中的元素,元素之间的内积为

$$(z_i,z_j)=E(z_iz_j) \tag{2-83}$$

空间中元素的长度定义为

$$\|z_i\|=\sqrt{(z_i,z_j)}=\sqrt{E(z_iz_j)} \tag{2-84}$$

向量 $\hat{s}$ 是向量 z_0 到 z_{N-1} 的线性组合。为了使估计误差向量最小化,则估计应该是 $\boldsymbol{s}$ 在 $\boldsymbol{z}_0$ 到 $\boldsymbol{z}_{N-1}$ 的投影,也就是说,误差垂直于 z_0 到 $\boldsymbol{z}_{N-1}$ 的所有向量。

对于 $\boldsymbol{z}$、$\boldsymbol{s}$ 的均值不为零时,则只需要构造一个新的零均值随机变量:

$$z'=z-E(z),\boldsymbol{s}'=\boldsymbol{s}-E(\boldsymbol{s}) \tag{2-85}$$

此时,$\boldsymbol{s}'$的 LMMSE 估计为

$$\hat{s}'=\boldsymbol{R}_{s'z'}\boldsymbol{R}_{z'z'}^{-1}z'=\boldsymbol{R}_{sz}\boldsymbol{R}_{zz}^{-1}z' \tag{2-86}$$

式中,$\boldsymbol{R}_{s'z'}$ 和 $\boldsymbol{R}_{z'z'}$ 分别为 $\boldsymbol{s}'$ 与 $\boldsymbol{z}'$ 的互协方差和 $\boldsymbol{z}'$ 的自协方差。

由式(2-85)可以得到:

$$\hat{\boldsymbol{s}}=\hat{\boldsymbol{s}}'+E(\boldsymbol{s})=\boldsymbol{R}_{sz}\boldsymbol{R}_{zz}^{-1}(z-E(z))+E(\boldsymbol{s}) \tag{2-87}$$

由于

$$E(\hat{\boldsymbol{s}})=\boldsymbol{R}_{sz}\boldsymbol{C}_{zz}^{-1}E(z-\boldsymbol{E}(\hat{\boldsymbol{s}}))+E(\boldsymbol{s})=0 \tag{2-88}$$

所以,这种估计是无偏的。

2.5 最大似然估计[6]

参数估计的另一种方法是最大似然估计方法。它是一种统计方法,用以求解一个样本集的相对概率密度函数的参数。这种方法是把估计参数看作是确定但是未知的,最好的估计值是在获得实际观测样本的概率为最大的条件下得到的。本节介绍最大似然函数建立方法,以及求解最大似然估计量原理。

似然具有可能性的含义。由于预测量是随机变量,观测量和参数又通过模型而联系在一起,可以认为观测量是在参数一定的条件下取得的,因此,观测量的分

布实际上是一种条件分布,即在已知参数条件下所具有的分布。换言之,当已知条件分布和一组观测样本时就可以求解参数,条件分布就可以转化为参数的函数,称为似然函数,记为 $l(\boldsymbol{\theta})$。

为了解释最大似然估计,需要作以下假设。

(1) 参数 $\boldsymbol{\theta}$ 是确定的(非随机的)且未知的量。

(2) 按类别把样本集分开,假定有 c 个类,则可以分成 c 个样本集,其中任一个样本都是从概率密度为 $p(x|w_j)$ 的总体中抽取出来的。

(3) 类条件概率密度 $p(x|w_j)$ 具有某种确定的函数形式,如正态分布、指数分布等,但其参数向量未知。

(4) 不同类别的参数 $\boldsymbol{\theta}$ 在函数上是独立的,也就是说样本中不包含有关于参数的信息。

已知某一类样本集包含有 N 个样本,即 $X=\{x_1,x_2,\cdots,x_N\}$,由于假设样本是独立抽取的,所以有

$$p(X|\theta) = p(x_1,x_2,\cdots,x_N|\theta) = \prod_{i=1}^{N} p(x_i|\theta) \tag{2-89}$$

上式是参数 θ 的函数,把 $p(X|\theta)$ 称为参数 θ 的似然函数。

定义 若 N 个随机变量 $x_1,x_2,\cdots,x_N$ 是独立抽取密度 $p(\boldsymbol{X}|\boldsymbol{\theta})$ 总体的样本,则似然函数 $l(\boldsymbol{\theta})$ 就是 N 个随机变量的联合密度:

$$l(\boldsymbol{\theta}) = p(\boldsymbol{X}|\boldsymbol{\theta}) = p(x_1,x_2,\cdots,x_N|\boldsymbol{\theta}) = p(x_1|\boldsymbol{\theta})p(x_2|\boldsymbol{\theta})\cdots p(x_N|\boldsymbol{\theta})$$

似然函数 $l(\boldsymbol{\theta})$ 给出了从总体中抽出的 $x_1,x_2,\cdots,x_N$ 这样 N 个样本的概率。问题是我们所抽取的这组样本来自于哪个密度函数的可能性最大,也就是说要在参数空间 $\boldsymbol{\Theta}$ 中找到一个 $\boldsymbol{\theta}$ 值(如 $\hat{\boldsymbol{\theta}}$ 值),它能够使得似然函数 $l(\boldsymbol{\theta})$ 最大化。通常,使似然函数的值最大的参数估计值 $\hat{\boldsymbol{\theta}}$ 是样本 $x_1,x_2,\cdots,x_N$ 的函数称为最大似然估计量,记为 $\hat{\boldsymbol{\theta}}_{ML}$。因此,就不难得出求最大似然估计量的方法。如果未知量只有一个,又在似然函数上满足连续、可微的正则条件,则最大似然估计量便是下面微分方程的解,即

$$\left.\frac{\partial l(\boldsymbol{\theta})}{\partial \boldsymbol{\theta}}\right|_{\boldsymbol{\theta}=\boldsymbol{\theta}_{ML}} = 0 \tag{2-90}$$

上式也经常被称为似然方程。为了便于分析,使用似然函数的对数进行求解往往比使用似然函数本身来得更加容易些。由于对数函数是单调增加的,因此,使对数似然函数最大的 $\hat{\boldsymbol{\theta}}$ 也必然使得似然函数最大,由于最大化一个似然函数同最大化它的自然对数是等价的,而通过求对数通常能够在一定程度上简化运算,所以,可以定义似然函数 $l(\boldsymbol{\theta})$ 的对数为 $\ln l(\boldsymbol{\theta})$,那么,似然方程就变成如下形式:

$$\left.\frac{\partial \ln l(\boldsymbol{\theta})}{\partial \boldsymbol{\theta}}\right|_{\boldsymbol{\theta}=\boldsymbol{\theta}_{ML}} = 0 \tag{2-91}$$

然后,求解式(2-91)微分方程就可获得最大似然估计量。

如果未知参数有 S 个,则 $\boldsymbol{\theta}$ 可表示成为具有 S 个分量的未知向量:

$$\boldsymbol{\theta} = [\theta_1 \quad \theta_2 \quad \cdots \quad \theta_S]^{\mathrm{T}}$$

用 $\nabla_{\boldsymbol{\theta}}$ 表示梯度算子,有

$$\nabla_{\boldsymbol{\theta}} = \left[\frac{\partial}{\partial\theta_1} \quad \frac{\partial}{\partial\theta_2} \quad \cdots \quad \frac{\partial}{\partial\theta_S}\right]^{\mathrm{T}} \tag{2-92}$$

则对数似然函数为

$$\ln l(\boldsymbol{\theta}) = \ln p(\boldsymbol{X}|\boldsymbol{\theta}) = \ln p(x_1, x_2, \cdots, x_N | \theta_1, \theta_2, \cdots, \theta_S) \tag{2-93}$$

在 N 个样本独立抽出的情况下,式(2-93)可写成

$$\ln\prod_{i=1}^{N} p(x_i|\boldsymbol{\theta}) = \sum_{i=1}^{N} \ln p(x_i|\boldsymbol{\theta}) \tag{2-94}$$

对式(2-94)微分,并令其等于零,则

$$\nabla_{\boldsymbol{\theta}}\ln\prod_{i=1}^{N} p(x_i|\boldsymbol{\theta}) = \sum_{i=1}^{N} \nabla_{\theta}\ln p(x_i|\boldsymbol{\theta}) = 0 \tag{2-95}$$

如果上式的解 $\hat{\boldsymbol{\theta}}$ 能够使得似然函数值最大,则 $\hat{\boldsymbol{\theta}}$ 就是 $\boldsymbol{\theta}$ 的最大似然估计。有时,上式的解并不是唯一的,可能有几个,但是它们并不能使得似然函数最大,只有 $\hat{\boldsymbol{\theta}}$ 才能使得似然函数最大。

一般情况下,用解析方法求解似然方程并不一定行得通。这时候可能要将此问题转化为最优化计算问题,它是以观测量的概率密度函数为基础的。使用这一方法要求建模前知道观测量的概率特性,而这种要求往往事前并不知道。即使我们知道噪声是零均值且符合正态分布,但是其协方差阵一般也不知道。因此,需要先对协方差阵做出估计后,才能使用这一方法。

设观测向量服从独立高斯分布,其残差的概率密度函数为

$$l(\boldsymbol{Z},\boldsymbol{\theta}) = (2\pi\sigma^2)^{-\frac{N}{2}}\exp\left(-\frac{1}{2\sigma^2}\sum_{i=1}^{N} e(i)^2\right)$$

对上式两边取对数,则有

$$-\ln l(\boldsymbol{Z},\boldsymbol{\theta}) = \frac{1}{2\sigma^2}\sum_{i=1}^{n} e(i)^2 + N\ln\sigma + \frac{N}{2}\ln(2\pi)$$

当 σ^2 未知时,先估计 σ^2,令

$$\frac{\partial}{\partial\sigma}(-\ln l(\boldsymbol{Z},\boldsymbol{\theta})) = 0$$

解出

$$\hat{\sigma}^2 = \frac{1}{N}\sum_{i=1}^{N} e(i)^2 = \frac{1}{N}J_{\min} \tag{2-96}$$

式中,$J_{\min}$ 为残差的平方和,也就是采用最小二乘法所估计的损失函数。

如果观测量服从联合正态分布,协方差阵记为 $\boldsymbol{D}$,那么

$$l(\boldsymbol{Z},\boldsymbol{\theta}) = \frac{1}{(2\pi)^{N/2}|\boldsymbol{D}|^{1/2}}\exp\left(-\frac{1}{2}\Delta\boldsymbol{\varepsilon}^{\mathrm{T}}\boldsymbol{D}^{-1}\boldsymbol{\varepsilon}\right) \tag{2-97}$$

故有

$$-\ln l(\boldsymbol{\theta}) = \frac{N}{2}\ln(2\pi) + \frac{1}{2}\ln|\boldsymbol{D}| + \frac{1}{2}\boldsymbol{\varepsilon}^{\mathrm{T}}D^{-1}\boldsymbol{\varepsilon}$$

令上式为零,可以求得参数的估计量 $\hat{\boldsymbol{\theta}}_{ML}$。由数理统计证明,$\hat{\boldsymbol{\theta}}_{ML}$是一致估计量,即

$$\lim_{n\to\infty}\hat{\boldsymbol{\theta}}_{ML} = \boldsymbol{\theta}$$

在独立观测条件下,$\hat{\boldsymbol{\theta}}_{ML}$具有渐近正态分布,其方差为 Fisher 信息矩阵的逆,令

$$\boldsymbol{F} = E\left(\left(\frac{\partial}{\partial\boldsymbol{\theta}}(-\ln l(\boldsymbol{\theta}))\right)\left(\frac{-\partial}{\partial\boldsymbol{\theta}}(-\ln l(\boldsymbol{\theta}))\right)^{\mathrm{T}}\right)$$

故有

$$E((\hat{\boldsymbol{\theta}}_{ML} - \boldsymbol{\theta})(\hat{\boldsymbol{\theta}}_{ML} - \boldsymbol{\theta})^{\mathrm{T}}) = \boldsymbol{F}^{-1} \tag{2-98}$$

则认为 $\hat{\boldsymbol{\theta}}_{ML}$是渐近有效估计量。

2.6 无约束最优计算方法[7,8]

以上所建立的似然方程有时候很难求解其最大似然估计量。当模型为非线性时,即使采用最小二乘方法也难求解。非线性模型可以线性化,如果系统不含干扰,可以用线性化后的模型进行求解。反之,如含有随机干扰,那么,经线性化后随机干扰的特性又会发生什么变化,并不一定能满足获得最佳估计的条件。由于非线性规划方法并不要求对模型中的随机变量进行变换,所以能够选择一个最优准则来保证参数的最佳估计。

设准则函数为

$$J = J(\boldsymbol{\theta})$$

人们希望找到参数估计值 $\hat{\boldsymbol{\theta}}_{ML}$使得 J 达到最小值,于是变成如下问题的求解:

$$J(\boldsymbol{\theta}) \Rightarrow \min, \qquad \boldsymbol{\theta} \in \boldsymbol{D} \tag{2-99}$$

式(2-99)表示的是在无约束条件下,在 $\boldsymbol{D}$ 可行域里寻找 $\hat{\boldsymbol{\theta}}_{ML}$使得 $J(\boldsymbol{\theta})$最小的求解过程。从理论上说,这种求解过程永远是可以实现的,也就是说总是可以找到参数的最优估计值。为了缩短搜索时间,尽可能地根据先验知识约束搜索范围 $\boldsymbol{D}$。搜索 $\hat{\boldsymbol{\theta}}_{ML}$的过程可以简单地描述为:从某个初始解 $\hat{\boldsymbol{\theta}}_0$ 出发,沿着某一个方向朝最优点 $\hat{\boldsymbol{\theta}}_{ML}$逼近一步,到达 $\hat{\boldsymbol{\theta}}_1$;在 $\hat{\boldsymbol{\theta}}_1$ 点再寻找下一个搜索方向,继续逼近,到达 $\hat{\boldsymbol{\theta}}_2$;如此一步一步逼近,直到满足指定精度为止。

非线性规划主要有以导数作为寻优的方向和随机逼近两大类。典型的最优计算方法有五种方法。

2.6.1 最速下降法

最速下降法又称为梯度法。它是早期的解析法,收敛速度慢。早在 1847 年,

著名的数学家 Cauchy 就曾提出：从任一点 $x_0 \in \mathbf{R}^n$ 出发，沿负梯度方向 $f(x)$ 下降得最快，这一结论利用泰勒公式和 Cauchy-Schwarz 不等式就比较容易证明。

在任意点 $\hat{\boldsymbol{\theta}}_0$ 处，准则函数 $J(\boldsymbol{\theta})$ 的梯度是沿 $J(\boldsymbol{\theta})$ 最大局部增长方向上的一个向量，因此，沿 $J(\boldsymbol{\theta})$ 梯度的逆方向即最速下降方向，可以使 $\hat{\boldsymbol{\theta}}_0$ 尽快地逼近目标。

设 $J(\boldsymbol{\theta})$ 在 $\hat{\boldsymbol{\theta}}_i$ 的梯度方向为 $\nabla J|_{\boldsymbol{\theta}=\hat{\boldsymbol{\theta}}_i}$，那么，搜索向量为

$$\Delta\hat{\boldsymbol{\theta}}_{i+1} = \hat{\boldsymbol{\theta}}_{i+1} - \hat{\boldsymbol{\theta}}_i = -S_{i+1}\nabla J|_{\boldsymbol{\theta}=\hat{\boldsymbol{\theta}}_i} \tag{2-100}$$

式中，S_{i+1} 为搜索步长。

于是，可得到最速下降的迭代模型为

$$\hat{\boldsymbol{\theta}}_{i+1} = \hat{\boldsymbol{\theta}}_i - \boldsymbol{S}_{i+1}\nabla J|_{\boldsymbol{\theta}=\hat{\boldsymbol{\theta}}_i} \tag{2-101}$$

如何合理地选择搜索步长 $\boldsymbol{S}_{i+1}$ 就成为一个关键问题。从理论上说，步长可以任意选择，沿着指定的方向进行搜索一定能够找到目标。为了找到最佳步长，一般都采用黄金分割法和平均分割法等比较有效的方法。另外，搜索步长随着最优目标的接近，逐步递减，否则，可能出现时远时近的现象。换句话说，就是相邻两次估计值之差不是单调下降的，出现这种情况时，必须对步长进行调整。调整步长的方法，一般采用原来 1/2 的步长进行搜索。

在实际求解中，最小估计误差也只是一个相对的概念。一般而言，都会给定一个符合计算精度要求的正数作为误差阈值 $\boldsymbol{\delta}$，每次计算后都需要进行比较，若

$$\|\hat{\boldsymbol{\theta}}_{i+1} - \hat{\boldsymbol{\theta}}_i\| \leqslant \boldsymbol{\delta}$$

则退出计算，认为已经找出最优目标，参数估计值 $\hat{\boldsymbol{\theta}}_{i+1} = \hat{\boldsymbol{\theta}}_{ML}$。

最速下降法不一定是一种理想的算法。局部搜索时，其搜索方向 $-\nabla J|_{\boldsymbol{\theta}=\hat{\boldsymbol{\theta}}_i}$ 看起来较好，但从全局来看，这个方向并不一定就好。另外，其收敛速度开始时较快，后来越来越慢。因此，有学者提出了改进方法，即开始用最速下降算法，在极小点附近，改用阻尼牛顿法。这一算法在实际应用中效果较好。

最速下降法的另一种改进形式是加速梯度法（又称平行切线法）。

加速梯度法是把最速下降法的迭代过程中的搜索方向改为

$$-(\nabla J|_{\boldsymbol{\theta}=\hat{\boldsymbol{\theta}}_i} - \nabla J|_{\boldsymbol{\theta}=\hat{\boldsymbol{\theta}}_{i-2}}),\ i \geqslant 2$$

下两步搜索方向仍取负梯度方向。这样交替使用负梯度方向两次，并使用改进的搜索方向一次，其效果要比最速下降法好得多。

2.6.2 牛顿法

最速下降法是以准则函数的一次近似为基础而提出的算法。牛顿法是以准则函数的二次近似为基础而提出的方法。总体来说，二次近似比一次近似要精确些，特别是在局部最小点附近，二次近似能够比较精确地表示函数。因此，根据二次近似来确定搜索方向有望能够有较快的收敛速度。

设准则函数为 $J(\theta)$，它的二阶导数组成的矩阵称为海赛矩阵（Hesse 矩阵），记为

$$H(\hat{\boldsymbol{\theta}}) = \frac{\partial^2 J}{\partial\boldsymbol{\theta}\partial\boldsymbol{\theta}^{\mathrm{T}}} \tag{2-102}$$

牛顿法的参数迭代计算模型为

$$\hat{\boldsymbol{\theta}}_{i+1} = \hat{\boldsymbol{\theta}}_i - \boldsymbol{S}_i\boldsymbol{H}^{-1}\nabla J\big|_{\boldsymbol{\theta}=\hat{\boldsymbol{\theta}}_i} \tag{2-103}$$

当计算达到指定的精度时，计算结束。

由以上算法可知，当准则函数为二次凸函数，用牛顿法只要一步就可以达到最小点，而对于一般函数，可以证明该算法也是收敛的。也就是说，$\{J(\hat{\boldsymbol{\theta}}_i)\}$ 为严格单调下降数列，$\{\hat{\boldsymbol{\theta}}_i\}$ 有唯一的极限点，它也是 $J(\boldsymbol{\theta})$ 的最小点。

牛顿法收敛速度快，但是初始点 $\hat{\boldsymbol{\theta}}_0$ 必须接近极小点 $\hat{\boldsymbol{\theta}}_{ML}$ 进行计算。因此，常常首先使用最速下降法或者其它算法先行搜索，然后，改用牛顿法。牛顿法的缺点是不稳定，海赛矩阵 $\boldsymbol{H}(\hat{\boldsymbol{\theta}})$ 逆的计算量较大，计算也比较困难。

2.6.3 共轭方向法

最速下降法开始几步收敛较快，往后越来越慢，在最优解的近旁，牛顿法虽然收敛得很快，但要计算海赛矩阵的逆（尤其是当 n 较大时），其计算量较大。人们希望找到一种算法，不需要计算海赛矩阵的逆 $\boldsymbol{H}^{-1}$，而且其收敛速度介于最速下降法和牛顿法之间，对于二次函数只需迭代有限次就能达到最优目标，这就是共轭方向法。

共轭方向法已成为非线性规划中具有巨大生命力的方法，实践表明，共轭方向法，尤其是共轭梯度法，在处理一般目标函数时是非常有效的。

Martin 和 Tee 在 Computer J. 4（1961—1962）中提出可以利用上述椭圆（或 n 维椭球）的共轭性质来获得较快的收敛速度。当 $n=2$ 时，若经过椭圆上两点 A、B 的切线 $\overrightarrow{P_1}$、$\overrightarrow{P_2}$ 平行，则直线 AB 必经过椭圆的中心。在 A、B 两点的切线方向 $\overrightarrow{P_1}$、$\overrightarrow{P_2}$ 与 $\overrightarrow{AB}$ 的方向称为共轭方向。

由此，我们给出共轭的一般定义如下：

定义　设 $\boldsymbol{A}$ 为 n 阶对称矩阵，

(1) 若 $\boldsymbol{P}_1^{\mathrm{T}}\boldsymbol{A}\boldsymbol{P}_2=0$，则称向量 $\boldsymbol{P}_1$、$\boldsymbol{P}_2$ 为 $\boldsymbol{A}$ 共轭的（或 $\boldsymbol{A}$ 正交的）。

(2) 若有一组向量 $\boldsymbol{P}_1,\boldsymbol{P}_2,\cdots,\boldsymbol{P}_m\in\boldsymbol{R}^n$，满足 $\boldsymbol{P}_i^{\mathrm{T}}\boldsymbol{A}\boldsymbol{P}_j=0(i\neq j, i、j=1,2,\cdots,m)$，则称 $\boldsymbol{P}_1,\boldsymbol{P}_2,\cdots,\boldsymbol{P}_m$ 为 $\boldsymbol{A}$ 共轭的（或 $\boldsymbol{A}$ 正交的）向量组。通常 $\boldsymbol{A}$ 为正定矩阵。

当 $\boldsymbol{A}$ 为单位阵时，共轭性就化为正交性，所以，共轭方向就是正交方向的推广。

在搜索过程中，要求每一个新的搜索方向与前一搜索方向直交，即为共轭方向。共轭方向的算法如下：

(1) 取初始点 $\hat{\boldsymbol{\theta}}_0 \in \boldsymbol{R}^n$,允许误差 $\varepsilon > 0$。计算第一步方向 $\boldsymbol{D}_1 = -\nabla J|_{\theta=\hat{\theta}_0}$。

(2) 求 $\boldsymbol{S}_i:\min\limits_{S>0} J(\hat{\boldsymbol{\theta}}_i + \boldsymbol{S}\boldsymbol{D}_i) = J(\boldsymbol{\theta}_i + \boldsymbol{S}_i\boldsymbol{D}_i)$,令 $\hat{\boldsymbol{\theta}}_{i+1} = \hat{\boldsymbol{\theta}}_i + \boldsymbol{S}_i\boldsymbol{D}_i$。

(3) 计算 $J(\hat{\boldsymbol{\theta}}_{i+1})$ 与 $\boldsymbol{D}_{i+1} = -\nabla J|_{\theta=\hat{\theta}_i} = -\nabla J(\hat{\boldsymbol{\theta}}_i)$,并确定下一步搜索方向,令

$$\alpha_{i+1} = -\frac{\nabla^{\mathrm{T}} J(\hat{\boldsymbol{\theta}}_{i+1})\, \nabla J(\hat{\boldsymbol{\theta}}_{i+1})}{\nabla^{\mathrm{T}} J(\hat{\boldsymbol{\theta}}_i)\, \nabla J(\hat{\boldsymbol{\theta}}_i)},$$

$$\boldsymbol{D}_{i+2} = -\nabla J(\hat{\boldsymbol{\theta}}_{i+1}) + \boldsymbol{D}_{i+1}\alpha_{i+1} = -\nabla J(\hat{\boldsymbol{\theta}}_{i+1}) + \boldsymbol{D}_{i+1}\frac{\nabla^{\mathrm{T}} J(\hat{\boldsymbol{\theta}}_{i+1})\,|\nabla J(\hat{\boldsymbol{\theta}}_{i+1})}{\nabla^{\mathrm{T}} J(\hat{\boldsymbol{\theta}}_i)\, \nabla J(\hat{\boldsymbol{\theta}}_i)};$$

(4) 若 $\|\nabla J(\hat{\boldsymbol{\theta}}_{i+2})\| \leqslant \varepsilon$,则停,$\hat{\boldsymbol{\theta}}_{ML} = \hat{\boldsymbol{\theta}}_{i+2}$;否则,转第(2)步。

(5) 当 $i = n-1$,则计算结束;反之,令 $i = i+1$,从返回第(2)步继续计算。

在搜索方向中,α_i 有以下几种表示形式:

(1) $$\alpha_i = -\frac{\nabla^{\mathrm{T}} J(\hat{\boldsymbol{\theta}}_{i+1})(\nabla J(\hat{\boldsymbol{\theta}}_{i+1}) - \nabla J(\hat{\boldsymbol{\theta}}_i))}{(\boldsymbol{D}_i)^{\mathrm{T}}(\nabla J(\hat{\boldsymbol{\theta}}_{i+1}) - \nabla J(\hat{\boldsymbol{\theta}}_i))}, i = 1,2,\cdots,n-1 \quad (2-104)$$

(2) $$\alpha_i = -\frac{\nabla^{\mathrm{T}} J(\hat{\boldsymbol{\theta}}_{i+1})\, \nabla J(\hat{\boldsymbol{\theta}}_{i+1})}{(D_i)^{\mathrm{T}}(\nabla J(\hat{\boldsymbol{\theta}}_i))}, i = 1,2,\cdots,n-1 \quad (2-105)$$

(3) $$\alpha_i = -\frac{\|\nabla J(\hat{\boldsymbol{\theta}}_{i+1})\|^2}{\|\nabla J(\hat{\boldsymbol{\theta}}_i)\|^2}, i = 1,2,\cdots,n-1 \quad (2-106)$$

(4) $$\alpha_i = -\frac{\nabla^{\mathrm{T}} J(\hat{\boldsymbol{\theta}}_{i+1})(\nabla J(\hat{\boldsymbol{\theta}}_{i+1}) - \nabla J(\hat{\boldsymbol{\theta}}_i))}{\nabla^{\mathrm{T}} J(\hat{\boldsymbol{\theta}}_i)\, \nabla J(\hat{\boldsymbol{\theta}}_i)}, i = 1,2,\cdots,n-1 \quad (2-107)$$

当 $J(\boldsymbol{\theta})$ 为二次凸函数时,用上面的任何一个计算都必将是下降算法,且有限步收敛于最优解。当 $J(\boldsymbol{\theta})$ 为非二次函数时,公式中并没有海赛矩阵,所以计算比较简单。

2.6.4 共轭梯度法

由于上节所介绍的构造共轭方向的方法是利用在点 $\hat{\boldsymbol{\theta}}_0 \in \boldsymbol{R}^n$ 处的梯度来构造共轭方向,所以,这种算法又称共轭梯度法。在共轭梯度法中,α_i 的计算可选用式(2-104)~式(2-107)中的任意一个,又可得到各种不同的共轭梯度法。如采用式(2-106),则称为 Fletcher-Reeves 共轭梯度法。

由于共轭梯度法中各搜索方向的共轭性依赖于初始方向为负梯度方向,共轭方向有 n 个方向,为了保证共轭方向的优越性,所以每迭代 n 步后,重新从一个负梯度方向开始。由于不能准确估算 α_i 和 $\boldsymbol{S}_i$,所以有累积误差,它影响到算法的收敛性,一般计算的步数将会达到 $2n \sim 5n$ 步,而不仅仅是 n 步。通常为了避免误差累积并加快收敛,也可以重新开始整个算法。

重新开始时的另一个方法，是将式(2－106)进行一次修正，令

$$\alpha_i = w\left(\frac{i+1}{m}\right)\frac{\|\nabla J(\hat{\boldsymbol{\theta}}_{i+1})\|^2}{\|\nabla J(\hat{\boldsymbol{\theta}}_i)\|^2} \tag{2-108}$$

式中，m 为一个再次开始的整数，而

$$w(x) = \begin{cases} 0, & x\text{ 为整数时} \\ 1, & \text{其它} \end{cases}$$

共轭梯度法收敛较快，效果较好。

2.6.5 变尺度法

为了克服牛顿法计算量大的缺点，保持其收敛速度快的优点，又产生了拟牛顿法。其中变尺度法使用较多，是牛顿法的直接推广。

变尺度法是拟牛顿法中的一个特例，首先是由 Davidon 于 1959 年提出的，并由 Fletcher－Powell 改进和发展。它被认为是无约束最优化方法中效率较高的一类算法。

牛顿法的迭代公式为

$$\hat{\boldsymbol{\theta}}_{i+1} = \hat{\boldsymbol{\theta}}_i - S_i\boldsymbol{H}^{-1}\nabla J(\hat{\boldsymbol{\theta}}_i)$$

对于二次函数，用牛顿法一步就能够达到最优解，牛顿法与梯度法的搜索方向分别为

$$\boldsymbol{D}_i = -\boldsymbol{H}^{-1}\nabla J(\hat{\boldsymbol{\theta}}_i) \tag{2-109}$$

$$\boldsymbol{D}_i = -\boldsymbol{I}\nabla J(\hat{\boldsymbol{\theta}}_i) \tag{2-110}$$

式中，$\boldsymbol{I}$ 为单位矩阵。

牛顿法的优点是收敛很快，但要计算 $\boldsymbol{H}^{-1}$，计算量和存储量都较大。因此，就考虑用另一矩阵来代替 $\boldsymbol{H}^{-1}$ 而不需要计算 $\boldsymbol{H}^{-1}$，并保持一定的收敛速度。具体来说，就是取搜索方向为

$$\boldsymbol{D}_i = -\boldsymbol{H}_i\nabla J(\hat{\boldsymbol{\theta}}_i) \tag{2-111}$$

它在迭代过程中逐次产生，并且能够较好地逼近 $-\boldsymbol{H}^{-1}\nabla J(\hat{\boldsymbol{\theta}}_i)$，即

$$\boldsymbol{H}_i \Rightarrow \boldsymbol{H}^{-1} \tag{2-112}$$

变尺度法算法的大致步骤：

(1) 取初始点 $\hat{\boldsymbol{\theta}}_0 \in \boldsymbol{R}^n$，初始对称正定矩阵 $\boldsymbol{H}$，$i=1$；

(2) 计算搜索方向：$\boldsymbol{D}_i = -\boldsymbol{H}_i\nabla J|_{\boldsymbol{\theta}=\hat{\boldsymbol{\theta}}_i}$；

(3) 求 S_i：$\min\limits_{S>0} J(\hat{\boldsymbol{\theta}}_i + S\boldsymbol{D}_i) = J(\hat{\boldsymbol{\theta}}_i + S_i\boldsymbol{D}_i)$，令

$$\hat{\boldsymbol{\theta}}_{i+1} = \hat{\boldsymbol{\theta}}_i + S_i\boldsymbol{D}_i;$$

(4) 令 $\boldsymbol{H}_{i+1} = \boldsymbol{H}_i + \Delta\boldsymbol{H}_i$（$\Delta\boldsymbol{H}_i$ 称为修正矩阵，由于 $\Delta\boldsymbol{H}_i$ 的选法不同，而分为各种不同的变尺度法），$i=i+1$，转步骤(2)。

下面的问题是根据什么原则构造 $\boldsymbol{H}_i$。

变尺度法的关键在于如何构造 $\boldsymbol{H}_i(i=1,2,\cdots)$，为了使算法有较快的收敛速度，通常使构造的 $\boldsymbol{H}_i$ 具有拟牛顿性质、二次收敛性和稳定性。

1）拟牛顿性质

记
$$\boldsymbol{D}_i = -\nabla J\big|_{\boldsymbol{\theta}=\hat{\boldsymbol{\theta}}_i}, \Delta\boldsymbol{D}_i = \boldsymbol{D}_{i+1} - \boldsymbol{D}_i$$
$$\Delta\hat{\boldsymbol{\theta}}_i = \hat{\boldsymbol{\theta}}_{i+1} - \hat{\boldsymbol{\theta}}_i,\ \boldsymbol{H} = \frac{\partial^2 J}{\partial\boldsymbol{\theta}\partial\boldsymbol{\theta}^{\mathrm{T}}}$$

一般希望 $\boldsymbol{H}_i$ 尽可能地接近 $\boldsymbol{H}^{-1}$。

根据中值定理有

$$\begin{aligned}\Delta\boldsymbol{D}_i = \boldsymbol{D}_{i+1} - \boldsymbol{D}_i &= \boldsymbol{D}(\hat{\boldsymbol{\theta}}_i + \boldsymbol{S}_i\boldsymbol{D}_i) - \boldsymbol{D}(\hat{\boldsymbol{\theta}}_i)\\ &= \boldsymbol{H}(\hat{\boldsymbol{\theta}}_i + \delta_i\boldsymbol{D}_i)\Delta\boldsymbol{\theta}_i\end{aligned} \tag{2-113}$$

由于 $0<\delta<\boldsymbol{S}_i$，故有

$$\boldsymbol{H}^{-1}\Delta\boldsymbol{D}_i \approx \Delta\boldsymbol{\theta}_i \tag{2-114}$$

因此，构造 $\boldsymbol{H}_{i+1}$，使之满足与上式类似的等式，即

$$\boldsymbol{H}_{i+1}\Delta\boldsymbol{D}_i = \Delta\boldsymbol{\theta}_i \tag{2-115}$$

此方程称为拟牛顿方程（或 DFP 条件），满足拟牛顿方程的变尺度法也称拟牛顿法。

2）二次收敛性

若把算法用于凸二次函数，通常最多有 n 步就能达到最优目标。这就要求 $\boldsymbol{D}_1,\boldsymbol{D}_2,\cdots$，构成 $\boldsymbol{H}$ 共轭向量组，且

$$\boldsymbol{H}_{i+1} = \boldsymbol{H}^{-1} \tag{2-116}$$

3）稳定性

若不考虑计算过程中的舍入误差，在迭代每一步时，选择的步长 $\boldsymbol{S}_i$ 要能使得 $J(\boldsymbol{\theta})$ 单调下降，即

$$J(\hat{\boldsymbol{\theta}}_{i+1}) < J(\hat{\boldsymbol{\theta}}_i),\quad i=1,2,\cdots \tag{2-117}$$

则此算法是稳定的。

在点 $\hat{\boldsymbol{\theta}}_i \in \boldsymbol{R}^n$，$J(\boldsymbol{\theta})$ 沿 $\boldsymbol{D}_i = -\boldsymbol{H}_i\nabla J\big|_{\boldsymbol{\theta}=\hat{\boldsymbol{\theta}}_i}$ 的方向导数为

$$\left[\frac{\partial}{\partial D_i}J(\boldsymbol{\theta})\right]_{\boldsymbol{\theta}=\hat{\boldsymbol{\theta}}_i} = \nabla^{\mathrm{T}}J(\boldsymbol{\theta}_i)\boldsymbol{D}_i = -\boldsymbol{D}_i^{\mathrm{T}}\boldsymbol{H}_i\boldsymbol{D}_i \tag{2-118}$$

若 $\boldsymbol{H}_i>0, i=1,2,\cdots$，则上面的方向导数为负，因而总能找到一个充分小的数 $\boldsymbol{S}_i$ 使得 $J(\boldsymbol{\theta})$ 单调下降，所以算法是稳定的。至此，可以得出算法稳定的充分条件是：$\boldsymbol{H}_i>0(i=1,2,\cdots)$。至此，变尺度法的内涵已经了解了。所谓“变尺度”法，是指在迭代过程中，尺度矩阵 $\boldsymbol{H}^{-1}$ 在计算的过程中不断地改变。其含义如下：

若范数不是欧几里德范数，如果范数定义为

$$\|\boldsymbol{x}\| = \sqrt{\boldsymbol{x}^{\mathrm{T}}\boldsymbol{M}\boldsymbol{x}}, \boldsymbol{M}^{\mathrm{T}} = \boldsymbol{M} > 0,$$

则可以证明 $f(x)$ 的梯度向量为 $\boldsymbol{M}^{-1}\nabla\boldsymbol{f}(x)$，当 $\boldsymbol{M}=\boldsymbol{I}$（单位阵）时，即为通常的梯度。

由此可知，如果范数如下：

$$\|\boldsymbol{\theta}\| = \sqrt{\boldsymbol{\theta}^{\mathrm{T}}\boldsymbol{H}_i^{-1}\boldsymbol{\theta}},\boldsymbol{H}_i^{\mathrm{T}} = \boldsymbol{H}_i > 0$$

则 $J(\boldsymbol{\theta})$ 在点 $\hat{\boldsymbol{\theta}}_i \in \boldsymbol{R}^n$ 的梯度为 $\boldsymbol{H}_i\nabla J(\boldsymbol{\theta})$，当变尺度搜索方向取 $-\boldsymbol{H}_i\nabla J(\boldsymbol{\theta})$，也可看作是负梯度方向的推广，所不同的是每次迭代中的空间“尺度”不同而已。

需要说明的是，构成 $\boldsymbol{H}_i$ 的具体方法有多种多样，因而形成了各种各样的变尺度算法，这些算法大概有几十种。有兴趣者，还可参阅有关最优计算方法之类的资料。

2.7 数字图像处理[9]

2.7.1 数字图像处理有关术语

在定义数字图像处理之前，看看图像（images）一词的定义。对图像一词，在韦氏字典中是这样描述：“物件或事物的一种表示、写真或临摹……一个生动的或图形化的描述……用以表示其它事物的东西。”这说明，一幅图像是一个事物的另一种表示方式。比如，一幅飞机的图像，是表示该飞机在某一特定时刻、某一特定场景下出现在图像传感器镜头前的一个表示。一幅图像包含了有关其所表示物体的描述信息，也包含了一些附加信息（如噪声与背景信息）。

物理图像（physical images）是物质或能量的实际分布。光学图像是光强度的空间分布，能够被人眼所观测到，因此是可见图像。不可见物理图像，如红外图像，表示了物体温度（能量）的空间分布。

数字图像被定义为物体的数字表示方式，其像素就是离散的单元，量化的灰度就是数字量值。数字图像是一个经采样和量化后的二维函数（该函数由光学方法产生），采用等距离矩形网格采样，对幅度进行等间隔量化。所以，一幅数字图像是一个被量化的采样数值的二维矩阵。

数字图像处理原本指的是将一幅图像经变换变为另一幅图像（即由图像到图像）的过程，数字图像分析则是指将一幅图像转化为一种非图像的表示过程（如对图像中物体进行特征点提取）。但现在通常是指对物体的数字表示施加一系列操作，得到所期望的结果的过程，泛指处理兼分析。“数字图像处理”不应认为是“处理数字图像”，而是指“图像的数字化处理”，其区别虽然细微，但是这种认识可能更加有利于对图像本质的认识。

数字化（digitizing）是将一幅图像从原来的形式转换为数字形式的处理过程。数字化的逆过程是显示（display），即生成一幅可视图像。常与“回放”、“图像重建”等相联系。

采样（sampling）是指在一幅图像的每个像素位置上测量其灰度值的过程。

量化(quantization)是将测量的灰度值用一个整数表示,也就是将连续的测量值转化为离散的整数。

对比度(contrast)是指一幅图像灰度反差的大小。

噪声(noise)一般是指加性的(也可能是乘性的)污染。

在大多数情况下,采用离散的技术来处理连续世界的图像,图像的本来状态是连续的,处理的结果也应以连续的形式演绎,但实际上难以做到。因为用计算机作为工具来实现某种算法时,只能变成离散形式。即使图像是以数字形式表示,但是应该清楚它的本质是连续性的。

许多处理运算背后的理论实际上是基于对连续函数的分析,这种方法确实是能够解决很多问题。而另一些处理过程则是对各个像素进行逻辑运算,这时离散方法会更好些。

2.7.2 数字图像灰度直方图

灰度直方图是灰度级的函数,表示了图像中具有该灰度级的像素的个数,一般直方图的表示方法是:横坐标为灰度级,纵坐标是该灰度出现的频率(像素的个数)。

灰度表示还有另一种形式——等灰度线。设有一幅用函数 $D(x,y)$ 定义的连续图像,它平滑地从高灰度级过渡到低灰度级。当选定某一灰度级 D_i,定义这样一条轮廓线,它连接图像上的所有具有灰度级 D_i 的点,所得到的轮廓线形成了包围灰度级大于或等于 D_i 的区域的封闭曲线,这条曲线称为等灰度线。

将一幅连续图像中被灰度级 D 轮廓线包围的面积称为阈值面积函数 $A(D)$。则直方图可定义为

$$H(D) = \lim_{\Delta D \to 0} \frac{A(D) - A(D + \Delta D)}{\Delta D} = -\frac{\mathrm{d}A(D)}{\mathrm{d}D} \tag{2-119}$$

因此,一幅连续图像的直方图是面积函数导数的负值。随着灰度级 D 的增加,$A(D)$在减小。如果将图像看作是一个二维随机变量,则面积函数相当于其累积分布函数,而灰度直方图相当于其概率密度函数。

对于离散函数,令 $\Delta D = 1$,则式(2-119)变为

$$H(D) = A(D) - A(D+1) \tag{2-120}$$

即对于数字图像,任一灰度级 D 的面积函数就是大于或等于灰度级 D 的像素的个数。

构造高维直方图通常比一维直方图更加有用,二维直方图是两个变量。例如,对同一时刻获取的红外图像与可见光图像进行分析时非常有利。坐标(D_I, D_V)处的值表示的是红外图像中具有灰度 D_I,在同一位置可见光图像中具有灰度 D_V 的像素(对)的个数。在每个采样点有一个像素,每个像素有两个变量。二维直方图表示像素值在两种灰度级的组合中的分布情况。

当一幅图像压缩为直方图后,所有的空间信息都损失了。直方图描述了每个

灰度级具有的像素的个数,但是不能为这些像素在图像中找到任何位置信息,如移动物体对直方图没有影响。每一特定的图像都有唯一的直方图,反之并不成立。尽管如此,直方图仍有一些有用的性质。

对于式(2-119)从 D 到∞进行积分,可以得到面积函数为

$$\int_D^{\infty} H(P)\mathrm{d}P = -[A(P)]_D^{\infty} = A(D) \tag{2-121}$$

若 $D=0$,且灰度级非负,则有

$$\int_D^{\infty} H(P)\mathrm{d}P = S \tag{2-122}$$

式中,S 为图像面积。

对于离散图像而言(设灰度级为256级),有

$$\sum_{D=0}^{255} H(D) = N_L \times N_S \tag{2-123}$$

式中,N_L、N_S 分别为图像行与列的数量。

直方图可用来判断一幅图像是否合理地利用了全部的灰度级范围,一般来说,一幅数字图像应该利用全部或几乎全部可能的灰度级,否则就等于增加了量化间隔。若数字化图像的级数少于256,则会损失较多的信息。同样,若图像具有超出数字化设备所能处理范围的亮度,则在直方图的一端或两端产生尖峰。因此,直方图是检查数字化效果的一个很好的方法。

综合光密度(IOD)是描述图像中"质量"的一种度量,其定义为

$$\mathrm{IOD} = \int_a^b \int_a^b D(x,y)\mathrm{d}x\mathrm{d}y \tag{2-124}$$

式中,a、b 为所划定的图像区域边界。

对于离散图像,有相类似形式:

$$\mathrm{IOD} = \sum_{i=1}^{N_L} \sum_{j=1}^{N_S} D(i,j) \tag{2-125}$$

式中,$D(i,j)$ 为 (i,j) 处像素的灰度值。

2.7.3 数字图像点运算

在图像处理中,点运算是一种很重要的方法。点运算可用于对比度增强、对比度拉伸或灰度变换。点运算以预定的方式改变一幅图像的灰度直方图。灰度级的改变是根据某种特定的灰度变换函数进行的,点运算还可以看作是从像素到像素的运算。若输入图像为 $A(x,y)$,输出图像为 $B(x,y)$,则点运算可表示为

$$B(x,y) = f(A(x,y)) \tag{2-126}$$

点运算可完全由灰度变换函数 $f(D)$ 确定,后者描述了输入灰度级和输出灰度级之间的映射关系。

显然,点运算可以去掉图像传感器的非线性影像,以改善图像质量;点运算可

以扩展感兴趣特征的对比度使之占据可显示灰度级的更大部分;有时,点运算还可以被看作是强化细节或增加图像某些部分对比度的图像处理步骤。给图像某区域加上轮廓线的运算便是通过点运算实现的。

点运算的类型有线性点运算、非线性点运算两种。

2.7.3.1 线性点运算

若输出灰度级与输入灰度级呈线性关系,那么这种点运算函数形式为

$$D_B = f(D_A) = aD_A + b \tag{2-127}$$

式中,D_A、D_B 分别为输入和输出的灰度值。

从式(2-127)可以看出:

(1) $a=1, b=0$,图像无变化,只是复制而已;

(2) $a>1$,输出图像的对比度增大;

(3) $0<a<1$,输出图像的对比度减小;

(4) $a=1, b\neq 0$,输出图像所有像素的灰度值上移或下移;

(5) $a<0$,暗区域变亮,亮区域变暗。

2.7.3.2 非线性单调点运算

讨论非减灰度变换函数(正斜率)的非线性运算。

(1) 灰度变换函数1,能够增加中间范围像素的灰度级而只使暗像素和亮像素做较小的改变,例如:

$$f(x) = x + Cx(D_m - x) \tag{2-128}$$

式中,D_m 为灰度级的最大值;C 为系数,定义了中间灰度级的增加($C>0$)或减小($C<0$)的程度。

(2) 灰度变换函数2,利用降低较亮或较暗物体的对比度来加强灰度级处于中间范围物体的对比度。这样一个 S 型的灰度变换函数在中间部分的斜率大于1,而两端处的斜率小于1。如下式:

$$f(x) = \frac{D_m}{2}\left[1 + (\sin(\pi\alpha/2))^{-1}\sin\left(\alpha\pi\left(\frac{x}{D_m} - \frac{1}{2}\right)\right)\right], 0 < \alpha < 1 \tag{2-129}$$

(3) 灰度变换函数3,压低中间灰度级的对比度,而加强了较亮和较暗部分的对比度。在中间部分的斜率小于1,而两端处的斜率大于1。如下式:

$$f(x) = \frac{D_m}{2}\left[1 + (\tan(\pi\alpha/2))^{-1}\tan\left(\alpha\pi\left(\frac{x}{D_m} - \frac{1}{2}\right)\right)\right], 0 < \alpha < 1 \tag{2-130}$$

式(2-129)、式(2-130)中,参数 α 决定了灰度变换的效果。

2.7.3.3 点运算应用

1. 直方图均衡化

点运算可以使得输入图像转换为在每一灰度级上都有相同的像素点数的输出图像,称为均衡化。经过均衡化后,在每一灰度级的像素个数为 D_m/A_O,其中,D_m、A_O 分别为灰度级的最大值与图像的面积。

2. 直方图匹配

若使一幅图像的直方图与另一幅图像的直方图或特定函数形式的直方图相匹配所进行的变换,称为直方图匹配。同一场景在不同的光照条件下获得的两幅图像,在比较之前先进行这种变换,这样才有利于比较。

3. 光度学校正

点运算的一个重要作用是消除图像数字化所带来的光度非线性问题,可以设计一个点运算函数来恢复其线性关系。

4. 显示校正

显示校正可以看作是一个理想显示经过了非线性点运算 $g(D)$,因此,只需要确定 $f(D)$,其变换为

$$f(D) = g^{-1}(D) \tag{2-131}$$

2.7.4 数字图像代数运算

代数运算是指对两幅或以上的图像进行点对点的加、减、乘或除计算得到输出图像的运算。

图像处理的四种基本代数运算的数学表达式如下:

$$C(x,y) = A(x,y) + B(x,y) \tag{2-132}$$

$$C(x,y) = A(x,y) - B(x,y) \tag{2-133}$$

$$C(x,y) = A(x,y) \times B(x,y) \tag{2-134}$$

$$C(x,y) = A(x,y) \div B(x,y) \tag{2-135}$$

式中,$A(x,y)$、$B(x,y)$ 为输入图像;$C(x,y)$ 为输出图像。

图像代数运算不仅局限于两幅图像,还可以是多幅图像的复合代数运算方程。

图像相加用来对多幅图像求解平均值,用于降低加性噪声的影响。图像相减可用于去除一幅图像中所不需要的加性图案,例如,缓慢变化的背景阴影、周期性噪声、随机性附加污染等。乘与除可以纠正数字化器对图像各点的敏感性变化。除运算还可产生对颜色和多光谱图像分析十分重要的比率图像。

2.7.4.1 代数运算与直方图

经代数运算后,输出图像的直方图会发生变化。

1. 图像之和的直方图

设输入图像 $A(x,y)$、$B(x,y)$ 的灰度直方图分别为 $H_A(D)$、$H_B(D)$,如果这两

幅图像的联合二维直方图是各自的直方图之积,即

$$H_{AB}(D_A,D_B) = H_A(D_A) \cdot H_B(D_B) \tag{2-136}$$

则称这两幅图像是不相关的,表明这两幅图像之间没有任何关系。

两幅互不相关的图像进行加法运算后所得到的输出直方图可表示为

$$H_C(D_C) = H_A(D_A) * H_B(D_B) \tag{2-137}$$

式中,符号 * 表示卷积运算。

2. 图像之差的直方图

设有两幅几乎一样的图像作减运算,则其差图像由下式给定:

$$C(x,y) = A(x,y) - A(x+\Delta x,y) \tag{2-138}$$

当 Δx 很小时,式(2-138)可以近似为

$$C(x,y) \approx \frac{\partial}{\partial x}A(x,y)\Delta x \tag{2-139}$$

则经过减运算后的直方图为

$$H_C(D) \approx \frac{1}{\Delta x}H'_A(D/\Delta x) \tag{2-140}$$

式中,$H'_A(D)$ 为偏微分图像 $\frac{\partial A}{\partial x}$ 的直方图,偏微分图像可用来检测图像位移的方向。

3. 附有噪声的图像的综合光密度 IOD

设一幅具有噪声的图像为

$$M(x,y) = S(x,y) + N(x,y) \tag{2-141}$$

式中,$S(x,y)$、$N(x,y)$ 分别为无噪声污染的图像和同一区域的噪声图像。则无污染图像的综合光密度为

$$\begin{aligned} \text{IOD} &= \int_0^a \int_0^b S(x,y)\,\mathrm{d}x\mathrm{d}y = \int_0^a \int_0^b M(x,y)\,\mathrm{d}x\mathrm{d}y - \int_0^a \int_0^b N(x,y)\,\mathrm{d}x\mathrm{d}y \\ &= \int_0^\infty DH_M(D)\,\mathrm{d}D - N_0 \int_0^\infty H_M(D)\,\mathrm{d}D \\ &= \int_0^\infty (D-N_0)H_M(D)\,\mathrm{d}D \end{aligned} \tag{2-142}$$

式中,D、N_0 分别为界定区域内物体灰度与噪声灰度。

N_0 可通过离界定区域较远的一小块面积的灰度级求均值而得到,则上式就变得简单些。

2.7.4.2 代数运算的应用

1. 通过求平均值降噪

如果某一场景的多幅图像被一加性噪声所污染,则可以通过多幅图像的均值来降噪。假设由 M 幅图像组成的一个集合,图像形式为

$$D_i(x,y) = S_i(x,y) + N_i(x,y) \tag{2-143}$$

式中，$S_i(x,y)$、$N_i(x,y)$分别为感兴趣的图像和噪声图像。

集合中的每一幅图像都被噪声所退化，这些噪声被假定为互不相干的、噪声均值等于零的随机噪声图像的样本集，即

$$E(N_i(x,y)) = 0 \tag{2-144}$$

$$E(N_i(x,y) + N_j(x,y)) = E(N_i(x,y)) + E(N_j(x,y)), i \neq j \tag{2-145}$$

$$E(N_i(x,y)N_j(x,y)) = E(N_i(x,y))E(N_j(x,y)), i \neq j \tag{2-146}$$

2. 通过减运算可消除背景和运动物体检测

图像减运算一般可消除背景的影像，但是由于其它参数的影响，只能做到减弱背景。运动物体的运动可通过减运算检测出来。

3. 乘法、除法运算

乘法运算可用来遮挡图像的某些部分，即需要保留下来的区域，掩膜图像的值为1，而在需要消隐的区域，掩膜图像的值为零。因此，乘以掩膜图像后，可以抹去图像不感兴趣的部分，也可保留所需要的部分。

除法运算可用于去除数字化器灵敏度随空间变化造成的影响，也用于产生对多光谱分析十分有用的比率图像。

2.7.5 数字图像几何运算

几何运算可改变图像中各物体之间的相互关系。一个几何运算往往需要两种独立的算法：第一种是定义空间变换，即像素的空间位置移动；第二种是像素灰度值内插算法。

2.7.5.1 空间变换

图像空间变换定义为

$$g(x,y) = f(x',y') = f[a(x,y),b(x,y)] \tag{2-147}$$

式中，$g(x,y)$、$f(x',y')$分别为输出、输入图像；函数$a(x,y)$，$b(x,y)$描述了空间变换关系。

(1) 若令$a(x,y)=x$，$b(x,y)=y$，则只是一个拷贝而不作任何改动的恒等运算。

(2) 若令$a(x,y)=x+x_0$，$b(x,y)=y+y_0$，则得到平移运算。图像中各点移动了$\sqrt{x_0^2+y_0^2}$，点(x_0,y_0)移到了原点。

(3) 若令$a(x,y)=x/c$，$b(x,y)=y/d$，则表示图像在x，y轴方向分别放大了c，d倍。

(4) 最后令$a(x,y)=x\cos\theta-y\sin\theta$，$b(x,y)=x\sin\theta+y\cos\theta$，则产生一个绕原点顺时针旋转$\theta$角的图像。

齐次坐标系为确定复合变换公式提供了一个简单的方法。如绕点(x_0,y_0)的旋转可由下式表示：

$$
\begin{bmatrix} a(x,y) \\ b(x,y) \\ 1 \end{bmatrix} = \begin{bmatrix} 1 & 0 & x_0 \\ 0 & 1 & y_0 \\ 0 & 0 & 1 \end{bmatrix} \begin{bmatrix} \cos\theta & -\sin\theta & 0 \\ \sin\theta & \cos\theta & 0 \\ 0 & 0 & 1 \end{bmatrix} \begin{bmatrix} 1 & 0 & -x_0 \\ 0 & 1 & -y_0 \\ 0 & 0 & 1 \end{bmatrix} \begin{bmatrix} x \\ y \\ 1 \end{bmatrix} \tag{2-148}
$$

式(2-148)表示的是,先将图像进行平移,从而使位置(x_0,y_0)成为原点,然后,旋转θ角,再平移到其原点。因此,可以产生适当的变换等式来满足不同的要求,其它的复合变换可类似地构造出来。

2.7.5.2 灰度级内插

1. 最近邻插值

最近邻插值又称零界插值,即令输出像素的灰度值等于离它所映射到的位置最近的输入像素的灰度值。

2. 双线性插值

双线性插值又称一阶插值。令$f(x,y)$为两个变量的函数,其值在单位正方形顶点的值已知。若求解正方形内任意点的$f(x,y)$值,则可令双线性方程为

$$
f(x,y) = ax + by + cxy + d \tag{2-149}
$$

来定义一个双抛物面与四个已知点拟合。

3. 高阶插值

双线性插值的平滑作用可能会使图像的细节产生退化。高阶插值可改善这种情况,其形式可以根据需要自行构造。如果系数的个数与点的个数相等,则插值表面可与所有点吻合。如果点的个数多于系数的个数,则可以使用曲线拟合或最小误差方法。典型的高阶插值函数有三次样条、Legendre 中心函数等。

2.7.5.3 几何运算应用

1. 几何校正

几何校正可用于消除摄影机引起的几何畸变,也可校正由于不同视角引起的变形,如倾斜摄影、侧视雷达图像等的变形校正。

2. 图像配准

对相似的图像进行配准以便对图像进行比较。在利用图像减运算进行运动检测之前,需要对图像加以配准。

3. 地图投影

对在飞行器上拍摄的图像进行拼接时,就需要使用几何运算,也就是要确定图像与投影图像之间的空间变换,由于地球表面是一曲面,因此,需要进行投影变换。

参 考 文 献

[1] 於宗俦,于正林. 测量平差原理. 武汉:武汉测绘科技大学出版社,1990.

[2] 国家质量技术监督计量司. 测量不确定度评定与表示指南. 北京:中国计量出版社,2000.

[3] 宋明顺. 测量不确定度评定与数据处理. 北京:中国计量出版社,2000.
[4] 夏安邦,王硕. 定量预测理论. 南京:东南大学出版社,2001.
[5] Richard A. Poisel. Electronic Warfare Target Location Methods. Artech House ,2005.
[6] Mendel, J. M. . Lessons in Estimation Theory for Signal Processing, Communications, and Control. Englewood Cliffs, NJ: Prentice-Hall, 1995.
[7] 陈开阔. 最优化计算方法. 西安:西安电子科技大学出版社,1984.
[8] 李岳生,黄友谦. 数值逼近. 北京:人民教育出版社,1979.
[9] Kennneth. R. Castleman. Digital Image Processing. Prentice Hall.

第3章　常用坐标系及其坐标转换

航空飞行试验光电测量经常遇到坐标系的转换问题。不同坐标系下的目标位置或航迹测量需要关联时,都需要转换到某一指定的坐标系统中,具体转换到哪一种坐标系需根据飞行试验任务的要求而定。了解坐标系定义以及坐标系之间转换,将有利于提高测量参数估计精度。本章首先介绍了常用坐标系,然后描述其转换的数学模型[1,2],最后根据误差传播律,推导坐标转换过程中测量误差的计算方法。

3.1　常用坐标系

3.1.1　影像坐标系与像空间坐标系

影像坐标系 $o-xy$ 是以影像几何中心 o 为原点,x、y 轴方向分别为平行于影像画幅边缘线的坐标系(见图3-1)。它是一个二维坐标系。像空间坐标系用于描述像点、投影中心的空间位置。像空间坐标系的原点为图像的投影中心 S,坐标的正 z 轴为摄影方向的反方向,与 oS 重合。通过点 S 作平行于像片上 x、y 轴的轴线即为像空间坐标系的 x、y 轴,与 z 轴组成一个像空间直角坐标系 $S-xyz$。在这个坐标系中每一个像点的 z 坐标都等于摄影主距 f_0(当没有特别提出要求时,一般就用摄影焦距 f 代替),但符号为负,如图3-1所示。

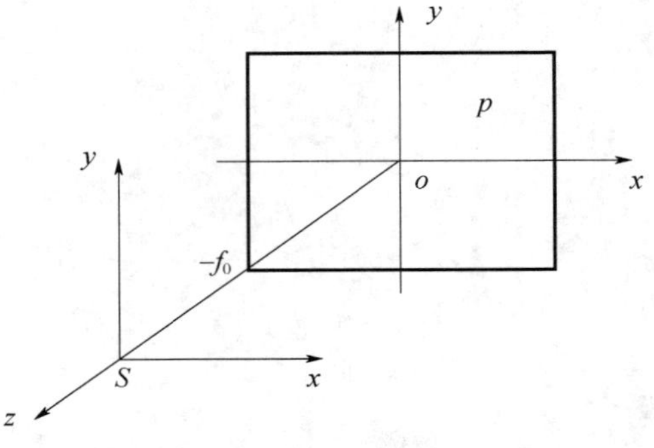

图3-1　影像坐标系与像空间坐标系

3.1.2　空间极坐标系

空间极坐标系是以地面观测站点为坐标原点,以目标空间距离、方位角和俯仰角为参数的坐标系统。

在采用单站定位的跟踪测量系统中，通常采用空间极坐标系，如雷达、光电经纬仪、激光雷达系统。它们的观测值为斜距 R、方位角 A 和俯仰角 E，如图 3－2 所示。

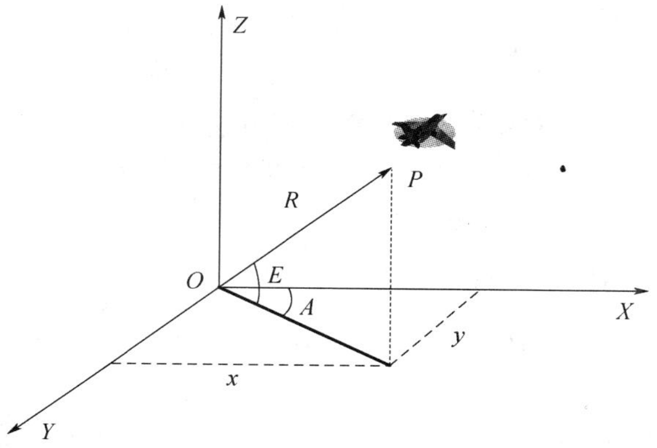

图 3－2　传感器极坐标系与直角坐标系关系图

一般情况下，空间极坐标都应先转换为本站的空间直角坐标系，再参与未知量的解算。

3.1.3　空间直角坐标系

地面跟踪测量系统通常采用空间极坐标系，而目标运动只有在空间直角坐标系下描述时才有简洁的表达形式。为了建立简洁的运动目标状态方程和观测方程，必须将空间极坐标转换为空间直角坐标，如图 3－2 所示。地面跟踪测量系统的空间极坐标系和空间直角坐标系具有相同的坐标原点，因此也就可以很容易地实现转换。

3.1.4　机体坐标系

机体坐标系的原点为飞机的重心或者几何中心，其纵轴 X 位于飞机的参考面（对称垂直面）内指向前方（平行于机身纵轴线），横轴 Y 垂直于飞机的参考平面指向右方，竖轴 Z 位于飞机的参考面内指向下方。

3.1.5　辅助坐标系

辅助坐标系也称过渡坐标系，是指根据试验任务需要而设立的直角坐标系，其坐标原点与三轴方向可以任意设定。设立辅助坐标系是为了简化计算或者易于建模。在获得最终参数估计量后，还是需要将坐标转换至指定的坐标系。例如，多站交会测量时，先设立以某观测站为原点的坐标系，未知量解求结束后，需将坐标转换至指定坐标系的坐标，这样就能够使计算得到简化。

3.1.6 地心坐标系

3.1.6.1 地球椭球

地球是一个近似椭球体。与地球形状、大小最接近的旋转椭球称为地球椭球。

地球椭球一般用四个参数来表征：地球椭球的长半轴 a、引力常数与地球质量乘积 GM、地球重力场二阶带球谐系数 J_2、地球自转角速度 ω。当已知这 4 个参数后，根据公式可导出地球椭球扁率 f 和赤道重力 γ_e 等参数。在航空飞行试验测量中，常用到的是地球椭球的长半轴 a 和地球椭球扁率 f 两个参数以及通过这两个参数导出的一些其它参数或系数。

3.1.6.2 参考椭球与地心坐标系

地球表面上的任一点 P，都可以用参考椭球上的两种坐标来表示，大地坐标与地心坐标。

一个国家或地区，为了建立大地坐标系，在选择合适的地球椭球时，利用本国的天文、重力和大地测量成果，对地球椭球进行定位和定向，这个椭球称为参考椭球。参考椭球面应与本国或本地区的大地水准面实现最佳密合，它是处理大地测量成果的基准面。

地心坐标系的坐标原点是地球的质心，其地球椭球的中心与地球质心重合；椭球短轴应与地球旋转轴一致；椭球面应与全球大地水准面实现最佳密合，椭球面的正常位应与大地水准面位相等；椭球的起始大地子午面应与起始天文子午面一致，椭球赤道面应与地球赤道面重合。地心坐标系是全球统一的坐标系。

如图 3－3 所示，O 为椭球中心，是坐标系的原点；Z 轴是地球椭球的旋转轴，指向地球自转轴方向；X 轴指向起始大地子午面与赤道的交点 E_0（经度零点）；Y 轴与 X 轴、Z 轴构成右手坐标系，X 轴与 Y 轴构成赤道面。

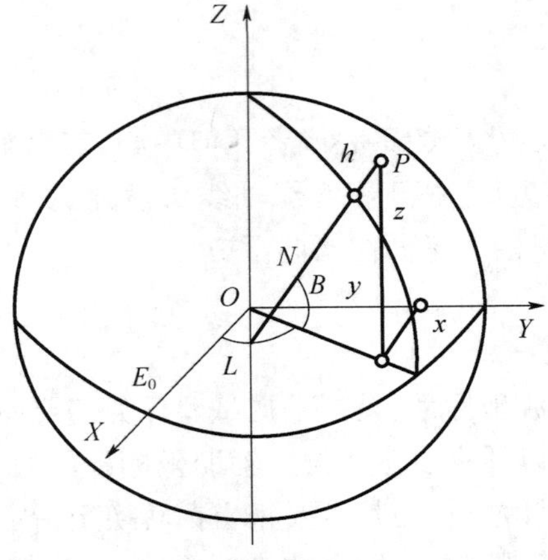

图 3－3 大地坐标系与地心直角坐标系

如图 3 -3 所示，地面或空间一点 P 的大地坐标用经度 L、纬度 B 和大地高 h 表示。经度 L 是过 P 点的子午面与起始子午面的夹角，纬度 B 是过 P 点的椭球面的法线与赤道面的夹角，大地高 h 是 P 点沿法线至椭球面的距离。

地心直角坐标系也如图 3 -3 所示，P 点的坐标还可用直角坐标 (X,Y,Z) 表示，则 $O-XYZ$ 称为地心直角坐标系。实际上，(X,Y,Z) 与 (L,B,h) 是同一点的两种坐标表示方式，它们是等价的。地理坐标可以明确表示点位在地球上的位置，而地心直角坐标更有利于坐标间的换算。

3.1.6.3 常用地心坐标系统

地心坐标系统主要有：1978 年地心坐标系、1988 年地心坐标系和 WGS -84 世界大地坐标系。地心坐标系主要应用于航空、航天和远程武器试验等方面。

WGS -84 世界大地坐标系，是以 WGS -84 椭球的地心为原点，Z 轴指向 BIH 1984.0 定义的协议地极北方向，即所谓的大地北方向，X 轴指向 BIH1984.0 的零子午面和 CTP 赤道的交点，Y 轴与 Z 轴、X 轴构成右手坐标系。对应于 WGS -84 大地坐标系有 WGS -84 椭球。该坐标系由美国国防部研究确定，WGS -84 坐标系采用的椭球称为 WGS -84 椭球，其常数为国际大地测量学和地球物理学联合会第 17 届大会的推荐值。

目前，该坐标系已根据新的观测数据进行了两次精化，其点位坐标精度优于 0.5m。在应用 GPS 进行定位时，采用的就是 WGS -84 坐标系。

3.2 坐标转换

3.2.1 大地坐标转换为地心直角坐标

如图 3 -4 所示，O 为地心，a，b 分别为其长短半径。若以 O 为坐标系的原点，长半径方向为 X 轴，短半径方向为 Z 轴，则子午椭圆的直角坐标方程为

$$\frac{X^2}{a^2}+\frac{Z^2}{b^2}=1$$

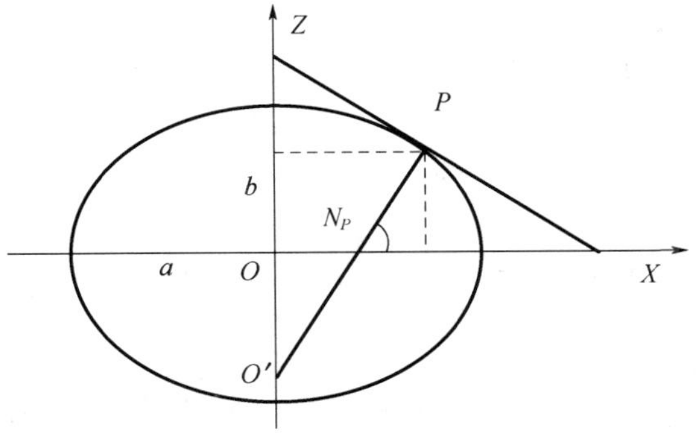

图 3 -4　大地坐标与地心坐标关系

设地心直角坐标系取地球转轴为 Z 轴，X 轴位于通过格林尼治的子午面上。因此，对于空间任意一点 P 的大地坐标为(B_P,L_P,h_P)，其地心直角坐标 X_P,Y_P,Z_P 的转换模型为

$$\begin{cases}X_P = (N_P + h_P)\cos B_P\cos L_P \\ Y_P = (N_P + h_P)\cos B_P\sin L_P \\ Z_P = [N_P(1 - e^2) + h_P]\sin B_P\end{cases} \tag{3-1}$$

式中，B_P，L_P 为 P 点的大地坐标；N_P 为过 P 点的卯酉圈曲率半径，且 $N_P = \dfrac{a}{\sqrt{1-e^2\sin^2 B_P}}$；$h_P$ 为 P 点的大地高；e 为参考椭球体的偏心率，且 $e^2 = \dfrac{a^2-b^2}{a^2}$。

3.2.2 地心直角坐标转换为大地坐标

空间任意一点 P 的地心直角坐标 X_P,Y_P,Z_P 转换为大地坐标 B_P,L_P,h_P 的关系式为

$$\begin{cases}\tan L_P = \dfrac{Y_P}{X_P} \\ \tan B_P = \dfrac{Z_P}{\sqrt{X_P^2 + Y_P^2}} + \dfrac{e^2}{\sqrt{X_P^2 + Y_P^2}}N_P\sin B_P \\ h_P = \sqrt{X^2 + Y^2 + (Z + e^2 N_P\sin B_P)^2} - N_P\end{cases} \tag{3-2}$$

式中的 B_P、h_P、N_P 的求解采用迭代法进行。在迭代开始时，取初值的方法有多种。不同的取值方法，其收敛速度不一样，可取如下初值

$$\begin{cases}N_{P0} = a \\ h_{P0} = \sqrt{X_P^2 + Y_P^2 + Z_P^2} - \sqrt{ab} \\ B_{P0} = \arctan\left[\dfrac{Z_P}{\sqrt{X_P^2 + Y_P^2}}\left(1 - \dfrac{e^2 N_{P0}}{(N_{P0} + h_{P0})}\right)^{-1}\right]\end{cases} \tag{3-3}$$

式中，$\sqrt{ab}$ 中的 b，根据 $e^2 = 1-(b/a)^2$ 来计算，对于不同的地球参考椭球体参数，e^2 的值是不同的。随后每次迭代按下述公式进行：

$$\begin{cases}N_{Pi} = \dfrac{a}{\sqrt{1 - e^2\sin^2 B_{Pi-1}}} \\ h_{Pi} = \dfrac{\sqrt{X_P^2 + Y_P^2}}{\cos B_{Pi-1}} - N_{Pi-1} \\ B_{Pi} = \arctan\left[\dfrac{Z_P}{\sqrt{X_P^2 + Y_P^2}}(1 - e^2 N_{Pi-1}/(N_{Pi-1} + h_{Pi-1}))^{-1}\right]\end{cases} \tag{3-4}$$

式中，下标 i 表示迭代次数。

通常情况下，只需迭代四次左右，B_P 的计算精度就可达到 0.00001″，h_P 的计算精度就可达到 0.001m。

3.2.3 大地坐标转换为切平面直角坐标

切平面直角坐标系是以法线为基准的测量坐标系。其原点 O_T 选在测站点上，过该点的椭球法线为 Z_T 轴，正方向指向球外，$X-Y$ 平面与该法线垂直，Y_T 轴是过原点 O_T 的大地子午面与 $X-Y$ 平面的交线。当在小范围内进行测量时，地球小范围内的椭球面就可看作为一个平面。

切平面直角坐标系坐标在航空飞行试验中不常用，但用它可以较为方便地计算出大地方位角等参数，而地心直角坐标一般数值较大，不便于直接使用，因此可以通过一个一般的线性空间变换将大地坐标转换到切平面直角坐标。

假设以 $G_0(B_0,L_0,H_0)$ 点为切平面直角坐标系的原点，求另一点 $G_i(B_i,L_i,H_i)$ 的切平面直角坐标计算公式为

$$\begin{cases} X_i = (N_i + H_i)\cos B_i \sin l_i \\ Y_i = (N_i + H_i)(\sin B_i \cos B_0 - \sin B_0 \cos B_i \cos l_i) + D_i \cos B_0 \\ Z_i = (a + H_i)(\sin B_i \sin B_0 + \cos B_0 \cos B_i \cos l_i) - a - H_0 \end{cases} \tag{3-5}$$

式中，X_i,Y_i,Z_i 为 G_i 点的切平面直角坐标；$D_i = e\cdot(N_0\sin B_0 - N_i \sin B_i)$；$l_i = L_i - L_0$；$N_i$ 为过 G_i 点的地球卯酉圈的曲率半径，$N_i = \dfrac{a}{\sqrt{1-e^2\sin^2 B_i}}$；$N_0$ 为过 G_0 点的地球卯酉圈的曲率半径，$N_0 = \dfrac{a}{\sqrt{1-e^2\sin^2 B_0}}$，其中，$a = 6378137.000$（WGS－84 参考椭球体的长半轴），$e = 0.00669437999014$（WGS－84 参考椭球体的第一偏心率）。

根据 G_i 点的切平面直角坐标系坐标 X_i,Y_i 计算大地方位角 A 的计算公式为

$$A = \arctan(X_i/Y_i) \tag{3-6}$$

3.2.4 垂线直角坐标转换为 WGS－84 地心直角坐标

垂线测量坐标系属于球面坐标系，是以测量设备的旋转中心为原点，过该原点的铅垂线为基准的测量坐标系。Y 轴沿铅垂线指向地球外方向，X 轴在水平面内指向天文北方向，Z 轴与 X 轴、Y 轴构成右手坐标系。飞行试验中使用光电经纬仪、精密测量雷达等测量飞行目标的航迹时，一般使用的是垂线测量坐标系。而用机载 GPS 测量飞行目标的航迹时使用的是 WGS－84 地心直角坐标系或大地坐标系。它们的坐标原点既不重合，坐标轴也不平行。因此，当它们测得的航迹数据需要进行比对或融合处理时，就需要通过坐标系转换实现其坐标的统一。

两种坐标系的转换，其原理是坐标轴的旋转和坐标原点的平移。坐标轴旋转需要已知测站点的天文经纬度，坐标轴平移需要已知测站点的 WGS－84 地心直角坐标。因此，将垂线直角坐标转换为 WGS－84 地心直角坐标的模型为

$$\boldsymbol{X}_G = \boldsymbol{A}_{\lambda_0}\boldsymbol{A}_{\varphi_0}\boldsymbol{X} + \boldsymbol{X}_{G0} = \boldsymbol{A}_0\boldsymbol{X} + \boldsymbol{X}_{G0} \tag{3-7}$$

式中，$\boldsymbol{X}_G = [X_G \quad Y_G \quad Z_G]^{\mathrm{T}}$ 为被测目标在 WGS－84 地心空间直角坐标系中的坐

标;$\boldsymbol{A}_{\lambda_0}$,$\boldsymbol{A}_{\varphi_0}$为光电经纬仪测量站点 O 的天文经度和天文纬度所对应的矩阵:

$$\boldsymbol{A}_{\lambda_0} = \begin{bmatrix} -\sin\lambda_0 & \cos\lambda_0 & 0 \\ \cos\lambda_0 & \sin\lambda_0 & 0 \\ 0 & 0 & 1 \end{bmatrix}$$

$$\boldsymbol{A}_{\varphi_0} = \begin{bmatrix} 0 & 0 & 1 \\ -\sin\varphi_0 & \cos\varphi_0 & 0 \\ \cos\varphi_0 & \sin\varphi_0 & 0 \end{bmatrix}$$

$$\boldsymbol{A}_0 = \begin{bmatrix} -\sin\varphi_0\cos\lambda_0 & \cos\varphi_0\cos\lambda_0 & -\sin\lambda_0 \\ -\sin\varphi_0\sin\lambda_0 & \cos\varphi_0\sin\lambda_0 & \cos\lambda_0 \\ \cos\varphi_0 & \sin\varphi_0 & 0 \end{bmatrix}$$

$\boldsymbol{X} = [X \quad Y \quad Z]^{\mathrm{T}}$ 为光电经纬仪在垂线直角坐标系中的坐标;$\boldsymbol{X}_{G0} = [X_{G0} \quad Y_{G0} \quad Z_{G0}]^{\mathrm{T}}$ 为光电经纬仪测量站点 O 的 WGS-84 地心直角标系坐标。

3.2.5 影像平面坐标系与像空间坐标系的关系

影像坐标系是二维平面坐标系,而像空间坐标系是三维直角坐标系,它们之间的差别就是摄影焦距 f 的负值作为像空间坐标系的 z 轴,如图 3-1 所示。因此,像空间坐标系就是在影像坐标系的基础上将 $-f$ 作为 z 坐标即可。也就是说 z 坐标永远都是 $-f$。因此,影像坐标转换为像空间坐标时为($x,y,-f$)。

3.2.6 空间极坐标转换为空间直角坐标

空间极坐标转换至以测站为原点的空间直角坐标(X,Y,Z)的数学模型为

$$\begin{cases} X = R\cos E\cos A \\ Y = R\cos E\sin A \\ Z = R\sin E \end{cases} \tag{3-8}$$

若空间直角坐标系的原点不在测站上,则需进行平移,即

$$\begin{cases} X = R\cos E\cos A + X_0 \\ Y = R\cos E\sin A + Y_0 \\ Z = R\sin E + Z_0 \end{cases} \tag{3-9}$$

式中,(X_0,Y_0,Z_0)为极坐标系与空间直角坐标系的原点平移量。

又若空间直角坐标系的 X'轴方向与测量系统的方位起始角 0°不一致,存在一个角差值 β,则应进行坐标系旋转,得到在空间直角坐标系的坐标如下式:

$$\boldsymbol{X}' = \boldsymbol{A}_{\beta}\boldsymbol{X}_i + \boldsymbol{X}_0 \tag{3-10}$$

式中,$\boldsymbol{X}' = [X' \quad Y' \quad Z']^{\mathrm{T}}$;$\boldsymbol{X}_i = [X \quad Y \quad Z]^{\mathrm{T}}$;$\boldsymbol{A}_{\beta}$ 为旋转矩阵,有

$$\boldsymbol{A}_{\beta} = \begin{bmatrix} -\sin\beta & \cos\beta & 0 \\ \cos\beta & \sin\beta & 0 \\ 0 & 0 & 1 \end{bmatrix};$$

$\boldsymbol{X}_0 = [X_0 \quad Y_0 \quad Z_0]^{\mathrm{T}}$ 为坐标系原点的平移量。

3.2.7 辅助空间直角坐标转换为空间直角坐标

辅助空间直角坐标系主要是求解过程中的一个过渡性坐标系。其作用是为了计算简便而设。可根据需要任意设立辅助空间直角坐标系，只不过是与所需空间直角坐标系的轴系之间的关系需要事先确立，即确定轴系之间的旋转矩阵 $\boldsymbol{A}$、缩放系数 λ 与坐标系原点的平移量 $\boldsymbol{X}_0$。因此，从辅助空间直角坐标转换为空间直角坐标的模型如下：

$$\boldsymbol{X}' = \lambda \boldsymbol{A}\boldsymbol{X} + \boldsymbol{X}_0 \tag{3-11}$$

式中，$\boldsymbol{X}' = [X' \quad Y' \quad Z']^{\mathrm{T}}$ 为空间直角坐标系坐标矩阵；$\boldsymbol{X} = [X \quad Y \quad Z]^{\mathrm{T}}$ 为辅助空间直角坐标系坐标矩阵；λ 为缩放系数；$\boldsymbol{A}$ 为旋转矩阵，是三个轴系之间夹角 φ,ω,κ 的函数，其表达式为

$$\boldsymbol{A} = \begin{bmatrix} a_1 & a_2 & a_3 \\ b_1 & b_2 & b_3 \\ c_1 & c_2 & c_3 \end{bmatrix} = F(\varphi,\omega,\kappa)$$

$$= \begin{bmatrix} \cos\varphi\cos\kappa - \sin\varphi\sin\omega\sin\kappa & -\cos\varphi\sin\kappa - \sin\varphi\sin\omega\cos\kappa & -\sin\varphi\cos\omega \\ -\sin\varphi\cos\kappa - \cos\varphi\sin\omega\sin\kappa & \sin\varphi\sin\kappa - \cos\varphi\sin\omega\cos\kappa & -\cos\varphi\cos\omega \\ \cos\omega\sin\kappa & \cos\omega\cos\kappa & -\sin\omega \end{bmatrix}$$

旋转矩阵 $\boldsymbol{A}$ 的求解方法有两种：直接解算法、间接解算法。直接解算法是已知辅助空间直角坐标系与空间直角坐标系各轴系之间的角差值 φ,ω,κ，代入上式直接计算；间接解算法是在已知三个或三个以上的目标点在辅助空间直角坐标系与空间直角坐标系的坐标 $\boldsymbol{X}'_i = [X'_i \quad Y'_i \quad Z'_i]^{\mathrm{T}}$，$\boldsymbol{X}_i = [X_i \quad Y_i \quad Z_i]^{\mathrm{T}}(i = 1,2,3,\cdots n)$，代入式(3-11)，建立 $3n$ 个方程，便可求解旋转矩阵中 9 个元素 $a_i,b_i,c_i,i = 1,2,3$，三个坐标平移量 $\boldsymbol{X}_0 = [X_0 \quad Y_0 \quad Z_0]^{\mathrm{T}}$ 以及缩放系数 λ。

3.3 高程系统

高程系统是测量的基础。了解高程系统、高程基准的基本概念以及高程转换模型对测量结果的正确性尤为重要。

3.3.1 水准面和大地水准面

3.3.1.1 铅垂线与水准面

地面上一点的重力方向称为铅垂线，而处处与铅垂线成正交的曲面称为水准面。水准面是一个连续的闭合曲面，是一个重力等位面。由于地球内部和外部空间处处都存在重力作用，所以通过不同高度的点都有一个水准面，故水准面有无穷多个。

实际测量工作中是以铅垂线为基准线,即以水准面为基准面的。如光电经纬仪和测量雷达、全站仪等设备调整水平后,其垂直轴就与铅垂线一致,其水平度盘就是水准面的一部分。

3.3.1.2 大地水准面

大地水准面是一个特定的水准面。一个与处于静止平衡状态的海洋面重合并延伸到大陆内部的水准面称为大地水准面。由大地水准面所包围的形体称为"大地体"。在习惯上,各国均以海洋的平均海水面来表述大地水准面,我国采用黄海平均海水面作为大地水准面。大地水准面是与地球重力场紧密相关的重力等位面。它的变化反映了地球内部物质结构,因此它是研究地球内部密度分布与结构的主要手段。大地水准面又是高程起算的基准面。

3.3.2 高程系统与高程基准

3.3.2.1 高程系统

1. 正高系统 $H_{正}$

以大地水准面为高程基准面的高程系统称为正高系统。地面点沿重力(铅垂)线方向到大地水准面的距离称为该点的正高。由于正高计算式中,该点沿铅垂线方向至大地水准面的平均重力加速度值无法准确求定,所以正高也无法准确求定,只能求得其近似值。

2. 正常高系统 $H_{常}$

以似大地水准面为高程基准面的高程系统称为正常高系统。该系统的优点是正常高能准确测定。将正高计算式中的平均重力加速度值用正常重力代替,所得的高程就是正常高 $H_{常}$。

显然,正常高已不是点位至大地水准面的距离,而是该点与通过该点的重力线(铅垂线)到似大地水准面的距离。也可以说,似大地水准面是由地面沿铅垂线方向向下量取正常高所得的点形成的连续曲面,它不是水准面,只是用以计算的辅助面。似大地水准面在海洋面是与大地水准面重合的,而在陆地部分则与大地水准面略有差异。因此,正常高与正高在海面上相等,在平原地区相差数厘米,在最高的山区相差不超过 2m ~3m。基于正常高是该点与通过该点的重力线(铅垂线)到似大地水准面的距离,所以正常高也可以通过水准测量精确获得。

3. 大地高系统 h

以地球参考椭球面为高程基准面的高程系统称为大地高系统。地面一点的大地高是该点沿该点法线至参考椭球面的距离 h。图 3 -5 给出了三种高程的关系。若忽略铅垂线与法线的差异,则

$$\begin{cases} h = H_{正} + N \\ h = H_{常} + \zeta \end{cases} \tag{3-12}$$

式中，N 为大地水准面与椭球面的差距；ζ 为高程异常值，即似大地水准面至地球参考椭球面的垂直距离，可用天文水准或天文重力水准求得。

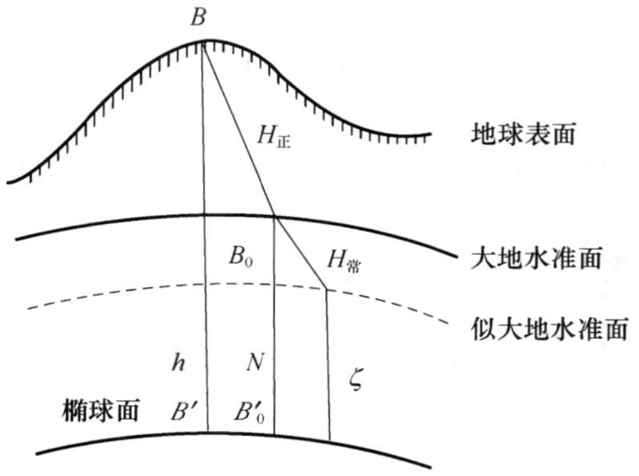

图 3－5　三种高程的关系

3.3.2.2　高程基准

我国采用青岛验潮站求得的黄海平均海水面作为全国高程的统一起算面，称为"国家高程基准"。我国自 1949 年建国以来，曾先后颁布了两个高程基准。

1. 1956 年黄海高程系统

根据 1950 年—1956 年青岛验潮站观测值的平均值求定的黄海平均海水面作为高程的起算基准面，命名为"1956 年黄海高程系统"。由此推得青岛验潮站水准原点的高程为 72.289m，然后向全国范围内延伸，形成 1956 年黄海高程系统 H_{56}。

2. 1985 年国家高程基准 H_{85}

1985 年，我国又根据 1952 年—1979 年间青岛验潮站观测资料的平均值，重新确定了黄海平均海水面，并命名为"1985 国家高程基准"。推得青岛验潮站水准原点的高程为 72.2604m。自 1988 年 1 月 1 日起，正式改用"1985 国家高程基准" H_{85}。两个高程基准间的高程换算关系为

$$H_{85} = H_{56} - 0.0286\text{m} \tag{3-13}$$

根据 H_{85} 和 H_{56} 基准所测得的地面点高度为海拔高度，即由平均海水面起算的地面点高度，也称绝对高程或绝对高度。确定地面点高程的方法有水准测量、三角高程测量和气压高程测量等。水准测量的精度最高，三角高程测量次之，气压高程测量最低。水准测量是利用水准面（重力等位面）求得两点间的高差；三角高程测量是根据三角学原理求得两点间的高差；气压高程测量是根据大气压力随地面高度变化的原理用气压高度计测定高程的方法，飞机飞行中使用的气压高度表就属于该法。

3.3.3　高程系统的选用与转换

若要进行绝对位置的测量，就需要使用 H_{85} 正常高系统或大地高系统；大地坐

标系(B,L,h)中的h就是大地高；有时候在大地坐标系中给出B,L,R时，这里的h一般就是H_{85}正常高。一般光电跟踪设备给出的高度就是H_{85}正常高。所以，测量的高度与测量系统所在的区域有关，也就是说h和H_{85}有差异。凡用GPS测出的高程都是大地高（或叫椭高）h。因此必须清楚高程系统采用何种系统，才能进行转换。

如果只需要进行相对位置的测量，就不需要使用上述两种系统，坐标系的原点根据需要进行设置，其高度可以假定为零或某一数。在进行两站以上的接力测量或交会测量时，还需要测定测站点之间的高差。

3.4 坐标转换误差

3.4.1 坐标转换误差模型

坐标转换过程中，其转换数学模型会带来误差。设转换矩阵模型为

$$\boldsymbol{Y} = f(\boldsymbol{X}) \tag{3-14}$$

式中，$\boldsymbol{X},\boldsymbol{Y}$分别为两个坐标系的坐标矩阵$[X_1 \quad X_2 \quad X_3]^{\mathrm{T}}$、$[Y_1 \quad Y_2 \quad Y_3]^{\mathrm{T}}$；$f(\cdot)$为数学转换模型，是非线性的。

对上式进行微分。首先，取$\boldsymbol{X}$的近似值$\boldsymbol{X}_0$有

$$\boldsymbol{X}_0 = [X_0^1 \quad X_0^2 \quad X_0^3]^{\mathrm{T}}$$

在点$\boldsymbol{X}_0$处按泰勒级数展开，并略去二次以上各项，则得

$$\boldsymbol{Y} = f(\boldsymbol{X}_0) + \left.\frac{\partial f}{\partial \boldsymbol{X}}\right|_{\boldsymbol{X}_0}(\boldsymbol{X}-\boldsymbol{X}_0)$$

其中

$$f(\boldsymbol{X}_0) = f(X_0^1, X_0^2, X_0^3)$$

$$\left.\frac{\partial f}{\partial \boldsymbol{X}}\right|_{\boldsymbol{X}_0} = \begin{bmatrix} \frac{\partial f_1}{\partial X_1} & \frac{\partial f_1}{\partial X_2} & \frac{\partial f_1}{\partial X_3} \\ \frac{\partial f_2}{\partial X_1} & \frac{\partial f_2}{\partial X_2} & \frac{\partial f_2}{\partial X_3} \\ \frac{\partial f_3}{\partial X_1} & \frac{\partial f_3}{\partial X_2} & \frac{\partial f_3}{\partial X_3} \end{bmatrix}_{X_0} \qquad \boldsymbol{X}-\boldsymbol{X}_0 = \begin{bmatrix} X_1 - X_0^1 \\ X_2 - X_0^2 \\ X_3 - X_0^3 \end{bmatrix}$$

令$\boldsymbol{Y}-f(\boldsymbol{X}_0)=\mathrm{d}\boldsymbol{Y}$，$\boldsymbol{X}-\boldsymbol{X}_0=\mathrm{d}\boldsymbol{X}$，$\left.\frac{\partial f}{\partial \boldsymbol{X}}\right|_{X_0}=\boldsymbol{F}$，则有

$$\mathrm{d}\boldsymbol{Y} = \boldsymbol{F}\mathrm{d}\boldsymbol{X}$$

根据第2章介绍的随机量函数的方差与协因素计算方法，有

$$\begin{cases} \boldsymbol{D}_Y = \boldsymbol{F}\boldsymbol{D}_X\boldsymbol{F}^{\mathrm{T}} \\ \boldsymbol{Q}_Y = \boldsymbol{F}\boldsymbol{Q}_X\boldsymbol{F}^{\mathrm{T}} \end{cases} \tag{3-15}$$

式中，$\boldsymbol{D}_X,\boldsymbol{D}_Y$分别为两个坐标系坐标$\boldsymbol{X}$、$\boldsymbol{Y}$的方差；$\boldsymbol{Q}_X,\boldsymbol{Q}_Y$为两个坐标系坐标$\boldsymbol{X},\boldsymbol{Y}$

的协因素矩阵。

3.4.2 空间极坐标转换为空间直角坐标误差模型

空间极坐标(R,A,E)转换至以测站为原点的空间直角坐标(X,Y,Z)的数学模型如下：

$$\begin{cases} X = R\cos E\cos A \\ Y = R\cos E\sin A \\ Z = R\sin E \end{cases} \tag{3-16}$$

将式(3-16)在(R_0,A_0,E_0)处展开，并略去二次项，则有

$$X = R_0\cos E_0\cos A_0 + \cos E_0\cos A_0(R-R_0) + R_0(-\sin E_0)\cos A_0(E-E_0)/\rho + R_0\cos E_0(-\sin A_0)(A-A_0)/\rho \tag{3-17}$$

$$Y = R_0\cos E_0\sin A_0 + \cos E_0\sin A_0(R-R_0) + R(-\sin E_0)\sin A_0(E-E_0)/\rho + R_0\cos E_0\cos A_0(A-A_0)/\rho \tag{3-18}$$

$$Z = R_0\sin E_0 + \sin E_0(R-R_0) + R_0\cos E_0(E-E_0)/\rho \tag{3-19}$$

式中，$\rho=206265$ 为常数。

令

$$\begin{aligned} dX &= X - R_0\cos E_0\cos A_0 \\ dY &= Y - R_0\cos E_0\sin A_0 \\ dZ &= Z - R_0\sin E_0 \\ dR &= R - R_0 \\ dA &= (A-A_0)/\rho \\ dE &= (E-E_0)/\rho \end{aligned}$$

则式(3-17)~式(3-19)可以写成：

$$dX = \cos E_0\cos A_0 dR - R_0\sin E_0\cos A_0 dE - R_0\cos E_0\sin A_0 dA \tag{3-20}$$

$$dY = \cos E_0\sin A_0 dR - R\sin E_0\sin A_0 dE + R_0\cos E_0\cos A_0 dA \tag{3-21}$$

$$dZ = \sin E_0 dR + R_0\cos E_0 dE \tag{3-22}$$

即

$$\begin{bmatrix} dX \\ dY \\ dZ \end{bmatrix} = \begin{bmatrix} \cos E_0\cos A_0 & -R_0\sin E_0\cos A_0 & -R_0\cos E_0\sin A_0 \\ \cos E_0\sin A_0 & -R_0\sin E_0\sin A_0 & R_0\cos E_0\cos A_0 \\ \sin E_0 & R_0\cos E_0 & 0 \end{bmatrix} \begin{bmatrix} dR \\ dE \\ dA \end{bmatrix} \tag{3-23}$$

设观测值 R,E,A 相互独立，其方差为 D_R,D_E,D_A，可以事先获得其值。经过坐标系转换之后，根据式(3-15)，其空间直角坐标 X,Y,Z 的方差 D_{XX},D_{YY},D_{ZZ}以及协方差 $D_{XY},D_{YZ},D_{XZ},D_{YX},D_{ZY},D_{ZX}$为

$$\begin{bmatrix} D_{XX} & D_{XY} & D_{XZ} \\ D_{YX} & D_{YY} & D_{YZ} \\ D_{ZX} & D_{ZY} & D_{ZZ} \end{bmatrix} = \begin{bmatrix} \cos E_0\cos A_0 & -R_0\sin E_0\cos A_0 & -R_0\cos E_0\sin A_0 \\ \cos E_0\sin A_0 & -R_0\sin E_0\sin A_0 & R_0\cos E_0\cos A_0 \\ \sin E_0 & R_0\cos E_0 & 0 \end{bmatrix} \cdot$$

$$\begin{bmatrix} D_R & 0 & 0 \\ 0 & D_E & 0 \\ 0 & 0 & D_A \end{bmatrix}\begin{bmatrix} \cos E_0\cos A_0 & \cos E_0\sin A_0 & \sin E_0 \\ -R_0\sin E_0\cos A_0 & -R_0\sin E_0\sin A_0 & R_0\cos E_0 \\ -R_0\cos E_0\sin A_0 & R_0\cos E_0\cos A_0 & 0 \end{bmatrix} \tag{3-24}$$

故有空间直角坐标 X,Y,Z 的方差为

$$D_{XX} = (\cos E_0\cos A_0)^2 D_R + (R_0\sin E_0\cos A_0)^2 D_E + (R_0\cos E_0\sin A_0)^2 D_A \tag{3-25}$$

$$D_{YY} = (\cos E_0\sin A_0)^2 D_R + (R_0\sin E_0\sin A_0)^2 D_E + (R_0\cos E_0\cos A_0)^2 D_A \tag{3-26}$$

$$D_{ZZ} = (\sin E_0)^2 D_R + (R_0\cos E_0)^2 D_E \tag{3-27}$$

以及协方差 D_{XY},D_{YZ},D_{XZ}:

$$D_{XY} = D_{YX} = \frac{1}{2}\sin 2A_0((\cos^2 E_0)D_R + (R_0\sin E_0)^2 D_E - (R_0\cos E_0)^2 D_A) \tag{3-28}$$

$$D_{XZ} = D_{ZX} = \frac{1}{2}\sin 2E_0((\cos A_0)D_R - (R_0^2\cos A_0)D_E) \tag{3-29}$$

$$D_{YZ} = D_{ZY} = \frac{1}{2}\sin 2E_0((\sin A_0)D_R - (R_0^2\sin A_0)D_E) \tag{3-30}$$

又由式(3-15)协因素与互协因素计算方法,可得

$$Q_{XX} = (\cos E_0\cos A_0)^2 Q_R + (R_0\sin E_0\cos A_0)^2 Q_E + (R_0\cos E_0\sin A_0)^2 Q_A \tag{3-31}$$

$$Q_{YY} = (\cos E_0\sin A_0)^2 Q_R + (R_0\sin E_0\sin A_0)^2 Q_E + (R_0\cos E_0\cos A_0)^2 Q_A \tag{3-32}$$

$$Q_{ZZ} = (\sin E_0)^2 Q_R + (R_0\cos E_0)^2 Q_E \tag{3-33}$$

以及互协因素 Q_{XY},Q_{YZ},Q_{XZ}:

$$Q_{XY} = Q_{YX} = \frac{1}{2}\sin 2A_0((\cos^2 E_0)Q_R + (R_0\sin E_0)^2 Q_E - (R_0\cos E_0)^2 Q_A) \tag{3-34}$$

$$Q_{XZ} = Q_{ZX} = \frac{1}{2}\sin 2E_0((\cos A_0)Q_R - (R_0^2\cos A_0)Q_E) \tag{3-35}$$

$$Q_{YZ} = Q_{ZY} = \frac{1}{2}\sin 2E_0((\sin A_0)Q_R - (R_0^2\sin A_0)Q_E) \tag{3-36}$$

3.4.3 辅助空间直角坐标转换为空间直角坐标误差模型

根据式(3-11),辅助直角坐标转换为空间直角坐标的模型为

$$\boldsymbol{X}' = \lambda \boldsymbol{A}\boldsymbol{X} + \boldsymbol{X}_0$$

式中,λ 为缩放系数;$\boldsymbol{A}$ 为转换矩阵(旋转矩阵);$\boldsymbol{X}' = [X' \quad Y' \quad Z']^{\mathrm{T}}$ 为空间直角坐标系坐标矩阵;$\boldsymbol{X} = [X \quad Y \quad Z]^{\mathrm{T}}$ 为辅助直角坐标系坐标矩阵;$\boldsymbol{X}_0 = [X_0 \quad Y_0 \quad Z_0]^{\mathrm{T}}$ 为坐标系原点的平移量。

当转换模型已经确定之后,λ、$\boldsymbol{A}$、$\boldsymbol{X}_0$ 为已知常量,故式(3-11)又可写成:

$$\begin{bmatrix} X' \\ Y' \\ Z' \end{bmatrix} = \lambda \begin{bmatrix} a_1 & a_2 & a_3 \\ b_1 & b_2 & b_3 \\ c_1 & c_2 & c_3 \end{bmatrix} \begin{bmatrix} X \\ Y \\ Z \end{bmatrix} + \begin{bmatrix} X_0 \\ Y_0 \\ Z_0 \end{bmatrix} \tag{3-37}$$

式(3-37)为线性形式，所以有

$$dX' = \lambda(a_1 dX + a_2 dY + a_3 dZ) \tag{3-38}$$

$$dY' = \lambda(b_1 dX + b_2 dY + b_3 dZ) \tag{3-39}$$

$$dZ' = \lambda(c_1 dX + c_2 dY + c_3 dZ) \tag{3-40}$$

式(3-38)~式(3-40)可以写成矩阵形式：

$$\begin{bmatrix} dX' \\ dY' \\ dZ' \end{bmatrix} = \begin{bmatrix} \lambda a_1 & \lambda a_2 & \lambda a_3 \\ \lambda b_1 & \lambda b_2 & \lambda b_3 \\ \lambda c_1 & \lambda c_2 & \lambda c_3 \end{bmatrix} \begin{bmatrix} dX \\ dY \\ dZ \end{bmatrix} \tag{3-41}$$

设已知辅助直角坐标(X,Y,Z)的方差—协方差矩阵与协因素矩阵为

$$\begin{bmatrix} D_{XX} & D_{XY} & D_{XZ} \\ D_{YX} & D_{YY} & D_{YZ} \\ D_{ZX} & D_{ZY} & D_{ZZ} \end{bmatrix} \text{与} \begin{bmatrix} Q_{XX} & Q_{XY} & Q_{XZ} \\ Q_{YX} & Q_{YY} & Q_{YZ} \\ Q_{ZX} & Q_{ZY} & Q_{ZZ} \end{bmatrix}$$

则空间直角坐标(X',Y',Z')的方差与协方差为

$$\begin{bmatrix} D_{X'X'} & D_{X'Y'} & D_{X'Z'} \\ D_{Y'X'} & D_{Y'Y'} & D_{Y'Z'} \\ D_{Z'X'} & D_{Z'Y'} & D_{Z'Z'} \end{bmatrix} = \lambda^2 \begin{bmatrix} a_1 & a_2 & a_3 \\ b_1 & b_2 & b_3 \\ c_1 & c_2 & c_3 \end{bmatrix} \begin{bmatrix} D_{XX} & D_{XY} & D_{XZ} \\ D_{YX} & D_{YY} & D_{YZ} \\ D_{ZX} & D_{ZY} & D_{ZZ} \end{bmatrix} \begin{bmatrix} a_1 & b_1 & c_1 \\ a_2 & b_2 & c_2 \\ a_3 & b_3 & c_3 \end{bmatrix} \tag{3-42}$$

由于$D_{XY}=D_{YX}$，$D_{YZ}=D_{ZY}$，$D_{XZ}=D_{ZX}$，则(X',Y',Z')的方差为

$$\begin{aligned} D_{X'X'} &= \lambda^2((a_1^2 D_{XX} + a_2^2 D_{YY} + a_3^2 D_{ZZ}) + a_1 a_2 (D_{XY} + D_{YX})) + \\ &\quad a_1 a_3 \lambda^2 (D_{XZ} + D_{ZX}) + a_2 a_3 \lambda^2 (D_{YZ} + D_{ZY}) = \\ &\quad \lambda^2((a_1^2 D_{XX} + a_2^2 D_{YY} + a_3^2 D_{ZZ}) + 2a_1 a_2 D_{XY} + \\ &\quad 2a_1 a_3 D_{XZ} + 2a_2 a_3 D_{YZ}) \end{aligned} \tag{3-43}$$

$$\begin{aligned} D_{Y'Y'} &= \lambda^2((b_1^2 D_{XX} + b_2^2 D_{YY} + b_3^2 D_{ZZ}) + 2b_1 b_2 D_{XY} + \\ &\quad 2b_1 b_3 D_{XZ} + 2b_2 b_3 D_{YZ}) \end{aligned} \tag{3-44}$$

$$\begin{aligned} D_{Z'Z'} &= \lambda^2((c_1^2 D_{XX} + c_2^2 D_{YY} + c_3^2 D_{ZZ}) + 2c_1 c_2 D_{XY} + \\ &\quad 2c_1 c_3 D_{XZ} + 2c_2 c_3 D_{YZ}) \end{aligned} \tag{3-45}$$

同理，(X',Y',Z')的协方差为

$$\begin{aligned} D_{X'Y'} = D_{Y'X'} &= \lambda^2((a_1 b_1 D_{XX} + a_2 b_2 D_{YY} + a_3 b_3 D_{ZZ}) + \\ &\quad (a_1 b_3 + a_3 b_1) D_{XZ}) + \lambda^2((a_3 b_2 + a_2 b_3) D_{YZ} + \\ &\quad (a_2 b_1 + a_1 b_2) D_{XY}) \end{aligned} \tag{3-46}$$

$$D_{X'Z'}=D_{Z'X'}=\lambda^2((a_1c_1D_{XX}+a_2c_2D_{YY}+a_3c_3D_{ZZ})+(a_1c_3+a_3c_1)D_{XZ})+\lambda^2((a_3c_2+a_2c_3)D_{YZ}+(a_2c_1+a_1c_2)D_{XY}) \tag{3-47}$$

$$D_{Z'Y'}=D_{Y'Z'}=\lambda^2((c_1b_1D_{XX}+c_2b_2D_{YY}+c_3b_3D_{ZZ})+(c_1b_3+c_3b_1)D_{XZ})+\lambda^2((c_3b_2+c_2b_3)D_{YZ}+(c_2b_1+c_1b_2)D_{XY}) \tag{3-48}$$

根据协因素传播律,可以得到协因素与互协因素计算模型为

$$Q_{X'X'}=\lambda^2((a_1^2Q_{XX}+a_2^2Q_{YY}+a_3^2Q_{ZZ})+2a_1a_2Q_{XY}+2a_1a_3Q_{XZ}+2a_2a_3Q_{YZ}) \tag{3-49}$$

$$Q_{Y'Y'}=\lambda^2((b_1^2Q_{XX}+b_2^2Q_{YY}+b_3^2Q_{ZZ})+2b_1b_2Q_{XY}+2b_1b_3Q_{XZ}+2b_2b_3Q_{YZ}) \tag{3-50}$$

$$Q_{Z'Z'}=\lambda^2((c_1^2Q_{XX}+c_2^2Q_{YY}+c_3^2Q_{ZZ})+2c_1c_2Q_{XY}+2c_1c_3Q_{XZ}+2c_2c_3Q_{YZ}) \tag{3-51}$$

$$Q_{X'Y'}=Q_{Y'X'}=\lambda^2((a_1b_1Q_{XX}+a_2b_2Q_{YY}+a_3b_3Q_{ZZ})+(a_1b_3+a_3b_1)Q_{XZ})+\lambda^2((a_3b_2+a_2b_3)Q_{YZ}+(a_2b_1+a_1b_2)Q_{XY}) \tag{3-52}$$

$$Q_{X'Z'}=Q_{Z'X'}=\lambda^2((a_1c_1Q_{XX}+a_2c_2Q_{YY}+a_3c_3Q_{ZZ})+(a_1c_3+a_3c_1)Q_{XZ})+\lambda^2((a_3c_2+a_2c_3)Q_{YZ}+(a_2c_1+a_1c_2)Q_{XY}) \tag{3-53}$$

$$Q_{Z'Y'}=Q_{Y'Z'}=\lambda^2((c_1b_1Q_{XX}+c_2b_2Q_{YY}+c_3b_3Q_{ZZ})+(c_1b_3+c_3b_1)Q_{XZ})+\lambda^2((c_3b_2+c_2b_3)Q_{YZ}+(c_2b_1+c_1b_2)Q_{XY}) \tag{3-54}$$

假设辅助直角坐标(X,Y,Z)相互独立,则 $D_{XY}=0,D_{YZ}=0,D_{XZ}=0$,故有更为简单的计算模型:

$$D_{X'X'}=\lambda^2(a_1^2D_{XX}+a_2^2D_{YY}+a_3^2D_{ZZ}) \tag{3-55}$$

$$D_{Y'Y'}=\lambda^2(b_1^2D_{XX}+b_2^2D_{YY}+b_3^2D_{ZZ}) \tag{3-56}$$

$$D_{Z'Z'}=\lambda^2(c_1^2D_{XX}+c_2^2D_{YY}+c_3^2D_{ZZ}) \tag{3-57}$$

$$D_{X'Y'}=D_{Y'X'}=\lambda^2(a_1b_1D_{XX}+a_2b_2D_{YY}+a_3b_3D_{ZZ}) \tag{3-58}$$

$$D_{X'Z'}=D_{Z'X'}=\lambda^2(a_1c_1D_{XX}+a_2c_2D_{YY}+a_3c_3D_{ZZ}) \tag{3-59}$$

$$D_{Z'Y'}=D_{Y'Z'}=\lambda^2(c_1b_1D_{XX}+c_2b_2D_{YY}+c_3b_3D_{ZZ}) \tag{3-60}$$

同样,协因素与互协因素计算模型为

$$Q_{X'X'}=\lambda^2(a_1^2Q_{XX}+a_2^2Q_{YY}+a_3^2Q_{ZZ}) \tag{3-61}$$

$$Q_{Y'Y'}=\lambda^2(b_1^2Q_{XX}+b_2^2Q_{YY}+b_3^2Q_{ZZ}) \tag{3-62}$$

$$Q_{Z'Z'}=\lambda^2(c_1^2Q_{XX}+c_2^2Q_{YY}+c_3^2Q_{ZZ}) \tag{3-63}$$

$$Q_{X'Y'} = Q_{Y'X'} = \lambda^2(a_1b_1Q_{XX} + a_2b_2Q_{YY} + a_3b_3Q_{ZZ}) \tag{3-64}$$

$$Q_{X'Z'} = Q_{Z'X'} = \lambda^2(a_1c_1Q_{XX} + a_2c_2Q_{YY} + a_3c_3Q_{ZZ}) \tag{3-65}$$

$$Q_{Z'Y'} = Q_{Y'Z'} = \lambda^2(c_1b_1Q_{XX} + c_2b_2Q_{YY} + c_3b_3Q_{ZZ}) \tag{3-66}$$

上述两种坐标系之间的转换过程说明了一个事实,那就是任何坐标系的转换都伴随着误差的传递。不管转换模型是线性的(如从辅助直角坐标系到空间直角坐标系转换模型)还是非线性的(如从极坐标到空间直角坐标转换模型),其方差矩阵与协因素矩阵都会发生改变。

参考文献

[1] 王之卓. 摄影测量原理. 北京:测绘出版社,1984.

[2] 武汉测绘学院大地测量教研组. 大地测量学. 武汉:武汉测绘学院出版社,1980.

第4章　空间定位测量

飞行试验空间定位测量是指对航空飞行器等机动目标运动参数进行的测量，用于测量、记录各种机动目标的空间飞行轨迹、瞬间位置、姿态以及它们的动态变化率，如飞行速度、加速度、飞行状态等，为航空飞行试验提供定性和定量的实时监控和航迹信息。机动目标包括各种在空中飞行的飞机（包括直升机）、导弹、投放外挂物、模型飞机以及各种空中投放的诱饵（弹），有动力或无动力的。运动参数主要指目标基于时间历程的三维运动轨迹、三维运动姿态等。用于空间定位测量的设备主要有光电经纬仪、激光雷达、全球导航定位测量系统、精密测量雷达、相控阵雷达、数字视频系统、高速数字摄影系统、数字航空摄影系统等，并辅之以测量信息（数据、图像、语音）的采集、传输、有线和无线通信、记录、数据处理、监控显示等相关设备。空间定位测量分绝对定位测量和相对定位测量。测量的方式有使用光电经纬仪、激光雷达、精密测量雷达等的地对空测量；使用数字航空摄影系统、高速数字摄影系统等的空对地测量；使用数字视频系统、高速数字摄影系统等的空对空测量。空对空测量通常情况下都是相对定位测量，如机载高速摄影系统对武器发射、外挂物投放初始段轨迹测量以及伴飞摄影测量都属于相对定位测量范畴。

在航空飞行试验光电测量中，空间定位测量主要完成飞行器的空间位置测量，如飞机起飞着陆轨迹、飞行轨迹、武器系统中各种弹的运动轨迹、外挂物投放轨迹、弹射救生座椅的运动轨迹、飞机模型（自由飞）运动轨迹、飞机失速尾旋运动轨迹、直升机悬停位置及飞行轨迹等。此外，还有机载航电设备、航空仪表、救生伞空中试验、模拟空降伞兵航迹测量、空中投放货物航迹测量、噪声测定航迹测量、防冰结冰所需的冰形过程及除冰测量、目标隐身特性以及电子对抗等都离不开空间定位测量。空间定位测量过程中获取的目标与背景影像，直观、可靠、清晰，有利于试验中突发事件及研究对象的观察与分析。

与其它测量类型相比较，空间定位测量中的航迹测量有其显著的特点：非接触式测量、信息量大、直观、测量精度高、布站灵活、机动目标大小不一、机动性强；航迹测量范围可大可小，有大到几百千米的航迹测量带，也有小到几百米、几米的小区域。航迹测量所获取的测量参数类型和数量少但极为重要，因此，国内外发达国家的航天和航空飞行试验基地与靶场均耗资了巨额经费来建立规模大、功能齐全、测量范围广的航迹测量设施，以满足飞行试验的需求。

4.1 光电测量系统

光电测量系统用于飞行目标航迹、姿态等的测量。它有很多种，其中大部分测量系统既可以进行单站测量，也可以组成多传感器系统进行测量，如光电经纬仪、雷达均可以完成在一定区域内的单站测量。单站测量系统一般具有以下功能：

(1) 自动(或手动)跟踪功能：在人工或自动引导下，系统能够跟踪机动目标，并采集记录目标相对于测站的原始物理参数。

(2) 系统具有统一的时间基准：系统产生或接受外部标准时间，用于对每个参数采集时刻进行标定。不管时间信号来自于内部或外部，都必须与整个试验区的时间基准精确同步。

(3) 系统通常能够自动采集与记录三个必要参数：斜距(测站至目标的距离)、方位角、俯仰角。在特殊情况下，也可以采用其它方法获取其中的某一个参数，以满足测量之需要。

另外，在空间定位测量中，还使用了各类模拟和数字视频、高快速摄影或数字摄影、数字航空摄影等光电测量系统。视频和高快速摄影系统是小像幅、中低分辨率和较高或高帧频的摄影或数字摄影系统。它们既可以分别完成近距离、小范围机动目标轨迹测量，也可以完成空对地的航空摄影测量。这类系统往往是安装在飞机上或者地面上固定位置进行等待式观测。航空摄影机或数字航空摄影机是大像幅、高分辨率、低帧频的空对地摄影系统，能够获得清晰的地面景物影像，在飞行试验中主要用于航空飞行器姿态和航迹的测量，以达到鉴定航空导航系统、航电仪表的目的。

4.1.1 光电经纬仪测量系统

光电经纬仪是具有高精度测量能力的单站测量系统，直观性强、性能稳定、工作可靠，但测量范围较小，易受天气影响。

光电经纬仪的前身是电影经纬仪。电影经纬仪的主要部件是高速摄影机，为了保证摄影瞬间图像清晰，采用间隙抓片式结构。电影经纬仪主要由高速摄影机系统、方位角和俯仰角测量系统、时间同步系统和跟踪系统等组成，涉及光学、机械和控制等。电影经纬仪机架为三轴(垂直轴、水平轴、视准轴)地平装置。水平轴与垂直轴相互垂直，视准轴与水平轴相互垂直。装在水平轴上的摄影望远镜可以绕水平轴在垂直平面内旋转，并与水平轴垂直。望远镜主轴为视准轴。视准轴绕垂直轴旋转的角度，由装在垂直轴上的光学度盘给出(相对某一基准方位)，称为方位角；视准轴绕水平轴旋转的角度，由装在水平轴上的光学度盘给出(水平面为零基准)，称为俯仰角或高低角。

电影经纬仪跟踪机动目标时，水平度盘与垂直度盘上指示瞬时方位角、俯仰角，目标影像和时间信息等都通过光学系统记录在摄影胶片上。目标像点相对十字丝中心的脱靶量，在事后由判读量测仪测出，分别与度盘值合成，得到被测目标的原始测量值。由于最初的电影经纬仪没有激光或者微波测距装置，所以，通常要用两台电影经纬仪布设在一定长基线的两端，同时进行交会测量。

早期电影经纬仪其功能相对单一，基本上只有一台电影摄影机，采用35mm的摄影胶片，其摄影频率为电影摄影机频率。主摄影光学系统的焦距为1000mm～1500mm，有的焦距更长，目的是为了跟踪测量更远的机动目标。随着高速摄影技术的发展，电影摄影机被高速摄影机所取代。

随着光电子技术的飞速发展与CCD、CMOS器件的出现，数字式高速摄影机应运而生，取代了胶片式高速摄影机，减少了事后处理的繁琐过程。由于计算机处理能力的提高，使得实时测量机动目标的运动轨迹变成了现实。

现代光电经纬仪已不是传统意义上的电影经纬仪，其测量功能、测量能力和精度已大大提高。现代的电影经纬仪除了用高速数字摄影机代替普通的电影摄影机或高速摄影机外，还配有电视跟踪测量系统、红外跟踪测量系统、外引导和随动伺服系统、数据记录系统、通信指挥系统、时间基准系统和数据图像传输系统等部分。传统的胶片摄影测量已逐步被红外自动跟踪测量、电视自动跟踪测量或激光自动跟踪测量所替代。距离测量主要有：微波测距、激光测距两种。激光测距一般需要在机动目标上加装激光合作目标，以增加测量距离。跟踪方式有单杆半自动跟踪、(外)引导跟踪、全自动跟踪等方式，在实际使用中这些跟踪方式交叉使用。同时，实时图像监视、预测轨迹显示、跟踪结果显示、新型记录技术已经使得光电经纬仪系统成为一套独立而完整的单站定位测量系统。高度的智能化使得系统具有设备工作状态自检装置和故障报警显示装置，以及单站定位测量结果实时输出等功能。跟踪测量获得的数字图像可以在一般PC或工作站上进行事后数据处理，以获得更高精度的测量结果。数字图像处理方法在第5章中进行介绍。

光电经纬仪已向着多传感器、自动化、数字化和无人值守等方向发展。随着高分辨率大像幅数字高速摄像机的出现，跟踪测量精度将大大提高；随着微弱信号检测技术的提高，光电经纬仪在复杂背景下自动跟踪测量的可靠性将得到进一步改进。图4－1是美国KTM光电经纬仪。

美国的KTM光电经纬仪具有多测量通道：电视跟踪测量、红外跟踪测量、激光测距等。系统采用U型支架，主测量分系统置于U形支架水平轴中央，其成像投影中心位于仪器的垂直中心线上，这种设计可以很好地保证其测量精度。同时，U形支架左右两翼托架上可根据需要安装不同的测量分系统。

图4－2是法国STEM 600光电跟踪测量系统。法国的STEM 600光电跟踪测量系统是以STEM 600型支架为基础且组成灵活的一套单站定位测量系统，光电跟踪部分安装在拖车内，监控显示部分放在工程车内。同样，跟踪支架上也可根据需要安装不同的跟踪测量通道，如短波、中波与长波红外跟踪器，可见光跟踪器、激光测距或微波测距装置等可自由选择。

上面简单介绍了国外几种典型的光电经纬仪。我国具有单站定位测量功能的

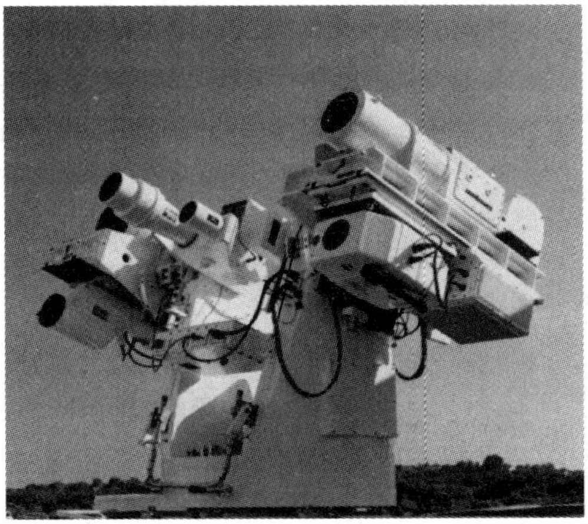

图 4－1　美国 KTM 光电经纬仪

图 4－2　法国 STEM 600 光电跟踪测量系统

光电经纬仪无论从功能和性能指标、智能化程度上，还是测量精度、可靠性上与国外相差无几。目前国内靶场与基地使用的光电经纬仪基本上是国内研制生产，均具有单站实时定位测量能力，有的还通过光纤网络传输，将实时测量的数据和图像传输到试验指挥中心和飞行塔台指挥中心，供飞行指挥和安全监控之用。光电经纬仪已具有电视跟踪、多波段红外跟踪、激光测距、微波测距和外引导扑获等多种能力，是一种集光、机、电一体化的高精度机动目标测量系统。我国生产了一系列的光电经纬仪，其中作为飞行试验光电测量使用的光电经纬仪如图 4－3 所示。

4.1.2　雷达测量系统

精密测量雷达是航空飞行器航迹测量的主要设备之一。主要用于对飞行目标进行跟踪和测量，可获得机动目标轨迹及速度等参数，同时也可为光电经纬仪提供引导，其作用距离远，具有全天候测量能力，但测量精度较光电经纬仪差些。

雷达种类有几十种之多，其用途也不尽相同。本章主要介绍用于航迹测量的

图 4－3　国产 EMS 光电经纬仪系列

单站精密测量雷达，精密测量雷达以单脉冲雷达为主。随着多机动目标飞行试验测量的需要，相控阵雷达将逐步进入试验测量领域。

单脉冲雷达工作时，发射机经天线向空间发射一串重复周期一定的高频脉冲，如果在电磁波传播的路径上有目标存在，那么雷达就可以接收到由目标反射回来的回波。由于回波信号滞后于发射脉冲一个时间 t_r，该时间乘上回波的传播速度，即可得到目标相对测量点的斜距 R。假定测距计数脉冲频率 $f_0 = \frac{1}{T_0}$，在 t_r 时间内，计得 n 个计数脉冲，则 $t_r = nT_0$，其脉冲信号传输的距离为 $R' = ncT_0$。由于 t_r 是脉冲往返于目标与测站之间的时间间隔，所以目标斜距为

$$R = \frac{ncT_0}{2}$$

式中，c 为光速，$c = 3 \times 10^8 \mathrm{m/s}$。

精密测量雷达具有方位角度盘和俯仰角度盘，用于度量雷达波束在空间的指向角。雷达天线将电磁波能量汇集在窄波束内，当天线波束视轴对准目标时，回波信号最强；当天线波束视轴偏离目标时，回波信号减弱。可根据接收回波最强时的天线波束指向，及其联动的方位角光学编码器和俯仰角光学编码器来测定目标的方位。

精密测量雷达进行单站定位测量的原理同光电经纬仪一样，根据空间极坐标定位测量原理，便可确定被测目标位置。

精密测量雷达系统组成如下：

测距分系统：产生整机同步信号，对发射系统触发高频脉冲以及进行距离自动跟踪测量。

发射分系统：产生高频大功率脉冲，通过天线向外辐射电磁波。当电磁波在空间遇到目标时会被反射。反射回来的电磁波经天线、接收系统选择放大后送到雷达信号处理系统。

接收分系统：主要是用来放大由天线送来的回波信号。

伺服分系统:用于控制天线对准目标,并对目标进行自动跟踪。

4.1.2.1 精密测量雷达

精密测量雷达是一部单脉冲体制、高精度数字测量雷达。主要天线馈线、发射机、接收机、伺服、测距机、接口、数据记录及主控显示等子系统组成。为了解决近距离低目标测量时周围地形、地貌、建筑物和树木等对雷达波束的干扰和雷达测量精度的自动标校问题,还加装了电视自动跟踪测量子系统。既具有无线电测量雷达实时和事后测量的功能,又具有近距离范围内电视自动跟踪测量和监控的功能。主要用于中、远、近距离中等精度的实时测量和事后航迹绘图,还可用于电磁目标特性科目的测量。图4-4为国产JWC-1精密测量雷达。

当被测目标上加装了合作目标时,不仅可以大大地增加测量距离,还可以大大提高定位测量精度。

图4-4 国产JWC-1精密测量雷达

4.1.2.2 相控阵跟踪测量雷达

采用了相控阵技术的三坐标雷达称为相控阵雷达。它与机械扫描雷达有许多共同之处,但天线波束的形成和扫描方式的控制却大有差别。相控阵雷达在雷达工作方式和信号处理方面也有明显特点。

相控阵雷达具有成千上万个天线单元,包括大量的移相器、发射机、接收机及各种微波元器件,如图4-5所示。其主要新技术有:平面相控阵列天线,低副瓣、超低副瓣相控阵天线,固态发射机;更为复杂的信号处理技术,如脉冲压缩技术,变频,频分,自适应动目标显示,动目标检测,脉冲多普勒信号处理,大动态范围接收机,恒虚警率处理,副瓣消隐及副瓣对消技术,天线技术与数字信号处理相结合,时域处理,空域处理,空域滤波等。

相控阵雷达具有探测多目标、多批目标,多目标跟踪和拦截能力,不仅可以用于弹道导弹突防、反突防以及弹道导弹的拦截试验,还可以作为弹道导弹防御系统的多目标精密跟踪成像雷达，主要功能是搜索、捕获、跟踪弹道导弹，并完成对目标（弹头、弹体、假目标等）的成像识别。其主要功能如下：

（1）弹道导弹突防性能评估，对诱饵、箔条等的散布特性测量；

（2）弹道导弹防御系统中，用于弹道目标中段的监视、截获、跟踪、火控、杀伤效果评估等；

（3）多目标高精度测轨、高分辨测量；

（4）距离—多普勒实时成像，用于空间目标识别。

图4－5 相控阵跟踪测量雷达

4.1.2.3 KAMA－H引导雷达

在航空飞行试验中，经常使用引导雷达对光电经纬仪、激光雷达这种小视场角光电跟踪测量设备进行引导。图4－6所示的俄罗斯生产的KAMA－H雷达，其定位测量精度低于我国生产的JWC－1精密测量雷达。该雷达也可以用于低精度空间定位测量。

图4－6 KAMA－H雷达

4.1.3 数字高速摄影系统

早期的高速摄影机是胶片式摄影机，像幅有16mm、35mm两种。用于航空试验测试的摄影机有最初的照相枪、航空电影摄影机，如原苏联生产的C系列、AKC

系列的产品。后来,国内又相继引进了美国 Photosonics 公司系列的胶片式高速摄影机,其摄影频率最高可达 500 帧/s。随着 CCD 与 CMOS 器件的发展,数字高速摄影机问世,进入了数字摄影测量时代。在航迹测量中所使用的高速摄影机均为满足机载环境条件下使用的摄影系统。这类摄影机既可以在地面较为恶劣环境下工作,也可以在高过载飞机上正常工作,如安装在飞机上用于拍摄外挂物、武器等离机时的运动状态及进行相对轨迹、速度等参数的测量。下面介绍两种典型的数字式高速摄影机。

4.1.3.1 AOS 高速摄影机

应用于机载环境条件下的数字高速摄影机要求很高,要求体积小、重量轻。图 4-7 是瑞士生产的 AOS 数字摄影机。

图 4-7 瑞士 AOS 数字摄影机

主要技术指标:

(1) 最高分辨率:1280×1024(拍摄速率为 500 帧/s);

(2) 最高拍摄速率:最小分幅时不低于 30000 帧/s;

(3) 传感器尺寸:像元 12μm×12μm;

(4) 嵌入式内存:不小于 5GB。

4.1.3.2 V10 高速摄影机

图 4-8 所示为美国 V10 数字摄影机。

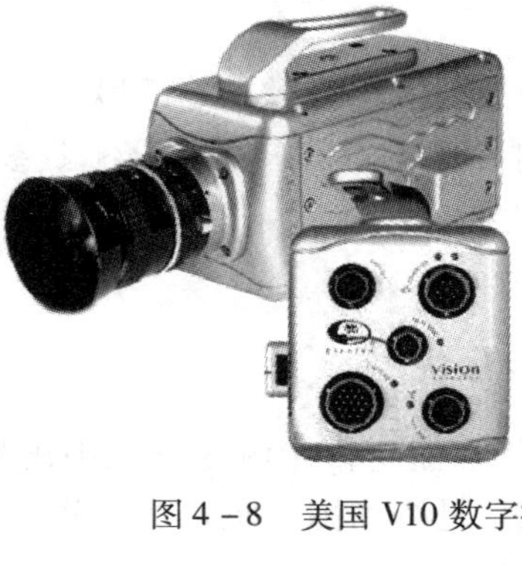

图 4-8 美国 V10 数字摄影机

主要技术指标：

(1) 最高分辨率：2400×1800（拍摄速率为480帧/s）；

(2) 像素大小：11.5μm；

(3) 传感器尺寸：27.6mm×20.7mm；

(4) 输入时间：IRIG－B码，调制或非调制输入。

4.1.4 航空摄影系统

在飞行试验光电测量中，航空摄影机被安装在飞机上，主要用来对地面景物进行摄影，获得指定区域的地面景物影像，根据解析摄影测量理论，获得飞机在飞行试验之中的运动轨迹与姿态参数。

4.1.4.1 RC30 航空摄影机

RC30 航空摄影机是瑞士生产的高品质影像航空摄影机，如图4－9所示。该航空摄影机能够获得高分辨率黑白、彩色、伪彩色与彩色反转航空像片。该摄影机带有两种焦距的镜头：6英寸和12英寸，具有运动补偿、自动曝光、胶片上记录时间、曝光时间数据等常规性能。

图4－9 RC30 航空摄影机

主要性能：

(1) 影像具有高分辨率直至影像边缘；影像尺寸：240mm；

(2) 中心旋转式快门，曝光时间：从1/1000s～1/100s，连续可调；

(3) 光圈：$f/22$～$f/4$；

(4) 感光范围：400nm～1000nm。

4.1.4.2 DMC 航空数字摄影系统

随着CCD技术的出现和发展，在航空摄影测量领域中出现以CCD器件为成像介质的数字航空摄影系统。DMC是当前国际上最为先进的全数字航空摄影系统之一,由美国 Intergraph 公司研制生产。DMC 以较高的影像精度,较短的作业周期,优良的图像品质获取影像数据,已在诸多行业得到广泛的应用。

图 4-10 和表 4-1 分别表示 DMC 航空数字摄影系统组成和主要性能。

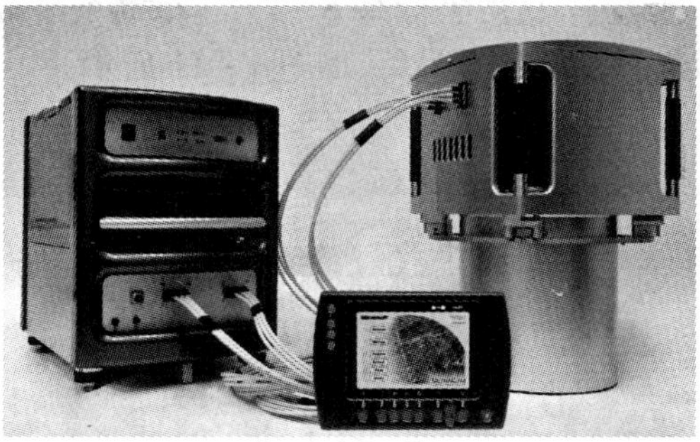

图 4-10　DMC 航空数字摄影系统

表 4-1　DMC 航空数字摄影系统主要性能

序号	选项	指标	序号	选项	指标
1	旁向像素数	15104	5	像素尺寸	5.6 μm
2	航向像素数	14400	6	像移补偿	FMC
3	焦距	92 mm	7	CCD 动态范围	>67 dB
4	飞行高度 500m 时地面分辨率	3.0 cm	8	解像度	14 bit

4.2　图像解析摄影测量

随着 CCD 和 CMOS 器件技术的发展,其分辨率越来越高。在空间定位测量中,普遍采用了数字影像测量技术,逐步取代了原来的胶片影像测量技术。无论是胶片影像测量,还是基于 CCD 或 CMOS 的数字影像测量,其空间定位测量的基础都是图像解析测量理论与方法,只不过是记录影像的介质和影像坐标获取方式等有所改变。因此,本节主要介绍数字摄影测量中的物方、像方与摄影中心之间的数学关系[1,2]。为此,必须建立像方空间与物方空间坐标系统,并使之构成共轭关系。

4.2.1　空间坐标系

4.2.1.1　像空间坐标系统

像空间坐标系统用于描述像点、投影中心的空间位置。像点在像平面上的位置是由其平面坐标 x、y 所确定。为了便于像点位置与其对应点空间位置间的相互换算，常常采用下述像空间坐标系。

像空间坐标系的原点取影像的投影中心（摄影中心）S，坐标的正 z 轴为摄影方向的反方向，与 oS 重合。过点 S 作平行于像片上 x、y 轴的轴线即为像空间坐标系的 x、y 轴，与 z 轴组成像空间直角坐标系 $S-xyz$。在这个坐标系中的每一个像点的 z 坐标都等于摄影焦距 f，但符号为负，如图 4－11 所示。

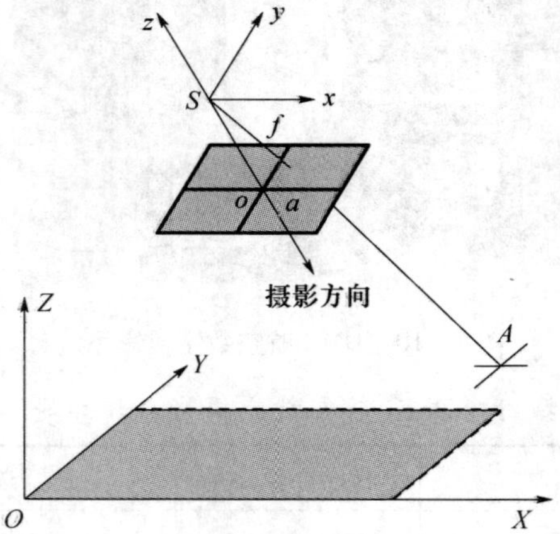

图 4－11　像空间坐标系

当（航空）摄影机安装在飞机上，其像空间物系及物点 A 和像点 a 的对应关系如图 4－11 所示。在飞行试验中，通过摄影测量方法所获得的飞机空间位置和姿态，可用于飞行导航系统和惯性导航系统的鉴定与定型。进行测量前，地面必须进行控制点布控，在一张像片上至少需要三个位置坐标已知的控制点同时出现，这样地面控制点与影像上的像点就可组成一一对应的共线方程式，解算这些方程式，便可求解出飞机飞行时的空间位置和姿态。飞机起飞着陆航迹和姿态测量、GPS 精度鉴定试飞、高度表鉴定试飞等课题均可以采用此方法或类似方法。进行飞机起飞着陆航迹和姿态测量时，需要在跑道上布设成矩形或正方形控制点。

当摄影系统在地面进行拍摄时，其物方和像方关系如图 4－12 所示。摄影系统在地面进行摄影有两种情况：一是对空中机动目标进行摄影；二是对地面上目标摄影（如飞机起飞着陆滑跑或武器系统地面发射试验）。但是两者的物方与像方关系并无本质的区别。

地面摄影时，摄影中心可作为像空间坐标系的原点，下移一定的高度（仪器高度）后也可作为物方空间坐标系的原点。物方空间坐标系也可以根据需要另外设定，如图 4－12 所示的 $O-XYZ$ 坐标系，图中 H 为仪器投影中心至测站点的高度。

4.2.1.2　物方空间坐标系统

物点 A 的位置可以通过一个任意定向的空间直角坐标系 $O-XYZ$ 来确定。当

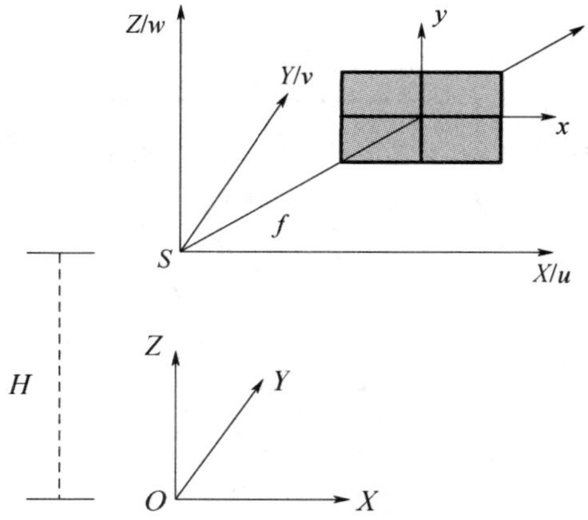

图 4-12 地面摄影像空间坐标系

所摄目标为地面时(见图 4-12),则 Z 轴与坐标原点处的天顶方向相重合。X、Y 轴则形成一个水平面,其坐标轴方向由一个地面坐标系所确定。该地面坐标系可以根据实际需要来确定。例如,将起飞航线(跑道中心线)作为 X 轴方向,则 Y 轴为右手法则确定其方向。当然,也可以直接采用某一大地坐标系或者自定义 X、Y 轴的方向。

在物方空间内常常采用辅助坐标系,虽然它不是必须的,但是,选择了辅助坐标系,可以减少计算量。当计算结束时,再进行坐标变换(旋转、平移)至指定坐标系即可。

4.2.2 摄影内外方位元素

摄影内外方位元素是进行摄影测量时不可缺少的数据。如果在飞机上安装了摄影机,可以在求解出摄影内外方位元素后求得飞机空间三维坐标及姿态等参数。

4.2.2.1 摄影内外方位元素的含义

1. 内方位元素

内方位元素是确定摄影物镜后节点相对于像片(影像)平面位置的数据。它包括像主点的坐标(x_0,y_0)和主距 f_0,如图 4-13 所示。

主光轴:通过摄影物镜中心 S 并垂直于成像平面 p 的直线 So 称为主光轴。

像主点:主光轴与影像平面 p 的交点 o 称为像主点,或者说是摄影物镜的光学中心在影像平面 p 上的投影,通常用影像坐标系下的坐标(x_0,y_0)表示。理论上,像主点 o 应该与影像坐标系的原点重合,但由于机械装配时不能完全做到这点,会产生差异,因此形成了像主点坐标(x_0,y_0)。像主点坐标是像主点位置在影像坐标系中 x,y 方向上的偏差。

摄影主距:摄影物镜光学中心 S 到影像平面 p 的垂直距离 So,通常用 f_0 表示。

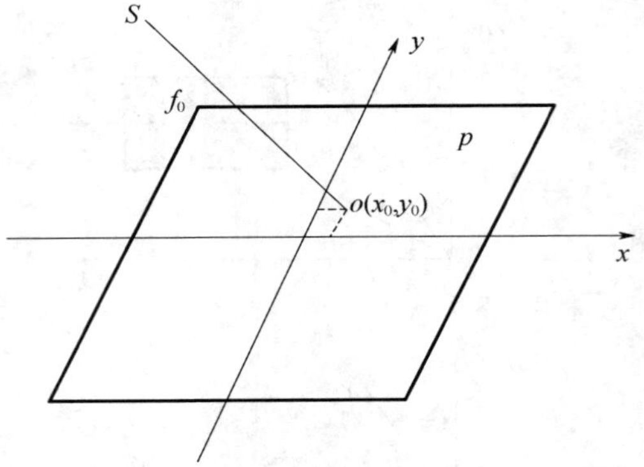

图 4－13　内方位元素

理论上，当无穷远成像时，成像平面 p 应与焦平面重合且与主光轴垂直，即 $f_0=f$，但由于机械装配时不可能完全做到这点，因此摄影主距和摄影焦距会产生微小差异。

2. 外方位元素

外方位元素是确定摄影瞬间投影中心与主光轴在给定物方空间坐标系中的位置与指向数据，包括投影中心在物方空间坐标系中的三个空间坐标值（X_S, Y_S, Z_S）和主光轴在物方空间坐标系下的向量方向，用（φ, ω, κ）三个角度值来表示。

当已知摄影机的内方位元素时，通过其投影中心 S 在物方空间坐标系中的坐标（X_S, Y_S, Z_S）连同其空间轴系在物方空间轴系中的定向角元素，可以唯一地确定投影中心和主光轴在物方空间坐标系中的位置和方位。

这三个独立的定向角元素可以有不同的定义方法。它与机体坐标系下的三个飞机姿态角的定义和命名有所区别：机体坐标系——原点位于飞机的重心，其纵轴 X 位于飞机的参考面（对称垂直面）内指向前方（平行于机身纵轴线），横轴 Y 垂直于飞机的参考平面指向右方，竖轴 Z 位于飞机的参考面内指向下方。飞机俯仰角为 θ_p，飞机倾斜角为 θ_R，飞机偏航角为 θ_γ，因此在使用中需注意与下面介绍的航空摄影测量中使用的一种典型的转角系统的区别。该转角系统为 φ, ω, κ 转角系统：

（1）航空摄影时，φ, ω, κ 转角系统是取飞机飞行方向作为物方空间坐标系的 X 轴，三个转角分别为：

① 偏角 φ：绕 SY 轴旋转，航空摄影中主要随飞机俯仰角的变化而变化；

② 倾角 ω：绕 SX 轴旋转，航空摄影中主要随飞机倾斜角的变化而变化；

③ 旋角 κ：绕 SZ 轴旋转，航空摄影中主要随飞机偏航角的变化而变化。

在摄影中心 S 处建立坐标系 $S-uvw$，其中，u, v, w 三个轴分别与物方空间坐标系的 X, Y, Z 轴相平行，也可以称为 $S-XYZ$ 坐标系，其正角方向如图 4－14所示。

（2）地面摄影时，像点坐标用 x, z 表示，在像空间坐标系中坐标值为（x, f, z），

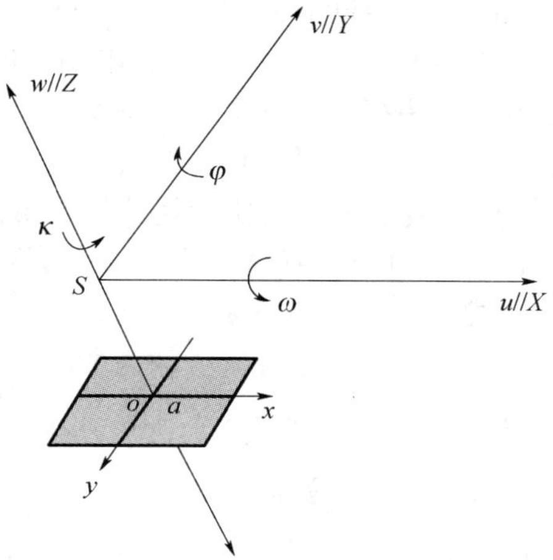

图 4－14　航空摄影时转角定义示意图

如图 4－15 所示。该转角系统常用于地面跟踪摄影测量,是绕 Z 轴旋转角为 $\varphi//A$ 角,绕 X 轴旋转的角为 $\omega//E$ 角,绕 Y 轴旋转的角为 κ 角。

在投影中心点 S 处建立的坐标系 $S-uvw$ 中,u,v,w 三个轴分别与物方空间坐标系 X,Y,Z 相平行,也可以称为 $S-XYZ$ 坐标系,其正角方向如图 4－15 所示。

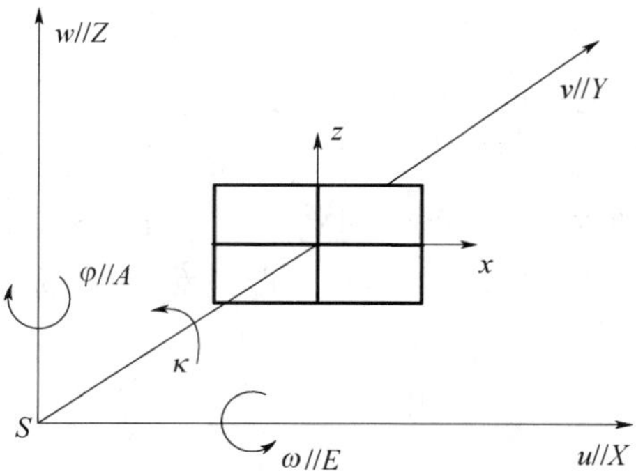

图 4－15　地面摄影时转角定义示意图

4.2.2.2　摄影内外方位元素的获取

关于获取摄影内外方位元素的方法较多,在许多文献与资料中均有介绍。总的来说,要根据使用设备的种类、应用环境、精度要求等来确定,有时是先单独获取(校准)摄影内方位元素,有时也可以同时获取摄影内外方位元素。

航空摄影机内方位元素的获取一般采用专用的光校台方法。该法在获取内方位元素的同时还可获得摄影物镜的畸变。也可采用航空摄影的方法进行获取。采用航空摄影方法获取时,必须首先在地面上布设一定数量的、高精度的地面控制点，然后利用航空摄影图像，根据空间后方交会法原理进行解算。该法不仅可以解算出航空摄影机的内方位元素和畸变，还可以解算出外方位元素。该法比光校台法所获取的内方位元素和畸变更接近于真实使用环境。

高速摄影机内方位元素的获取，一般可采用相似三角形法、实验场法、网格板（架）法、平行线法等。常用的方法是室内实验场法。在摄影机的内、外方位元素需要同时校准的情况下，一般采用实验场法。当摄影机安装固定好以后，在物方空间布设控制点或控制架。控制点或控制架的物方坐标经过精密测量得到。摄影后，量测其相应的像点坐标，就可计算出摄影机的内、外方位元素。如果控制点数目足够，则可以同时计算摄影物镜畸变系数。

4.2.2.3 摄影内外方位元素的用途

在空间定位测量中，利用光电测量系统作为目标信息获取手段的应用越来越多。光电图像信息可以作为观测、监视使用，更主要的是作为定量测量设备来使用。这时，内外方位元素就是进行摄影测量时不可缺少的数据。在观测数据分析过程中，有了内方位元素，就可以提高测量参数最终估计精度；有了外方位元素，即获得像片的六个外方位元素，就等于获得飞机平台在摄影瞬间的三个飞行姿态角和空间三维坐标。例如，当与飞机上的定位导航系统输出的位置、姿态参数同步后，便可对飞机上的定位导航系统做出精度鉴定或比对等。

4.2.3 共线条件方程

共线条件方程，简称共线方程，是描述物方空间点 $A(X,Y,Z)$、投影中心点 $S(X_S,Y_S,Z_S)$ 以及像方对应像点 $a(x,y)$ 位于一条直线上的解析表达式。共线方程是进行摄影测量的基础方程。当像空间坐标系与物方空间坐标系的轴线完全平行即正直摄影时（见图 4－16），根据相似三角形关系，很容易得到被摄空间点 A 的坐标数学表达式：

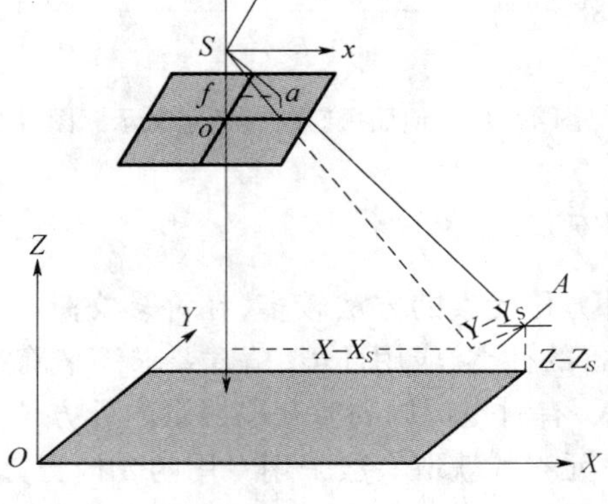

图 4－16 正直摄影

$$\begin{bmatrix} X - X_S \\ Y - Y_S \\ Z - Z_S \end{bmatrix} = \lambda \begin{bmatrix} x \\ y \\ -f \end{bmatrix} \tag{4-1}$$

式中，λ 为比例因子（或称缩放系数）。

比例因子可由式（4－1）中的第三项确定，则 $\lambda = -(Z - Z_S)f^{-1}$。因此，由式（4－1）可以确定相应于物点 A 坐标（X,Y,Z）的像点坐标（x、y）为

$$\begin{bmatrix} x \\ y \end{bmatrix} = -f(Z - Z_S)^{-1} \begin{bmatrix} X - X_S \\ Y - Y_S \end{bmatrix} \tag{4-2}$$

式（4－2）说明在无约束条件下，单张像片无法确定物方空间点的空间坐标。

在实际测量中，正直摄影属于特例。在大多情况下，如图 4－12、图 2－13 所示，像空间坐标系的轴系并不与物方空间坐标系的轴系相平行。若要确定 $S-uvw$ 坐标系与 $S-XYZ$ 之间的关系，需要利用下式进行坐标旋转：

$$\begin{bmatrix} u \\ v \\ w \end{bmatrix} = \begin{bmatrix} a_1 & a_2 & a_3 \\ b_1 & b_2 & b_3 \\ c_1 & c_2 & c_3 \end{bmatrix} \begin{bmatrix} x \\ y \\ -f \end{bmatrix} = \boldsymbol{R} \begin{bmatrix} x \\ y \\ -f \end{bmatrix} \tag{4-3}$$

式中，$\boldsymbol{R}$ 为一旋转矩阵；九个元素 $a_i, b_i, c_i (i = 1,2,3)$ 分别为三个转角 φ, ω, κ 的函数。

旋转矩阵 $\boldsymbol{R}$ 是正交矩阵，它能够保证任何一个空间向量如$\boldsymbol{Sa}$，在变换前后其长度保持不变。对向量$\boldsymbol{Sa}$变换前与变换后的分量矩阵分别定义为

$$\boldsymbol{X} = \begin{bmatrix} x \\ y \\ z \end{bmatrix} \qquad \boldsymbol{U} = \begin{bmatrix} u \\ v \\ w \end{bmatrix}$$

则

$$\boldsymbol{U} = \boldsymbol{RX} \tag{4-4}$$

由于 $\boldsymbol{R}$ 是正交矩阵，变换前后有

$$\boldsymbol{X}^{\mathrm{T}}\boldsymbol{EX} = \boldsymbol{U}^{\mathrm{T}}\boldsymbol{EU} \tag{4-5}$$

将式（4－4）代入式（4－5）可得

$$\boldsymbol{R}^{\mathrm{T}}\boldsymbol{R} = \boldsymbol{E} \tag{4-6}$$

这就是 $\boldsymbol{R}$ 是正交矩阵的条件，并有

$$\boldsymbol{R}^{-1}\boldsymbol{R} = \boldsymbol{E} \tag{4-7}$$

$$\boldsymbol{R}^{\mathrm{T}} = \boldsymbol{R}^{-1} \tag{4-8}$$

将式（4－1）扩展成非正直摄影的一般情况，则有

$$\begin{bmatrix} X - X_S \\ Y - Y_S \\ Z - Z_S \end{bmatrix} = \lambda \begin{bmatrix} u \\ v \\ w \end{bmatrix} = \lambda \boldsymbol{R} \begin{bmatrix} x \\ y \\ -f \end{bmatrix} = \lambda \begin{bmatrix} a_1 & a_2 & a_3 \\ b_1 & b_2 & b_3 \\ c_1 & c_2 & c_3 \end{bmatrix} \begin{bmatrix} x \\ y \\ -f \end{bmatrix} \tag{4-9}$$

式（4－9）表示的是通过投影中心 $S(X_S, Y_S, Z_S)$、物方空间点 $A(X,Y,Z)$ 与像方空

间点 $a(x,y)$ 的一条直线解析表达式。

式(4 -9)也可以写成:

$$\lambda\begin{bmatrix} x \\ y \\ -f \end{bmatrix}=\begin{bmatrix} a_1 & b_1 & c_1 \\ a_2 & b_2 & c_2 \\ a_3 & b_3 & c_3 \end{bmatrix}\begin{bmatrix} X-X_S \\ Y-Y_S \\ Z-Z_S \end{bmatrix} \tag{4-10}$$

很显然,通过式(4 -10)的第三式可以求出比例因子 λ。则式(4 -10)又可以写成:

$$\begin{bmatrix} x \\ y \end{bmatrix}=-f[a_3(X-X_S)+b_3(Y-Y_S)+c_3(Z-Z_S)]^{-1}\begin{bmatrix} a_1 & b_1 & c_1 \\ a_2 & b_2 & c_2 \end{bmatrix}\begin{bmatrix} X-X_S \\ Y-Y_S \\ Z-Z_S \end{bmatrix} \tag{4-11}$$

式(4 -11)就是像点中心投影方程,即共线方程。

在地面跟踪摄影系统中,Y 轴为摄影方向,考虑到坐标系轴系变化,式(4 -11)变成

$$\begin{bmatrix} x \\ z \end{bmatrix}=-f[a_2(X-X_S)+b_2(Y-Y_S)+c_2(Z-Z_S)]^{-1}\begin{bmatrix} a_1 & b_1 & c_1 \\ a_3 & b_3 & c_3 \end{bmatrix}\begin{bmatrix} X-X_S \\ Y-Y_S \\ Z-Z_S \end{bmatrix} \tag{4-12}$$

式(4 -11)和式(4 -12)两式中 $a_i,b_i,c_i,(i=1,2,3)$ 表达式并不相同,见下节推导过程。

4.2.4 旋转矩阵

旋转矩阵 $\boldsymbol{R}$ 是一个正交矩阵,由九个元素组成,其中独立的参数只有三个。独立参数的选用可以是任意的。由 φ,ω,κ 组成的转角系统旋转矩阵 $\boldsymbol{R}$ 有两种推导方法,即空对地摄影与地对空摄影时有不同的推导方法。下面分别介绍空对地(航空摄影)与地对空(地面摄影)测量中的矩阵推导。

4.2.4.1 航空摄影测量旋转矩阵 $\boldsymbol{R}$ 的推导

根据航空摄影时 φ,ω,κ 转角系统的定义,设像空间坐标仍然为 $a(x_a,y_a,z_a)$。首先,将摄影光束由其起始位置绕 SY 轴旋转 φ 角,其坐标变换关系为

$$\begin{bmatrix} X_\varphi \\ Y_\varphi \\ Z_\varphi \end{bmatrix}=\begin{bmatrix} \cos\varphi & 0 & -\sin\varphi \\ 0 & 1 & 0 \\ \sin\varphi & 0 & \cos\varphi \end{bmatrix}\begin{bmatrix} x_a \\ y_a \\ z_a \end{bmatrix}=R_\varphi\begin{bmatrix} x_a \\ y_a \\ z_a \end{bmatrix} \tag{4-13}$$

同理,将摄影光束由起始位置旋转 ω 角,而 φ 和 κ 不动,其坐标变换关系为

$$\begin{bmatrix} X_\omega \\ Y_\omega \\ Z_\omega \end{bmatrix}=\begin{bmatrix} 1 & 0 & 0 \\ 0 & \cos\omega & -\sin\omega \\ 0 & \sin\omega & \cos\omega \end{bmatrix}\begin{bmatrix} x_a \\ y_a \\ z_a \end{bmatrix}=\boldsymbol{R}_\omega\begin{bmatrix} x_a \\ y_a \\ z_a \end{bmatrix} \tag{4-14}$$

再将摄影光束由起始位置旋转 κ 角，而 φ 和 ω 不动，其坐标变换关系为

$$\begin{bmatrix} X_\kappa \\ Y_\kappa \\ Z_\kappa \end{bmatrix} = \begin{bmatrix} \cos\kappa & -\sin\kappa & 0 \\ \sin\kappa & \cos\kappa & 0 \\ 0 & 0 & 1 \end{bmatrix} \begin{bmatrix} x_a \\ y_a \\ z_a \end{bmatrix} = \boldsymbol{R}_\kappa \begin{bmatrix} x_a \\ y_a \\ z_a \end{bmatrix} \tag{4-15}$$

因此，总的旋转矩阵为

$$\boldsymbol{R} = \boldsymbol{R}_\kappa \boldsymbol{R}_\omega \boldsymbol{R}_\varphi = \begin{bmatrix} a_1 & a_2 & a_3 \\ b_1 & b_2 & b_3 \\ c_1 & c_2 & c_3 \end{bmatrix} \tag{4-16}$$

经过矩阵相乘，可以得到旋转矩阵 $\boldsymbol{R}$ 为

$$\boldsymbol{R} = \begin{bmatrix} \cos\varphi\cos\kappa + \sin\varphi\sin\omega\sin\kappa & -\cos\omega\sin\kappa & -\sin\varphi\cos\kappa + \cos\varphi\sin\omega\sin\kappa \\ \cos\varphi\sin\kappa - \sin\varphi\sin\omega\cos\kappa & \cos\omega\cos\kappa & -\sin\varphi\sin\kappa - \cos\varphi\sin\omega\cos\kappa \\ \cos\omega\sin\varphi & \sin\omega & \cos\varphi\cos\omega \end{bmatrix} \tag{4-17}$$

这就是航空摄影测量时所用到的旋转矩阵。

4.2.4.2 地面摄影旋转矩阵 R 推导

航迹测量设备（如光电经纬仪和雷达、高速摄影机）通常被安置在地面固定点上。在跟踪测量过程中，摄影主光轴方向随着机动目标的移动发生变化。其所拍摄影像的空间姿态与旋转矩阵紧密关联。其中，由于光电经纬仪和雷达工作前已将旋转平台调置水平，故只有两个旋转角：方位角 A 与俯仰角 E；没有调平装置的高速摄影测量系统则具有三个旋转角 φ,ω,κ。

地面跟踪测量系统的坐标系统设立如图 4－17 所示，设像点坐标仍为 $a(x,y,z)$，按照下面的顺序进行坐标系的旋转。

（1）以 Z 轴为主轴旋转 φ 角，其它两轴随转，则

$$\boldsymbol{R}_\varphi = \begin{bmatrix} \cos\varphi & \sin\varphi & 0 \\ -\sin\varphi & \cos\varphi & 0 \\ 0 & 0 & 1 \end{bmatrix} \tag{4-18}$$

（2）转过 φ 角后，以 SX 为主轴再旋转 ω 角，则

$$\boldsymbol{R}_\omega = \begin{bmatrix} 1 & 0 & 0 \\ 0 & \cos\omega & -\sin\omega \\ 0 & \sin\omega & \cos\omega \end{bmatrix} \tag{4-19}$$

（3）以摄影方向 SY 为旋转轴再旋转 κ 角，则

$$\boldsymbol{R}_\kappa = \begin{bmatrix} \cos\kappa & 0 & -\sin\kappa \\ 0 & 1 & 0 \\ \sin\kappa & 0 & \cos\kappa \end{bmatrix} \tag{4-20}$$

因此，经过三次旋转后的矩阵表达为

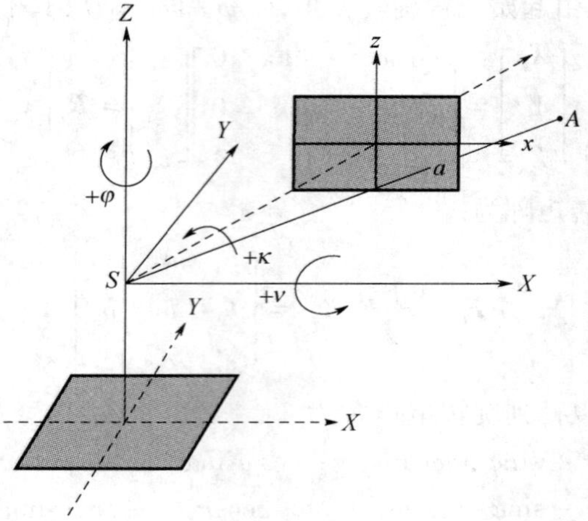

图 4 - 17　轴系旋转示意图

$$R = R_{\varphi}R_{\omega}R_{\kappa} = \begin{bmatrix} a_1 & a_2 & a_3 \\ b_1 & b_2 & b_3 \\ c_1 & c_2 & c_3 \end{bmatrix} \tag{4-21}$$

经过矩阵相乘,可以得到旋转矩阵为

$$R = \begin{bmatrix} \cos\varphi\cos\kappa - \sin\varphi\sin\omega\sin\kappa & \sin\varphi\cos\omega & -\cos\varphi\sin\kappa - \sin\varphi\sin\omega\cos\kappa \\ -\sin\varphi\cos\kappa - \cos\varphi\sin\omega\sin\kappa & \cos\varphi\cos\omega & \sin\varphi\sin\kappa - \cos\varphi\sin\omega\cos\kappa \\ \cos\omega\sin\kappa & \sin\omega & \cos\omega\cos\kappa \end{bmatrix} \tag{4-22}$$

这里要注意的是,式(4 - 22)中 φ,ω,κ 的定义与航空摄影测量所用的式(4 - 17)中的 φ、ω、κ 的定义是不同的。如果只用旋转矩阵的九个元素 a_i、b_i、c_i($i=1,2,3$)来表示式(4 - 10),则以摄影中心为原点的坐标(X,Y,Z)的计算模型为

$$\begin{bmatrix} X \\ Y \\ Z \end{bmatrix} = \lambda R \begin{bmatrix} x \\ -f \\ z \end{bmatrix} = \lambda \begin{bmatrix} a_1 & a_2 & a_3 \\ b_1 & b_2 & b_3 \\ c_1 & c_2 & c_3 \end{bmatrix} \begin{bmatrix} x \\ -f \\ z \end{bmatrix} \tag{4-23}$$

在航迹测量中,以摄影站点 S 为原点的坐标系 $S-XYZ$ 往往还需要经过旋转、平移转换至其它坐标系 $S'-X'Y'Z'$ 中。其通用的数学模型形式如下:

$$\begin{bmatrix} X' \\ Y' \\ Z' \end{bmatrix} = \lambda' \begin{bmatrix} a'_1 & a'_2 & a'_3 \\ b'_1 & b'_2 & b'_3 \\ c'_1 & c'_2 & c'_3 \end{bmatrix} \begin{bmatrix} X \\ Y \\ Z \end{bmatrix} + \begin{bmatrix} X_0 \\ Y_0 \\ Z_0 \end{bmatrix} \tag{4-24}$$

式中,λ'、R'分别为从 $S-XYZ$ 坐标系到 $S'-X'Y'Z'$坐标系的比例因子、旋转矩阵;$[X_0 \quad Y_0 \quad Z_0]^T$ 为两坐标原点间的距离。

对于光电经纬仪测量系统与雷达而言,影像不绕摄影方向 SY 轴旋转,即 $\kappa=$

0，则有

$$\boldsymbol{R} = \begin{bmatrix} \cos\varphi & \sin\varphi\cos\omega & -\sin\varphi\sin\omega \\ -\sin\varphi & \cos\varphi\cos\omega & -\cos\varphi\sin\omega \\ 0 & \sin\omega & \cos\omega \end{bmatrix} \tag{4-25}$$

由于方位角旋转方向正好与定义相反，则式(4-25)变为

$$\boldsymbol{R} = \begin{bmatrix} \cos\varphi & -\sin\varphi\cos\omega & \sin\varphi\sin\omega \\ \sin\varphi & \cos\varphi\cos\omega & -\cos\varphi\sin\omega \\ 0 & \sin\omega & \cos\omega \end{bmatrix} \tag{4-26}$$

由于 $A = 360° - \varphi, E = \omega$，因此，相对于光电经纬仪和雷达测量系统，其旋转矩阵为

$$\boldsymbol{R} = \begin{bmatrix} \cos A & -\sin A\cos E & \sin A\sin E \\ \sin A & \cos A\cos E & -\cos A\sin E \\ 0 & \sin E & \cos E \end{bmatrix} \tag{4-27}$$

这就是光电跟踪测量系统图像的旋转矩阵表达式。光电跟踪测量系统在跟踪测量中，它的图像只有水平方向（绕 Z 轴）和俯仰方向（绕 X 轴）的旋转。

4.3 单站定位测量

4.3.1 数学模型

所谓单站定位测量，是指利用具有测距、测角功能的光电跟踪测量系统对空中机动目标进行跟踪定位的测量，以获取目标在机动状况下的轨迹，即空间三维坐标的时间历程。

飞行试验单站定位测量，主要用于小区域内的机动目标航迹与姿态的测量，一般测量范围较小，其测量精度高，通常是在指定的区域内进行测量。

单站定位测量是在获取了各个测量时刻 t 的斜距 R、方位角 A 和俯仰角 E 以后，根据空间极坐标定位的测量模型，确定被测目标的位置。一般是以测站点 O 为原点的局部测量坐标系，其轴系指向可根据需要进行定义。需要时，其测量结果可以通过坐标的旋转、缩放和平移转换至指定坐标系。当需要进行目标绝对位置测量或与大地坐标系相联系时，单站定位测量时需使用垂线测量坐标系。

以测量站站点（严格地讲是设备的三轴旋转中心）为原点 O 的机动目标在 t 时刻的三维空间坐标（测量模型）为

$$\begin{cases} X_t = R_t\cos E_t\cos A \\ Y_t = R_t\cos E_t\sin A_t \\ Z_t = R_t\sin E_t \end{cases} \tag{4-28}$$

式中，(X_t, Y_t, Z_t) 为以测站为原点并在 t 时刻机动目标的空间位置信息；R_t、A_t、E_t 分别为 t 时刻的距离、方位角和俯仰角观测值。

4.3.1.1 脱靶量修正模型

精密测量雷达跟踪机动目标时，目标与电轴中心线并不重合，存在跟踪偏差 Δx，Δz，但雷达自动伺服跟踪系统根据其相位差进行实时修正，以保证输出的方位与俯仰角测量精度。事实上，经过实时修正后还是存在跟踪偏差残差，只是这种残差无法再修正，影响了雷达跟踪的最终精度。因此精密测量雷达单站定位测量模型就直接应用式(4-28)进行计算。若雷达上安装有跟踪测量电视，则可按照式(4-29)和式(4-30)计算脱靶量修正值。

光电经纬仪跟踪机动目标时，自动伺服跟踪系统根据图像跟踪器输出的改正信号进行实时修正。但是同样也存在残差，其表现是机动目标测量点影像 a 一般不会位于像片主点位置，其像点坐标在像片坐标系中的坐标为 $a(x,z)$，如图 4-18 所示。也就是说，目标方位角 A 和俯仰角 E 都需要加入脱靶量改正 ΔA，ΔE[3]，加入脱靶量改正后的方位角 A' 和俯仰角 E' 的计算公式为

$$A' = A + \Delta A = A + \arctan(x/(f\cos E - z\sin E)) \tag{4-29}$$

$$E' = E + \Delta E = \arctan[((f\sin E + z\cos E)/(f\cos E - z\sin E))\cos\Delta A] \tag{4-30}$$

式中：x，z 为目标像点在影像坐标系中的坐标；f 为摄影物镜的主距，摄影主距是需要经过检校计算出来的。

式(4-29)、式(4-30)为进行脱靶量修正计算并获得被测目标实际方位角和高度角的精确计算公式。

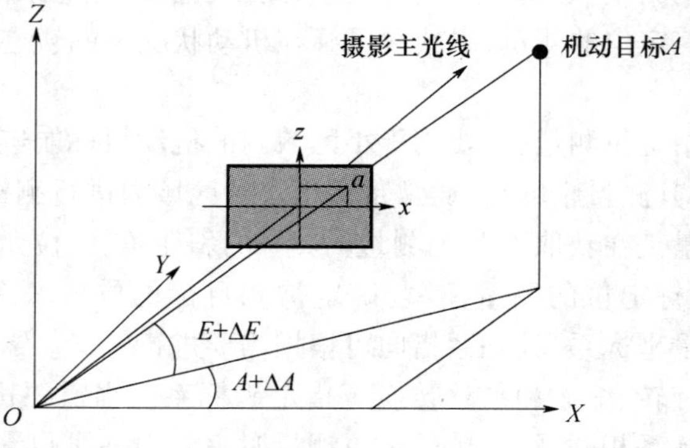

图 4-18 单站定位测量

4.3.1.2 偏心修正模型

由于光电经纬仪投影中心一般不在 U 形机架的旋转中心，即其投影中心 S 偏离观测系统的旋转中心 O，如图 4-19 所示。

在系统设计制造中，由于传感器较多和空间位置的限制，投影中心 S 偏离旋转中心 O 的距离差为 (e_x, e_y, e_z)。显然，偏心分量 e_x 使方位角产生误差 $\Delta A'$，设目标

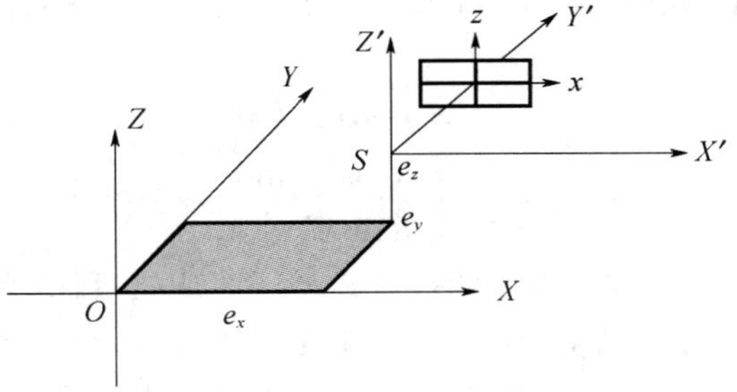

图 4 – 19　偏心示意图

P 到旋转中心的距离为 D，将其相互位置关系投影到 O – XY 水平面内，投影中心 S 在 X 轴上的投影为 S′，目标 P 在水平面上的投影为 P′，距离 D 投影到水平面内的距离为 D′，如图 4 – 20 所示，由于 $e_x \ll D'$，则有

$$\Delta A' \approx \rho \cdot e_x / D' = \rho \cdot e_x / (D\cos E) \tag{4-31}$$

式中，$\rho = \frac{180}{\pi} \times 3600'' = 206265''$。

当 $e_x = 100\text{mm}$，$D' = 10\text{km}$ 时，则 $\Delta A' = 20''$；$D' = 30\text{km}$ 时，则 $\Delta A' = 6.8''$。对于高精度的光电经纬仪来说，偏心修正是不可忽略的。

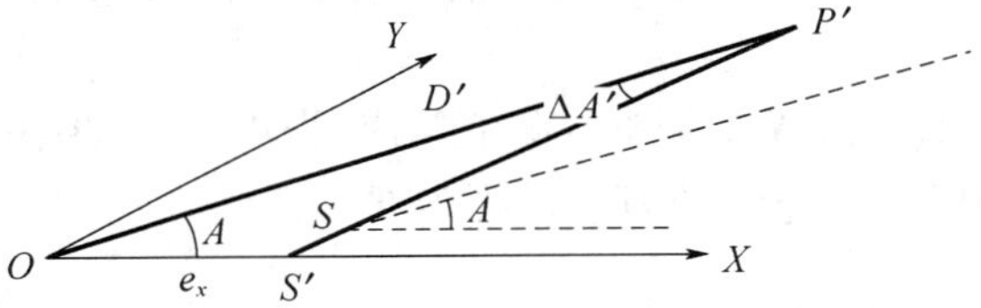

图 4 – 20　偏心分量 e_x 产生方位角误差 $\Delta A'$

同样，由于偏差分量 e_z 产生俯仰角误差 $\Delta E'$，将其相互之间几何关系投影到垂直平面 O – YZ 内，如图 4 – 21 所示。

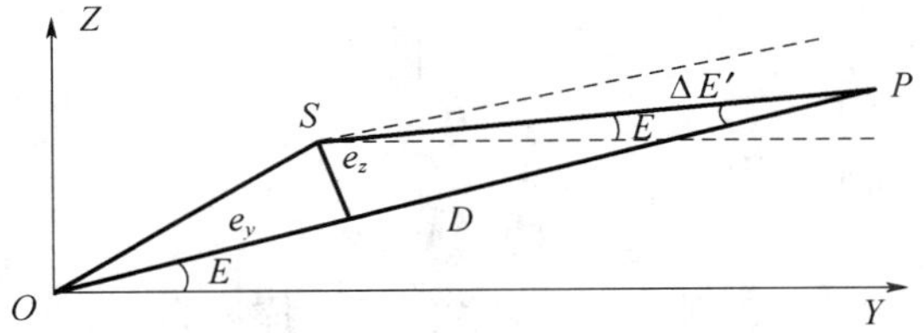

图 4 – 21　偏心分量产生俯仰角误差 $\Delta E'$

对于目标 P 来说，由于 $\Delta E'$ 很小，并设 $E > 0$ 时，则偏心产生的俯仰角误差为

$$\Delta E' = \rho \cdot e_z / (D - e_y) \tag{4-32}$$

式中，$\rho = 206265''$。

测量系统在出厂之前应将偏心误差修正模型嵌入在信号处理系统内，若在观测设备中，没有自动修正功能，则需要在数据预处理过程中对原始观测值进行改正。现令 $A'=A+\Delta A+\Delta A', E'=E+\Delta E-\Delta E'$,则式(4-28)改写成如下形式(略去下标):

$$\begin{cases} X' = R\cos E'\cos A' \\ Y' = R\cos E'\sin A' \\ Z' = R\sin E' \end{cases} \tag{4-33}$$

式(4-33)是光电跟踪时常用的计算模型。要测量目标影像点偏离像片坐标系原点的 x,z 值,对于传统的胶片式摄影测量,使用的是胶片量测仪,必须事后人工判读其偏差量 x,z,这也是胶片式光电跟踪测量系统不能进行实时修正脱靶量的原因;对于视频影像,不管数字的还是模拟的,其偏差量都可以采用计算机进行人工判读量测或自动判读量测。正因为能够自动判读量测 x,z,所以使用可见光跟踪和红外跟踪的光电测量系统都能进行脱靶量实时修正。

4.3.2 线性最小均方差机动目标位置估计

由于 R_t,A_t,E_t 分别为 t 时刻的距离、方位、俯仰观测值,必然带有随机误差,因此,按照式(4-33)计算的空间坐标也必然带有误差。下面介绍基于线性最小均方差的目标位置估计方法。

在单站跟踪机动目标的测量中,计算模型为非线性的,估计时需要将非线性模型转换成线性模型。

设观测向量为 $\boldsymbol{z}$,且由 N 个随机观测值组成,噪声 $n\sim N(0,R_m)$,需要估计的参数为 M 维向量 $\boldsymbol{s}$,其均值为 $\boldsymbol{\mu}_s$,协方差矩阵为 $\boldsymbol{R}_s$。

设线性模型为

$$\boldsymbol{z} = \boldsymbol{H}\boldsymbol{s} + \boldsymbol{n} \tag{4-34}$$

如图 4-18 所示,观测量为方位角 A、仰角 E 与距离 R,测量中含有噪声,于是,其观测模型可写为

$$\boldsymbol{z} = \begin{bmatrix} A \\ E \\ R \end{bmatrix} + \boldsymbol{n} \tag{4-35}$$

机动目标的三维坐标为

$$\boldsymbol{s} = [X \quad Y \quad Z]^{\mathrm{T}} \tag{4-36}$$

机动目标三维坐标与观测量之间的关系可以描述为

$$A = \arctan\left(\frac{Y}{X}\right) \tag{4-37}$$

$$E = \arctan\left(\frac{Z}{\sqrt{X^2+Y^2}}\right) \tag{4-38}$$

$$R = (X^2+Y^2+Z^2)^{1/2} \tag{4-39}$$

式(4-37)~式(4-39)均为非线性函数,将其在某个特定值 $\boldsymbol{s}_0$ 进行泰勒展开:

$$\boldsymbol{z} \approx \boldsymbol{H}\boldsymbol{s}_0 + \boldsymbol{h}(\boldsymbol{s}-\boldsymbol{s}_0) + \boldsymbol{n} \tag{4-40}$$

式中，$\boldsymbol{n}$ 为噪声，且有

$$\boldsymbol{h} = \frac{\partial \boldsymbol{H}\boldsymbol{s}}{\partial \boldsymbol{s}}\Big|_{s=s_0} \tag{4-41}$$

令 $\boldsymbol{s}_0 = \boldsymbol{\mu}_s$，并定义：

$$\tilde{\boldsymbol{z}} = \boldsymbol{z} - \boldsymbol{H}(\boldsymbol{\mu}_s) \tag{4-42}$$

$$\tilde{\boldsymbol{s}} = \boldsymbol{s} - \boldsymbol{\mu}_s \tag{4-43}$$

$$\tilde{\boldsymbol{z}} = \boldsymbol{H}\tilde{\boldsymbol{s}} + \boldsymbol{n} \tag{4-44}$$

于是就得到了线性形式的模型。可以利用线性模型的 LMMSE 如下：

$$\boldsymbol{\mu}_z = E(\boldsymbol{z}) = E(\boldsymbol{H}\boldsymbol{s} + \boldsymbol{n}) = \boldsymbol{H}\boldsymbol{\mu}_s$$

$$\begin{aligned}
\boldsymbol{R}_{zz} &= E((\boldsymbol{z} - \boldsymbol{\mu}_z)(\boldsymbol{z} - \boldsymbol{\mu}_z)^{\mathrm{T}}) \\
&= E((\boldsymbol{H}\boldsymbol{s} + \boldsymbol{n} - \boldsymbol{H}\boldsymbol{\mu}_s)(\boldsymbol{H}\boldsymbol{s} + \boldsymbol{n} - \boldsymbol{H}\boldsymbol{\mu}_s)^{\mathrm{T}}) \\
&= E(\boldsymbol{H}(\boldsymbol{s} - \boldsymbol{\mu}_s)(\boldsymbol{s} - \boldsymbol{\mu}_s)^{\mathrm{T}}\boldsymbol{H}^{\mathrm{T}}) + E(\boldsymbol{H}(\boldsymbol{s} - \boldsymbol{\mu}_s)\boldsymbol{n}^{\mathrm{T}}) + \\
&\quad \boldsymbol{E}(\boldsymbol{n}(\boldsymbol{s} - \boldsymbol{\mu}_s)\boldsymbol{H}^{\mathrm{T}}) + E(\boldsymbol{n}\boldsymbol{n}^{\mathrm{T}}) \\
&= \boldsymbol{H}\boldsymbol{R}_{ss}\boldsymbol{H}^{\mathrm{T}} + \boldsymbol{R}_{nn}
\end{aligned} \tag{4-45}$$

$$\begin{aligned}
\boldsymbol{R}_{sz} &= \boldsymbol{E}((\boldsymbol{s} - \boldsymbol{\mu}_s)(\boldsymbol{z} - \boldsymbol{\mu}_z)^{\mathrm{T}}) \\
&= E((\boldsymbol{s} - \boldsymbol{\mu}_s)(\boldsymbol{H}\boldsymbol{s} + \boldsymbol{n} - \boldsymbol{H}\boldsymbol{\mu}_s)^{\mathrm{T}}) \\
&= E((\boldsymbol{s} - \boldsymbol{\mu}_s)(\boldsymbol{s} - \boldsymbol{\mu}_s)^{\mathrm{T}}\boldsymbol{H}^{\mathrm{T}}) + E((\boldsymbol{s} - \boldsymbol{\mu}_s)\boldsymbol{n}^{\mathrm{T}}) \\
&= \boldsymbol{R}_{ss}\boldsymbol{H}^{\mathrm{T}}
\end{aligned} \tag{4-46}$$

又根据式(2-73)，有

$$\begin{aligned}
\hat{\boldsymbol{s}} &= E(\boldsymbol{s}) + \boldsymbol{R}_{sz}\boldsymbol{R}_{zz}^{-1}(\boldsymbol{z} - \boldsymbol{\mu}_z) \\
&= \boldsymbol{\mu}_s + \boldsymbol{R}_{sz}\boldsymbol{R}_{zz}^{-1}(\boldsymbol{z} - \boldsymbol{\mu}_z) \\
&= \boldsymbol{\mu}_s + \boldsymbol{R}_{ss}\boldsymbol{H}^{\mathrm{T}}(\boldsymbol{H}\boldsymbol{R}_{ss}\boldsymbol{H}^{\mathrm{T}} + \boldsymbol{R}_{nn})^{-1}(\boldsymbol{z} - \boldsymbol{H}\boldsymbol{\mu}_s)
\end{aligned} \tag{4-47}$$

式中，$\boldsymbol{R}_{sz}$为 $\boldsymbol{s}$ 与 $\boldsymbol{z}$ 的互协方差矩阵；$\boldsymbol{R}_{ss}$ 为 $\boldsymbol{s}$ 的自协方差矩阵；$\boldsymbol{R}_{nn}$ 为噪声自协方差阵；$\boldsymbol{\mu}_s$，$\boldsymbol{\mu}_z$ 分别为 $\boldsymbol{s}$ 与 $\boldsymbol{z}$ 的均值。

又根据正交原理，其平方误差矩阵的期望为

$$\begin{aligned}
E((\boldsymbol{s} - \hat{\boldsymbol{s}})(\boldsymbol{s} - \hat{\boldsymbol{s}})^{\mathrm{T}}) &= E((\boldsymbol{s} - \boldsymbol{\mu}_s - \boldsymbol{R}_{sz}\boldsymbol{R}_{zz}^{-1}(\boldsymbol{z} - \boldsymbol{\mu}_z))(\boldsymbol{s} - \boldsymbol{\mu}_s - \boldsymbol{R}_{sz}\boldsymbol{R}_{zz}^{-1}(\boldsymbol{z} - \boldsymbol{\mu}_z))^{\mathrm{T}}) \\
&= E((\boldsymbol{s} - \boldsymbol{\mu}_s)(\boldsymbol{s} - \boldsymbol{\mu}_s)^{\mathrm{T}}) - E((\boldsymbol{s} - \boldsymbol{\mu}_s)(\boldsymbol{R}_{sz}\boldsymbol{R}_{zz}^{-1}(\boldsymbol{z} - \boldsymbol{\mu}_z))^{\mathrm{T}}) - \\
&\quad E((\boldsymbol{R}_{sz}\boldsymbol{R}_{zz}^{-1}(\boldsymbol{z} - \boldsymbol{\mu}_z))(\boldsymbol{s} - \boldsymbol{\mu}_s)^{\mathrm{T}}) + \\
&\quad E((\boldsymbol{R}_{sz}\boldsymbol{R}_{zz}^{-1}(\boldsymbol{z} - \boldsymbol{\mu}_z))(\boldsymbol{R}_{sz}\boldsymbol{R}_{zz}^{-1}(\boldsymbol{z} - \boldsymbol{\mu}_z))^{\mathrm{T}}) \\
&= E((\boldsymbol{s} - \boldsymbol{\mu}_s)(\boldsymbol{s} - \boldsymbol{\mu}_s)^{\mathrm{T}}) - \\
&\quad E((\boldsymbol{s} - \boldsymbol{\mu}_s)(\boldsymbol{z} - \boldsymbol{\mu}_z)^{\mathrm{T}}(\boldsymbol{R}_{zz}^{-1})^{\mathrm{T}}(\boldsymbol{R}_{sz})^{\mathrm{T}}) - \\
&\quad E((\boldsymbol{R}_{sz}\boldsymbol{R}_{zz}^{-1}(\boldsymbol{z} - \boldsymbol{\mu}_z))(\boldsymbol{s} - \boldsymbol{\mu}_s)^{\mathrm{T}}) + \\
&\quad E((\boldsymbol{R}_{sz}\boldsymbol{R}_{zz}^{-1}(\boldsymbol{z} - \boldsymbol{\mu}_z))(\boldsymbol{z} - \boldsymbol{\mu}_z)^{\mathrm{T}}(\boldsymbol{R}_{zz}^{-1})^{\mathrm{T}}(\boldsymbol{R}_{sz})^{\mathrm{T}}) \\
&= \boldsymbol{R}_{ss} - \boldsymbol{R}_{sz}\boldsymbol{R}_{zz}^{-1}\boldsymbol{R}_{zs} - \boldsymbol{R}_{sz}\boldsymbol{R}_{zz}^{-1}\boldsymbol{R}_{zs} + \boldsymbol{R}_{sz}\boldsymbol{R}_{zz}^{-1}\boldsymbol{R}_{zz}\boldsymbol{R}_{zz}^{-1}\boldsymbol{R}_{zs} \\
&= \boldsymbol{R}_{ss} - \boldsymbol{R}_{sz}\boldsymbol{R}_{zz}^{-1}\boldsymbol{R}_{zs}
\end{aligned} \tag{4-48}$$

将式(4－45)、式(4－46)代入式(4－48)，则有

$$\begin{aligned} E((\boldsymbol{s}-\hat{\boldsymbol{s}})(\boldsymbol{s}-\hat{\boldsymbol{s}})^{\mathrm{T}}) &= \boldsymbol{R}_{ss}-\boldsymbol{R}_{sz}\boldsymbol{R}_{zz}^{-1}\boldsymbol{R}_{zs} \\ &= \boldsymbol{R}_{ss}-\boldsymbol{R}_{ss}\boldsymbol{H}^{\mathrm{T}}(\boldsymbol{H}\boldsymbol{R}_{ss}\boldsymbol{H}^{\mathrm{T}}+\boldsymbol{R}_{nn})^{-1}\boldsymbol{H}\boldsymbol{R}_{ss} \\ &= (\boldsymbol{R}_{ss}^{-1}+\boldsymbol{H}^{\mathrm{T}}\boldsymbol{R}_{nn}^{-1}\boldsymbol{H})^{-1} \end{aligned} \quad (4-49)$$

4.3.3 全局最小二乘机动目标位置估计[4]

在实际测量中，不仅测量值 $\boldsymbol{z}$ 中含有噪声，而且在观测矩阵 $\boldsymbol{H}$ 中也含有噪声。如果观测矩阵 $\boldsymbol{H}$ 中没有噪声，且噪声 $\boldsymbol{n}$ 服从正态分布 $N(0,\sigma^2)$，则应用最小二乘误差估计法比较有效。但是如果观测矩阵 $\boldsymbol{H}$ 中含有噪声，就需要利用全局最小二乘误差估计(Total LSE，TLSE)方法。

设观测方程如式(4－34)，即

$$\boldsymbol{z}=\boldsymbol{H}\boldsymbol{s}+\boldsymbol{n}$$

根据最小二乘估计原理，其估计量 $\hat{\boldsymbol{s}}$ 可通过下式计算

$$\min_{s}\|\boldsymbol{H}\boldsymbol{s}-\boldsymbol{z}\|_2 \quad (4-50)$$

得到，这里 $\|\boldsymbol{x}\|_2$ 表示 $\boldsymbol{x}$ 的 L_2 范数。式(4－50)的解为

$$\hat{\boldsymbol{s}}_{LS}=\boldsymbol{H}^{*}\boldsymbol{z} \quad (4-51)$$

式中，$\boldsymbol{H}^{*}$ 为 $\boldsymbol{H}_{M\times P}$ 的伪逆。

通常假定 $M>P$ 并且 $\boldsymbol{H}$ 是满秩的，从而有 $\boldsymbol{H}^{*}=(\boldsymbol{H}^{\mathrm{T}}\boldsymbol{H})^{-1}\boldsymbol{H}^{\mathrm{T}}$，因此

$$\hat{\boldsymbol{s}}_{LS}=(\boldsymbol{H}^{\mathrm{T}}\boldsymbol{H})^{-1}\boldsymbol{H}^{\mathrm{T}}\boldsymbol{s} \quad (4-52)$$

由于测量向量和观测矩阵均可以表示为

$$\boldsymbol{z}=\boldsymbol{z}_0+\Delta\boldsymbol{z},\ \boldsymbol{H}=\boldsymbol{H}_0+\Delta\boldsymbol{H}$$

式中，$\Delta\boldsymbol{z}$ 和 $\Delta\boldsymbol{H}$ 为扰动噪声。

在没有噪声的情况下，$\boldsymbol{H}_0\boldsymbol{s}_0=\boldsymbol{z}_0$，那么，全局最小二乘误差估计可由下式计算确定，即解求满足

$$[\boldsymbol{D}+\Delta\boldsymbol{D}]\begin{bmatrix}\boldsymbol{z}\\-1\end{bmatrix}=0 \quad (4-53)$$

的 $\min\limits_{\Delta\boldsymbol{D},s}\|\Delta\boldsymbol{D}\|_F^2$。其中，$\boldsymbol{D}$ 和 $\Delta\boldsymbol{D}$ 分别为

$$\boldsymbol{D}=[\boldsymbol{H}:\boldsymbol{z}] \quad (4-54)$$

$$\Delta\boldsymbol{D}=[\Delta\boldsymbol{H}:\Delta\boldsymbol{z}] \quad (4-55)$$

一般地，$\|\boldsymbol{x}\|_F$ 表示 $\boldsymbol{x}$ 的 Frobenius 范数，$\|\boldsymbol{x}\|_F=\sqrt{\mathrm{tr}(\boldsymbol{x}^{\mathrm{T}}\boldsymbol{x})}$。对式(4－54)中 $\boldsymbol{D}$ 进行奇异值分解，得

$$\boldsymbol{D}=\boldsymbol{U}\Sigma\boldsymbol{V}^{\mathrm{T}} \quad (4-56)$$

其中，Σ 的对角线元素 σ_i 为实数，且满足

$$\sigma_1\geqslant\sigma_2\geqslant\cdots\geqslant\sigma_{\min(M,P)}\geqslant 0,\quad i=1,2,\cdots,M+1 \quad (4-57)$$

式中，σ_i 为 $\boldsymbol{D}$ 奇异值，并且矩阵 $\boldsymbol{U}$ 和 $\boldsymbol{V}$ 的前 $\min(M,P)$ 列分别为矩阵 $\boldsymbol{D}$ 的左和右

奇异向量。这些奇异值和奇异向量满足：

$$\boldsymbol{D}\boldsymbol{v}_i = \sigma_i \boldsymbol{u}_i, \boldsymbol{D}^{\mathrm{T}}\boldsymbol{u}_i = \sigma_i \boldsymbol{v}_i \tag{4-58}$$

式中，$\boldsymbol{u}_i$，$\boldsymbol{v}_i$ 分别为 $\boldsymbol{U}$ 和 $\boldsymbol{V}$ 的第 i 个列向量。

基于以上推导，全局最小二乘误差估计量为

$$\hat{\boldsymbol{s}} = -\frac{1}{\boldsymbol{v}_i}\boldsymbol{v}' \tag{4-59}$$

或

$$\hat{\boldsymbol{s}}_{TLS} = (\boldsymbol{D}^{\mathrm{T}}\boldsymbol{D} - \sigma_i^2\boldsymbol{I})^{-1}\boldsymbol{D}^{\mathrm{T}}\boldsymbol{z} \tag{4-60}$$

式中，$\boldsymbol{v}_i$ 为 $\boldsymbol{V}$ 中第 i 行的最后一个元素；$\boldsymbol{v}'$ 为 $\boldsymbol{V}$ 的第一个列向量；σ_i 为最小的奇异值；$\sigma_i^2\boldsymbol{I}$ 能够减少由观测矩阵中的噪声引入的偏差，该偏差包含在 $\boldsymbol{D}^{\mathrm{T}}\boldsymbol{D}$ 中。

如果 $\Delta\boldsymbol{D} \sim N(0, \sigma_D^2)$，全局最小二乘误差估计将比最小二乘误差估计更加准确有效。

4.3.4 地球曲率对高程的影响

当单站定位测量超过一定范围时，单站定位测量就需要考虑地球曲率的影响，这是因为地球表面是曲面，如图 4－22 所示。单站定位测量坐标系所选取的基准面是与该测站点的铅垂线相垂直的水平面，因此，应该对所解算的坐标值进行修正。

设图 4－22 中的直线 BC 的长度为 D，弧线 BE 的长度为 D'，直线 CE 为用水平面代替水准面时的高程误差，令其为 Δh，也称为地球曲率对高程的影响。其计算公式为

$$R^2 + D^2 = (R + \Delta h)^2 \tag{4-61}$$

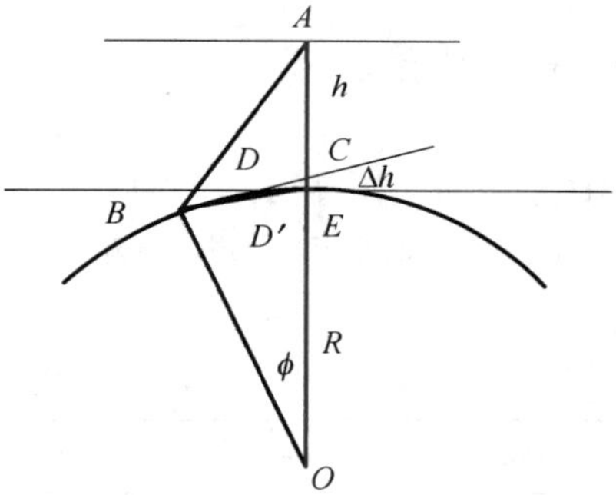

图 4－22　地球曲率影响

将式(4－61)展开后，有

$$2R\Delta h + \Delta h^2 = D^2 \tag{4-62}$$

推导式(4－62)：$(2R + \Delta h)\Delta h = D^2$，等式两边除以$(2R + \Delta h)$，得到

$$\Delta h = D^2/(2R + \Delta h) \tag{4-63}$$

在式(4－63)中，用球面(水准面)距离 D'代替平面距离 D，而在$(2R + \Delta h)$一项中 Δh 相对于 R 很小$(R \gg \Delta h)$，可忽略不计，则式(4－63)变为

$$\Delta h = D'^2/2R \tag{4-64}$$

以不同距离代入式(4－64)，计算出高程误差，列入表 4－2。

表 4－2　水平面代替水准面的高程误差

D'/m	10	50	100	200	500	1000
Δh/mm	0.00	0.2	0.8	3.1	19.6	78.5

从表 4－2 中可见，用水平面代替水准面时，200m 的距离对高程影响就有 3.1mm，所以地球曲率对高程影响很大。在地面高程测量中，即使距离很短也应顾及地球曲率的影响。

在使用光电跟踪测量系统进行飞机飞行高度的精确测量中，除了需要顾及地球曲率的影响外，还需顾及图 4－22 中 E 点处地面起伏的影响。

4.3.5 地球曲率对距离测量的影响

用水平面代替水准面时进行测量时（见图 4－22），用测得的平面距离 D 来代替实际的球面（水准面）距离 D'，就会产生的距离差值 Δd，其 Δd 的大小具体可由下式计算：

$$\Delta d = D - D' = R\tan\phi - R\phi = R(\tan\phi - \phi) \tag{4-65}$$

将式（4－65）用级数公式展开后，取主项可得

$$\Delta d = R\left(\phi + \frac{\phi^3}{3} - \phi\right) = R \cdot \phi^3/3 \tag{4-66}$$

又因 $\phi = D'/R$，则

$$\Delta d = (D')^3/3R^3 \tag{4-67}$$

或以相对误差表示为

$$\Delta d/D' = (D')^2/3R^3 \tag{4-68}$$

式中，地球平均半径 $R = 6371\text{km}$。

以不同的球面（水准面）距离 D' 代入式（4－68）可分别计算出 Δd，$\Delta d/D'$，如表 4－3 所列。

表 4－3 水平面代替大地水准面所产生的距离误差

D'/km	Δd/cm	$\Delta d/D'$（相对误差）	D'/km	Δd/cm	$\Delta d/D'$（相对误差）
1	0.00	0	15	2.77	1/541516
5	0.10	1/5000000	20	6.57	1/304000
10	0.82	1/1217700	50	102.65	1/49000

由表 4－3 可知：当 $D' = 10\text{km}$，以切平面上的相应线段 D 代替时，所产生的距离误差为 0.82cm，相对误差约为 1/1200000；但当 $D' = 50\text{km}$，以切平面上的相应线段 D 代替时，所产生的距离误差为 102.65cm，是否要顾及该影响，应取决于测量任务的精度要求。

4.4 空间前方交会

4.4.1 两站前方交会

交会测量在飞行试验光电测量中应用很广，国内外许多学者[5-10]都展开了它

在各个领域中的应用研究。

4.4.1.1 常规计算数学模型

在地对空机动目标的光电跟踪测量中,已知两站的方位角 A_1、A_2,俯仰角 E_1、E_2 以及基线长度 B,并假设脱靶量已进行修正,则目标三维坐标求解的数学模型如下:

$$\begin{bmatrix} X \\ Y \\ Z \end{bmatrix} = \begin{bmatrix} B\cos A_1 \sin A_2/\sin(A_1 + A_2) \\ B\sin A_1 \sin A_2/\sin(A_1 + A_2) \\ B\sin A_2 \tan E_1/\sin(A_1 + A_2) \end{bmatrix} = \frac{B}{\lambda}\begin{bmatrix} \cos A_1 \sin A_2 \\ \sin A_1 \sin A_2 \\ \sin A_2 \tan E_1 \end{bmatrix} \quad (4-69)$$

式中,$\lambda = \sin(A_1 + A_2)$。

4.4.1.2 附有观测约束条件的数学模型[11]

式(4-69)可写成函数形式:

$$\boldsymbol{S} = f(\boldsymbol{Z}) \quad (4-70)$$

或

$$F(\boldsymbol{S},\boldsymbol{Z}) = \boldsymbol{S} - f(\boldsymbol{Z}) = 0 \quad (4-71)$$

式中,$\boldsymbol{S} = [X \quad Y \quad Z]^{\mathrm{T}}$; $\boldsymbol{Z} = [A_1 \quad A_2 \quad E_1]^{\mathrm{T}}$。

通常,解算方程式(4-69)时,由于基线长度 B 为固定不变的已知常数,所以只用到了三个测量值 A_1、A_2、E_1,而第四个观测值 E_2 一般不会用到。但是,多余一个观测,就可以构成观测约束条件,进行平差计算,可以提高测量精度。根据立体几何原理,高程 Z 还可以用以下公式进行求解,即有

$$Z' = \frac{B}{\lambda}[\sin A_1 \tan E_2] \quad (4-72)$$

对于两种高程表达方式,理论上应该有 $Z = Z'$,即

$$\sin A_2 \tan E_1 = \sin A_1 \tan E_2 \quad (4-73)$$

也可换一种形式,将式(4-73)改写为

$$\boldsymbol{\Phi}(Z) = \sin A_2 \tan E_1 - \sin A_1 \tan E_2 = 0 \quad (4-74)$$

至此,由式(4-69)组成了带有约束条件式(4-74)的方程解算模型。对式(4-69)进行展开有

$$F(\tilde{\boldsymbol{Z}},\tilde{\boldsymbol{S}}) = F(\boldsymbol{Z} + \boldsymbol{\Delta},\boldsymbol{S}_0 + \boldsymbol{s}) = F(\boldsymbol{Z},\boldsymbol{S}_0) + \frac{\partial F}{\partial \tilde{\boldsymbol{Z}}}\Big|_{Z,S_0}\boldsymbol{\Delta} + \frac{\partial F}{\partial \tilde{\boldsymbol{S}}}\Big|_{Z,S_0}\boldsymbol{s} = 0 \quad (4-75)$$

式中,$\tilde{\boldsymbol{Z}} = \boldsymbol{Z} + \boldsymbol{\Delta}$ 为观测值真值矩阵,其中 $\boldsymbol{Z}$、$\boldsymbol{\Delta}$ 分别为观测值与其真误差;$\tilde{\boldsymbol{S}} = \boldsymbol{S}_0 + \boldsymbol{s}$ 为未知量的真值,其中,$\boldsymbol{S}_0$、$\boldsymbol{s}$ 分别为未知量的近似值与其修正量,其近似值可通过式(4-69)计算得到,以下列符号表示:

$$S_0 = \begin{bmatrix} X \\ Y \\ Z \end{bmatrix},\ s = \begin{bmatrix} s_X \\ s_Y \\ s_Z \end{bmatrix},\ Z = \begin{bmatrix} A_1 \\ A_2 \\ E_1 \\ E_2 \end{bmatrix},\quad \Delta = \begin{bmatrix} \Delta A_1 \\ \Delta A_2 \\ \Delta E_1 \\ \Delta E_2 \end{bmatrix}, F = \begin{bmatrix} F_1 \\ F_2 \\ F_3 \end{bmatrix}$$

同样,对式(4－74)也进行展开,有

$$\Phi(\tilde{Z}) = \Phi(Z + \Delta) = \Phi(Z) + \frac{\partial \Phi}{\partial \tilde{Z}}\Big|_Z \Delta = 0 \tag{4-76}$$

故式(4－75)和式(4－76)的线性化模型为

$$A\Delta + Bs - f = 0 \tag{4-77}$$

$$C\Delta - f_z = 0 \tag{4-78}$$

式中

$$A = \frac{\partial F}{\partial \tilde{Z}}\Big|_{Z,S_0} = \begin{bmatrix} \frac{\partial F_1}{\partial A_1} & \frac{\partial F_1}{\partial A_2} & \frac{\partial F_1}{\partial E_1} & \frac{\partial F_1}{\partial E_2} \\ \frac{\partial F_2}{\partial A_1} & \frac{\partial F_2}{\partial A_2} & \frac{\partial F_2}{\partial E_1} & \frac{\partial F_2}{\partial E_2} \\ \frac{\partial F_3}{\partial A_1} & \frac{\partial F_3}{\partial A_2} & \frac{\partial F_3}{\partial E_1} & \frac{\partial F_3}{\partial E_2} \end{bmatrix}$$

$$B = \frac{\partial F}{\partial \tilde{S}}\Big|_{Z,S_0} = \begin{bmatrix} \frac{\partial F_1}{\partial X} & \frac{\partial F_1}{\partial Y} & \frac{\partial F_1}{\partial Z} \\ \frac{\partial F_2}{\partial X} & \frac{\partial F_2}{\partial Y} & \frac{\partial F_2}{\partial Z} \\ \frac{\partial F_3}{\partial X} & \frac{\partial F_3}{\partial Y} & \frac{\partial F_3}{\partial Z} \end{bmatrix}$$

$$C = \frac{\partial \Phi}{\partial \tilde{Z}}\Big|_Z = \begin{bmatrix} \frac{\partial \Phi}{\partial A_1} & \frac{\partial \Phi}{\partial A_2} & \frac{\partial \Phi}{\partial E_1} & \frac{\partial \Phi}{\partial E_2} \end{bmatrix} -$$

$$f = F(Z, S_0) = \begin{bmatrix} F_1(Z,S_0) \\ F_2(Z,S_0) \\ F_3(Z,S_0) \end{bmatrix},\quad -f_z = \Phi(Z)$$

在最小二乘原则下求解其最佳估计,即求

$$\phi = \Delta^{\mathrm{T}} P \Delta \to \min$$

解决这一问题的方法,称为条件极值法,或者称作拉格朗日不定乘数法。用 V 表示对 Δ 的估计,用 $\hat{s}$ 表示对 s 的估计,并构造函数:

$$\psi = V^{\mathrm{T}} P V - 2K^{\mathrm{T}}(AV + B\hat{s} - f) - 2K_z(CV - f_z) \tag{4-79}$$

式中,$-2K$ 为不定乘数矩阵,其中 $K = [k_1 \quad k_2 \quad k_3]^{\mathrm{T}}$;$-2K_z$ 为不定乘数;P 为权阵。

为使函数达到极小值,只需对 V、$\hat{s}$ 求偏导数,并令其等于零。因此有

$$\frac{\partial \boldsymbol{\psi}}{\partial \boldsymbol{V}} = 2\boldsymbol{V}^{\mathrm{T}}\boldsymbol{P} - 2\boldsymbol{K}^{\mathrm{T}}\boldsymbol{A} - 2\boldsymbol{K}_z\boldsymbol{C} = 0 \tag{4-80}$$

$$\frac{\partial \boldsymbol{\psi}}{\partial \hat{\boldsymbol{s}}} = -2\boldsymbol{K}^{\mathrm{T}}\boldsymbol{B} = 0 \tag{4-81}$$

将上两式进行转置，并顾及 $\boldsymbol{P}^{\mathrm{T}} = \boldsymbol{P}$，故有联合方程组：

$$\boldsymbol{AV} + \boldsymbol{B}\hat{\boldsymbol{s}} - \boldsymbol{f} = 0 \tag{4-82}$$

$$\boldsymbol{CV} - \boldsymbol{f}_z = 0 \tag{4-83}$$

$$\boldsymbol{PV} - \boldsymbol{A}^{\mathrm{T}}\boldsymbol{K} - \boldsymbol{C}^{\mathrm{T}}\boldsymbol{K}_z = 0 \tag{4-84}$$

$$\boldsymbol{B}^{\mathrm{T}}\boldsymbol{K} = 0 \tag{4-85}$$

上述方程组是联合线性方程组，也称总法方程或基础方程。方程式的个数等于未知数的个数，所以有唯一解。由于基础方程具有系数对称的特点，又称对称线性方程组，其中包含有四个未知向量：$\boldsymbol{V}$、$\hat{\boldsymbol{s}}$、$\boldsymbol{K}$、$\boldsymbol{K}_z$。对基础方程稍加变换，就可以得到如下方程：

$$\begin{bmatrix} -\boldsymbol{P} & \boldsymbol{A}^{\mathrm{T}} & 0 & \boldsymbol{C}^{\mathrm{T}} \\ \boldsymbol{A} & 0 & \boldsymbol{B} & 0 \\ 0 & \boldsymbol{B}^{\mathrm{T}} & 0 & 0 \\ \boldsymbol{C} & 0 & 0 & 0 \end{bmatrix} \begin{bmatrix} \boldsymbol{V} \\ \boldsymbol{K} \\ \hat{\boldsymbol{s}} \\ \boldsymbol{K}_z \end{bmatrix} = \begin{bmatrix} 0 \\ \boldsymbol{f} \\ 0 \\ \boldsymbol{f}_z \end{bmatrix} \tag{4-86}$$

从式(4-86)可以看出系数矩阵的对称性。解算基础方程的方法一般不直接求解，而是采用分块求解的方法。如果某个子块可以直接求逆，则先解出这部分未知数，然后，消去它们，从而降低方程的阶数。由于式(4-84)中 $\boldsymbol{V}$ 的系数阵为观测值的先验权阵 $\boldsymbol{P}$，而 $\boldsymbol{P}$ 为秩等于 4 的正定对称阵，并有 $\boldsymbol{P}^{-1} = \boldsymbol{Q}$，故由式(4-84)可知：

$$\boldsymbol{V} = \boldsymbol{P}^{-1}(\boldsymbol{A}^{\mathrm{T}}\boldsymbol{K} + \boldsymbol{C}^{\mathrm{T}}\boldsymbol{K}_z) = \boldsymbol{Q}(\boldsymbol{A}^{\mathrm{T}}\boldsymbol{K} + \boldsymbol{C}^{\mathrm{T}}\boldsymbol{K}_z) \tag{4-87}$$

将上式分别代入式(4-82)、式(4-83)、式(4-85)，消去 $\boldsymbol{V}$，可得到以下约化方程组：

$$\boldsymbol{AQ}(\boldsymbol{A}^{\mathrm{T}}\boldsymbol{K} + \boldsymbol{C}^{\mathrm{T}}\boldsymbol{K}_z) + \boldsymbol{B}\hat{\boldsymbol{s}} - \boldsymbol{f} = 0 \tag{4-88}$$

$$\boldsymbol{CQ}(\boldsymbol{A}^{\mathrm{T}}\boldsymbol{K} + \boldsymbol{C}^{\mathrm{T}}\boldsymbol{K}_z) - \boldsymbol{f}_z = 0 \tag{4-89}$$

$$\boldsymbol{B}^{\mathrm{T}}\boldsymbol{K} = 0 \tag{4-90}$$

式(4-88)~式(4-90)的方程式系数仍然保持着对称性，同时也是非奇异阵，也可以写成如下形式：

$$\begin{bmatrix} \boldsymbol{N}_{aa} & \boldsymbol{N}_{ac} & \boldsymbol{B} \\ \boldsymbol{N}_{ca} & \boldsymbol{N}_{cc} & 0 \\ \boldsymbol{B}^{\mathrm{T}} & 0 & 0 \end{bmatrix} \begin{bmatrix} \boldsymbol{K} \\ \boldsymbol{K}_z \\ \hat{\boldsymbol{s}} \end{bmatrix} = \begin{bmatrix} \boldsymbol{f} \\ \boldsymbol{f}_z \\ 0 \end{bmatrix} \tag{4-91}$$

式中，$\boldsymbol{N}_{aa} = \boldsymbol{AQA}^{\mathrm{T}}$；$\boldsymbol{N}_{ac} = \boldsymbol{AQC}^{\mathrm{T}}$；$\boldsymbol{N}_{ca} = \boldsymbol{CQA}^{\mathrm{T}} = \boldsymbol{N}_{ac}^{\mathrm{T}}$；$\boldsymbol{N}_{cc} = \boldsymbol{CQC}^{\mathrm{T}}$。

故有方程组的解向量为

$$\begin{bmatrix} \boldsymbol{K} \\ \boldsymbol{K}_z \\ \hat{\boldsymbol{s}} \end{bmatrix} = \begin{bmatrix} \boldsymbol{N}_{aa} & \boldsymbol{N}_{ac} & \boldsymbol{B} \\ \boldsymbol{N}_{ca} & \boldsymbol{N}_{cc} & 0 \\ \boldsymbol{B}^{\mathrm{T}} & 0 & 0 \end{bmatrix}^{-1} \begin{bmatrix} \boldsymbol{f} \\ \boldsymbol{f}_z \\ 0 \end{bmatrix} \tag{4-92}$$

由式(4-91)的第一式得

$$\boldsymbol{K} = \boldsymbol{N}_{aa}^{-1}(\boldsymbol{f} - \boldsymbol{N}_{ac}\boldsymbol{K}_z - \boldsymbol{B}\hat{\boldsymbol{s}}) \tag{4-93}$$

将式(4-93)代入式(4-91)的第二、三式可得

$$\boldsymbol{N}_{ca}\boldsymbol{N}_{aa}^{-1}\boldsymbol{B}\hat{\boldsymbol{s}} + (\boldsymbol{N}_{ca}\boldsymbol{N}_{aa}^{-1}\boldsymbol{N}_{ac} - \boldsymbol{N}_{cc})\boldsymbol{K}_z = \boldsymbol{N}_{ca}\boldsymbol{N}_{aa}^{-1}\boldsymbol{f} - \boldsymbol{f}_z \tag{4-94}$$

$$\boldsymbol{B}^{\mathrm{T}}\boldsymbol{N}_{aa}^{-1}\boldsymbol{B}\hat{\boldsymbol{s}} + \boldsymbol{B}^{\mathrm{T}}\boldsymbol{N}_{aa}^{-1}\boldsymbol{N}_{ac}\boldsymbol{K}_z = \boldsymbol{B}^{\mathrm{T}}\boldsymbol{N}_{aa}^{-1}\boldsymbol{f} \tag{4-95}$$

由式(4-95)可得

$$\boldsymbol{B}\hat{\boldsymbol{s}} + \boldsymbol{N}_{ac}\boldsymbol{K}_z = \boldsymbol{f} \tag{4-96}$$

将式(4-96)代入式(4-94),可得

$$\boldsymbol{K}_z = -\boldsymbol{N}_{cc}^{-1}\boldsymbol{f}_z \tag{4-97}$$

将式(4-97)代入式(4-96)得解向量的显表达式为

$$\hat{\boldsymbol{s}} = \boldsymbol{B}^{-1}(\boldsymbol{f} - \boldsymbol{N}_{ac}\boldsymbol{K}_z) = \boldsymbol{B}^{-1}(\boldsymbol{f} + \boldsymbol{N}_{ac}\boldsymbol{N}_{cc}^{-1}\boldsymbol{f}_z) \tag{4-98}$$

因此,观测量与求解参数的估计值分别为

$$\hat{\boldsymbol{Z}} = \boldsymbol{Z} + \boldsymbol{V}, \hat{\boldsymbol{S}} = \boldsymbol{S}_0 + \hat{\boldsymbol{s}} \tag{4-99}$$

4.4.1.3 附有约束条件的严密数学模型[12]

上述模型推导是在假设无偏心、且脱靶量已得到改正的条件下的三维坐标求解数学模型。事实上,此模型还不够严密,原因是脱靶量修正量 x,z 存在坐标判读量测误差 Δ_x、Δ_z,这些误差的存在会导致方位角与俯仰角观测值估计量误差 $\delta_{\Delta A}$、$\delta_{\Delta E}$,当然也会给空间坐标参数估计带来位置误差。下面从像片解析的理论基础上推导估计模型。

双站交会测量又称立体解析测量,经由两个摄影中心 S、S' 到达机动目标的某同名点 A,形成同名射线 SA、$S'A$,在光学图像上分别形成的影像为 a、a',称作同名像点,如图 4-23 所示。

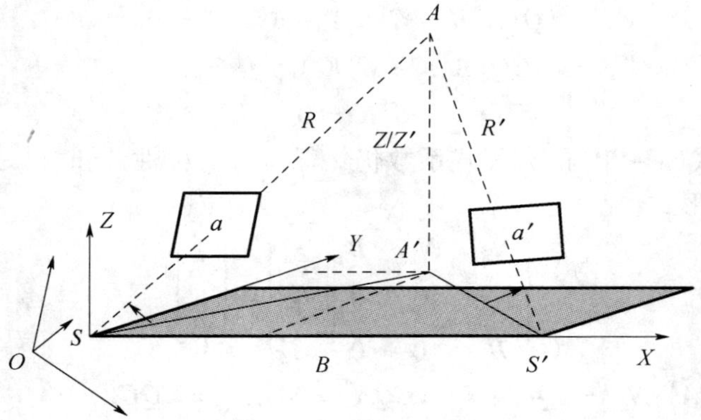

图 4-23 双站交会示意图

坐标系可以自行设定，如图4－23所示。设定之后，则基线SS'在此坐标系中的基线分量为(B_X, B_Y, B_Z)；若以S(第一观测系统摄影中心)为坐标系原点，X轴穿过第二观测系统摄影中心S'，则S'的坐标为$(B,0,0)$，其中B为基线长度。由图4－23可以看出，像点a由向量$\overrightarrow{SA}$确定，另一同名像点a'由向量$\overrightarrow{S'A}$确定，$\overrightarrow{SA}$与$\overrightarrow{S'A}$相交于空间点A，摄影基线由向量$\overrightarrow{SS'}$确定，显然，这三个向量是共面的。

1. 无距离观测值情况

设像片p_1、p_2坐标系分别为$o_1-x_1z_1$、$o_2-x_2z_2$，同名像点a、a'在各自坐标系中的坐标分别为(x_1,z_1)、(x_2,z_2)，其观测误差为$(\Delta x_1,\Delta z_1)$、$(\Delta x_2,\Delta z_2)$。设目标A在$S-XYZ$坐标系中的空间坐标为(X,Y,Z)，第二摄影站点S'在$S-XYZ$坐标系中的空间坐标为(B_X,B_Y,B_Z)，若以S为坐标原点，则有$B_X=B, B_Y=B_Z=0$。

按照式(4－12)，对同名像点a、a'分别建立四个共线条件方程：

$$\begin{bmatrix} x_1 \\ z_1 \end{bmatrix} = -f[a_2X+b_2Y+c_2Z]^{-1}\begin{bmatrix} a_1 & b_1 & c_1 \\ a_3 & b_3 & c_3 \end{bmatrix}\begin{bmatrix} X \\ Y \\ Z \end{bmatrix} \tag{4-100}$$

$$\begin{bmatrix} x_2 \\ z_2 \end{bmatrix} = -f[a'_2(X-B_X)+b'_2(Y-B_Y)+c'_2(Z-B_Z)]^{-1}\begin{bmatrix} a'_1 & b'_1 & c'_1 \\ a'_3 & b'_3 & c'_3 \end{bmatrix}\begin{bmatrix} X-B_X \\ Y-B_Y \\ Z-B_Z \end{bmatrix} \tag{4-101}$$

式中，(a_i,b_i,c_i)与(a'_i,b'_i,c'_i)，$i=1,2,3$分别为像片p_1、p_2旋转系数矩阵中的元素，也是方位角与俯仰角的函数；f为光学系统主距。

令$$\begin{bmatrix} F_1 \\ F_2 \end{bmatrix} = \begin{bmatrix} x_1 \\ z_1 \end{bmatrix} + f[a_2X+b_2Y+c_2Z]^{-1}\begin{bmatrix} a_1 & b_1 & c_1 \\ a_3 & b_3 & c_3 \end{bmatrix}\begin{bmatrix} X \\ Y \\ Z \end{bmatrix}=0$$

$$\begin{bmatrix} F_3 \\ F_4 \end{bmatrix} = \begin{bmatrix} x_2 \\ z_2 \end{bmatrix} + f[a'_2(X-B_X)+b'_2(Y-B_Y)+c'_2(Z-B_Z)]^{-1}\begin{bmatrix} a'_1 & b'_1 & c'_1 \\ a'_3 & b'_3 & c'_3 \end{bmatrix}\begin{bmatrix} X-B_X \\ Y-B_Y \\ Z-B_Z \end{bmatrix}=0$$

$$F=\begin{bmatrix} F_1 \\ F_2 \\ F_3 \\ F_4 \end{bmatrix}=F(\boldsymbol{Z},\boldsymbol{S})=0$$

式中，观测量$\boldsymbol{Z}=[A_1 \quad E_1 \quad A_2 \quad E_2 \quad x_1 \quad z_1 \quad x_2 \quad z_2]^{\mathrm{T}}$，未知量$\boldsymbol{S}=[X \quad Y \quad Z]^{\mathrm{T}}$。

令观测量估计量为$\hat{\boldsymbol{Z}}=\boldsymbol{Z}+\Delta\boldsymbol{Z}$，未知参量估计量为$\hat{\boldsymbol{S}}=\boldsymbol{S}_0+\Delta\boldsymbol{S}$，则$F$是观测值$A_1,E_1,A_2,E_2,x_1,z_1,x_2,z_2$的复合函数，$(B_X,B_Y,B_Z)$与$f$为已知常量，其中未知参量为$X,Y,Z$。显然，是要利用四个方程来求解三个位置参量。设观测值的改正数为$\Delta A_1,\Delta E_1,\Delta A_2,\Delta E_2,\Delta x_1,\Delta z_1,\Delta x_2,\Delta z_2$，未知参量的估计量为

$$\hat{\boldsymbol{S}} = \begin{bmatrix} \hat{X} \\ \hat{Y} \\ \hat{Z} \end{bmatrix} = \begin{bmatrix} X_0 \\ Y_0 \\ Z_0 \end{bmatrix} + \begin{bmatrix} \Delta X \\ \Delta Y \\ \Delta Z \end{bmatrix} \tag{4-102}$$

式中，X_0, Y_0, Z_0 为 X, Y, Z 的估算值，其求解方法可通过几何方法得到。

由于两个测量系统的方位角与俯仰角都是以测量系统旋转中心为原点得到的观测值，但是共线方程是以投影中心、像点、物点三点共线建立的模型，因此，需要将以旋转中心为原点的观测值(A,E)转换为以投影中心为原点的观测值(A,E)，实际上就是进行偏心改正，利用式(4-31)、式(4-32)，得到新的观测值，故有 $A_1 = A_{10} + \Delta A_1, E_1 = E_{10} + \Delta E_1, A_2 = A_{20} + \Delta A_2, E_2 = E_{20} + \Delta E_2$。其中参与解算的$(A_{10}, E_{10}), (A_{20}, E_{20})$分别为第一、二观测系统的方位角和俯仰角观测值，角度量纲需要统一。

又根据式(4-27)，旋转矩阵分别为

$$\boldsymbol{R}_1 = \begin{bmatrix} a_1 & b_1 & c_1 \\ a_2 & b_2 & c_2 \\ a_3 & b_3 & c_3 \end{bmatrix} = \begin{bmatrix} \cos A_1 & -\sin A_1 \cos E_1 & \sin A_1 \sin E_1 \\ \sin A_1 & \cos A_1 \cos E_1 & -\cos A_1 \sin E_1 \\ 0 & \sin E_1 & \cos E_1 \end{bmatrix} \tag{4-103}$$

$$\boldsymbol{R}_2 = \begin{bmatrix} a'_1 & b'_1 & c'_1 \\ a'_2 & b'_2 & c'_2 \\ a'_3 & b'_3 & c'_3 \end{bmatrix} = \begin{bmatrix} \cos A_2 & -\sin A_2 \cos E_2 & \sin A_2 \sin E_2 \\ \sin A_2 & \cos A_2 \cos E_2 & -\cos A_2 \sin E_2 \\ 0 & \sin E_2 & \cos E_2 \end{bmatrix} \tag{4-104}$$

再对 $F(Z,S)=0$ 进行线性化，有

$$\begin{aligned} F &= F(\boldsymbol{Z}, \boldsymbol{S}_0) + \Delta F \\ &= F(\boldsymbol{Z}, \boldsymbol{S}_0) + \frac{\partial F}{\partial \boldsymbol{Z}}\Big|_{Z,S_0} \Delta Z + \frac{\partial F}{\partial \boldsymbol{S}}\Big|_{Z,S_0} \Delta \boldsymbol{S} \\ &= F(\boldsymbol{Z}, \boldsymbol{S}_0) + \frac{\partial F}{\partial A_1}\Delta A_1 + \frac{\partial F}{\partial E_1}\Delta E_1 + \frac{\partial F}{\partial A_2}\Delta A_2 + \frac{\partial F}{\partial E_2}\Delta E_2 + \frac{\partial F}{\partial x_1}\Delta x_1 + \frac{\partial F}{\partial z_1}\Delta z_1 \\ &\quad + \frac{\partial F}{\partial x_2}\Delta x_2 + \frac{\partial F}{\partial z_2}\Delta z_2 + \frac{\partial F}{\partial X}\Delta X + \frac{\partial F}{\partial Y}\Delta Y + \frac{\partial F}{\partial Z}\Delta Z \end{aligned} \tag{4-105}$$

令

$$\boldsymbol{A} = \begin{bmatrix} \frac{\partial F}{\partial A_1} & \frac{\partial F}{\partial E_1} & \frac{\partial F}{\partial A_2} & \frac{\partial F}{\partial E_2} & \frac{\partial F}{\partial x_1} & \frac{\partial F}{\partial z_1} & \frac{\partial F}{\partial x_2} & \frac{\partial F}{\partial z_2} \end{bmatrix}_{4\times 8}$$

$$\Delta \boldsymbol{Z} = \begin{bmatrix} \Delta A_1 & \Delta E_1 & \Delta A_2 & \Delta E_2 & \Delta x_1 & \Delta z_1 & \Delta x_2 & \Delta z_2 \end{bmatrix}^{\mathrm{T}}$$

$$\boldsymbol{B} = \begin{bmatrix} \frac{\partial F}{\partial X} & \frac{\partial F}{\partial Y} & \frac{\partial F}{\partial Z} \end{bmatrix}_{4\times 3}$$

$$\Delta \boldsymbol{S} = \begin{bmatrix} \Delta X & \Delta Y & \Delta \boldsymbol{Z} \end{bmatrix}^{\mathrm{T}}$$

则有矩阵形式为

$$\boldsymbol{A}\Delta \boldsymbol{Z} + \boldsymbol{B}\Delta \boldsymbol{S} - \boldsymbol{f} = 0 \tag{4-106}$$

式中，$-\boldsymbol{f} = F(\boldsymbol{Z}, \boldsymbol{S}_0)$，$\boldsymbol{f}$ 并不是摄影主距，而是一个常数列矩阵。

系数矩阵 $\boldsymbol{A}$ 为 4×8 的矩阵,分别是四个方程 F_1,F_2,F_3,F_4 对八个观测参数的偏微分,同样系数矩阵 $\boldsymbol{B}$ 也是四个方程对三个位置参数的偏微分,是 4×3 的矩阵。

令

$$\boldsymbol{A}=\begin{bmatrix} a_{11} & a_{12} & a_{13} & a_{14} & a_{15} & a_{16} & a_{17} & a_{18} \\ a_{21} & a_{22} & a_{23} & a_{24} & a_{25} & a_{26} & a_{27} & a_{28} \\ a'_{11} & a'_{12} & a'_{13} & a'_{14} & a'_{15} & a'_{16} & a'_{17} & a'_{18} \\ a'_{21} & a'_{22} & a'_{23} & a'_{24} & a'_{25} & a'_{26} & a'_{27} & a'_{28} \end{bmatrix} \tag{4-107}$$

$$\boldsymbol{B}=\begin{bmatrix} b_{11} & b_{12} & b_{13} \\ b_{21} & b_{22} & b_{23} \\ b'_{11} & b'_{12} & b'_{13} \\ b'_{21} & b'_{22} & b'_{23} \end{bmatrix} \tag{4-108}$$

式(4-100)是式(4-101)当 $B_X=B_Y=B_Z=0$ 的一个特例。因此,用式(4-101)进行系数的推导,在式(4-101)中引入下列符号(略去上标):

$$\begin{bmatrix} \bar{X} \\ \bar{Y} \\ \bar{Z} \end{bmatrix}=\begin{bmatrix} a_1(X-B_X)+b_1(Y-B_Y)+c_1(Z-B_Z) \\ a_2(X-B_X)+b_2(Y-B_Y)+c_2(Z-B_Z) \\ a_3(X-B_X)+b_3(Y-B_Y)+c_3(Z-B_Z) \end{bmatrix} \tag{4-109}$$

即

$$\begin{bmatrix} \bar{X} \\ \bar{Y} \\ \bar{Z} \end{bmatrix}=\begin{bmatrix} a_1 & b_1 & c_1 \\ a_2 & b_2 & c_2 \\ a_3 & b_3 & c_3 \end{bmatrix}\begin{bmatrix} X-B_X \\ Y-B_Y \\ Z-B_Z \end{bmatrix}=\boldsymbol{R}^{-1}\begin{bmatrix} X-B_X \\ Y-B_Y \\ Z-B_Z \end{bmatrix} \tag{4-110}$$

式(4-110)中旋转矩阵 $\boldsymbol{R}$ 中的九个元素(a_i,b_i,c_i)同前介绍一样,是方位角、俯仰角的函数。式(4-101)可以写成:

$$x=-f\frac{\bar{X}}{\bar{Z}},z=-f\frac{\bar{Y}}{\bar{Z}} \tag{4-111}$$

式(4-108)中各系数分别为

$$b_{11}=-\frac{\partial x}{\partial X}=-f\frac{-a_1\bar{Z}+a_3\bar{X}}{\bar{Z}^2}=\frac{1}{\bar{Z}}(a_1f+a_3x) \tag{4-112a}$$

$$b_{12}=-\frac{\partial x}{\partial Y}=\frac{1}{\bar{Z}}(b_1f+b_3x) \tag{4-112b}$$

$$b_{13}=-\frac{\partial x}{\partial Z}=\frac{1}{\bar{Z}}(c_1f+c_3x) \tag{4-112c}$$

$$b_{21}=-\frac{\partial z}{\partial X}=\frac{1}{\bar{Z}}(a_2f+a_3z) \tag{4-112d}$$

$$b_{22}=-\frac{\partial z}{\partial Y}=\frac{1}{\bar{Z}}(b_2f+b_3z) \tag{4-112e}$$

$$b_{23} = -\frac{\partial z}{\partial Z} = \frac{1}{\bar{Z}}(c_2 f + c_3 z) \tag{4-112f}$$

式(4-107)中各系数分别为

$$a_{11} = \frac{\partial x_1}{\partial A_1} = \frac{-f}{\bar{Z}^2}\left(\frac{\partial \bar{X}}{\partial A_1}\bar{Z} - \frac{\partial \bar{Z}}{\partial A_1}\bar{X}\right) \tag{4-113a}$$

$$a_{12} = \frac{\partial x_1}{\partial E_1} = \frac{-f}{\bar{Z}^2}\left(\frac{\partial \bar{X}}{\partial E_1}\bar{Z} - \frac{\partial \bar{Z}}{\partial E_1}\bar{X}\right) \tag{4-113b}$$

$$a_{21} = \frac{\partial z_1}{\partial A_1} = \frac{-f}{\bar{Z}^2}\left(\frac{\partial \bar{Y}}{\partial A_1}\bar{Z} - \frac{\partial \bar{Z}}{\partial A_1}\bar{Y}\right) \tag{4-113c}$$

$$a_{22} = \frac{\partial z_1}{\partial E_1} = \frac{-f}{\bar{Z}^2}\left(\frac{\partial \bar{Y}}{\partial E_1}\bar{Z} - \frac{\partial \bar{Z}}{\partial E_1}\bar{Y}\right) \tag{4-113d}$$

同理,有

$$a'_{13} = \frac{\partial x_2}{\partial A_2} = \frac{-f}{\bar{Z}^2}\left(\frac{\partial \bar{X}}{\partial A_2}\bar{Z} - \frac{\partial \bar{Z}}{\partial A_2}\bar{X}\right) \tag{4-113e}$$

$$a'_{14} = \frac{\partial x_2}{\partial E_2} = \frac{-f}{\bar{Z}^2}\left(\frac{\partial \bar{X}}{\partial E_2}\bar{Z} - \frac{\partial \bar{Z}}{\partial E_2}\bar{X}\right) \tag{4-113f}$$

$$a'_{23} = \frac{\partial z_2}{\partial A_2} = \frac{-f}{\bar{Z}^2}\left(\frac{\partial \bar{Y}}{\partial A_2}\bar{Z} - \frac{\partial \bar{Z}}{\partial A_2}\bar{Y}\right) \tag{4-113g}$$

$$a'_{24} = \frac{\partial z_2}{\partial E_2} = \frac{-f}{\bar{Z}^2}\left(\frac{\partial \bar{Y}}{\partial E_2}\bar{Z} - \frac{\partial \bar{Z}}{\partial E_2}\bar{Y}\right) \tag{4-113h}$$

注意,上两组表达式形式一样,但内容并不相等。因此有

$$\boldsymbol{A} = \begin{bmatrix} a_{11} & a_{12} & 0 & 0 & 1 & 0 & 0 & 0 \\ a_{21} & a_{22} & 0 & 0 & 0 & 1 & 0 & 0 \\ 0 & 0 & a'_{13} & a'_{14} & 0 & 0 & 1 & 0 \\ 0 & 0 & a'_{23} & a'_{24} & 0 & 0 & 0 & 1 \end{bmatrix} \tag{4-114}$$

根据式(4-110)有

$$\begin{bmatrix} \bar{X} \\ \bar{Y} \\ \bar{Z} \end{bmatrix} = \boldsymbol{R}^{-1}\begin{bmatrix} X - B_X \\ Y - B_Y \\ Z - B_Z \end{bmatrix} = \boldsymbol{R}_E^{-1}\boldsymbol{R}_A^{-1}\begin{bmatrix} X - B_X \\ Y - B_Y \\ Z - B_Z \end{bmatrix} \tag{4-115}$$

因为

$$\boldsymbol{R}_A = \begin{bmatrix} \cos A & -\sin A & 0 \\ \sin A & \cos A & 0 \\ 0 & 0 & 1 \end{bmatrix}, \boldsymbol{R}_A^{-1} = \boldsymbol{R}_A^{\mathrm{T}} = \begin{bmatrix} \cos A & \sin A & 0 \\ -\sin A & \cos A & 0 \\ 0 & 0 & 1 \end{bmatrix} \tag{4-116}$$

故

$$\boldsymbol{R}_A\frac{\partial \boldsymbol{R}_A^{-1}}{\partial A}=\begin{bmatrix}\cos A & -\sin A & 0\\ \sin A & \cos A & 0\\ 0 & 0 & 1\end{bmatrix}\begin{bmatrix}-\sin A & \cos A & 0\\ -\cos A & -\sin A & 0\\ 0 & 0 & 0\end{bmatrix}=\begin{bmatrix}0 & 1 & 0\\ -1 & 0 & 0\\ 0 & 0 & 0\end{bmatrix}\tag{4-117}$$

则

$$\begin{aligned}\frac{\partial\begin{bmatrix}\bar{X}\\ \bar{Y}\\ \bar{Z}\end{bmatrix}}{\partial A}&=\boldsymbol{R}^{-1}\boldsymbol{R}_A\frac{\partial \boldsymbol{R}_A^{-1}}{\partial A}\begin{bmatrix}X-B_X\\ Y-B_Y\\ Z-B_Z\end{bmatrix}=\boldsymbol{R}^{-1}\begin{bmatrix}0 & 1 & 0\\ -1 & 0 & 0\\ 0 & 0 & 0\end{bmatrix}\begin{bmatrix}X-B_X\\ Y-B_Y\\ Z-B_Z\end{bmatrix}\\ &=\begin{bmatrix}\cos A & -\sin A\cos E & \sin A\sin E\\ \sin A & \cos A\cos E & -\cos A\sin E\\ 0 & \sin E & \cos E\end{bmatrix}^{\mathrm{T}}\begin{bmatrix}0 & 1 & 0\\ -1 & 0 & 0\\ 0 & 0 & 0\end{bmatrix}\begin{bmatrix}X-B_X\\ Y-B_Y\\ Z-B_Z\end{bmatrix}\\ &=\begin{bmatrix}-\sin A & \cos A & 0\\ -\cos A\cos E & -\sin A\cos E & 0\\ \cos A\sin E & \sin A\sin E & 0\end{bmatrix}\begin{bmatrix}X-B_X\\ Y-B_Y\\ Z-B_Z\end{bmatrix}\\ &=\begin{bmatrix}-b_1(X-B_X)+a_1(Y-B_Y)\\ -b_2(X-B_X)+a_2(Y-B_Y)\\ -b_3(X-B_X)+a_3(Y-B_Y)\end{bmatrix}\end{aligned}\tag{4-118}$$

同样,有

$$\boldsymbol{R}_E=\begin{bmatrix}1 & 0 & 0\\ 0 & \cos E & -\sin E\\ 0 & \sin E & \cos E\end{bmatrix},\boldsymbol{R}_E^{-1}=\boldsymbol{R}_E^{\mathrm{T}}=\begin{bmatrix}1 & 0 & 0\\ 0 & \cos E & \sin E\\ 0 & -\sin E & \cos E\end{bmatrix}$$

$$\frac{\partial \boldsymbol{R}_E^{-1}}{\partial E}\boldsymbol{R}_E=\begin{bmatrix}0 & 0 & 0\\ 0 & -\sin E & \cos E\\ 0 & -\cos E & -\sin E\end{bmatrix}\begin{bmatrix}1 & 0 & 0\\ 0 & \cos E & -\sin E\\ 0 & \sin E & \cos E\end{bmatrix}=\begin{bmatrix}0 & 0 & 0\\ 0 & 0 & 1\\ 0 & -1 & 0\end{bmatrix}$$

$$\begin{aligned}\frac{\partial\begin{bmatrix}\bar{X}\\ \bar{Y}\\ \bar{Z}\end{bmatrix}}{\partial E}&=\frac{\partial \boldsymbol{R}_E^{-1}}{\partial E}\boldsymbol{R}_E\boldsymbol{R}^{-1}\begin{bmatrix}X-B_X\\ Y-B_Y\\ Z-B_Z\end{bmatrix}=\begin{bmatrix}0 & 0 & 0\\ 0 & 0 & 1\\ 0 & -1 & 0\end{bmatrix}\boldsymbol{R}^{-1}\begin{bmatrix}X-B_X\\ Y-B_Y\\ Z-B_Z\end{bmatrix}\\ &=\begin{bmatrix}0 & 0 & 0\\ 0 & 0 & 1\\ 0 & -1 & 0\end{bmatrix}\begin{bmatrix}\cos A & \sin A & 0\\ -\sin A\cos E & \cos A\cos E & \sin E\\ \sin A\sin E & -\cos A\sin E & \cos E\end{bmatrix}\begin{bmatrix}X-B_X\\ Y-B_Y\\ Z-B_Z\end{bmatrix}\end{aligned}$$

$$
=\begin{bmatrix} 0 & 0 & 0 \\ \sin A\sin E & -\cos A\sin E & \cos E \\ \sin A\cos E & -\cos A\cos E & -\sin E \end{bmatrix}\begin{bmatrix} X-B_X \\ Y-B_Y \\ Z-B_Z \end{bmatrix}
$$

$$
=\begin{bmatrix} 0 \\ a_3(X-B_X)+b_3(Y-B_Y)+c_3(Z-B_Z) \\ -a_2(X-B_X)-b_2(Y-B_Y)-c_2(Z-B_Z) \end{bmatrix}=\begin{bmatrix} 0 \\ \bar{Z} \\ -\bar{Y} \end{bmatrix} \tag{4-119}
$$

那么,式(4－114)矩阵中系数如下:

(1) 对于第一影像,其观测值为(A_1,E_1),且$X_S=Y_S=Z_S=0$,则

$$
a_{11}=\frac{\partial x_1}{\partial A_1}=\frac{-f}{\bar{Z}^2}\left(\frac{\partial \bar{X}}{\partial A_1}\bar{Z}-\frac{\partial \bar{Z}}{\partial A_1}\bar{X}\right)
$$

$$
=\frac{-f}{\bar{Z}^2}((b_1X-a_1Y)\bar{Z}-(b_3X-a_3Y)\bar{X}) \tag{4-120a}
$$

$$
a_{12}=\frac{\partial x_1}{\partial E_1}=\frac{-f}{\bar{Z}^2}\left(\frac{\partial \bar{X}}{\partial E_1}\bar{Z}-\frac{\partial \bar{Z}}{\partial E_1}\bar{X}\right)
$$

$$
=\frac{-f}{\bar{Z}^2}(\bar{Y}\bar{X}) \tag{4-120b}
$$

$$
a_{21}=\frac{\partial z_1}{\partial A_1}=\frac{-f}{\bar{Z}^2}\left(\frac{\partial \bar{Y}}{\partial A_1}\bar{Z}-\frac{\partial \bar{Z}}{\partial A_1}\bar{Y}\right)
$$

$$
=\frac{-f}{\bar{Z}^2}((b_2X-a_2Y)\bar{Z}-(b_3X-a_3Y)\bar{Y}) \tag{4-120c}
$$

$$
a_{22}=\frac{\partial z_1}{\partial E_1}=\frac{-f}{\bar{Z}^2}\left(\frac{\partial \bar{Y}}{\partial E_1}\bar{Z}-\frac{\partial \bar{Z}}{\partial E_1}\bar{Y}\right)
$$

$$
=\frac{-f}{\bar{Z}^2}(1+\bar{Y}^2) \tag{4-120d}
$$

(2) 对于第二影像,其观测值为(A_2,E_2),且X_S,Y_S,Z_S为B_X,B_Y,B_Z,则

$$
a'_{13}=\frac{\partial x_2}{\partial A_2}=\frac{-f}{\bar{Z}^2}\left(\frac{\partial \bar{X}}{\partial A_2}\bar{Z}-\frac{\partial \bar{Z}}{\partial A_2}\bar{X}\right)
$$

$$
=\frac{-f}{\bar{Z}^2}((b_1(X-B_X)-a_1(Y-B_Y))\bar{Z}-
$$

$$
(b_3(X-B_X)-a_3(Y-B_Y))\bar{X}) \tag{4-120e}
$$

$$
a'_{14}=\frac{\partial x_2}{\partial E_2}=\frac{-f}{\bar{Z}^2}\left(\frac{\partial \bar{X}}{\partial E_2}\bar{Z}-\frac{\partial \bar{Z}}{\partial E_2}\bar{X}\right)
$$

$$
=\frac{-f}{\bar{Z}^2}(\bar{Y}\bar{X}) \tag{4-120f}
$$

$$a'_{23} = \frac{\partial z_2}{\partial A_2} = \frac{-f}{\bar{Z}^2}\left(\frac{\partial \bar{Y}}{\partial A_2}\bar{Z} - \frac{\partial \bar{Z}}{\partial A_2}\bar{Y}\right)$$

$$= \frac{-f}{\bar{Z}^2}((b_2(X - B_X) - a_2(Y - B_Y))\bar{Z} -$$

$$(b_3(X - B_X) - a_3(Y - B_Y))\bar{Y}) \qquad (4-120\text{g})$$

$$a'_{24} = \frac{\partial z_2}{\partial E_2} = \frac{-f}{\bar{Z}^2}\left(\frac{\partial \bar{Y}}{\partial E_2}\bar{Z} - \frac{\partial \bar{Z}}{\partial E_2}\bar{Y}\right)$$

$$= \frac{-f}{\bar{Z}^2}(1 + \bar{Y}^2) \qquad (4-120\text{h})$$

当获得了两个矩阵的系数后,就可以求解带有约束条件的方程式(4-106)。用 $\boldsymbol{V}$ 表示对 $\Delta\boldsymbol{Z}$ 的估计,在最小二乘准则下求解其最佳估计,即使 $\boldsymbol{V}^{\mathrm{T}}\boldsymbol{PV} \to \min$,同样采用条件极值法,或者称作拉格朗日不定乘数法。用 $\hat{\boldsymbol{s}}$ 表示对 $\Delta\boldsymbol{S}$ 的估计,构造函数并使下式达到极小

$$\boldsymbol{\psi} = \boldsymbol{V}^{\mathrm{T}}\boldsymbol{PV} - 2\boldsymbol{K}^{\mathrm{T}}(\boldsymbol{AV} + \boldsymbol{B}\hat{\boldsymbol{s}} - \boldsymbol{f}) \to \min \qquad (4-121)$$

式中,$-2\boldsymbol{K}$ 为不定乘数;$\boldsymbol{P}$ 为权阵。

为使函数 $\boldsymbol{\psi}$ 达到极小,则只需对 $\boldsymbol{V}$,$\hat{\boldsymbol{s}}$ 求偏导,并令其等于零,因此有

$$\frac{\partial \boldsymbol{\psi}}{\partial \boldsymbol{V}} = 2\boldsymbol{V}^{\mathrm{T}}\boldsymbol{P} - 2\boldsymbol{K}^{\mathrm{T}}\boldsymbol{A} = \boldsymbol{0}, \frac{\partial \boldsymbol{\psi}}{\partial \hat{\boldsymbol{s}}} = -2\boldsymbol{K}^{\mathrm{T}}\boldsymbol{B} = \boldsymbol{0} \qquad (4-122)$$

将式(4-122)中两式分别进行转置,并顾及 $\boldsymbol{P} = \boldsymbol{P}^{\mathrm{T}}$,则有

$$\boldsymbol{PV} - \boldsymbol{A}^{\mathrm{T}}\boldsymbol{K} = \boldsymbol{0}, \ \boldsymbol{B}^{\mathrm{T}}\boldsymbol{K} = \boldsymbol{0} \qquad (4-123)$$

故联合方程组如下:

$$\boldsymbol{AV} + \boldsymbol{B}\hat{\boldsymbol{s}} - \boldsymbol{f} = \boldsymbol{0} \qquad (4-124)$$

$$\boldsymbol{PV} - \boldsymbol{A}^{\mathrm{T}}\boldsymbol{K} = \boldsymbol{0} \qquad (4-125)$$

$$\boldsymbol{B}^{\mathrm{T}}\boldsymbol{K} = \boldsymbol{0} \qquad (4-126)$$

式(4-124)~式(4-126)为线性方程组,包含的未知数为 $\boldsymbol{V}$、$\hat{\boldsymbol{s}}$、$\boldsymbol{K}$。顾及 $\boldsymbol{P}^{-1} = \boldsymbol{Q}$,由式(4-125)可得

$$\boldsymbol{V} = \boldsymbol{P}^{-1}\boldsymbol{A}^{\mathrm{T}}\boldsymbol{K} = \boldsymbol{QA}^{\mathrm{T}}\boldsymbol{K} \qquad (4-127)$$

将上式代入式(4-124),消去 $\boldsymbol{V}$,得到

$$(\boldsymbol{AQA}^{\mathrm{T}})\boldsymbol{K} + \boldsymbol{B}\hat{\boldsymbol{s}} - \boldsymbol{f} = 0 \qquad (4-128)$$

与式(4-126)共同组成约化方程式:

$$\begin{bmatrix} \boldsymbol{AQA}^{\mathrm{T}} & \boldsymbol{B} \\ \boldsymbol{B}^{\mathrm{T}} & 0 \end{bmatrix}\begin{bmatrix} \boldsymbol{K} \\ \hat{\boldsymbol{s}} \end{bmatrix} = \begin{bmatrix} \boldsymbol{f} \\ 0 \end{bmatrix} \qquad (4-129)$$

式(4-129)的解为

$$\begin{bmatrix} \boldsymbol{K} \\ \hat{\boldsymbol{s}} \end{bmatrix} = \begin{bmatrix} \boldsymbol{N} & \boldsymbol{B} \\ \boldsymbol{B}^{\mathrm{T}} & 0 \end{bmatrix}^{-1}\begin{bmatrix} \boldsymbol{f} \\ 0 \end{bmatrix} \qquad (4-130)$$

式中，$N = AQA^T$，则解的表达式为

$$K = N^{-1}(f - B\hat{s}) \tag{4-131}$$

$$\hat{s} = (B^T N^{-1} B)^{-1} B^T N^{-1} f \tag{4-132}$$

$$V = QA^T K = QA^T N^{-1}(f - B\hat{s}) \tag{4-133}$$

故可以得出观测量的改正值与目标机动目标的空间三维坐标

$$\hat{Z} = Z + V, \quad \hat{S} = S_0 + \hat{s} \tag{4-134}$$

同时，可以得出未知量的自协因素矩阵为

$$Q_{\hat{s}} = (B^T N^{-1} B)^{-1} \tag{4-135}$$

2. 有距离观测值情况

图 4-23 所示，若两站均有测距观测值 R、R'，则可以分别建立条件距离方程：

$$X^2 + Y^2 + Z^2 = R^2 \tag{4-136}$$

$$(X - B_X)^2 + (Y - B_Y)^2 + (Z - B_Z)^2 = R'^2 \tag{4-137}$$

将式(4-136)和式(4-137)相减，并整理得到

$$2(XB_X + YB_Y + ZB_Z) = (R^2 - R'^2) + (B_X^2 + B_Y^2 + B_Z^2) \tag{4-138}$$

式(4-138)右端为常数，故有如下条件方程：

$$[X \quad Y \quad Z]\begin{bmatrix} B_X \\ B_Y \\ B_Z \end{bmatrix} - f_1 = 0 \tag{4-139}$$

式中，$-f_1 = \frac{1}{2}(R^2 - R'^2) + \frac{1}{2}(B_X^2 + B_Y^2 + B_Z^2)$为常数。

式(4-139)为线性式，设未知参量为 X、Y、Z 为初始值与其误差估计量 $\hat{s}$ 之和，则可构成新的约束方程为

$$C\hat{s} - f_s = 0 \tag{4-140}$$

式中，$-f_s = -(X_0B_X + Y_0B_Y + Z_0B_Z) + \frac{1}{2}(R^2 - R'^2) + \frac{1}{2}(B_X^2 + B_Y^2 + B_Z^2)$为常数。

这样就由式(4-106)与式(4-140)共同组成了附有限制条件的方程组。同样在最小二乘原则下求解其最佳估计。用 V 表示对 Δ 的估计，用 $\hat{s}$ 表示对 s 的估计，并构造函数：

$$\psi = V^T PV - 2K^T(AV + B\hat{s} - f) - 2K_s^T(C\hat{s} - f_s) \tag{4-141}$$

式中，$-2K$ 为不定乘数矩阵；$-2K_s$ 为不定乘数，P 为权阵。

对 V、$\hat{s}$ 求偏导数，并令其等于零，有

$$\frac{\partial \psi}{\partial V} = 2V^T P - 2K^T A = 0 \tag{4-142}$$

$$\frac{\partial \psi}{\partial \hat{s}} = -2K^T B - 2K_s^T C = 0 \tag{4-143}$$

将式(4-142)和式(4-143)进行转置，并顾及 $P^T = P$，故有联合方程组：

$$AV + B\hat{s} - f = 0 \tag{4-144a}$$

$$C\hat{s} - f_s = 0 \tag{4-144b}$$

$$PV - A^T K = 0 \tag{4-144c}$$

$$\boldsymbol{B}^{\mathrm{T}}\boldsymbol{K}+\boldsymbol{C}^{\mathrm{T}}\boldsymbol{K}_s=\boldsymbol{0} \tag{4-144d}$$

上述联合线性方程组包含有四个未知向量：$\boldsymbol{V}$、$\hat{\boldsymbol{s}}$、$\boldsymbol{K}$、$\boldsymbol{K}_s$。只要对基础方程稍加变换，就可以得到如下矩阵形式：

$$\begin{bmatrix} -\boldsymbol{P} & \boldsymbol{A}^{\mathrm{T}} & 0 & 0 \\ \boldsymbol{A} & 0 & \boldsymbol{B} & 0 \\ 0 & \boldsymbol{B}^{\mathrm{T}} & 0 & \boldsymbol{C}^{\mathrm{T}} \\ 0 & 0 & \boldsymbol{C} & 0 \end{bmatrix}\begin{bmatrix} \boldsymbol{V} \\ \boldsymbol{K} \\ \hat{\boldsymbol{s}} \\ \boldsymbol{K}_s \end{bmatrix}=\begin{bmatrix} 0 \\ \boldsymbol{f} \\ 0 \\ \boldsymbol{f}_s \end{bmatrix} \tag{4-145}$$

从式(4－145)也可以看出系数矩阵的对称性。由于式(4－144c)中 $\boldsymbol{V}$ 的系数阵为观测值的先验权阵 $\boldsymbol{P}$，而 $\boldsymbol{P}$ 为正定对称阵，并有 $\boldsymbol{P}^{-1}=\boldsymbol{Q}$，故由式(4－144c)可知

$$\boldsymbol{V}=\boldsymbol{P}^{-1}\boldsymbol{A}^{\mathrm{T}}\boldsymbol{K}=\boldsymbol{Q}\boldsymbol{A}^{\mathrm{T}}\boldsymbol{K} \tag{4-146}$$

将式(4－146)代入方程组，消去 $\boldsymbol{V}$，可得到以下约化方程组：

$$\boldsymbol{AQA}^{\mathrm{T}}\boldsymbol{K}+\boldsymbol{B}\hat{\boldsymbol{s}}-\boldsymbol{f}=0 \tag{4-147a}$$

$$\boldsymbol{B}^{\mathrm{T}}\boldsymbol{K}+\boldsymbol{C}^{\mathrm{T}}\boldsymbol{K}_s=0 \tag{4-147b}$$

$$\boldsymbol{C}\hat{\boldsymbol{s}}-\boldsymbol{f}_s=0 \tag{4-147c}$$

式(4－147a)、式(4－147b)、式(4－147c)的方程式系数仍然保持着对称性，同时也是非奇异阵，也可以写成如下形式：

$$\begin{bmatrix} \boldsymbol{N}_{aa} & \boldsymbol{B} & 0 \\ \boldsymbol{B}^{\mathrm{T}} & 0 & \boldsymbol{C}^{\mathrm{T}} \\ 0 & \boldsymbol{C} & 0 \end{bmatrix}\begin{bmatrix} \boldsymbol{K} \\ \hat{\boldsymbol{s}} \\ \boldsymbol{K}_s \end{bmatrix}=\begin{bmatrix} \boldsymbol{f} \\ 0 \\ \boldsymbol{f}_s \end{bmatrix} \tag{4-148}$$

式中，$\boldsymbol{N}_{aa}=\boldsymbol{AQA}^{\mathrm{T}}$。

故有方程组的解向量为

$$\begin{bmatrix} \boldsymbol{K} \\ \hat{\boldsymbol{s}} \\ \boldsymbol{K}_s \end{bmatrix}=\begin{bmatrix} \boldsymbol{N}_{aa} & \boldsymbol{B} & 0 \\ \boldsymbol{B}^{\mathrm{T}} & 0 & \boldsymbol{C}^{\mathrm{T}} \\ 0 & \boldsymbol{C} & 0 \end{bmatrix}^{-1}\begin{bmatrix} \boldsymbol{f} \\ 0 \\ \boldsymbol{f}_s \end{bmatrix} \tag{4-149}$$

由式(4－147a)得到

$$\boldsymbol{K}=\boldsymbol{N}_{aa}^{-1}(\boldsymbol{f}-\boldsymbol{B}\hat{\boldsymbol{s}}) \tag{4-150}$$

将式(4－150)代入式(4－147b)可得

$$-\boldsymbol{B}^{\mathrm{T}}\boldsymbol{N}_{aa}^{-1}\boldsymbol{B}\hat{\boldsymbol{s}}+\boldsymbol{C}^{\mathrm{T}}\boldsymbol{K}_s=-\boldsymbol{B}^{\mathrm{T}}\boldsymbol{N}_{aa}^{-1}\boldsymbol{f} \tag{4-151}$$

则有

$$\hat{\boldsymbol{s}}=(\boldsymbol{B}^{\mathrm{T}}\boldsymbol{N}_{aa}^{-1}\boldsymbol{B})^{-1}(\boldsymbol{C}^{\mathrm{T}}\boldsymbol{K}_s+\boldsymbol{B}^{\mathrm{T}}\boldsymbol{N}_{aa}^{-1}\boldsymbol{f}) \tag{4-152}$$

将式(4－152)代入式(4－147c)，得

$$\boldsymbol{C}(\boldsymbol{B}^{\mathrm{T}}\boldsymbol{N}_{aa}^{-1}\boldsymbol{B})^{-1}\boldsymbol{C}^{\mathrm{T}}\boldsymbol{K}_s=\boldsymbol{f}_s-\boldsymbol{C}(\boldsymbol{B}^{\mathrm{T}}\boldsymbol{N}_{aa}^{-1}\boldsymbol{B})^{-1}\boldsymbol{B}^{\mathrm{T}}\boldsymbol{N}_{aa}^{-1}\boldsymbol{f} \tag{4-153}$$

因此，得到

$$\boldsymbol{K}_s=(\boldsymbol{C}(\boldsymbol{B}^{\mathrm{T}}\boldsymbol{N}_{aa}^{-1}\boldsymbol{B})^{-1}\boldsymbol{C}^{\mathrm{T}})^{-1}(\boldsymbol{f}_s-\boldsymbol{C}(\boldsymbol{B}^{\mathrm{T}}\boldsymbol{N}_{aa}^{-1}\boldsymbol{B})^{-1}\boldsymbol{B}^{\mathrm{T}}\boldsymbol{N}_{aa}^{-1}\boldsymbol{f}) \tag{4-154}$$

再将式(4－154)代入式(4－152)，经整理后，可得

$$\hat{\boldsymbol{s}}=\boldsymbol{N}_{bb}^{-1}(\boldsymbol{I}-\boldsymbol{C}^{\mathrm{T}}\boldsymbol{N}_{cc}^{-1}\boldsymbol{C}\boldsymbol{N}_{bb}^{-1})\boldsymbol{B}^{\mathrm{T}}\boldsymbol{N}_{aa}^{-1}\boldsymbol{f}+\boldsymbol{N}_{bb}^{-1}\boldsymbol{C}^{\mathrm{T}}\boldsymbol{N}_{cc}^{-1}\boldsymbol{f}_s \tag{4-155}$$

式中，$N_{bb}=B^{T}N_{aa}^{-1}B$，$N_{cc}=CN_{bb}^{-1}C^{T}$，N_{bb}、N_{cc}不仅为对称矩阵，而且为非奇异阵，故其逆存在。

同时还可以求得观测量改正数为

$$V = QA^{T}N_{aa}^{-1}(f - B\hat{s}) \tag{4-156}$$

因此，只要有了系数矩阵 A、B、C 和常数项 f、f_s，就可以按照式(4-155)、式(4-156)解算出向量 $\hat{s}$ 和 V。

通常需要估计解向量的验后协方差矩阵，即验后协方差矩阵等于单位权方差的估计值 $\hat{\sigma}_0^2$ 乘以协因素阵(权逆阵)。

验后单位权方差估计值计算如下

$$\hat{\sigma}_0^2 = \frac{V^{T}PV}{d} \tag{4-157}$$

式中，d 为多余观测方程的个数，它等于联合方程组的方程个数减去未知量个数。例如，由式(4-106)与式(4-140)组成的联合方程组有五个方程，其中未知量为三个，则多余观测数为2。

根据协因素传播律，未知量误差估计值的协因素矩阵有

$$Q_{\hat{s}} = N_{bb}^{-1}(I - C^{T}N_{cc}^{-1}CN_{bb}^{-1}) \tag{4-158}$$

故未知量估计值的误差方差矩阵为

$$\hat{\sigma}_{\hat{s}}^2 = \hat{\sigma}_0^2 Q_{\hat{s}} \tag{4-159}$$

式(4-159)是未知量估计值的误差方差矩阵。

4.4.2 多站前方交会

在正常情况下，多站前方交会是指由三个或三个以上的观测系统对同一个目标进行同时观测，以求取机动目标的高精度位置估计值。根据观测系统所获取观测值的不同，有以下两种形式。

4.4.2.1 附有未知量参数的多站交会模型[13]

此类模型适合于观测系统仅有方位角与俯仰角观测值的计算，也就是说无测距数据，同时认为获取的脱靶量存在误差，因此，采用共线条件方程建立方程组。

对于由 n 个测量系统同时对某机动目标进行测量，可获得 n 组观测值 A_i、E_i($i=1,2,\cdots,n$)。如图4-24所示(图中 $i=3$)。

设坐标系为 $O-XYZ$，各观测系统中心 S_i 在该坐标系中的坐标为(B_{Xi}，B_{Yi}，B_{Zi})，其中，$i=1,2,\cdots,n$ 表示第 i 个观测系统。同样，根据共线方程式对同名像点 $a_1,a_2,\cdots,a_n$ 分别建立 $2n$ 个共线条件方程：

$$\begin{bmatrix} x_i \\ z_i \end{bmatrix} = -f[a_2^i(X - B_{Xi}) + b_2^i(Y - B_{Yi}) + c_2^i(Z - B_{Zi})]^{-1}\begin{bmatrix} a_1^i & b_1^i & c_1^i \\ a_3^i & b_3^i & c_3^i \end{bmatrix}\begin{bmatrix} X - B_{Xi} \\ Y - B_{Yi} \\ Z - B_{Zi} \end{bmatrix} \tag{4-160}$$

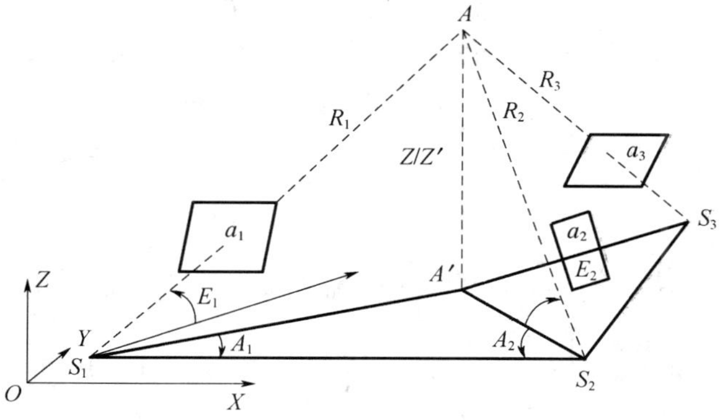

图 4－24　多站交会示意图

式中,f 为光学系统主距;(a_j^i,b_j^i,c_j^i) 为像片 p_i 旋转系数矩阵中的元素,也是方位角与俯仰角的函数,其中,$i=1,2,\cdots,n$ 为观测系统标记,$j=1,2,3$ 为系数下标。

可见,式(4－160)表示了 $2n$ 个测量系统的通用共线条件方程组。同样令

$$\boldsymbol{F}_i=\begin{bmatrix}x_i\\z_i\end{bmatrix}+f\left[a_2^i(X-B_{Xi})+b_2^i(Y-B_{Yi})+c_2^i(Z-B_{Zi})\right]^{-1}\begin{bmatrix}a_1^i & b_1^i & c_1^i\\a_3^i & b_3^i & c_3^i\end{bmatrix}\begin{bmatrix}X-B_{Xi}\\Y-B_{Yi}\\Z-B_{Zi}\end{bmatrix}=0 \tag{4－161}$$

$$\boldsymbol{F}=[\boldsymbol{F}_1\quad \boldsymbol{F}_2\quad\cdots\quad\boldsymbol{F}_n]^{\mathrm{T}}=F(\boldsymbol{Z},\boldsymbol{S})=F(\boldsymbol{Z},\boldsymbol{S}_0)+\Delta\boldsymbol{F}=0 \tag{4－162}$$

式中,$\boldsymbol{Z}=[A\quad E\quad x\quad z]^{\mathrm{T}}$;$\boldsymbol{S}=[X\quad Y\quad Z]^{\mathrm{T}}$。

令观测量估计量为 $\hat{\boldsymbol{Z}}=\boldsymbol{Z}+\Delta\boldsymbol{Z}$,未知参量估计量为 $\hat{\boldsymbol{S}}=\boldsymbol{S}_0+\Delta\boldsymbol{S}$,显然,在此方程组内共有 $2n$ 方程,求解三个位置参量,因此,多余观测方程数 $d=2n-3$。同样设观测值的改正数为 ΔA_{1i}、ΔE_{1i}、ΔA_{2i}、ΔE_{2i}、Δx_{1i}、Δz_{1i}、Δx_{2i}、Δz_{2i},未知参量的估计量为

$$\hat{\boldsymbol{S}}=\begin{bmatrix}\hat{X}\\\hat{Y}\\\hat{Z}\end{bmatrix}=\begin{bmatrix}X_0\\Y_0\\Z_0\end{bmatrix}+\begin{bmatrix}\Delta X\\\Delta Y\\\Delta Z\end{bmatrix} \tag{4－163}$$

根据式(4－27b),分别计算旋转矩阵元素:

$$\boldsymbol{R}_i=\begin{bmatrix}a_1^i & b_1^i & c_1^i\\a_2^i & b_2^i & c_2^i\\a_3^i & b_3^i & c_3^i\end{bmatrix}=\begin{bmatrix}\cos A_i & \sin A_i\sin E_i & \sin A_i\cos E_i\\\sin A_i & -\cos A_i\sin E_i & -\cos A_i\cos E_i\\0 & \cos E_i & -\sin E_i\end{bmatrix} \tag{4－164}$$

由于 $F_i(i=1,2,\cdots,n)$ 有相同的形式,故线性化后的形式一样。所以,只对其中一组方程线性化,然后,推而广之。

对式(4－162)进行线性化,有

$$\begin{aligned}\boldsymbol{F}&=F(\boldsymbol{Z},\boldsymbol{S}_0)+\Delta\boldsymbol{F}\\&=F(\boldsymbol{Z},\boldsymbol{S}_0)+\frac{\partial\boldsymbol{F}}{\partial\boldsymbol{Z}}\Big|_{Z,S_0}\Delta\boldsymbol{Z}+\frac{\partial\boldsymbol{F}}{\partial\boldsymbol{S}}\Big|_{Z,S_0}\Delta\boldsymbol{S}\end{aligned}$$

$$= F(\boldsymbol{Z},\boldsymbol{S}_0) + \frac{\partial F}{\partial A}\Delta A + \frac{\partial F}{\partial E}\Delta E + \frac{\partial F}{\partial x}\Delta x + \frac{\partial F}{\partial z}\Delta z + \frac{\partial F}{\partial X}\Delta X + \frac{\partial F}{\partial Y}\Delta Y + \frac{\partial F}{\partial Z}\Delta Z \tag{4-165}$$

得到线性化模型：

$$\boldsymbol{A}\Delta\boldsymbol{Z} + \boldsymbol{B}\Delta\boldsymbol{S} - \boldsymbol{f} = 0 \tag{4-166}$$

式中，$\boldsymbol{A} = \frac{\partial F}{\partial \boldsymbol{Z}}\Big|_{Z,S_0}$；$\boldsymbol{B} = \frac{\partial F}{\partial \boldsymbol{S}}\Big|_{Z,S_0}$；$-\boldsymbol{f} = F(\boldsymbol{Z},\boldsymbol{S}_0)$

$$\boldsymbol{A} = \begin{bmatrix} \frac{\partial x}{\partial A} & \frac{\partial x}{\partial E} & 1 & 0 \\ \frac{\partial z}{\partial A} & \frac{\partial z}{\partial E} & 0 & 1 \end{bmatrix} = \begin{bmatrix} a_{11} & a_{12} & 1 & 0 \\ a_{21} & a_{22} & 0 & 1 \end{bmatrix} \tag{4-167}$$

$$\boldsymbol{B} = \begin{bmatrix} \frac{\partial x}{\partial X} & \frac{\partial x}{\partial Y} & \frac{\partial x}{\partial Z} \\ \frac{\partial z}{\partial X} & \frac{\partial z}{\partial Y} & \frac{\partial z}{\partial Z} \end{bmatrix} = \begin{bmatrix} b_{11} & b_{12} & b_{13} \\ b_{21} & b_{22} & b_{23} \end{bmatrix} \tag{4-168}$$

系数矩阵 $\boldsymbol{B}$ 中的元素仿照式(4－112a)～式(4－112f)可以写为如下形式：

$$b_{11} = -\frac{\partial x}{\partial X} = -f\frac{-a_1\bar{Z} + a_3\bar{X}}{\bar{Z}^2} = \frac{1}{\bar{Z}}(a_1 f + a_3 x) \tag{4-169a}$$

$$b_{12} = -\frac{\partial x}{\partial Y} = \frac{1}{\bar{Z}}(b_1 f + b_3 x) \tag{4-169b}$$

$$b_{13} = -\frac{\partial x}{\partial Z} = \frac{1}{\bar{Z}}(c_1 f + c_3 x) \tag{4-169c}$$

$$b_{21} = -\frac{\partial z}{\partial X} = \frac{1}{\bar{Z}}(a_2 f + a_3 z) \tag{4-169d}$$

$$b_{22} = -\frac{\partial z}{\partial Y} = \frac{1}{\bar{Z}}(b_2 f + b_3 z) \tag{4-169e}$$

$$b_{23} = -\frac{\partial z}{\partial Z} = \frac{1}{\bar{Z}}(c_2 f + c_3 z) \tag{4-169f}$$

系数矩阵 $\boldsymbol{A}$ 中的元素仿照式(4－113a)～式(4－113d)写为如下形式：

$$a_{11} = \frac{\partial x}{\partial A} = \frac{-f}{\bar{Z}^2}\left(\frac{\partial \bar{X}}{\partial A}\bar{Z} - \frac{\partial \bar{Z}}{\partial A}\bar{X}\right) \tag{4-170a}$$

$$a_{12} = \frac{\partial x}{\partial E} = \frac{-f}{\bar{Z}^2}\left(\frac{\partial \bar{X}}{\partial E}\bar{Z} - \frac{\partial \bar{Z}}{\partial E}\bar{X}\right) \tag{4-170b}$$

$$a_{21} = \frac{\partial z}{\partial A} = \frac{-f}{\bar{Z}^2}\left(\frac{\partial \bar{Y}}{\partial A}\bar{Z} - \frac{\partial \bar{Z}}{\partial A}\bar{Y}\right) \tag{4-170c}$$

$$a_{22} = \frac{\partial z}{\partial E} = \frac{-f}{\bar{Z}^2}\left(\frac{\partial \bar{Y}}{\partial E}\bar{Z} - \frac{\partial \bar{Z}}{\partial E}\bar{Y}\right) \tag{4-170d}$$

根据式(4－118)、式(4－119),可得

$$a_{11} = \frac{\partial x}{\partial A} = \frac{-f}{\bar{Z}^2}\left(\frac{\partial \bar{X}}{\partial A}\bar{Z} - \frac{\partial \bar{Z}}{\partial A}\bar{X}\right)$$

$$= \frac{-f}{\bar{Z}^2}((b_1(X - B_X) - a_1(Y - B_Y))\bar{Z} -$$

$$(b_3(X - B_X) - a_3(Y - B_Y))\bar{X}) \qquad (4-171a)$$

$$a_{12} = \frac{\partial x}{\partial E} = \frac{-f}{\bar{Z}^2}\left(\frac{\partial \bar{X}}{\partial E}\bar{Z} - \frac{\partial \bar{Z}}{\partial E}\bar{X}\right)$$

$$= \frac{-f}{\bar{Z}^2}(\bar{Y}\bar{X}) \qquad (4-171b)$$

$$a_{21} = \frac{\partial z}{\partial A} = \frac{-f}{\bar{Z}^2}\left(\frac{\partial \bar{Y}}{\partial A}\bar{Z} - \frac{\partial \bar{Z}}{\partial A}\bar{Y}\right)$$

$$= \frac{-f}{\bar{Z}^2}((b_2(X - B_X) - a_2(Y - B_Y))\bar{Z} -$$

$$(b_3(X - B_X) - a_3(Y - B_Y))\bar{Y}) \qquad (4-171c)$$

$$a_{22} = \frac{\partial z}{\partial E} = \frac{-f}{\bar{Z}^2}\left(\frac{\partial \bar{Y}}{\partial E}\bar{Z} - \frac{\partial \bar{Z}}{\partial E}\bar{Y}\right)$$

$$= \frac{-f}{\bar{Z}^2}(1 + \bar{Y}^2) \qquad (4-171d)$$

按照类似的方法,可对每一个观测系统建立共线方程,因此,系数矩阵 $\boldsymbol{A}$、$\boldsymbol{B}$ 的维数分别为 $2n \times 4$、$2n \times 3$。当求得系数矩阵 $\boldsymbol{A}$、$\boldsymbol{B}$ 中的所有元素后,在最小二乘准则下求解其最佳估计,用 $\boldsymbol{V}$ 表示对 $\Delta \boldsymbol{Z}$ 的估计,使得

$$\boldsymbol{V}^{\mathrm{T}}\boldsymbol{P}\boldsymbol{V} \rightarrow \min$$

同样采用拉格朗日不定乘数法,用 $\hat{\boldsymbol{s}}$ 表示对 $\Delta \boldsymbol{S}$ 的估计,构造函数并使下式达到极小:

$$\boldsymbol{\psi} = \boldsymbol{V}^{\mathrm{T}}\boldsymbol{P}\boldsymbol{V} - 2\boldsymbol{K}^{\mathrm{T}}(\boldsymbol{A}\boldsymbol{V} + \boldsymbol{B}\hat{\boldsymbol{s}} - \boldsymbol{f}) \rightarrow \min \qquad (4-172)$$

故联合方程组如下:

$$\boldsymbol{A}\boldsymbol{V} + \boldsymbol{B}\hat{\boldsymbol{s}} - \boldsymbol{f} = 0 \qquad (4-173a)$$

$$\boldsymbol{P}\boldsymbol{V} - \boldsymbol{A}^{\mathrm{T}}\boldsymbol{K} = 0 \qquad (4-173b)$$

$$\boldsymbol{B}^{\mathrm{T}}\boldsymbol{K} = 0 \qquad (4-173c)$$

式(4－173a)～式(4－173c)为线性方程组,包含的未知数为 $\boldsymbol{V}$、$\hat{\boldsymbol{s}}$、$\boldsymbol{K}$。顾及 $\boldsymbol{P}^{-1} = \boldsymbol{Q}$,则解的表达式(见式(4－131)～式(4－133))如下:

$$\boldsymbol{K} = \boldsymbol{N}^{-1}(\boldsymbol{f} - \boldsymbol{B}\hat{\boldsymbol{s}}) \qquad (4-174a)$$

$$\hat{\boldsymbol{s}} = (\boldsymbol{B}^{\mathrm{T}}\boldsymbol{N}^{-1}\boldsymbol{B})^{-1}\boldsymbol{B}^{\mathrm{T}}\boldsymbol{N}^{-1}\boldsymbol{f} \qquad (4-174b)$$

$$\boldsymbol{V} = \boldsymbol{Q}\boldsymbol{A}^{\mathrm{T}}\boldsymbol{K} = \boldsymbol{Q}\boldsymbol{A}^{\mathrm{T}}\boldsymbol{N}^{-1}(\boldsymbol{f} - \boldsymbol{B}\hat{\boldsymbol{s}}) \qquad (4-174c)$$

式中，$\boldsymbol{N}^{-1}=\boldsymbol{AQA}^{\mathrm{T}}$。

由式(4－174a)～式(4－174c)可求解出 $\boldsymbol{V}$、$\boldsymbol{S}$，从而可得到观测量的估计值与机动目标的空间三维坐标：

$$\hat{\boldsymbol{Z}}=\boldsymbol{Z}+\boldsymbol{V},\quad \hat{\boldsymbol{S}}=\boldsymbol{S}_0+\hat{\boldsymbol{s}} \tag{4-175}$$

验后单位权方差估计值计算如下：

$$\hat{\boldsymbol{\sigma}}_0^2=\frac{\boldsymbol{V}^{\mathrm{T}}\boldsymbol{PV}}{d} \tag{4-176}$$

式中，$d=2n-3$ 为多余观测方程个数。

根据协因素传播律，未知量误差估计值的协因素矩阵有

$$\boldsymbol{Q}_{\hat{s}}=\boldsymbol{N}_{bb}^{-1} \tag{4-177}$$

故未知量估计值的误差方差矩阵为

$$\hat{\boldsymbol{\sigma}}_{\hat{s}}^2=\hat{\sigma}_0^2\boldsymbol{Q}_{\hat{s}} \tag{4-178}$$

式(4－178)为未知量估计值的误差方差矩阵。

4.4.2.2 附有观测约束条件的多站交会模型[14]

当观测系统不仅有方位与俯仰角的观测值，而且各站均有斜距观测值 $R_i(i=1,2,\cdots,n)$，那么除了建立共线方程组式(4－160)外，还可建立关于未知量约束条件方程：

$$(X-B_{Xi})^2+(Y-B_{Yi})^2+(Z-B_{Zi})^2=R_i^2,\ i=1,2,\cdots,n \tag{4-179}$$

令 $\varphi(S)=(X-B_{Xi})^2+(Y-B_{Yi})^2+(Z-B_{Zi})^2-R_i^2=\varphi(S_0)+\Delta\varphi=0$ 是非线性方程，对于上式在 S_0 即(X_0,Y_0,Z_0)点展开：

$$\varphi(S)=\varphi(S_0)+\frac{\partial\varphi}{\partial X}\Big|_{S_0}\Delta X+\frac{\partial\varphi}{\partial Y}\Big|_{S_0}\Delta Y+\frac{\partial\varphi}{\partial Z}\Big|_{S_0}\Delta Z=0 \tag{4-180}$$

故有如下线性约束条件方程，用 $\hat{\boldsymbol{s}}$ 表示对 $\Delta\boldsymbol{S}$ 的估计，有

$$\boldsymbol{C}\hat{\boldsymbol{s}}-\boldsymbol{f}_s=0 \tag{4-181}$$

式中，

$$\boldsymbol{C}=\begin{bmatrix}\dfrac{\partial\varphi_1}{\partial X} & \dfrac{\partial\varphi_1}{\partial Y} & \dfrac{\partial\varphi_1}{\partial Z}\\ \dfrac{\partial\varphi_2}{\partial X} & \dfrac{\partial\varphi_2}{\partial Y} & \dfrac{\partial\varphi}{\partial Z}\\ \vdots & \vdots & \vdots\\ \dfrac{\partial\varphi_n}{\partial X} & \dfrac{\partial\varphi_n}{\partial Y} & \dfrac{\partial\varphi_n}{\partial Z}\end{bmatrix}_{n\times 3},\quad -\boldsymbol{f}_s=\begin{bmatrix}\varphi_1(S_{01})-2(B_{X1}+B_{Y1}+B_{Z1})\\ \varphi_2(S_{02})-2(B_{X2}+B_{Y2}+B_{Z2})\\ \vdots\\ \varphi_n(S_{0n})-2(B_{Xn}+B_{Yn}+B_{Zn})\end{bmatrix}$$

由于 $\boldsymbol{C}$ 矩阵每一行元素完全相同，故取 $\boldsymbol{C}=[2X_0\quad 2Y_0\quad 2Z_0]$即可。因此，有线性化模型：

$$\boldsymbol{AV}+\boldsymbol{B}\hat{\boldsymbol{s}}-\boldsymbol{f}=0 \tag{4-182a}$$

$$\boldsymbol{C}\hat{\boldsymbol{s}}-\boldsymbol{f}_s=0 \tag{4-182b}$$

附有约束条件式(4 - 182b)与式(4 - 182a)联立方程的解算方法前面已经介绍,仍采用条件极值法进行解求。

其联合方程组为

$$\boldsymbol{AV} + \boldsymbol{B}\hat{\boldsymbol{s}} - \boldsymbol{f} = 0 \tag{4 - 183a}$$

$$\boldsymbol{C}\hat{\boldsymbol{s}} - \boldsymbol{f}_s = 0 \tag{4 - 183b}$$

$$\boldsymbol{PV} - \boldsymbol{A}^{\mathrm{T}}\boldsymbol{K} = 0 \tag{4 - 183c}$$

$$\boldsymbol{B}^{\mathrm{T}}\boldsymbol{K} + \boldsymbol{C}^{\mathrm{T}}\boldsymbol{K}_s = 0 \tag{4 - 183d}$$

这里直接给出参量估计结果:

$$\boldsymbol{K} = \boldsymbol{N}_{aa}^{-1}(\boldsymbol{f} - \boldsymbol{B}\hat{\boldsymbol{s}}) \tag{4 - 184a}$$

$$\boldsymbol{K}_s = (\boldsymbol{C}(\boldsymbol{B}^{\mathrm{T}}\boldsymbol{N}_{aa}^{-1}\boldsymbol{B})^{-1}\boldsymbol{C}^{\mathrm{T}})^{-1}(\boldsymbol{f}_s - \boldsymbol{C}(\boldsymbol{B}^{\mathrm{T}}\boldsymbol{N}_{aa}^{-1}\boldsymbol{B})^{-1}\boldsymbol{B}^{\mathrm{T}}\boldsymbol{N}_{aa}^{-1}\boldsymbol{f}) \tag{4 - 184b}$$

$$\hat{\boldsymbol{s}} = \boldsymbol{N}_{bb}^{-1}(\boldsymbol{I} - \boldsymbol{C}^{\mathrm{T}}\boldsymbol{N}_{cc}^{-1}\boldsymbol{C}\boldsymbol{N}_{bb}^{-1})\boldsymbol{B}^{\mathrm{T}}\boldsymbol{N}_{aa}^{-1}\boldsymbol{f} + \boldsymbol{N}_{bb}^{-1}\boldsymbol{C}^{\mathrm{T}}\boldsymbol{N}_{cc}^{-1}\boldsymbol{f}_s \tag{4 - 184c}$$

$$\boldsymbol{V} = \boldsymbol{Q}\boldsymbol{A}^{\mathrm{T}}\boldsymbol{N}_{aa}^{-1}(\boldsymbol{f} - \boldsymbol{B}\hat{\boldsymbol{s}}) \tag{4 - 184d}$$

$$\boldsymbol{Q}_{\hat{s}} = \boldsymbol{N}_{bb}^{-1}(\boldsymbol{I} - \boldsymbol{C}^{\mathrm{T}}\boldsymbol{N}_{cc}^{-1}\boldsymbol{C}\boldsymbol{N}_{bb}^{-1}) \tag{4 - 184e}$$

式中,$\boldsymbol{N}_{aa} = \boldsymbol{AQA}^{\mathrm{T}}$;$\boldsymbol{N}_{bb} = \boldsymbol{B}^{\mathrm{T}}\boldsymbol{N}_{aa}^{-1}\boldsymbol{B}$,$\boldsymbol{N}_{cc} = \boldsymbol{C}\boldsymbol{N}_{bb}^{-1}\boldsymbol{C}^{\mathrm{T}}$。

故可以解算出观测量的改正值与目标机动目标的空间三维坐标:

$$\hat{\boldsymbol{Z}} = \boldsymbol{Z} + \boldsymbol{V}, \quad \hat{\boldsymbol{S}} = \boldsymbol{S}_0 + \hat{\boldsymbol{s}} \tag{4 - 185}$$

多余观测方程个数 $d = (2n + 1) - 3 = 2(n - 1)$。因此,只要有了系数矩阵 $\boldsymbol{A}$、$\boldsymbol{B}$、$\boldsymbol{C}$ 和常数项 $\boldsymbol{f}$,$\boldsymbol{f}_s$,就可以解算出向量 $\hat{\boldsymbol{s}}$ 和 $\boldsymbol{V}$,则

$$\boldsymbol{Q}_{\hat{s}} = \boldsymbol{N}_{bb}^{-1}(\boldsymbol{I} - \boldsymbol{C}^{\mathrm{T}}\boldsymbol{N}_{cc}^{-1}\boldsymbol{C}\boldsymbol{N}_{bb}^{-1})$$

故未知量估计值的误差方差矩阵为

$$\hat{\boldsymbol{\sigma}}_{\hat{s}}^2 = \hat{\boldsymbol{\sigma}}_0^2\boldsymbol{Q}_{\hat{s}} \tag{4 - 186}$$

4.5 空间后方交会

空间后方交会是指利用安装在飞机平台上的航空摄影机,拍摄布设有已知坐标的多个地标点的地面景物影像,以求解航空摄影机摄影中心 S_{0i} 的空间坐标(X_{Si},Y_{Si},Z_{Si})和摄影光束的空间姿态(φ_i,ω_i,κ_i)的测量过程(下标 i 表示图像摄影时第 i 时刻)。

设地面有三个以上坐标已知的地标点(也称控制点)A,B,C,…,同时,在影像图上分别有对应的同名像点 a,b,c,…(见图 4 - 25)。根据共线方程则可求取 i 时刻摄影中心 S_{0i} 的空间坐标(X_{Si},Y_{Si},Z_{Si})以及摄影光束的空间姿态(φ_i,ω_i,κ_i),即摄影外方位元素。如果在飞机平台上安装航空摄影机的同时,测量出摄影中心在机体坐标系中的三轴坐标差和摄影机成像面与飞机平面间的安装初始角(φ_0,ω_0,κ_0),则利用空间后方交会解算摄影外方位元素的同时就可计算出飞机在飞行过程中摄影瞬间的空间三维坐标和姿态。本节则主要介绍如何基于直接线性变换与光束角锥体理论的空间后方交会模型,用来解算飞机在飞行过程中的空间三维坐标和姿态角的方法。

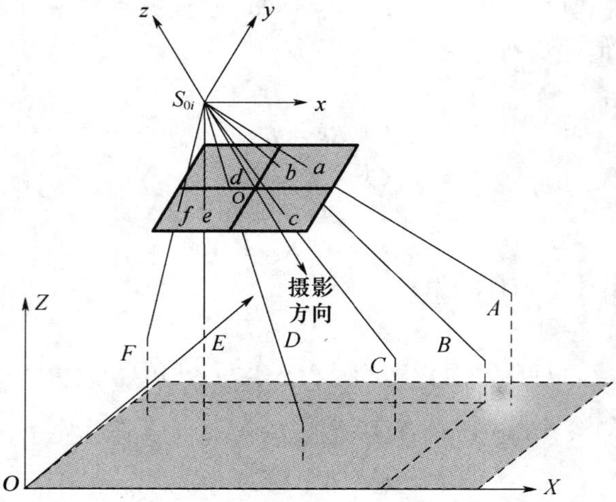

图 4-25　空间后方交会示意图

4.5.1　直接线性变换

4.5.1.1　模型

将式(4-11)表示的共线方程

$$\begin{bmatrix} x \\ y \end{bmatrix} + f\,[a_3(X-X_S)+b_3(Y-Y_S)+c_3(Z-Z_S)]^{-1}\begin{bmatrix} a_1 & b_1 & c_1 \\ a_2 & b_2 & c_2 \end{bmatrix}\begin{bmatrix} X-X_S \\ Y-Y_S \\ Z-Z_S \end{bmatrix}=0$$

用两个方程表示时,分别为

$$x+f\frac{a_1(X-X_S)+b_1(Y-Y_S)+c_1(Z-Z_S)}{a_3(X-X_S)+b_3(Y-Y_S)+c_3(Z-Z_S)}=0 \qquad (4-187)$$

$$y+f\frac{a_2(X-X_S)+b_2(Y-Y_S)+c_2(Z-Z_S)}{a_3(X-X_S)+b_3(Y-Y_S)+c_3(Z-Z_S)}=0 \qquad (4-188)$$

以上两式中,X、Y、Z 为地面控制点坐标;X_S、Y_S、Z_S 为摄影中心在地面坐标系中的空间坐标;a_i、b_i、c_i,$i=1,2,3$ 为旋转矩阵中的元素,它们是 φ、ω、κ 的函数;f 为摄影主距;x、y 为像片坐标系中控制点的影像坐标。

从上两式可以看出,欲解算的未知量有六个,包括 X_S、Y_S、Z_S、φ、ω、κ,而 X、Y、Z、f 与 x、y 均为已知量。因此,至少需要三个地面控制点的地面坐标 X_j、Y_j、Z_j 与相对应的影像坐标 x_j、y_j,$j=1,2,3,\cdots n$,组成六个方程。

将式(4-187)、式(4-188)改写为以下形式:

$$x-f\frac{a_1X_S+b_1Y_S+c_1Z_S-\gamma_1}{a_3X_S+b_3Y_S+c_3Z_S-\gamma_3}=0 \qquad (4-189)$$

$$y-f\frac{a_2X_S+b_2Y_S+c_2Z_S-\gamma_2}{a_3X_S+b_3Y_S+c_3Z_S-\gamma_3}=0 \qquad (4-190)$$

式中，

$$\begin{bmatrix}\gamma_1\\ \gamma_2\\ \gamma_3\end{bmatrix}=\begin{bmatrix}a_1 & b_1 & c_1\\ a_2 & b_2 & c_2\\ a_3 & b_3 & c_3\end{bmatrix}\begin{bmatrix}X\\ Y\\ Z\end{bmatrix} \tag{4-191}$$

将 f 乘以分子项，且分子与分母多项式均除以 γ_3，则式(4-189)、式(4-190)可写成：

$$x+\frac{l_1X_S+l_2Y_S+l_3Z_S+l_4}{l_9X_S+l_{10}Y_S+l_{11}Z_S+1}=0 \tag{4-192}$$

$$y+\frac{l_5X_S+l_6Y_S+l_7Z_S+l_8}{l_9X_S+l_{10}Y_S+l_{11}Z_S+1}=0 \tag{4-193}$$

式中，$l_1=-a_1f/\gamma_3$　　$l_5=-a_2f/\gamma_3$　　$l_9=a_3/\gamma_3$

$l_2=-b_1f/\gamma_3$　　$l_6=-b_2f/\gamma_3$　　$l_{10}=b_3/\gamma_3$

$l_3=-c_1f/\gamma_3$　　$l_7=-c_2f/\gamma_3$　　$l_{11}=c_3/\gamma_3$

$l_4=\gamma_1f/\gamma_3$　　$l_8=\gamma_2f/\gamma_3$

$\gamma_3=a_3X+b_3Y+c_3Z$

式(4-192)、式(4-193)就是关于摄影中心(X_S,Y_S,Z_S)的后方交会模型，也是共线方程的另一种表示形式。通过系数 l_i 建立了像点坐标 x,y 与摄影中心 X_S，Y_S,Z_S 之间的直接关系式，又称直接线性变换模型。

若每一摄影时刻 i 获得的影像上有至少三个或三个以上控制点的像点，则可以根据式(4-192)、式(4-193)建立联立方程组，解算摄影中心在时刻 i 的空间坐标(X_{Si},Y_{Si},Z_{Si})和摄影光束的空间姿态($\varphi_i,\omega_i,\kappa_i$)。当控制点大于三个时，则就有多余观测数 $d=2n-6$。若 $n>3$，这时就可以建立误差方程式，在最小二乘准则下求解未知量的最优解。

4.5.1.2　模型参数估计

在模型式(4-192)、式(4-193)中，X,Y,Z 与 x,y 均为观测值，(X_i,Y_i,Z_i)表示第 i 个控制点的物方空间坐标，是在试验之前在地面上利用大地测量或者工程测量方法测量得到的，其测量精度一般较高，可以作为准确值使用。当然，也可以将其作为含有控制点误差的测量值对待，只是解算起来麻烦些。x_i,y_i 为表示第 i 个控制点在影像上对应的像点坐标，像点坐标不管是人工判读还是自动判读，都会存在一定的误差，通常，需加入像点坐标改正数 v_{x_i}、v_{y_i} 代替原来的观测值，即

$$x_i+v_{x_i}\Rightarrow x_i,\quad y_i+v_{y_i}\Rightarrow y_i \tag{4-194}$$

若认为控制点精度不满足要求，则加入控制点坐标改正数 v_{X_i}、v_{Y_i}、v_{Z_i} 代替原来的测量值，即

$$X_i+v_{X_i}\Rightarrow X_i,\quad Y_i+v_{Y_i}\Rightarrow Y_i,\quad Z_i+VZ_i\Rightarrow Z_i \tag{4-195}$$

为了书写方便，在推导误差模型时，省去模型中的下标 i。式(4-192)、式

(4－193)为非线性形式,按照常规方法建立其误差方程式。

令

$$\psi_1(\boldsymbol{Z},\boldsymbol{S}) = x + \frac{l_1X_S + l_2Y_S + l_3Z_S + l_4}{l_9X_S + l_{10}Y_S + l_{11}Z_S + 1} = 0 \tag{4-196}$$

$$\psi_2(\boldsymbol{Z},\boldsymbol{S}) = y + \frac{l_5X_S + l_6Y_S + l_7Z_S + l_8}{l_9X_S + l_{10}Y_S + l_{11}Z_S + 1} = 0 \tag{4-197}$$

式中,$\boldsymbol{Z}$、$\boldsymbol{S}$ 分别为观测向量与求解向量(未知向量)。

对式(4－196)式(4－197)在近似值 $\boldsymbol{S}_0$ 处进行泰勒展开,$\boldsymbol{S}_0$ 为未知量近似值,则有

$$\begin{aligned}\psi(\hat{\boldsymbol{Z}},\hat{\boldsymbol{S}}) &= \psi(\boldsymbol{Z},\boldsymbol{S}_0) + \Delta\psi(\boldsymbol{Z},\boldsymbol{S}_0)\\ &= \psi(\boldsymbol{Z},\boldsymbol{S}_0) + \frac{\partial\psi}{\partial X_S}\Big|_{Z,S_0}\Delta X_S + \frac{\partial\psi}{\partial Y_S}\Big|_{Z,S_0}\Delta Y_S + \frac{\partial\psi}{\partial Z_S}\Big|_{Z,S_0}\Delta Z_S +\\ &\quad \frac{\partial\psi}{\partial\varphi}\Big|_{Z,S_0}\Delta\varphi + \frac{\partial\psi}{\partial\kappa}\Big|_{Z,S_0}\Delta\kappa + \frac{\partial\psi}{\partial\omega}\Big|_{Z,S_0}\Delta\omega +\\ &\quad \frac{\partial\psi}{\partial X}\Big|_{Z,S_0}v_X + \frac{\partial\psi}{\partial Y}\Big|_{Z,S_0}v_Y + \frac{\partial\psi}{\partial Z}\Big|_{Z,S_0}v_Z +\\ &\quad \frac{\partial\psi}{\partial x}\Big|_{Z,S_0}v_x + \frac{\partial\psi}{\partial y}\Big|_{Z,S_0}v_y = 0\end{aligned} \tag{4-198}$$

在式(4－198)中,分别对 X_S, Y_S, Z_S, X, Y, Z 与 x, y 求偏导并不复杂,但是 $\psi(\boldsymbol{Z},\boldsymbol{S}_0)$ 对三个角元素 φ,ω,κ 的偏微分相对要复杂些,因为 l 系数是旋转矩阵 $\boldsymbol{R}$ 中元素 a_i, b_i, c_i 的函数,而 a_i, b_i, c_i 又是 φ,ω,κ 的函数。注意,旋转矩阵为航空摄影旋转矩阵 $\boldsymbol{R}$,见式(4－17)。

估计量 $\boldsymbol{\Delta}$ 用 $\hat{\boldsymbol{s}}$ 来代替,则式(4－198)可以写成矩阵形式:

$$\boldsymbol{AV} + \boldsymbol{B}\hat{\boldsymbol{s}} - \boldsymbol{f} = 0 \tag{4-199}$$

式中,

$$\boldsymbol{A} = \begin{bmatrix} 1 & 0 & \dfrac{\partial\psi_1}{\partial X} & \dfrac{\partial\psi_1}{\partial Y} & \dfrac{\partial\psi_1}{\partial Z} \\ 0 & 1 & \dfrac{\partial\psi_2}{\partial X} & \dfrac{\partial\psi_2}{\partial Y} & \dfrac{\partial\psi_2}{\partial Z} \end{bmatrix}$$

$$\boldsymbol{V} = [v_x \quad v_y \quad v_X \quad v_Y \quad v_Z]^{\mathrm{T}}$$

$$\boldsymbol{B} = \begin{bmatrix} \dfrac{\partial\psi_1}{\partial X_S} & \dfrac{\partial\psi_1}{\partial Y_S} & \dfrac{\partial\psi_1}{\partial Z_S} & \dfrac{\partial\psi_1}{\partial\varphi} & \dfrac{\partial\psi_1}{\partial\omega} & \dfrac{\partial\psi_1}{\partial\kappa} \\ \dfrac{\partial\psi_2}{\partial X_S} & \dfrac{\partial\psi_2}{\partial Y_S} & \dfrac{\partial\psi_2}{\partial Z_S} & \dfrac{\partial\psi_2}{\partial\varphi} & \dfrac{\partial\psi_2}{\partial\omega} & \dfrac{\partial\psi_2}{\partial\kappa} \end{bmatrix}$$

$$\hat{\boldsymbol{s}} = [\hat{s}_{X_S} \quad \hat{s}_{Y_S} \quad \hat{s}_{Z_S} \quad \hat{s}_{\varphi} \quad \hat{s}_{\omega} \quad \hat{s}_{\kappa}]^{\mathrm{T}} = [\hat{s}_1 \quad \hat{s}_2 \quad \hat{s}_3 \quad \hat{s}_4 \quad \hat{s}_5 \quad \hat{s}_6]^{\mathrm{T}}$$

$$-\boldsymbol{f} = \begin{bmatrix} \psi_1(\boldsymbol{Z},\boldsymbol{S}_0) \\ \psi_2(\boldsymbol{Z},\boldsymbol{S}_0) \end{bmatrix} = \begin{bmatrix} x_0 - x \\ y_0 - y \end{bmatrix}$$

式中，x_0、y_0 分别为像点坐标近似值，可用未知量的近似值求得。

若地面有 n 个控制点，则按照式（4－199）可以构建 $2n$ 个方程组。因此，式（4－199）中各矩阵的维数如下式的下标所示：

$$\boldsymbol{A}_{2n\times5}\boldsymbol{V}_{5\times1}+\boldsymbol{B}_{2n\times6}\hat{\boldsymbol{s}}_{6\times1}-\boldsymbol{f}_{2n\times1}=\boldsymbol{0}_{2n\times1} \tag{4-200}$$

多余控制点建立类似方程，参与解算，能够获得更高精度的摄影中心空间位置和摄影光束（承影面）姿态。

对于式（4－200）方程组的求解，仍然采用拉格朗日不定乘数法。构造函数并使下式达到极小：

$$\boldsymbol{\psi}'=\boldsymbol{V}^{\mathrm{T}}\boldsymbol{P}\boldsymbol{V}-2\boldsymbol{K}^{\mathrm{T}}(\boldsymbol{A}\boldsymbol{V}+\boldsymbol{B}\hat{\boldsymbol{s}}-\boldsymbol{f})\rightarrow\min \tag{4-201}$$

对式（4－201）偏导后并使其为零，可得联合方程组如下：

$$\boldsymbol{A}\boldsymbol{V}+\boldsymbol{B}\hat{\boldsymbol{s}}-\boldsymbol{f}=\boldsymbol{0} \tag{4-202a}$$

$$\boldsymbol{P}\boldsymbol{V}-\boldsymbol{A}^{\mathrm{T}}\boldsymbol{K}=\boldsymbol{0} \tag{4-202b}$$

$$\boldsymbol{B}^{\mathrm{T}}\boldsymbol{K}=\boldsymbol{0} \tag{4-202c}$$

式（4－202a）～式（4－202c）均为线性方程组，求解的方法与过程同前，包含的未知数为：$\boldsymbol{V}$，$\hat{\boldsymbol{s}}$，$\boldsymbol{K}$。顾及 $\boldsymbol{P}^{-1}=\boldsymbol{Q}$，$\boldsymbol{Q}^{\mathrm{T}}=\boldsymbol{Q}$，则解的表达式为

$$\boldsymbol{K}=\boldsymbol{N}_{aa}^{-1}(\boldsymbol{f}-\boldsymbol{B}\hat{\boldsymbol{s}}) \tag{4-203a}$$

$$\hat{\boldsymbol{s}}=\boldsymbol{N}_{bb}^{-1}\boldsymbol{f}_e=(\boldsymbol{B}^{\mathrm{T}}\boldsymbol{N}_{aa}^{-1}\boldsymbol{B})^{-1}\boldsymbol{B}^{\mathrm{T}}\boldsymbol{N}_{aa}^{-1}\boldsymbol{f} \tag{4-203b}$$

$$\boldsymbol{V}=\boldsymbol{Q}\boldsymbol{A}^{\mathrm{T}}\boldsymbol{K}=\boldsymbol{Q}\boldsymbol{A}^{\mathrm{T}}\boldsymbol{N}_{aa}^{-1}(\boldsymbol{f}-\boldsymbol{B}\hat{\boldsymbol{s}}) \tag{4-203c}$$

式中，$\boldsymbol{N}_{aa}^{-1}=\boldsymbol{A}\boldsymbol{Q}\boldsymbol{A}^{\mathrm{T}}$；$\boldsymbol{N}_{bb}=\boldsymbol{B}^{\mathrm{T}}\boldsymbol{N}_{aa}^{-1}\boldsymbol{B}$，其中，$\boldsymbol{N}_{bb}$，$\boldsymbol{N}_{aa}$ 不仅为对称矩阵，而且为非奇异阵。

故可以解算出观测量的改正值与摄影中心的空间三维坐标、摄影光束的姿态角：

$$\hat{\boldsymbol{Z}}=\boldsymbol{Z}+\boldsymbol{V},\quad \hat{\boldsymbol{s}}=\boldsymbol{S}_0+\hat{\boldsymbol{s}} \tag{4-204}$$

式中，$\boldsymbol{S}_0$ 为将观测值代入共线方程求解的近似值。

摄影中心空间位置与摄影光束姿态精度估算也是通过估计解向量的验后协方差矩阵来获得。先计算单位权方差的估计值 $\hat{\boldsymbol{\sigma}}_0^2$，则验后协方差矩阵等于 $\hat{\boldsymbol{\sigma}}_0^2$ 乘以协因素阵。多余观测方程个数 $d=2n-6=2(n-3)$。则未知量估计值的协因素矩阵为

$$\boldsymbol{Q}_{\hat{s}}=(\boldsymbol{B}^{\mathrm{T}}\boldsymbol{N}^{-1}\boldsymbol{B})^{-1}=\boldsymbol{N}_{bb}^{-1} \tag{4-205}$$

故未知量估计值的误差方差矩阵为

$$\hat{\boldsymbol{\sigma}}_S^2=\hat{\boldsymbol{\sigma}}_0^2\boldsymbol{Q}_{\hat{s}} \tag{4-206}$$

4.5.2 光线束角锥体模型

利用光线束角锥体模型是求取摄影中心空间坐标（X_S，Y_S，Z_S）和摄影机外方位角元素（φ，ω，κ）的另一种解析处理方法。基于角锥体原理的方法有时又称为余

弦法或矢量法。

4.5.2.1 模型建立

光线束角锥体模型是利用光线束在物方与像方空间的相应光线间顶角相等这一几何原理而建立的数学模型。

设观测系统 $S(X_S, Y_S, Z_S)$ 于空中平台上获得影像 P，地面上三个或三个以上地面控制点 $A, B, C, \cdots$ 在影像 P 上的像点分别为 $a, b, c, \cdots$，如图 4-26 所示。

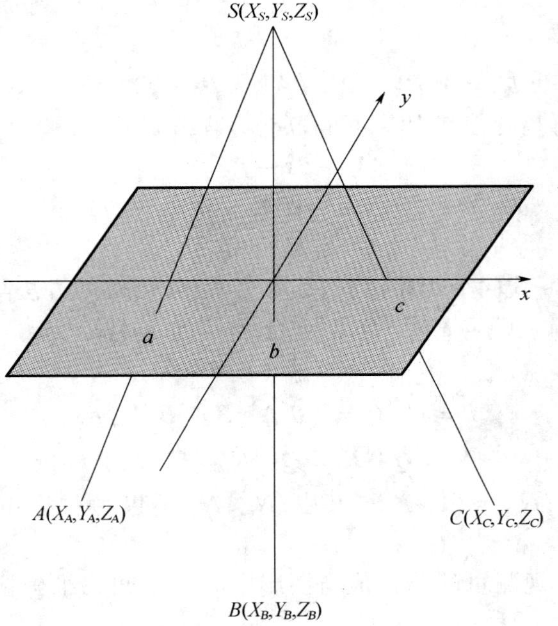

图 4-26 角锥体原理示意图

已知地面控制点坐标，对应影像点的坐标经过量测而得到为 (x_a, y_a)、(x_b, y_b)、$(x_c, y_c)\cdots$，则角锥体内顶角的余弦为

$$\cos aSb = \frac{x_a x_b + y_a y_b + f^2}{r_a \cdot r_b} \tag{4-207a}$$

$$\cos aSc = \frac{x_a x_c + y_a y_c + f^2}{r_a \cdot r_c} \tag{4-207b}$$

$$\cos cSb = \frac{x_c x_b + y_c y_b + f^2}{r_c \cdot r_b} \tag{4-207c}$$

式中，(x_a, y_a)、(x_b, y_b)、(x_c, y_c) 分别为空间控制点 A、B、C 在图像上的像点坐标值；f 为摄影主距。

$$r_i = \sqrt{x_i^2 + y_i^2 + f^2} \tag{4-208}$$

同理，对于物方控制点有

$$\cos ASB = \frac{(X_A - X_S)(X_B - X_S) + (Y_A - Y_S)(Y_B - Y_S) + (Z_A - Z_S)(Z_B - Z_S)}{R_A R_B} \tag{4-209a}$$

$$\cos ASC = \frac{(X_A - X_S)(X_C - X_S) + (Y_A - Y_S)(Y_C - Y_S) + (Z_A - Z_S)(Z_C - Z_S)}{R_A R_C} \tag{4-209b}$$

$$\cos CSB = \frac{(X_C - X_S)(X_B - X_S) + (Y_C - Y_S)(Y_B - Y_S) + (Z_C - Z_S)(Z_B - Z_S)}{R_C R_B} \tag{4-209c}$$

式中，

$$R_i = \sqrt{(X_i - X_S)^2 + (Y_i - Y_S)^2 + (Z_i - Z_S)^2} \tag{4-210}$$

由于是同一锥角，故有

$$\varphi_1 = \cos aSb - \cos ASB = 0 \tag{4-211a}$$

$$\varphi_2 = \cos aSc - \cos ASC = 0 \tag{4-211b}$$

$$\varphi_3 = \cos bSc - \cos BSC = 0 \tag{4-211c}$$

4.5.2.2 模型求解

若有更多控制点，则可以按照上述方法建立类似的方程。由于地面控制点坐标是已知的，当取摄影中心 $S(X_S, Y_S, Z_S)$ 的近似值为 (X_S^0, Y_S^0, Z_S^0) 时，其改正数分别为 $(\Delta X_S, \Delta Y_S, \Delta Z_S)$。则式(4-211a)~式(4-211c)可写成(对于有三个地面已知点的情况)：

$$\varphi_1 = \varphi_1^0(X_S^0, Y_S^0, Z_S^0) + \frac{\partial \varphi_1}{\partial X_S}\Delta X_S + \frac{\partial \varphi_1}{\partial Y_S}\Delta Y_S + \frac{\partial \varphi_1}{\partial Z_S}\Delta Z_S \tag{4-212a}$$

$$\varphi_2 = \varphi_2^0(X_S^0, Y_S^0, Z_S^0) + \frac{\partial \varphi_2}{\partial X_S}\Delta X_S + \frac{\partial \varphi_2}{\partial Y_S}\Delta Y_S + \frac{\partial \varphi_2}{\partial Z_S}\Delta Z_S \tag{4-212b}$$

$$\varphi_3 = \varphi_3^0(X_S^0, Y_S^0, Z_S^0) + \frac{\partial \varphi_3}{\partial X_S}\Delta X_S + \frac{\partial \varphi_3}{\partial Y_S}\Delta Y_S + \frac{\partial \varphi_3}{\partial Z_S}\Delta Z_S \tag{4-212c}$$

或写成：

$$v_1 = a_1 \Delta X_S + b_1 \Delta Y_S + c_1 \Delta Z_S + l_1 \tag{4-213a}$$

$$v_2 = a_2 \Delta X_S + b_2 \Delta Y_S + c_2 \Delta Z_S + l_2 \tag{4-213b}$$

$$v_3 = a_3 \Delta X_S + b_3 \Delta Y_S + c_3 \Delta Z_S + l_3 \tag{4-213c}$$

式中

$$a_1 = \frac{\partial \varphi_1}{\partial X_S} = -\frac{(X_A - X_S) + (X_B - X_S)}{R_A R_B} + \cos ASB\left(\frac{X_A - X_S}{R_A^2} + \frac{X_B - X_S}{R_B^2}\right) \tag{4-214a}$$

$$b_1 = \frac{\partial \varphi_1}{\partial Y_S} = -\frac{(Y_A - Y_S) + (Y_B - Y_S)}{R_A R_B} + \cos ASB\left(\frac{Y_A - Y_S}{R_A^2} + \frac{Y_B - Y_S}{R_B^2}\right) \tag{4-214b}$$

$$c_1 = \frac{\partial \varphi_1}{\partial Z_S} = -\frac{(Z_A - Z_S) + (Z_B - Z_S)}{R_A R_B} + \cos ASB\left(\frac{Z_A - Z_S}{R_A^2} + \frac{Z_B - Z_S}{R_B^2}\right) \tag{4-214c}$$

$$a_2 = \frac{\partial \varphi_2}{\partial X_S} = -\frac{(X_A - X_S) + (X_C - X_S)}{R_A R_C} + \cos ASC\left(\frac{X_A - X_S}{R_A^2} + \frac{X_C - X_S}{R_C^2}\right) \tag{4-214d}$$

$$b_2 = \frac{\partial \varphi_2}{\partial Y_S} = -\frac{(Y_A - Y_S) + (Y_C - Y_S)}{R_A R_C} + \cos ASC\left(\frac{Y_A - Y_S}{R_A^2} + \frac{Y_C - Y_S}{R_C^2}\right) \tag{4-214e}$$

$$c_2 = \frac{\partial \varphi_2}{\partial Z_S} = -\frac{(Z_A - Z_S) + (Z_C - Z_S)}{R_A R_C} + \cos ASC\left(\frac{Z_A - Z_S}{R_A^2} + \frac{Z_C - Z_S}{R_C^2}\right) \tag{4-214f}$$

$$a_3 = \frac{\partial \varphi_3}{\partial X_S} = -\frac{(X_C - X_S) + (X_B - X_S)}{R_C R_B} + \cos CSB\left(\frac{X_C - X_S}{R_C^2} + \frac{X_B - X_S}{R_B^2}\right) \tag{4-214g}$$

$$b_3 = \frac{\partial \varphi_3}{\partial Y_S} = -\frac{(Y_C - Y_S) + (Y_B - Y_S)}{R_C R_B} + \cos CSB\left(\frac{Y_C - Y_S}{R_C^2} + \frac{Y_B - Y_S}{R_B^2}\right) \tag{4-214h}$$

$$1c_3 = \frac{\partial \varphi_3}{\partial Z_S} = -\frac{(Z_C - Z_S) + (Z_B - Z_S)}{R_C R_B} + \cos CSB\left(\frac{Z_C - Z_S}{R_C^2} + \frac{Z_B - Z_S}{R_B^2}\right) \tag{4-214i}$$

$$l_1 = \varphi_1^0(X_S^0, Y_S^0, Z_S^0) \tag{4-215a}$$

$$l_2 = \varphi_2^0(X_S^0, Y_S^0, Z_S^0) \tag{4-215b}$$

$$l_3 = \varphi_3^0(X_S^0, Y_S^0, Z_S^0) \tag{4-215c}$$

显然,对于有 n 个地面控制点,可以构成 D 个误差方程:

$$D = \frac{n(n-1)}{2} \tag{4-216}$$

这 D 个误差方程的矩阵形式如下:

$$\begin{bmatrix} v_1 \\ v_2 \\ \vdots \\ v_D \end{bmatrix} = \begin{bmatrix} a_1 & b_1 & c_1 \\ a_2 & b_2 & c_2 \\ \vdots & \vdots & \vdots \\ a_D & b_D & c_D \end{bmatrix} \begin{bmatrix} \Delta X_S \\ \Delta Y_S \\ \Delta Z_S \end{bmatrix} - \begin{bmatrix} l_1 \\ l_2 \\ \vdots \\ l_D \end{bmatrix} \tag{4-217}$$

即

$$\boldsymbol{v} = \boldsymbol{B}\Delta \boldsymbol{X} - \boldsymbol{l} \tag{4-218}$$

式中,

$$l_i = -\varphi_i^0(X_S^0, Y_S^0, Z_S^0),\ i = 1, 2, \cdots, n$$

或者写成：

$$\boldsymbol{v} - \boldsymbol{B}\Delta\boldsymbol{X} + \boldsymbol{l} = 0 \tag{4-219}$$

同样，式(4－219)为附有未知参数的解算模型，仍然采用在最小二乘准则下进行解算。构造一新的函数，对改正数 $\boldsymbol{v}$ 和未知量 $\boldsymbol{X}$ 求偏导后，并令其为零，则

$$\boldsymbol{\psi} = \boldsymbol{v}^{\mathrm{T}}\boldsymbol{p}\boldsymbol{v} - 2\boldsymbol{K}^{\mathrm{T}}(\boldsymbol{v} - \boldsymbol{B}\Delta\boldsymbol{X} + \boldsymbol{l}) \tag{4-220}$$

则令

$$\frac{\partial\boldsymbol{\psi}}{\partial\boldsymbol{v}} = 2\boldsymbol{v}^{\mathrm{T}}\boldsymbol{p} - 2\boldsymbol{K}^{\mathrm{T}} = 0 \tag{4-221a}$$

$$\frac{\partial\boldsymbol{\psi}}{\partial\Delta\boldsymbol{X}} = 2\boldsymbol{K}^{\mathrm{T}}\boldsymbol{B} = 0 \tag{4-221b}$$

经整理，可得到解算基础方程组如下：

$$\boldsymbol{v} - \boldsymbol{B}\Delta\boldsymbol{X} + \boldsymbol{l} = 0 \tag{4-222a}$$

$$\boldsymbol{p}\boldsymbol{v} - \boldsymbol{K} = 0 \tag{4-222b}$$

$$\boldsymbol{B}^{\mathrm{T}}\boldsymbol{K} = 0 \tag{4-222c}$$

由式(4－222b)，得

$$\boldsymbol{p}\boldsymbol{v} = \boldsymbol{K} \tag{4-223}$$

代入式(4－222c)，有

$$\boldsymbol{B}^{\mathrm{T}}\boldsymbol{p}\boldsymbol{v} = 0 \tag{4-224}$$

故有

$$\boldsymbol{B}^{\mathrm{T}}\boldsymbol{p}\boldsymbol{B}\Delta\boldsymbol{X} - \boldsymbol{B}^{\mathrm{T}}\boldsymbol{p}\boldsymbol{l} = 0 \tag{4-225}$$

所以有

$$\Delta\boldsymbol{X} = (\boldsymbol{B}^{\mathrm{T}}\boldsymbol{p}\boldsymbol{B})^{-1}\boldsymbol{B}^{\mathrm{T}}\boldsymbol{p}\boldsymbol{l} \tag{4-226}$$

$$\boldsymbol{Q}_{\Delta X} = (\boldsymbol{B}^{\mathrm{T}}\boldsymbol{p}\boldsymbol{B})^{-1} \tag{4-227}$$

欲解求三个未知量 ΔX_S、ΔY_S、ΔZ_S，至少需要三个控制点。解算后可得改正数的第一组近似值：

$$\begin{bmatrix} X'_S \\ Y'_S \\ Z'_S \end{bmatrix} = \begin{bmatrix} X_S^0 \\ Y_S^0 \\ Z_S^0 \end{bmatrix} + \begin{bmatrix} \Delta X'_S \\ \Delta Y'_S \\ \Delta Z'_S \end{bmatrix} \tag{4-228}$$

将式(4－228)第一组近似值代入误差方程重新计算，可得出新的改正数，如此迭代，直到改正数要求满足为止，便可求得摄影中心空间坐标 X_S，Y_S，Z_S。

在求得 X_S、Y_S、Z_S 以后，则利用像点坐标与地面点坐标的关系式便可求得摄影机外方位角元素 φ、ω、κ。

4.5.3 模型不定性问题

并不是在任何情况下都能利用后方交会模型来解决摄影中心空间位置的求解问题。当地面控制点与摄影中心全部位于某一个圆柱面内,则无法解出摄影中心的正确位置,如图4-27所示。

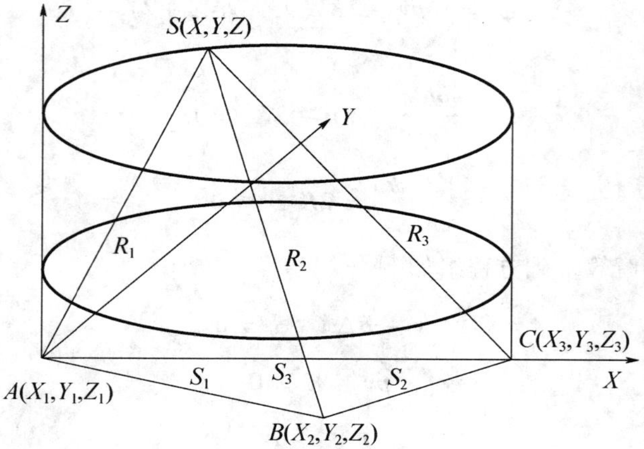

图4-27 不定性示意图

设地面三个控制点 A、B、C,其坐标分别为(X_1,Y_1,Z_1)、(X_2,Y_2,Z_2)、(X_3,Y_3,Z_3),各控制点到摄影中心的距离分别为 R_1、R_2、R_3,控制点之间的距离分别为 S_1、S_2、S_3,以摄影中心 S 为顶点的角度分别为 α_{ASB}、α_{CSB}、α_{ASC}。

依据余弦定理,分别有

$$F_1(X,Y,Z) = R_1^2 + R_2^2 - S_1^2 - 2R_1R_2\cos\alpha_{ASB} = 0 \qquad (4-229a)$$

$$F_2(X,Y,Z) = R_3^2 + R_2^2 - S_2^2 - 2R_3R_2\cos\alpha_{CSB} = 0 \qquad (4-229b)$$

$$F_3(X,Y,Z) = R_1^2 + R_3^2 - S_3^2 - 2R_1R_3\cos\alpha_{ASC} = 0 \qquad (4-229c)$$

式中,S_1、S_2、S_3 分别为三角形底边边长,为常量;

$$R_k = \sqrt{(X - X_k)^2 + (Y - Y_k)^2 + (Z - Z_k)^2},\ k = 1,2,3 \qquad (4-230)$$

显然式(4-229a)~式(4-229c)中的 R_k、$S_k(k=1,2,3)$,均可以通过地面控制点 A,B,C 与摄影中心 S 的空间坐标计算而得到。将式(4-229a)~式(4-229c)分别对未知量参数偏导,有

$$\frac{\partial F_j}{\partial X} = \sum \frac{\partial F_j}{\partial R_k}\frac{\mathrm{d}R_k}{\mathrm{d}X} \qquad (4-231)$$

$$\frac{\partial F_j}{\partial Y} = \sum \frac{\partial F_j}{\partial R_k}\frac{\mathrm{d}R_k}{\mathrm{d}Y} \qquad (4-232)$$

$$\frac{\partial F_j}{\partial Z} = \sum \frac{\partial F_j}{\partial R_k}\frac{\mathrm{d}R_k}{\mathrm{d}Z} \qquad (4-233)$$

其中,$j,k=1,2,3$。

若 X,Y,Z 是式(4－231)～式(4－233)的解，则有

$$\begin{vmatrix} \frac{\partial F_1}{\partial R_1} & \frac{\partial F_1}{\partial R_2} & \frac{\partial F_1}{\partial R_3} \\ \frac{\partial F_2}{\partial R_1} & \frac{\partial F_2}{\partial R_2} & \frac{\partial F_2}{\partial R_3} \\ \frac{\partial F_3}{\partial R_1} & \frac{\partial F_3}{\partial R_2} & \frac{\partial F_3}{\partial R_3} \end{vmatrix} \cdot \begin{vmatrix} \frac{dR_1}{dX} & \frac{dR_1}{dY} & \frac{dR_1}{dZ} \\ \frac{dR_2}{dX} & \frac{dR_2}{dY} & \frac{dR_2}{dZ} \\ \frac{dR_3}{dX} & \frac{dR_3}{dY} & \frac{dR_3}{dZ} \end{vmatrix} = 0 \tag{4-234}$$

将各偏导代入式(4－234)，可得

$$\begin{vmatrix} R_1 - R_2\cos\alpha_{ASB} & R_2 - R_1\cos\alpha_{ASB} & 0 \\ 0 & R_2 - R_3\cos\alpha_{CSB} & R_3 - R_2\cos\alpha_{CSB} \\ R_1 - R_3\cos\alpha_{ASC} & 0 & R_3 - R_1\cos\alpha_{ASC} \end{vmatrix} \cdot \begin{vmatrix} X - X_1 & Y - Y_1 & Z - Z_1 \\ X - X_2 & Y - Y_2 & Z - Z_2 \\ X - X_3 & Y - Y_3 & Z - Z_3 \end{vmatrix} = 0 \tag{4-235}$$

式(4－235)中的第二个式如果为零，就表示了 R_1、R_2、R_3 三向量共面条件，也即摄影中心与三个地面控制点处于一个平面内，这是二维交会情况，不属于空间后方交会问题，故其不为零。因此，只有第一个式子为零时，该式才等于零，即

$$\begin{aligned} &(R_1 - R_2\cos\alpha_{ASB})(R_2 - R_3\cos\alpha_{CSB})(R_3 - R_1\cos\alpha_{ASC}) \\ &+ (R_1 - R_3\cos\alpha_{ASC})(R_2 - R_1\cos\alpha_{ASB})(R_3 - R_2\cos\alpha_{CSB}) = 0 \end{aligned} \tag{4-236}$$

为了便于说明问题，设地面控制点 A 为地面坐标系之原点，故有坐标值为(0，0，0)，X 轴方向通过 C 点，Y 轴则位于通过控制点的平面内，则 B、C 的坐标分别为 $(X_2,Y_2,0)$、$(X_3,0,0)$。并将式(4－230)中的余弦表达式按式(4－229)进行换算，则有

$$X^2 + Y^2 - X_3X - \frac{X_2^2 + Y_2^2 - X_3X}{Y_2}Y = 0 \tag{4-237}$$

式中，X_2、Y_2、X_3 均为常数。

从式(4－237)可以看出，这是一个圆柱面方程，式中既没有 Z 坐标，且 X,Y 的系数又相等。这就表明，当地面控制点与摄影中心位于一个圆柱面内时，利用空间后方交会模型不能求得摄影中心的空间位置坐标，就是说，Z 坐标可以为任意数值。因此，在使用该法时，对地面控制点的选择一定要特别注意，须避免所有控制点处于一个圆柱面内，否则摄影中心的空间位置无法求解。

4.6 航带测量

航带测量有两种情况：第一，是指多个地面观测系统（如光电经纬仪、雷达等）的测量范围覆盖了一个带状区域，即航带观测网，用于获取机动目标的空中三维轨迹等运动参数；第二，是指以飞机为空中运动平台，以航空摄影机为观测系统，对地面景物按一定的重叠度进行摄影测量，经图像拼接后形成带状地面景物影像，对带状图像进行解析，用于获得运动平台的空中三维轨迹和姿态等运动参数。这两种

航带测量模式，目的都是对机动目标进行空间定位，只是观测系统与观测方式不同而已。对在这两种情况下获得的观测信息进行建模、分析与处理的过程称为航带测量。观测系统可以固定在地面，也可以在空中运动平台上，都可以用来求解机动目标的空间位置与姿态。

4.6.1 地面观测带测量模型

当观测系统位于地面，并且形成无缝观测区域，在该区域内进行的测量称为基于地面观测系统的观测带测量。一般而言，依据观测系统精度与试验要求，对观测系统按照一定准则进行试验前布站。

如图 4-28 所示，地面观测系统 $S_j(j=1,2,\cdots,n)$，其地面坐标均为已知。每隔一个单位时间间隔就会对机动目标进行观测，得到观测值向量，即在空间位置 A_{t+n}，均有观测向量 Z_{t+n}。

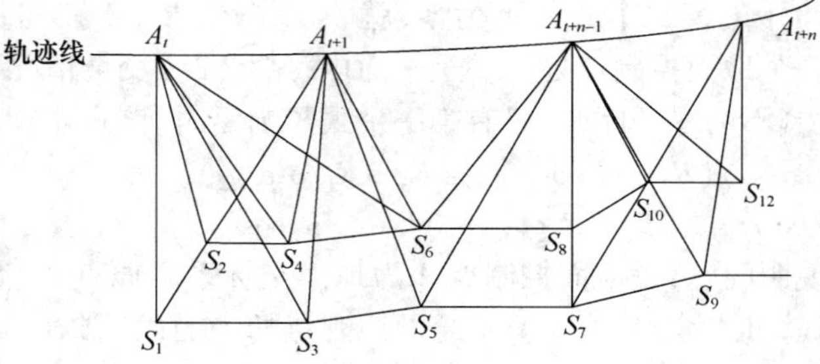

图 4-28 观测航带示意图

航带测量是为了观测目标运动的全过程或者感兴趣的部分过程，也就是为了获得某一时间段内或某一范围内的目标运动轨迹。航带测量模型仍然为多站前方交会模型，因此有以下两种情况。

4.6.1.1 附有未知量参数的多站模型

设各观测系统中心 S_i 在坐标系 $O-XYZ$ 中的坐标为(B_{Xi},B_{Yi},B_{Zi})，其中，$i=1,2,\cdots,l$ 表示第 i 个观测系统。如有 n 个观测站同时在某时刻 t 观测到目标，则可建立 $2n$ 个共线条件方程：

$$\begin{bmatrix} x_i \\ z_i \end{bmatrix} = -f\left[a_2^i(X-B_{Xi})+b_2^i(Y-B_{Yi})+c_2^i(Z-B_{Zi})\right]^{-1}\begin{bmatrix} a_1^i & b_1^i & c_1^i \\ a_3^i & b_3^i & c_3^i \end{bmatrix}\begin{bmatrix} X-B_{Xi} \\ Y-B_{Yi} \\ Z-B_{Zi} \end{bmatrix} \tag{4-238}$$

式中，f 为光学系统主距；(a_j^i,b_j^i,c_j^i) 为像片 p_i 旋转系数矩阵中的元素，也是方位角与俯仰角的函数，其中，$i=1,2,\cdots,n$ 为观测系统标记，$j=1,2,3$ 为系数上标。

参照多站前方交会模型以及求解方法，有联合方程组如下：

$$\boldsymbol{AV} + \boldsymbol{B}\hat{\boldsymbol{s}} - \boldsymbol{f} = 0 \tag{4-239a}$$

$$\boldsymbol{PV} - \boldsymbol{A}^{\mathrm{T}}\boldsymbol{K} = 0 \tag{4-239b}$$

$$\boldsymbol{B}^{\mathrm{T}}\boldsymbol{K} = 0 \tag{4-239c}$$

则解向量为

$$\boldsymbol{K} = \boldsymbol{N}_{aa}^{-1}(\boldsymbol{f} - \boldsymbol{B}\hat{\boldsymbol{s}}) \tag{4-240a}$$

$$\hat{\boldsymbol{s}} = \boldsymbol{N}_{bb}^{-1}\boldsymbol{f}_e = (\boldsymbol{B}^{\mathrm{T}}\boldsymbol{N}_{aa}^{-1}\boldsymbol{B})^{-1}\boldsymbol{B}^{\mathrm{T}}\boldsymbol{N}_{aa}^{-1}\boldsymbol{f} \tag{4-240b}$$

$$\boldsymbol{V} = \boldsymbol{QA}^{\mathrm{T}}\boldsymbol{K} = \boldsymbol{QA}^{\mathrm{T}}\boldsymbol{N}_{aa}^{-1}(\boldsymbol{f} - \boldsymbol{B}\hat{\boldsymbol{s}}) \tag{4-240c}$$

式中，$\boldsymbol{N}_{aa}^{-1} = \boldsymbol{AQA}^{\mathrm{T}}$，$\boldsymbol{N}_{bb} = \boldsymbol{B}^{\mathrm{T}}\boldsymbol{N}_{aa}^{-1}\boldsymbol{B}$，其中，$\boldsymbol{N}_{bb}$、$\boldsymbol{N}_{aa}$不仅为对称矩阵，而且为非奇异阵。

故可以解算出观测量的改正值与摄影中心的空间三维坐标：

$$\hat{\boldsymbol{Z}} = \boldsymbol{Z} + \boldsymbol{V},\quad \hat{\boldsymbol{S}} = \boldsymbol{S}_0 + \hat{\boldsymbol{s}} \tag{4-241}$$

式中，$\boldsymbol{S}_0$ 为将观测值代入共线方程求解的近似值。

摄影中心空间位置精度估算也是通过估计解向量的验后协方差矩阵来获得。先计算单位权方差的估计值 $\hat{\sigma}_0^2$，则验后协方差矩阵等于 $\hat{\sigma}_0^2$ 乘以协因素阵。多余观测方程个数 $d=2n-3$。

故未知量误差估计值的协因素矩阵有

$$\boldsymbol{Q}_{\hat{s}} = (\boldsymbol{B}^{\mathrm{T}}\boldsymbol{N}^{-1}\boldsymbol{B})^{-1} = \boldsymbol{N}_{bb}^{-1} \tag{4-242}$$

故未知量估计值的误差方差矩阵为

$$\hat{\boldsymbol{\sigma}}_S^2 = \hat{\sigma}_0^2\boldsymbol{Q}_{\hat{s}} \tag{4-243}$$

4.6.1.2 附有观测约束条件的多站模型

当观测系统不仅有方位与俯仰角的观测值，而且各站均有测站至目标的距离观测值 $R_i(i=1,2,\cdots n)$，那么还可建立如下关于未知量约束条件方程：$\boldsymbol{C}\hat{\boldsymbol{s}}-\boldsymbol{f}_s=0$，与式(4-238)共线方程的误差方程 $\boldsymbol{AV}+\boldsymbol{B}\hat{\boldsymbol{s}}-\boldsymbol{f}=0$ 一起联立求解，采用条件极值法，可得联合方程组：

$$\boldsymbol{AV} + \boldsymbol{B}\hat{\boldsymbol{s}} - \boldsymbol{f} = 0 \tag{4-244a}$$

$$\boldsymbol{C}\hat{\boldsymbol{s}} - \boldsymbol{f}_s = 0 \tag{4-244b}$$

$$\boldsymbol{PV} - \boldsymbol{A}^{\mathrm{T}}\boldsymbol{K} = 0 \tag{4-244c}$$

$$\boldsymbol{B}^{\mathrm{T}}\boldsymbol{K} + \boldsymbol{C}^{\mathrm{T}}\boldsymbol{K}_s = 0 \tag{4-244d}$$

这里直接给出参量估计结果：

$$\hat{\boldsymbol{s}} = \boldsymbol{N}_{bb}^{-1}(\boldsymbol{I} - \boldsymbol{C}^{\mathrm{T}}\boldsymbol{N}_{cc}^{-1}\boldsymbol{C}\boldsymbol{N}_{bb}^{-1})\boldsymbol{f}_e + \boldsymbol{N}_{bb}^{-1}\boldsymbol{C}^{\mathrm{T}}\boldsymbol{N}_{cc}^{-1}\boldsymbol{f}_s \tag{4-245a}$$

$$\boldsymbol{V} = \boldsymbol{QA}^{\mathrm{T}}\boldsymbol{N}_{aa}^{-1}(\boldsymbol{f} - \boldsymbol{B}\hat{\boldsymbol{s}}) \tag{4-245b}$$

式中，$\boldsymbol{N}_{aa}=\boldsymbol{AQA}^{\mathrm{T}}$；$\boldsymbol{N}_{bb}=\boldsymbol{B}^{\mathrm{T}}\boldsymbol{N}_{aa}^{-1}\boldsymbol{B}$；$\boldsymbol{N}_{cc}=\boldsymbol{C}\boldsymbol{N}_{bb}^{-1}\boldsymbol{C}^{\mathrm{T}}$；$\boldsymbol{f}_e=\boldsymbol{B}^{\mathrm{T}}\boldsymbol{N}_{aa}^{-1}\boldsymbol{f}$。

故被测量的估计值与机动目标的空间三维坐标：

$$\hat{\boldsymbol{Z}} = \boldsymbol{Z} + \boldsymbol{V},\quad \hat{\boldsymbol{S}} = \boldsymbol{S}_0 + \hat{\boldsymbol{s}} \tag{4-246}$$

4.6.2 空中观测航带测量模型

当航空摄影机系统处于空中运动平台上对地面景物(含三维坐标已知的地面控制点)进行摄影时,空中运动平台沿一定航线运动,按一定的时间间隔连续获取地面影像。如果这些影像具有一定的重叠度,则可以将图像进行拼接,形成该区域连续的地面景物影像。

图4-29中,S_t为空中运动平台,严格地说S_t应为航空摄影机系统的投影(摄影)中心。空中运动平台在不同的时刻是处在不同的空间位置,且姿态也不同。$S_{t+m}(t+m=1,2,\cdots,n)$的空间坐标和姿态均为未知量。安装在空中运动平台上的航空摄影机每隔一定的时间间隔就会对地面景物(含控制点)进行摄影,得到具有一定重叠度的序列影像,每一幅影像中包含有地面控制点或待测点的影像$a_{P_{t+m}}$,$b_{P_{t+m}}$,$c_{P_{t+m}}$,…,下标$t+m$表示第$t+m$幅影像。

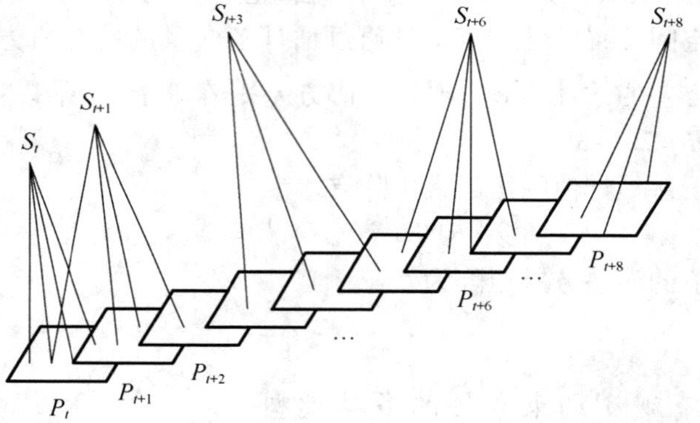

图4-29 空中观测航带示意图

4.6.2.1 单像独立求解模型

当相邻两幅影像之间没有重叠时,P_t与P_{t+1}或P_{t-1}影像之间没有重叠,就不可能找到同名像点,无法建立起相邻两幅影像的相互关系,只能利用每张像片(单像)进行独立求解。但是在单张像片(单像)上只有含有三个或三个以上的地面控制点才能独立求解空中运动平台上投影中心S的空间三维坐标(X_S,Y_S,Z_S)和姿态(φ,ω,κ)。

单像独立求解模型与方法同空间后方交会。首先建立每一地面控制点与相应影像点的共线方程:

$$x_i+\frac{l_1X_S+l_2Y_S+l_3Z_S+l_4}{l_9X_S+l_{10}Y_S+l_{11}Z_S+1}=0 \qquad (4-247a)$$

$$y_i+\frac{l_5X_S+l_6Y_S+l_7Z_S+l_8}{l_9X_S+l_{10}Y_S+l_{11}Z_S+1}=0 \qquad (4-247b)$$

式中,下标i表示第i个影像特征点与其相应的地面控制点$(i=1,2,\cdots,n)$,且

$$l_1 = a_1 f/\gamma_3 \quad l_5 = a_2 f/\gamma_3 \quad l_9 = -a_3/\gamma_3$$
$$l_2 = b_1 f/\gamma_3 \quad l_6 = b_2 f/\gamma_3 \quad l_{10} = -b_3/\gamma_3$$
$$l_3 = c_1 f/\gamma_3 \quad l_7 = c_2 f/\gamma_3 \quad l_{11} = -c_3/\gamma_3$$
$$l_4 = -\gamma_1 f/\gamma_3 \quad l_8 = -\gamma_2 f/\gamma_3$$
$$\begin{bmatrix}\gamma_1\\\gamma_2\\\gamma_3\end{bmatrix} = \begin{bmatrix}a_1 & b_1 & c_1\\a_2 & b_2 & c_2\\a_3 & b_3 & c_3\end{bmatrix}\begin{bmatrix}X_i\\Y_i\\Z_i\end{bmatrix}$$

故可以建立 $2n$ 个方程,解求六个未知量:坐标 X_S, Y_S, Z_S 与姿态 φ, ω, κ。

然后对于上述方程组的求解,求解时仍然采用拉格朗日不定乘数法。先构建函数并使下式达到极小:

$$\boldsymbol{\psi} = \boldsymbol{V}^{\mathrm{T}}\boldsymbol{PV} - 2\boldsymbol{K}^{\mathrm{T}}(\boldsymbol{AV} + \boldsymbol{B}\hat{\boldsymbol{s}} - \boldsymbol{f}) \rightarrow \min \tag{4-248}$$

对式(4-248)偏导后并使其为零,故可得联合方程组如下:

$$\boldsymbol{AV} + \boldsymbol{B}\hat{\boldsymbol{s}} - \boldsymbol{f} = 0 \tag{4-249a}$$
$$\boldsymbol{PV} - \boldsymbol{A}^{\mathrm{T}}\boldsymbol{K} = 0 \tag{4-249b}$$
$$\boldsymbol{B}^{\mathrm{T}}\boldsymbol{K} = 0 \tag{4-249c}$$

解求上述三个矩阵方程,则解的表达式为

$$\boldsymbol{K} = \boldsymbol{N}_{aa}^{-1}(\boldsymbol{f} - \boldsymbol{B}\hat{\boldsymbol{s}}) \tag{4-250a}$$
$$\hat{\boldsymbol{s}} = \boldsymbol{N}_{bb}^{-1}\boldsymbol{f}_e = (\boldsymbol{B}^{\mathrm{T}}\boldsymbol{N}_{aa}^{-1}\boldsymbol{B})^{-1}\boldsymbol{B}^{\mathrm{T}}\boldsymbol{N}_{aa}^{-1}\boldsymbol{f} \tag{4-250b}$$
$$\boldsymbol{V} = \boldsymbol{QA}^{\mathrm{T}}\boldsymbol{K} = \boldsymbol{QA}^{\mathrm{T}}\boldsymbol{N}_{aa}^{-1}(\boldsymbol{f} - \boldsymbol{B}\hat{\boldsymbol{s}}) \tag{4-250c}$$

式中,$\boldsymbol{N}_{aa}^{-1} = \boldsymbol{AQA}^{\mathrm{T}}$。

故可以解算出观测量的改正值与摄影中心的空间三维坐标和姿态参数估计值:

$$\hat{\boldsymbol{Z}} = \boldsymbol{Z} + \boldsymbol{V}, \quad \hat{\boldsymbol{S}} = \boldsymbol{S}_0 + \hat{\boldsymbol{s}} \tag{4-251}$$

式中,$\boldsymbol{S}_0$ 为将观测值代入共线方程求解的近似值。

4.6.2.2 单航带独立求解模型

若利用单像独立求解模型求解空中观测系统 S 的空间坐标与姿态,则必须在每幅影像中都要能够找到三个或三个以上的地面控制点。这样测量地面控制点的野外工作量很大。为了减少野外工作量和提高工作效率,就可以采用单航带独立求解模型的方法。

单航带是指对地面景物连续拍摄得到了具有一定重叠度的地面航带影像。单航带独立求解法是指对地面航带影像进行独立求解飞行平台的运动参数的解析方法。当每幅影像中,地面控制点的数量少于进行空间后方交会要求的三个或根本没有时,单航带独立求解法也能够求解各摄影时刻的摄影中心的空间坐标与姿态参数,但条件是要求相邻两幅影像之间具有一定的重叠度(一般要求重叠度不小于60%),P_t 与 P_{t+1} 或 P_{t-1} 之间均有重叠,即在相邻两幅影像中存在同名像点,这样才可以通过相邻两幅影像的关系,建立单航带模型,即利用同名像点作为连接点进行模型连接，建立航带模型。当航带模型建立以后，只要有少量的地面控制点就可以进行航带模型的绝对定向，再通过改正航带模型的累积误差来求得每一幅影像的连接点的地面坐标和高程。这样，利用每幅影像上的连接点或地面控制点将连接点与地面控制点的最终坐标作为已知量，解算每幅影像的外方位元素，最终求解出空中运动平台投影中心 S 在各摄影瞬间的空间三维坐标 X_S,Y_S,Z_S 和姿态 φ，$\boldsymbol{\omega},\boldsymbol{\kappa}$。如图 4-29 所示。

单航带独立求解是以共线方程为基础，建立地面点、对应影像点与摄影中心三点之间的数学关系：

$$x=-f\frac{a_1(X-X_S)+b_1(Y-Y_S)+c_1(Z-Z_S)}{a_3(X-X_S)+b_3(Y-Y_S)+c_3(Z-Z_S)} \quad (4-252\text{a})$$

$$y=-f\frac{a_2(X-X_S)+b_2(Y-Y_S)+c_2(Z-Z_S)}{a_3(X-X_S)+b_3(Y-Y_S)+c_3(Z-Z_S)} \quad (4-252\text{b})$$

式中各系数与坐标所表示的意义同前。

在实际解算过程中，使用泰勒公式进行展开。式中 x、y 为观测值，可以加入改正数，用 $x+v_x$、$y+v_y$ 来代替；X、Y、Z 为地面上控制点或者某些特征点（用于进行模型连接的点），也可以加入其改正数，用 $X+\Delta X$、$Y+\Delta Y$、$Z+\Delta Z$ 代入；X、Y、Z、φ、$\boldsymbol{\omega}$、$\boldsymbol{\kappa}$ 为待定参数，可以用其近似值与其增量之和代入。

因此，对式(4-252a)和式(4-252b)进行线性化以后得出关于观测量与未知量的误差方程式为

$$\begin{aligned}v_x=&\ a_{11}\Delta X_S+a_{12}\Delta Y_S+a_{13}\Delta Z_S+a_{14}\Delta\varphi+a_{15}\Delta\boldsymbol{\omega}+\\&\ a_{16}\Delta\boldsymbol{\kappa}-a_{11}\Delta X-a_{12}\Delta Y-a_{13}\Delta Z-l_x\end{aligned} \quad (4-253\text{a})$$

$$\begin{aligned}v_y=&\ a_{21}\Delta X_S+a_{22}\Delta Y_S+a_{23}\Delta Z_S+a_{24}\Delta\varphi+a_{25}\Delta\boldsymbol{\omega}+\\&\ a_{26}\Delta\boldsymbol{\kappa}-a_{21}\Delta X-a_{22}\Delta Y-a_{23}\Delta Z-l_y\end{aligned} \quad (4-253\text{b})$$

在式(4-253a)~式(4-253b)中未考虑摄影内方位元素 x_0、y_0、f 的误差。认为 $x_0=y_0=0$ 且 f 为常数。$l_x=x-x^0$，$l_y=y-y^0$，而 x^0，y^0 分别为其近似值。

由式(4-253a)、式(4-253b)可知，对于任意点 i 有以下矩阵形式误差方程：

$$\boldsymbol{v}=\boldsymbol{At}+\boldsymbol{BX}-\boldsymbol{l} \quad (4-254)$$

式中，

$$\boldsymbol{v}=[v_x\quad v_y]^{\mathrm{T}}$$

$$\boldsymbol{A}=\begin{bmatrix}a_{11}&a_{12}&a_{13}&a_{14}&a_{15}&a_{16}\\a_{21}&a_{22}&a_{23}&a_{24}&a_{25}&a_{26}\end{bmatrix}$$

$$\boldsymbol{B}=\begin{bmatrix}-a_{11}&-a_{12}&-a_{13}\\-a_{21}&-a_{22}&-a_{23}\end{bmatrix}$$

$$\boldsymbol{t}=[\Delta X_S\quad \Delta Y_S\quad \Delta Z_S\quad \Delta\varphi\quad \Delta\boldsymbol{\omega}\quad \Delta\boldsymbol{\kappa}]^{\mathrm{T}}$$

$$\boldsymbol{X}=[\Delta X\quad \Delta Y\quad \Delta Z]^{\mathrm{T}}$$

$$\boldsymbol{l}=[l_x\quad l_y]^{\mathrm{T}}$$

当地面点为控制点时，其坐标为已知值，则其改正数 $\Delta X=\Delta Y=\Delta Z=0$；当地面点为模型连接点时，其坐标为未知值，用其近似值加上改正数代入。

在式(4-252a)、式(4-252b)中引入下列符号：

$$\begin{bmatrix}\bar{X}\\ \bar{Y}\\ \bar{Z}\end{bmatrix}=\begin{bmatrix}a_1(X-X_S)+b_1(Y-Y_S)+c_1(Z-Z_S)\\ a_2(X-X_S)+b_2(Y-Y_S)+c_2(Z-Z_S)\\ a_3(X-X_S)+b_3(Y-Y_S)+c_3(Z-Z_S)\end{bmatrix}\qquad(4-255)$$

也就是

$$\begin{bmatrix}\bar{X}\\ \bar{Y}\\ \bar{Z}\end{bmatrix}=\begin{bmatrix}a_1 & b_1 & c_1\\ a_2 & b_2 & c_2\\ a_3 & b_3 & c_3\end{bmatrix}\begin{bmatrix}X-X_S\\ Y-Y_S\\ Z-Z_S\end{bmatrix}=R^{-1}\begin{bmatrix}X-X_S\\ Y-Y_S\\ Z-Z_S\end{bmatrix}\qquad(4-256)$$

式中，旋转矩阵 $\boldsymbol{R}$ 中的九个元素同前面介绍一样，是三个旋角 φ,ω,κ 的函数。式(4-252a)、式(4-252b)分别可以写成：

$$x=-f\frac{\bar{X}}{\bar{Z}}\qquad(4-257a)$$

$$y=-f\frac{\bar{Y}}{\bar{Z}}\qquad(4-257b)$$

式(4-253a)、式(4-253b)中各系数分别为

$$a_{11}=\frac{\partial x}{\partial X_S}=-\frac{\partial x}{\partial X}=-f\frac{-a_1\bar{Z}+a_3\bar{X}}{\bar{Z}^2}=\frac{1}{\bar{Z}}(a_1f+a_3x)\qquad(4-258a)$$

$$a_{12}=\frac{\partial x}{\partial Y_S}=-\frac{\partial x}{\partial Y}=\frac{1}{\bar{Z}}(b_1f+b_3x)\qquad(4-258b)$$

$$a_{13}=\frac{\partial x}{\partial Z_S}=-\frac{\partial x}{\partial Z}=\frac{1}{\bar{Z}}(c_1f+c_3x)\qquad(4-258c)$$

$$a_{21}=\frac{\partial y}{\partial X_S}=-\frac{\partial y}{\partial X}=\frac{1}{\bar{Z}}(a_2f+a_3y)\qquad(4-258d)$$

$$a_{22}=\frac{\partial y}{\partial Y_S}=-\frac{\partial y}{\partial Y}=\frac{1}{\bar{Z}}(b_2f+b_3y)\qquad(4-258e)$$

$$a_{23}=\frac{\partial y}{\partial Z_S}=-\frac{\partial y}{\partial Z}=\frac{1}{\bar{Z}}(c_2f+c_3y)\qquad(4-258f)$$

$$a_{14}=\frac{\partial x}{\partial \varphi}=\frac{-f}{\bar{Z}^2}\left(\frac{\partial \bar{X}}{\partial \varphi}\bar{Z}-\frac{\partial \bar{Z}}{\partial \varphi}\bar{X}\right)\qquad(4-258g)$$

$$a_{15}=\frac{\partial x}{\partial \omega}=\frac{-f}{\bar{Z}^2}\left(\frac{\partial \bar{X}}{\partial \omega}\bar{Z}-\frac{\partial \bar{Z}}{\partial \omega}\bar{X}\right)\qquad(4-258h)$$

$$a_{16} = \frac{\partial x}{\partial \kappa} = \frac{-f}{\bar{Z}^2}\left(\frac{\partial \bar{X}}{\partial \kappa}\bar{Z} - \frac{\partial \bar{Z}}{\partial \kappa}\bar{X}\right) \tag{4-258i}$$

$$a_{24} = \frac{\partial y}{\partial \varphi} = \frac{-f}{\bar{Z}^2}\left(\frac{\partial \bar{Y}}{\partial \varphi}\bar{Z} - \frac{\partial \bar{Z}}{\partial \varphi}\bar{Y}\right) \tag{4-258j}$$

$$a_{25} = \frac{\partial y}{\partial \omega} = \frac{-f}{\bar{Z}^2}\left(\frac{\partial \bar{Y}}{\partial \omega}\bar{Z} - \frac{\partial \bar{Z}}{\partial \omega}\bar{Y}\right) \tag{4-258k}$$

$$a_{26} = \frac{\partial y}{\partial \kappa} = \frac{-f}{\bar{Z}^2}\left(\frac{\partial \bar{Y}}{\partial \kappa}\bar{Z} - \frac{\partial \bar{Z}}{\partial \kappa}\bar{Y}\right) \tag{4-258l}$$

又由于

$$\begin{bmatrix} \bar{X} \\ \bar{Y} \\ \bar{Z} \end{bmatrix} = \boldsymbol{R}^{-1}\begin{bmatrix} X - X_S \\ Y - Y_S \\ Z - Z_S \end{bmatrix} = \boldsymbol{R}_\kappa^{-1}\boldsymbol{R}_\omega^{-1}\boldsymbol{R}_\varphi^{-1}\begin{bmatrix} X - X_S \\ Y - Y_S \\ Z - Z_S \end{bmatrix} \tag{4-259}$$

因为

$$\frac{\partial \begin{bmatrix} \bar{X} \\ \bar{Y} \\ \bar{Z} \end{bmatrix}}{\partial \varphi} = \boldsymbol{R}^{-1}\begin{bmatrix} 0 & 0 & 1 \\ 0 & 0 & 0 \\ -1 & 0 & 0 \end{bmatrix}\begin{bmatrix} X - X_S \\ Y - Y_S \\ Z - Z_S \end{bmatrix} = \begin{bmatrix} -c_1(X - X_S) + a_1(Z - Z_S) \\ -c_2(X - X_S) + a_2(Z - Z_S) \\ -c_3(X - X_S) + a_3(Z - Z_S) \end{bmatrix} \tag{4-260}$$

$$\frac{\partial \begin{bmatrix} \bar{X} \\ \bar{Y} \\ \bar{Z} \end{bmatrix}}{\partial \omega} = \boldsymbol{R}_\kappa^{-1}\begin{bmatrix} 0 & 0 & 0 \\ 0 & 0 & 1 \\ 0 & -1 & 0 \end{bmatrix}\boldsymbol{R}_\kappa\boldsymbol{R}^{-1}\begin{bmatrix} X - X_S \\ Y - Y_S \\ Z - Z_S \end{bmatrix} = \begin{bmatrix} \bar{Z}\sin\kappa \\ \bar{Z}\cos\kappa \\ -\bar{X}\sin\kappa - \bar{Y}\cos\kappa \end{bmatrix} \tag{4-261}$$

$$\frac{\partial \begin{bmatrix} \bar{X} \\ \bar{Y} \\ \bar{Z} \end{bmatrix}}{\partial \kappa} = \begin{bmatrix} 0 & 1 & 0 \\ -1 & 0 & 0 \\ 0 & 0 & 0 \end{bmatrix}\boldsymbol{R}^{-1}\begin{bmatrix} X - X_S \\ Y - Y_S \\ Z - Z_S \end{bmatrix} = \begin{bmatrix} \bar{Y} \\ -\bar{X} \\ 0 \end{bmatrix} \tag{4-262}$$

所以有

$$a_{14} = \frac{\partial x}{\partial \varphi} = y\sin\omega - \left(\frac{x}{f}(x\cos\kappa - y\sin\kappa) + f\cos\kappa\right)\cos\omega \tag{4-263a}$$

$$a_{15} = \frac{\partial x}{\partial \omega} = -f\sin\kappa - \frac{x}{f}(x\sin\kappa + y\cos\kappa) \tag{4-263b}$$

$$a_{16} = \frac{\partial x}{\partial \kappa} = y \tag{4-263c}$$

$$a_{24} = \frac{\partial y}{\partial \varphi} = -x\sin\omega - \left(\frac{y}{f}(x\cos\kappa - y\sin\kappa) - f\sin\kappa\right)\cos\omega \tag{4-263d}$$

$$a_{25} = \frac{\partial y}{\partial \omega} = -f\cos\kappa - \frac{y}{f}(x\sin\kappa + y\cos\kappa) \tag{4-263e}$$

$$a_{26} = \frac{\partial y}{\partial \kappa} = -x \tag{4-263f}$$

那么,对于由控制点构成的误差方程为

$$\begin{aligned} v_x = {} & a_{11}\Delta X_S + a_{12}\Delta Y_S + a_{13}\Delta Z_S + a_{14}\Delta\varphi + \\ & a_{15}\Delta\omega + a_{16}\Delta\kappa - l_x \end{aligned} \tag{4-264a}$$

$$\begin{aligned} v_y = {} & a_{21}\Delta X_S + a_{22}\Delta Y_S + a_{23}\Delta Z_S + a_{24}\Delta\varphi + \\ & a_{25}\Delta\omega + a_{26}\Delta\kappa - l_y \end{aligned} \tag{4-264b}$$

即

$$\boldsymbol{v} = \boldsymbol{At} - \boldsymbol{l} = \boldsymbol{At} + \boldsymbol{B} \cdot \boldsymbol{O} - \boldsymbol{l} \tag{4-265}$$

对于模型连接点来说,误差方程为

$$v_x = -a_{11}\Delta X - a_{12}\Delta Y - a_{13}\Delta Z - l_x \tag{4-266a}$$

$$v_y = -a_{21}\Delta X - a_{22}\Delta Y - a_{23}\Delta Z - l_y \tag{4-266b}$$

即

$$\boldsymbol{v} = \boldsymbol{BX} - \boldsymbol{l} = \boldsymbol{A} \cdot \boldsymbol{O} + \boldsymbol{BX} - \boldsymbol{l} \tag{4-267}$$

式(4-265)、式(4-267)可以写成通用形式:

$$\boldsymbol{v} = \boldsymbol{At} + \boldsymbol{BX} - \boldsymbol{l} = [\boldsymbol{A} \quad \boldsymbol{B}]\begin{bmatrix}\boldsymbol{t}\\ \boldsymbol{X}\end{bmatrix} - \boldsymbol{l} = \boldsymbol{CY} - \boldsymbol{l} \tag{4-268}$$

式中,$\boldsymbol{C} = [\boldsymbol{A} \quad \boldsymbol{B}]$为系数矩阵;$\boldsymbol{Y} = [\boldsymbol{t} \quad \boldsymbol{X}]^{\mathrm{T}}$ 为改正数矩阵。

对于每幅影像,均要找到相邻两幅影像中的同名连接点,不少于三个,比如有三个以上同名点(地面物点 $A,B,C,\cdots$的对应像点)为 $a,b,c,\cdots$,这三个连接点既在第 i 幅影像 P_i 上存在,又同时存在于第 $i+1$ 幅影像 P_{i+1}上,如图 4-30 所示。

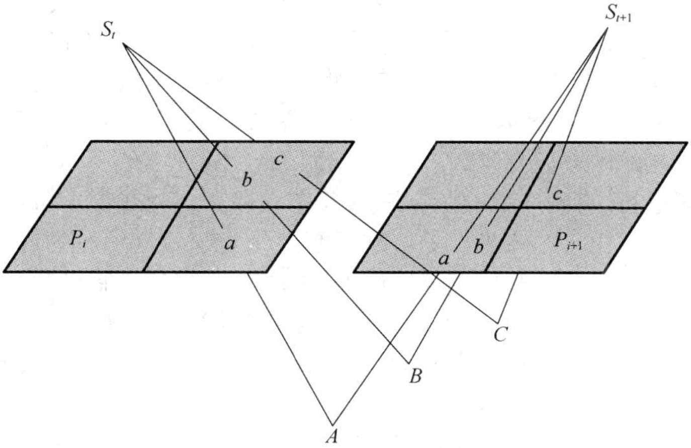

图 4-30　相邻两幅影像上的同名点

对于第 i 幅影像上的 n 个控制点与 m 个连接点均按照式(4－268)建立误差方程,共有 $2(n+m)$ 个方程,对于控制点而言,式(4－268)中的 $\boldsymbol{X}$ 为零。

求解式(4－268),只须令

$$\boldsymbol{\phi} = \boldsymbol{v}^{\mathrm{T}}\boldsymbol{P}\boldsymbol{v} \tag{4-269}$$

对式(4－269)求偏导,并令其为零,有

$$\frac{\partial \boldsymbol{\phi}}{\partial \boldsymbol{Y}} = \frac{\partial \boldsymbol{\phi}}{\partial \boldsymbol{v}} \cdot \frac{\partial \boldsymbol{v}}{\partial \boldsymbol{Y}} = 0 \tag{4-270}$$

则有

$$2\boldsymbol{v}^{\mathrm{T}}\boldsymbol{P}\boldsymbol{C} = 0 \tag{4-271}$$

式(4－271)也可写成:

$$\boldsymbol{C}^{\mathrm{T}}\boldsymbol{P}\boldsymbol{v} = 0 \tag{4-272}$$

将 $\boldsymbol{v}$ 代入式(4－272),有

$$\boldsymbol{C}^{\mathrm{T}}\boldsymbol{P}\boldsymbol{C}\boldsymbol{Y} - \boldsymbol{C}^{\mathrm{T}}\boldsymbol{P}\boldsymbol{l} = 0 \tag{4-273}$$

故可求出:

$$\boldsymbol{Y} = (\boldsymbol{C}^{\mathrm{T}}\boldsymbol{P}\boldsymbol{C})^{-1}\boldsymbol{C}^{\mathrm{T}}\boldsymbol{P}\boldsymbol{l} \tag{4-274}$$

4.6.2.3 单航带模型独立求解过程

(1) 在单航带的诸多幅影像中,选择其中一幅包含有尽量多(至少有三个)的地面控制点(坐标已知)。设此幅影像为第 i 幅,根据式(4－265),建立由控制点构成的误差方程:

$$\boldsymbol{v} = \boldsymbol{A}\boldsymbol{t} - \boldsymbol{l} \tag{4-275}$$

并求解第 i 幅的外方位元素 $X_S^i, Y_S^i, Z_S^i, \varphi^i, \omega^i, \kappa^i$。

(2) 将所求解的 $X_S^i, Y_S^i, Z_S^i, \varphi^i, \omega^i, \kappa^i$ 作为已知值,并在此幅影像上找到相邻影像上的同名点即连接点(不少于三个),求取连接点的地面坐标,同时也计算该幅影像中的控制点坐标,即建立误差方程:

$$\boldsymbol{v} = \boldsymbol{B}\boldsymbol{X} - \boldsymbol{l} \tag{4-276}$$

以获得连接点的地面坐标 (X_j^i, Y_j^i, Z_j^i),j 表示第 i 幅上的第 j 个连接点。

(3) 对于第 $i+1$ 幅或第 $i-1$ 幅,将与第 i 幅的同名连接点的地面坐标 (X_j^i, Y_j^i, Z_j^i) 作为已知数,求取第 $i+1$ 幅的外方位元素 $X_S^{i+1}, Y_S^{i+1}, Z_S^{i+1}, \varphi^{i+1}, \omega^{i+1}, \kappa^{i+1}$ 或第 $i-1$ 幅的外方位元素 $X_S^{i-1}, Y_S^{i-1}, Z_S^{i-1}, \varphi^{i-1}, \omega^{i-1}, \kappa^{i-1}$。

如此循环进行,直到航带的所有影像都完成计算。就获得了所有连接点与控制点的地面坐标。由于这些坐标是从某一幅影像为起始点求解的,因此会有很大的模型传递误差。为了减小模型传递误差,还应进行有各控制点和连接点参与的总体平差计算,以求得每幅影像上的连接点与控制点的最终坐标。

(4) 将航带中所有的控制点坐标与控制点计算坐标,进行坐标变换:

$$\begin{bmatrix} X \\ Y \\ Z \end{bmatrix} = \lambda \boldsymbol{R} \begin{bmatrix} X' \\ Y' \\ Z' \end{bmatrix} + \begin{bmatrix} X_0 \\ Y_0 \\ Z_0 \end{bmatrix} \tag{4-277}$$

式中，$[X \quad Y \quad Z]^{\mathrm{T}}$ 为已知的地面控制点坐标；$[X' \quad Y' \quad Z']^{\mathrm{T}}$ 为地面控制点计算的坐标；$[X_0 \quad Y_0 \quad Z_0]^{\mathrm{T}}$ 为平移量；λ 为系数；$\boldsymbol{R}$ 为旋转矩阵。

将整个航带中的所有控制点，按照式(4-277)建立误差方程，在最小二乘准则下求取坐标转换模型式(4-277)中的七个未知参数 X、Y、Z、φ、ω、κ、λ。

(5) 将模型参数 X、Y、Z、φ、ω、κ、λ 代入式(4-277)，对航带中所有的连接点计算其最终坐标。

(6) 将每幅影像上的连接点与控制点的最终坐标作为已知量，并按照式(4-265)再建立误差方程，解算每幅影像的外方位元素 X^j、Y^j、Z^j、φ^j、ω^j、κ^j($j=1,2,\cdots$)。

(7) 对这些解算结果，可以进行回归。如果需要内插，可在回归方程基础上进行数据内插。

在获得每幅影像的摄影中心的空间坐标与摄影光束姿态角(外方位元素 X^j、Y^j、Z^j、φ^j、ω^j、κ^j)后，就可获得飞机每幅影像摄影时刻的空间位置和姿态，用于鉴定或比对飞机的定位或姿态测量系统。

4.7 特殊条件下的测量

此类测量是指测量条件不完全满足共线方程，或者是其特例，而在特定约束条件下对未知量进行观测而获得的参数估计方法，多用于特殊场合下的测量，如机载高速摄影系统对武器发射、外挂物投放初始段轨迹测量。观测系统(如高速摄影机)多为固定等待式，即摄影机位置固定和光轴指向不变的情况。观测系统中心坐标在试验前已经测定。

4.7.1 系数测量法

系数测量法又称比例法。常用于一些近距、小范围内的、在二维竖直平面中运动的目标的定位。

已知在物方空间坐标系中有两个物方特征点 A_1、A_2，又设目标沿某一直线方向运动，观测系统一般处在等待式摄影状态，当目标沿此直线方向运动时，观测系统获得数字影像序列，需要测定目标运动轨迹及其运动速度参数。

1) 当已知两个物方特征点 A_1、A_2 之间的距离 D_{12} 的情况

在物方空间坐标系 $O-XYZ$ 中，假设目标仅在 XOZ 竖直平面中运动。特征点 A_1、A_2 映射到 XOZ 竖直平面分别为 A'_1、A'_2，其距离也为 D'_{12}。在第 i 幅影像上，A_1、A_2 对应的像点为 a_1、a_2，在影像坐标系中的坐标分别为(x_1,y_1)、(x_2,y_2)，则在影像上的距离为

$$d_{12}=\sqrt{(x_2-x_1)^2+(y_2-y_1)^2} \tag{4-278}$$

则系数为

$$k = \frac{D'_{12}}{d_{12}} \tag{4-279}$$

因此目标在任意时刻的平面位置为

$$\begin{bmatrix} X \\ Z \end{bmatrix} = k\begin{bmatrix} x \\ y \end{bmatrix} + \begin{bmatrix} X_0 \\ Z_0 \end{bmatrix} \tag{4-280}$$

式中，$[X_0 \quad Z_0]^{\mathrm{T}}$ 为影像坐标系原点投影至 XOZ 竖直平面的物方空间坐标系坐标。

式(4-280)成立的条件是摄影主光轴垂直于 XOZ 竖直平面。当摄影主光轴与 XOZ 竖直平面成一斜角 α 时，则所量测的影像点坐标需经转换，转换后的坐标 x', y' 为

$$\begin{aligned} \begin{bmatrix} x' \\ y' \end{bmatrix} &= \begin{bmatrix} \cos(90-\alpha) & -\sin(90-\alpha) \\ \sin(90-\alpha) & \cos(90-\alpha) \end{bmatrix}\begin{bmatrix} x \\ y \end{bmatrix} \\ &= \begin{bmatrix} \sin\alpha & -\cos\alpha \\ \cos\alpha & \sin\alpha \end{bmatrix}\begin{bmatrix} x \\ y \end{bmatrix} \end{aligned} \tag{4-281}$$

式中，x, y 为某测量点的影像坐标。

2）当已知两个物方点 A_1、A_2 的坐标的情况

设 A_1、A_2 的坐标为(X_1, C, Z_1)、(X_2, C, Z_2)，C 为常数。按共线条件可以建立四个方程，A_1、A_2 各建立如式(4-282a)和式(4-282b)的方程：

$$x = -f\frac{a_1(X-X_S)+b_1(C-Y_S)+c_1(Z-Z_S)}{a_3(X-X_S)+b_3(C-Y_S)+c_3(Z-Z_S)} \tag{4-282a}$$

$$z = -f\frac{a_2(X-X_S)+b_2(C-Y_S)+c_2(Z-Z_S)}{a_3(X-X_S)+b_3(C-Y_S)+c_3(Z-Z_S)} \tag{4-282b}$$

式中，$[X_S \quad Y_S \quad Z_S]$为摄影中心 S 在物方空间坐标系中的坐标。

将上式线性化，建立误差方程：

$$\boldsymbol{v} = \boldsymbol{At} - \boldsymbol{l} \tag{4-283}$$

式中，$\boldsymbol{t} = [\varphi \quad \omega \quad \kappa]^{\mathrm{T}}$。

求解未知向量 $\boldsymbol{t}$，继而求出旋转矩阵 $\boldsymbol{R}$ 的九个元素。

$$\boldsymbol{A}^{\mathrm{T}}\boldsymbol{PAt} = \boldsymbol{A}^{\mathrm{T}}\boldsymbol{Pl} \tag{4-284}$$

对于影像上的诸特征点，建立以下误差方程：

$$\boldsymbol{v} = \boldsymbol{BX} - \boldsymbol{l} \tag{4-285}$$

则有方程：

$$\boldsymbol{B}^{\mathrm{T}}\boldsymbol{PBX} = \boldsymbol{B}^{\mathrm{T}}\boldsymbol{Pl} \tag{4-286}$$

式中，$\boldsymbol{l}$ 为常数向量。

4.7.2 附有平面约束条件测量法

对于固定式观测系统，一般在安装系统时，采用已知坐标的活动控制系统，经过解算可以事先确定摄影中心坐标(X_S, Y_S, Z_S)以及摄影光束的方位(φ, ω, κ)。已知目标将在某一平面中运动，这种运动常见于武器发射的初始段运动轨迹。

设目标在 XOZ 竖直平面内运动，则 Y 为常数。从三维直接线性变换方程出发，可推导出二维直接线性变换方程：

$$x_i + \frac{l_1 X_i + l_2 Y_i + l_3 Z_i + l_4}{l_9 X_i + l_{10} Y_i + l_{11} Z_i + 1} = 0 \tag{4-287a}$$

$$z_i + \frac{l_5 X_i + l_6 Y_i + l_7 Z_i + l_8}{l_9 X_i + l_{10} Y_i + l_{11} Z_i + 1} = 0 \tag{4-287b}$$

式(4-287a)和式(4-287b)中，下标 i 表示第 i 个影像特征点与其相应的地面控制点($i=1,2,\cdots,n$)，且

$$\begin{aligned} l_1 &= a_1 f/\gamma_3 & l_5 &= a_2 f/\gamma_3 & l_9 &= -a_3/\gamma_3 \\ l_2 &= b_1 f/\gamma_3 & l_6 &= b_2 f/\gamma_3 & l_{10} &= -b_3/\gamma_3 \\ l_3 &= c_1 f/\gamma_3 & l_7 &= c_2 f/\gamma_3 & l_{11} &= -c_3/\gamma_3 \end{aligned}$$

$$l_4 = -\gamma_1 f/\gamma_3 \qquad l_8 = -\gamma_2 f/\gamma_3$$

$$\begin{bmatrix} \gamma_1 \\ \gamma_2 \\ \gamma_3 \end{bmatrix} = \begin{bmatrix} a_1 & b_1 & c_1 \\ a_2 & b_2 & c_2 \\ a_3 & b_3 & c_3 \end{bmatrix} \begin{bmatrix} X_S \\ Y_S \\ Z_S \end{bmatrix}$$

由于 Y 为常数，则有二维形式：

$$x_i + \frac{l'_1 X_i + l'_2 Z_i + l'_3}{l'_7 X_i + l'_8 Z_i + 1} = 0 \tag{4-288a}$$

$$z_i + \frac{l'_4 X_i + l'_5 Z_i + l'_6}{l'_7 X_i + l'_8 Z_i + 1} = 0 \tag{4-288b}$$

将式(4-288a)和式(4-288b)中相应的系数改变并略去下标 i

$$\begin{aligned} l'_1 &= l_1/(l_{10}Y+1) & l'_2 &= l_2/(l_{10}Y+1) & l'_3 &= (l_2 Y + l_4)/(l_{10}Y+1) \\ l'_4 &= l_5/(l_{10}Y+1) & l'_5 &= l_6/(l_{10}Y+1) & l'_6 &= (l_6 Y + l_8)/(l_{10}Y+1) \end{aligned}$$

$$l'_7 = l_9/(l_{10}Y+1) \qquad l'_8 = l_{11}/(l_{10}Y+1)$$

式(4-288a)和式(4-288b)经线性化，整理后可得误差方程：

$$\boldsymbol{v} = \boldsymbol{BX} - \boldsymbol{l} \tag{4-289}$$

式中，$\boldsymbol{X} = [\Delta X \quad \Delta Z]^{\mathrm{T}}$ 为待测点坐标改正数。

又由于物方空间各点均处于一个平面内，则每三个点可以确定一个平面方程，设三点分别为 i、j、k，则有平面方程：

$$(Z_k - Z_i)(X_k - X_j) - (Z_k - Z_j)(X_k - X_i) = 0 \tag{4-290}$$

式中，X、Z 为其坐标。

式可以写成误差方程：

$$\boldsymbol{CX} - \boldsymbol{G} = 0 \tag{4-291}$$

只要将式(4-289)与式(4-291)联合求解物方坐标改正数 ΔX、ΔZ,更新近似值,再进行重新解算,直到迭代计算的结果满足精度要求即可。

4.8 误差椭圆

在测量数据处理中,随机误差和系统误差这两类误差一般还存在误差残差,要分析这种残差对测量数据的影响是一个非常复杂的过程。胡绍林等[15,16]通过对光电经纬仪、雷达、干涉仪数据处理误差残差分析分析,提出了一系列对光电测量数据处理以及测量标校、轨迹精度分析与评估的有效方法。本节主要讨论空间点位误差的性质以及分析方法,从而加深对机动目标空间瞬时位置的点位误差的理解。

机动目标在每一时刻的空间位置坐标 $P_i(\tilde{X}_i, \tilde{Y}_i, \tilde{Z}_i)(i=1,2,\cdots)$ 的连线就是目标的飞行轨迹。目标空间位置本身是没有误差的,但是在跟踪测量过程中,由于跟踪测量系统存在测角、测距、测量点位置、时间同步等误差,所以测得的空间位置坐标不可避免地含有其观测误差 Δ。不管是哪种算法所计算出的机动目标坐标 $P_i(\hat{X}_i, \hat{Y}_i, \hat{Z}_i)$ 与真实轨迹都存在误差,即 $\hat{X}_i \neq \tilde{X}_i, \hat{Y}_i \neq \tilde{Y}_i, \hat{Z}_i \neq \tilde{Z}_i$,所计算的目标的坐标 $P_i(\hat{X}_i, \hat{Y}_i, \hat{Z}_i)$ 是目标真坐标值 $P_i(\tilde{X}_i, \tilde{Y}_i, \tilde{Z}_i)$ 的估计值。

设机动目标在时刻 i 的空间真实位置为 P_i,如图4-31所示,其位置测量的估计值为 $P_i{'}$,则两者之距离 ΔP_i 称为真误差。所以,目标每个时刻的空间点位都有差值如下:

$$\Delta\hat{X} = \tilde{X} - \hat{X} \quad \Delta\hat{Y} = \tilde{Y} - \hat{Y} \quad \Delta\hat{Z} = \tilde{Z} - \hat{Z}$$

显然有,$\Delta P^2 = \Delta\hat{X}^2 + \Delta\hat{Y}^2 + \Delta\hat{Z}^2$。$\Delta\hat{X}$、$\Delta\hat{Y}$、$\Delta\hat{Z}$ 分别为 ΔP 在三个坐标轴上的坐标位置差分量,也可以理解为 P 点的坐标位置差 ΔP 分别在三个坐标轴上的投影。

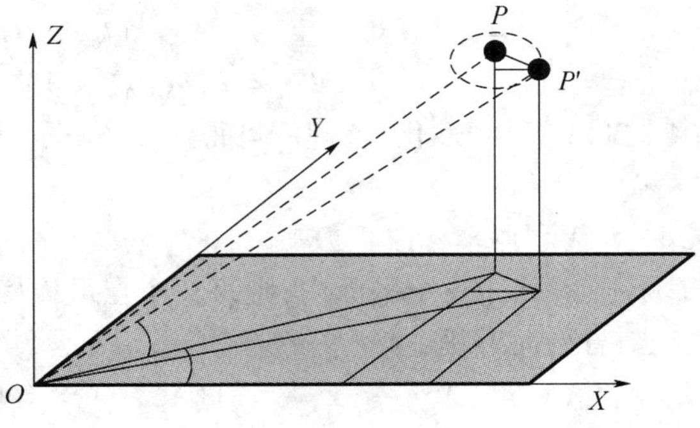

图4-31 位差在三个坐标轴上的投影关系

由于目标 P 点的坐标估计值$(\hat{X}_i, \hat{Y}_i, \hat{Z}_i)$是观测值 L 的函数,L 是随机变量,因此,$(\hat{X}_i, \hat{Y}_i, \hat{Z}_i)$也是随机变量。故 $\Delta\hat{X}$、$\Delta\hat{Y}$、$\Delta\hat{Z}$ 和 ΔP 均为随机变量。

根据第2章知识可知,按最小二乘准则进行参数估计的估计值具有无偏性,即

$$E(\hat{X}) = \tilde{X}, \quad E(\hat{Y}) = \tilde{Y}, \quad E(\hat{Z}) = \tilde{Z}$$

根据方差的定义,有

$$E(\Delta\hat{X}^2) = E[(\tilde{X} - \hat{X})^2] = E[(\hat{X} - E(\hat{X}))^2] = \sigma_{\hat{X}}^2 \tag{4-292}$$

同理可得

$$E(\Delta\hat{Y}^2) = \sigma_{\hat{Y}}^2 \qquad E(\Delta\hat{Z}^2) = \sigma_{\hat{Z}}^2 \tag{4-293}$$

故机动目标 P 点的位置误差(简称“点位误差”)的期望为

$$E(\Delta P^2) = E(\Delta\hat{X}^2) + E(\Delta\hat{Y}^2) + E(\Delta\hat{Z}^2) = \sigma_{\hat{X}}^2 + \sigma_{\hat{Y}}^2 + \sigma_{\hat{Z}}^2 = \sigma_P^2 \tag{4-294}$$

从式(4-294)可以看出,目标点位误差平方的理论均值即为目标估计点位方差。为了讨论点位方差的性质,现将原坐标系 $O-XYZ$ 旋转一个角度变为另一坐标系 $O-X'Y'Z'$,则 ΔP 在 $O-X'Y'Z'$ 三个坐标轴上的投影分别为 $\Delta X'$、$\Delta Y'$、$\Delta Z'$,有

$$\Delta P^2 = \Delta X'^2 + \Delta Y'^2 + \Delta Z'^2 \tag{4-295}$$

仿照上述推证方法,显然可得到如下结论:

$$\sigma_P^2 = \sigma_X^2{}' + \sigma_Y^2{}' + \sigma_Z^2{}' \tag{4-296}$$

式(4-294)和式(4-296)说明,尽管目标点的点位误差 ΔP 在不同的坐标系的轴上的投影长度不等。但是,其点位方差总是等于三个互相垂直方向上的方差分量之和,同时也说明其点位方差与坐标系的选择无关。因此,这就为我们在实际测量中可以任意选择合适的坐标系而不影响最终估计精度提供了理论依据。

从以上分析可以得出,点位误差具有如下性质:

(1) 估计点的点位误差与坐标系的选择无关,即 ΔP 的大小不受坐标系的影响。但是 ΔP 在不同坐标系各个轴上的投影并不相等,即在不同方向上其分量并不相同。

(2) 任一时刻目标点位误差的平方 ΔP^2 总是等于三个垂直方向上的误差分量的平方和,也可以理解为点位误差的平方总是等于三个互相垂直方向上坐标方差之和。

4.8.1 点位误差

点位误差的分布,对于试验测量来说有时候非常重要。比如,测量直升机悬停高度,要求控制其垂直方向上的误差,达到所要求的精度;又如,飞机下沉量的测量,也是要求其垂直方向上的误差较小。所以,应进一步讨论在哪一个方向上具有极大或极小误差,从而合理地选择测量方案。在每个方向(位)上的点位误差也称

为“位差”。

飞机空中轨迹 P 点的点位方差为

$$\sigma_P^2 = \sigma_{\hat{X}}^2 + \sigma_{\hat{Y}}^2 + \sigma_{\hat{Z}}^2 = \sigma_0^2(Q_{\hat{X}} + Q_{\hat{Y}} + Q_{\hat{Z}}) \tag{4-297}$$

式中，σ_0^2 为单位权方差因子；$Q_{\hat{X}}$、$Q_{\hat{Y}}$、$Q_{\hat{Z}}$ 分别为目标估计点位坐标的权倒数（协因数）。

为了更加直观地解释点位误差的极大极小值及其方向，可从二维位置误差进行介绍。首先设定目标点的真位置为 P 点，估计值的位置为 P' 点，其点位误差为 ΔP，如图 4-31 所示。现将原坐标轴系绕 P 点顺时针旋转一个 φ 角后，得到新的坐标系（$P-X'Y'$），则 ΔP 在 PX' 轴和 PY' 轴上的投影 $\Delta X'$ 和 $\Delta Y'$ 即为 ΔP 在 φ 和 $\varphi+90°$ 方向上的投影。由坐标旋转即可写出 $\Delta X'$ 和 $\Delta Y'$ 与 $\Delta\hat{X}$ 和 $\Delta\hat{Y}$ 之间的关系：

$$\begin{bmatrix} \Delta X' \\ \Delta Y' \end{bmatrix} = \begin{bmatrix} \cos\varphi & \sin\varphi \\ -\sin\varphi & \cos\varphi \end{bmatrix} \begin{matrix} \Delta\hat{X} \\ \Delta\hat{Y} \end{matrix} \tag{4-298}$$

根据协因数传播律，可得

$$\begin{aligned}\begin{bmatrix} Q_{X'} \\ Q_{Y'} \end{bmatrix} &= \begin{bmatrix} \cos\varphi & \sin\varphi \\ -\sin\varphi & \cos\varphi \end{bmatrix}\begin{bmatrix} Q_{\hat{X}} & Q_{\hat{X}\hat{Y}} \\ Q_{\hat{Y}\hat{X}} & Q_{\hat{Y}} \end{bmatrix}\begin{bmatrix} \cos\varphi & -\sin\varphi \\ \sin\varphi & \cos\varphi \end{bmatrix} \\ &= \begin{bmatrix} Q_{\hat{X}}\cos^2\varphi + Q_{\hat{Y}}\sin^2\varphi + Q_{\hat{X}\hat{Y}}\sin2\varphi \\ Q_{\hat{X}}\sin^2\varphi + Q_{\hat{Y}}\cos^2\varphi - Q_{\hat{X}\hat{Y}}\sin2\varphi \end{bmatrix}\end{aligned} \tag{4-299}$$

则

$$\begin{bmatrix} \sigma_\varphi^2 \\ \sigma_{\varphi+90°}^2 \end{bmatrix} = \begin{bmatrix} \sigma_{X'}^2 \\ \sigma_{Y'}^2 \end{bmatrix} = \sigma_0^2\begin{bmatrix} Q_{X'} \\ Q_{Y'} \end{bmatrix} = \sigma_0^2\begin{bmatrix} Q_{\hat{X}}\cos^2\varphi + Q_{\hat{Y}}\sin^2\varphi + Q_{\hat{X}\hat{Y}}\sin2\varphi \\ Q_{\hat{X}}\sin^2\varphi + Q_{\hat{Y}}\cos^2\varphi - Q_{\hat{X}\hat{Y}}\sin2\varphi \end{bmatrix} \tag{4-300}$$

故有

$$\sigma_\varphi^2 + \sigma_{\varphi+90°}^2 = \sigma_X^{2\prime} + \sigma_Y^{2\prime} = \sigma_0^2(Q_{\hat{X}} + Q_{\hat{Y}}) = \sigma_{\hat{X}}^2 + \sigma_{\hat{Y}}^2 = \sigma_P^2 \tag{4-301}$$

式(4-301)再一次证明了点位误差的性质。

从式(4-300)可以看出，σ_φ^2 与 φ 的大小有关。欲使 σ_φ^2（或 $\sigma_{\varphi+90°}^2$）达到极值，只要令

$$\frac{\partial}{\partial\varphi}(Q_{X'}) = 0 \text{ 或 } \frac{\partial}{\partial\varphi}(Q_{Y'}) = 0$$

就可以求得其极值。

设 φ_0 为点位误差的极值方向，则有

$$\tan(2\varphi_0) = \frac{2Q_{\hat{X}\hat{Y}}}{Q_{\hat{X}} - Q_{\hat{Y}}} \tag{4-302}$$

故有

$$2\varphi_0 = \arctan\frac{2Q_{\hat{X}\hat{Y}}}{Q_{\hat{X}} - Q_{\hat{Y}}} \tag{4-303}$$

由式(4－303)可以求得两个解,即 $2\varphi_0$ 和 $2\varphi_0+180°$,因而不难确定两个极值方向为 φ_0 和 $\varphi_0+90°$,其中一个为极大值方向,另一个为极小值方向。两个极值方向正交。将极大值和极小值方向分别记作 φ_E 和 φ_F,由于两个方向永远正交,所以有

$$\varphi_F = \varphi_E \pm 90° \tag{4-304}$$

由式(4－302)可知:

$$\cot 2\varphi_0 = \frac{Q_{\hat{X}} - Q_{\hat{Y}}}{2Q_{\hat{X}\hat{Y}}} \tag{4-305}$$

故

$$\sqrt{1+\cot^2 2\varphi_0} = \sqrt{(Q_{\hat{X}} - Q_{\hat{Y}})^2 + 4Q_{\hat{X}\hat{Y}}^2}\,(2Q_{\hat{X}\hat{Y}})^{-1} \tag{4-306}$$

则式(4－300)的第一项可以重新写成:

$$\begin{aligned}\sigma_{\varphi_0}^2 &= \sigma_0^2\left[Q_{\hat{X}}\frac{1+\cos 2\varphi_0}{2} + Q_{\hat{Y}}\frac{1-\cos 2\varphi_0}{2} + Q_{\hat{X}\hat{Y}}\sin 2\varphi_0\right] \\ &= \frac{1}{2}\sigma_0^2[(Q_{\hat{X}} + Q_{\hat{Y}}) \pm K]\end{aligned} \tag{4-307}$$

式中,$K = 2Q_{\hat{X}\hat{Y}}\sqrt{1+\mathrm{ctan}^2 2\varphi_0} = \sqrt{(Q_{\hat{X}} - Q_{\hat{Y}})^2 + 4Q_{\hat{X}\hat{Y}}^2}$。

若记 E^2 和 F^2 分别为位差的极大值和极小值,则有点位误差极值的计算公式为

$$E^2 = \frac{1}{2}\hat{\sigma}_0^2[(Q_{\hat{X}} + Q_{\hat{Y}}) + K] \tag{4-308}$$

$$F^2 = \frac{1}{2}\hat{\sigma}_0^2[(Q_{\hat{X}} + Q_{\hat{Y}}) - K] \tag{4-309}$$

式中,σ_0^2 单位权方差因子用其估计值 $\hat{\sigma}_0^2$ 来代替。

因此,点位方差的估值也可由下式进行计算:

$$\hat{\sigma}_P^2 = E^2 + F^2 \tag{4-310}$$

有了极值 E^2 和 F^2,则可以用其表示为以 E 轴为起点的任意方向 ψ 上的位差计算公式。这种推导比较简单,可以仿照前面的方法即投影关系,得出任意方向 ψ 上的位置误差计算公式:

$$\hat{\sigma}_\psi^2 = E^2\cos^2\psi + F^2\sin^2\psi \tag{4-311}$$

4.8.2 误差椭圆

由式(4－311)可以看出位置误差曲线的形状。误差曲线的定义如下。

定义 误差曲线是以目标点 P 为极、ψ 为角、$\hat{\sigma}_\psi$ 为长度的极坐标点的轨迹,其数学表达式为

$$\hat{\sigma}_\psi^2 = E^2\cos^2\psi + F^2\sin^2\psi \tag{4-312}$$

由此可见,误差曲线对称于两个极轴(E 轴和 F 轴),如图 4－32 所示。误差曲线形象地反映了 P 点在各个方向上的位置误差,因此,误差曲线又称精度曲线。

众所周知,长、短半轴分别为 a 和 b 的椭圆方程为

$$\frac{X^2}{a^2} + \frac{Y^2}{b^2} = 1 \tag{4-313}$$

现在以 P 点的位置误差的极大值方向 φ_E 为 X'方向，以位置误差的极值 E 和 F 分别为椭圆的长、短半轴，形成一条椭圆曲线就称为点 P 的误差椭圆，如图4－33所示。

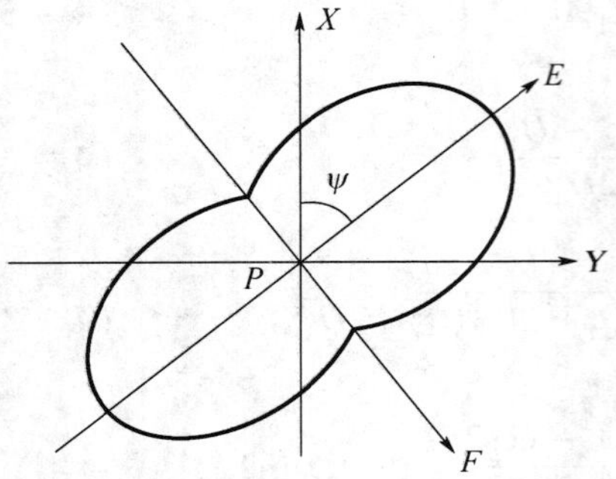

图4－32　误差曲线

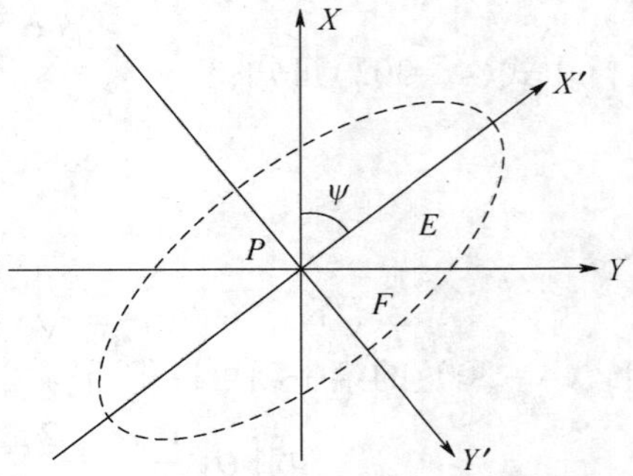

图4－33　误差椭圆

对照式(4－313)，可以写出 P 点的误差椭圆方程为

$$\frac{X'^2}{E^2}+\frac{Y'^2}{F^2}=1 \tag{4-314}$$

点位误差曲线虽然有许多用途，但它不是一种典型曲线，且作图又不方便，因此降低了它的使用价值。由于误差椭圆与误差曲线极为类似，在两个极值方向上两曲线完全重合，在其它各处，两者之差也很小，因此，在分析目标点的位置误差时经常用误差椭圆来代替误差曲线。这样作图既简单，又基本能全面、清楚地反映出被测目标点的点位误差分布情况。

误差椭圆反映出的是目标点位的二维位置误差的分布情况，对于目标点位的三维位置误差的分布情况则应以误差椭球来描述。

误差椭圆和误差曲线是用直观的二维图形对在平面上抽象的点位误差实现了具体化和可视化的描述；延伸到三维空间，则误差椭球和误差曲面是用直观的三维图形对立体空间中抽象的点位误差实现具体化和可视化描述。它们在使用上各有千秋，有着相互补充的作用。

4.8.3　相对误差椭圆

相对误差椭圆，实际上是目标点相对于跟踪仪器固定点的误差分布，也就是说，误差椭圆描述的是目标点与已知点的精度关系。而目标点与目标点的精度关系需要用相对误差椭圆来描述。

由前面介绍可知，φ_E、E 和 F 分别为误差椭圆的三个参数，它们都是由其坐标 $\hat{X}$、$\hat{Y}$ 的协因数 $Q_{\hat{X}}$、$Q_{\hat{Y}}$ 和互协因数 $Q_{\hat{X}\hat{Y}}$ 计算得到的。因此，相对误差椭圆的三个参数应该由两个指定点的坐标差 $\Delta\hat{X}$、$\Delta\hat{Y}$ 的协因数 $Q_{\Delta\hat{X}}$、$Q_{\Delta\hat{Y}}$ 和互协因数 $Q_{\Delta\hat{X}\Delta\hat{Y}}$ 计算得到。

设两个指定点为 P_j、P_k，经参数估计后，其坐标差为

$$\begin{bmatrix}\Delta X_{jk}\\ \Delta Y_{jk}\end{bmatrix}=\begin{bmatrix}-1 & 0 & 1 & 0\\ 0 & -1 & 0 & 1\end{bmatrix}\begin{bmatrix}\hat{X}_j\\ \hat{Y}_j\\ \hat{X}_k\\ \hat{Y}_k\end{bmatrix} \tag{4-315}$$

根据协因数传播律可得

$$\begin{bmatrix}Q_{\Delta\hat{X}} & Q_{\Delta\hat{X}\Delta\hat{Y}}\\ Q_{\Delta\hat{Y}\Delta\hat{X}} & Q_{\Delta\hat{Y}}\end{bmatrix}=\begin{bmatrix}Q_{\hat{X}_j}+Q_{\hat{X}_k}-2Q_{\hat{X}_j\hat{X}_k} & Q_{\hat{X}_j\hat{Y}_j}-Q_{\hat{X}_j\hat{Y}_k}-Q_{\hat{X}_k\hat{Y}_j}+Q_{\hat{X}_k\hat{Y}_k}\\ \text{对称} & Q_{\hat{Y}_j}+Q_{\hat{Y}_k}-2Q_{\hat{Y}_j\hat{Y}_k}\end{bmatrix} \tag{4-316}$$

由式(4－316)计算的 $Q_{\Delta\hat{X}}$、$Q_{\Delta\hat{Y}}$和互协因数 $Q_{\Delta\hat{X}\Delta\hat{Y}}$就可以直接写出相对误差椭圆的三个参数的计算公式：

$$\tan(2\varphi_0)=\frac{2Q_{\Delta\hat{X}\Delta\hat{Y}}}{Q_{\Delta\hat{X}}-Q_{\Delta\hat{Y}}} \tag{4-317}$$

$$E^2=\frac{1}{2}\hat{\sigma}_0^2[(Q_{\Delta\hat{X}}+Q_{\Delta\hat{Y}})+K] \tag{4-318}$$

$$F^2=\frac{1}{2}\hat{\sigma}_0^2[(Q_{\Delta\hat{X}}+Q_{\Delta\hat{Y}})-K] \tag{4-319}$$

式中，$K=\sqrt{(Q_{\Delta\hat{X}}-Q_{\Delta\hat{Y}})^2+4Q_{\Delta\hat{X}\Delta\hat{Y}}^2}$。

误差椭圆与相对误差椭圆其实并无本质的区别，无论是从概念还是计算模型的形式都是一致的。

一个目标点与另一个目标点的三维精度关系需要用相对误差椭球来描述。误差椭球也是利用坐标差的方差、协方差来求得两个三维点的相对误差椭球，其求解方法可以参照以上方法进行。

误差椭球的分析，可以在误差椭圆理论的基础上进行扩展，其方法同上面所介绍的基本一样。

参 考 文 献

[1] 王之卓. 摄影测量原理. 北京：测绘出版社，1984.

[2] 冯文灏. 非地形摄影测量. 北京：测绘出版社，1985.

[3] 吕美茜，程存虎，张正中. 机载视频测试技术在空中加油试飞的应用. 测控技术，2005，24(10)：53－56.

[4] Gloub，G H，Van Loan C F. An Analysis of the Total Least－Squared Problem. SIAM Journal on Numerical Analysis，1980 Vol. 17：883－893.

[5] 付芸，张洵，等. 非接触交会测量在空间位置测量中应用. 光电工程，2005，(09).

[6] 周绍光，郭锡福. 摄影交会测量子弹弹道的数据处理及应用. 弹道学报，1999，(04).

[7] 杨增学，杨世宏. 常规兵器试验交会测量方法及应用. 陕西西安交通大学出版社. 2010.

[8] 闫守峰，吕凤海，等. 基于最小二乘估计的电影经纬仪交会测量算法. 北京航空航天大学学报，1998，

(05).
[9] 王康相,杨增学.弹道相机水平投影交会测量法的改进及精度分析.飞行器测控学报,2005,24(4).
[10] 张玲霞,马彩文,等.靶场光电经纬仪多台交会测量的融合处理及仿真分析.光子学报,2002,31(12):1528-1532.
[11] 杨廷梧.一种新的光电跟踪测量交会模型.测控技术,2012,31(8).
[12] 杨廷梧.附有未知参数约束方程的光电跟踪测量严密算法.测控技术,2012, 31(6):22-25.
[13] 杨廷梧,贾浩正.基于投影方程的光电跟踪传感器跟踪测量模型.测控技术,2012,31(7):28-30.
[14] 杨廷梧,苏明.基于未知参数约束方程的多观测站交会模型.计算机测量与控制,2011,19(11):2854-2856.
[15] 王敏,胡绍林,安振军.外弹道测量数据误差影响分析技术及应用.北京:国防工业出版社,2008.
[16] 胡绍林,许爱华,郭小红.脉冲雷达跟踪测量数据处理技术.北京:国防工业出版社,2007.

第5章　光电图像跟踪与测量

光电图像跟踪与测量是航空飞行试验光电测量的重要组成部分。它离不开各种光电图像的采集、量测、识别与分析。随着光电传感器件技术与计算机技术的快速发展,可见光、红外、紫外、激光以及雷达等各种传感器对被测物体及背景均能够以图像的形式直观地表现出来,为人们认识世界、改造世界提供了感知事物的重要基础。本章首先描述光电测量图像预处理方法,其次介绍光电跟踪系统的跟踪算法,最后描述了利用光电图像分析飞行器的空间姿态方法。

5.1　数字图像预处理[1]

现实世界的图像与摄影过程中所获取的图像并不等同,既有颜色上的差异,又有几何形状上的变化。究其原因,是由于物体经过光学系统、成像器件、采样量化等过程后产生了退化现象。在航空飞行试验光电测量中,利用光电经纬仪或高速摄影(像)机所获取的影像同样会造成图像模糊、畸变、反差(对比度)过大或过小、亮度不够、噪声干扰等问题存在。因此,在做进一步处理之前,需要对图像进行预处理。图像预处理分模拟图像预处理或数字图像预处理,这里仅介绍数字图像的预处理。其预处理的目的是为了减小噪声的影响,提高图像的信噪比,以获得最佳的图像质量,或者对图像进行某种特定变换,为后续处理做准备。本节主要介绍图像恢复和图像分割。

5.1.1　图像恢复

图像恢复是指减弱由于在图像获取过程中发生的图像质量下降(退化)而采取的方法。这些退化包括因光学系统、运动、抖动、光电器件变形等引起的图像畸变,以及源自电路引起的噪声,受非相干光照明的物体在其表面上就已经含有引起波面统计性起伏的噪声。这些噪声将给数字图像处理带来不同程度的误差。

5.1.1.1　经典恢复滤波器

设图像$f(x,y)$经过线性系统$h(x,y)$后产生模糊,并叠加上噪声$n(x,y)$,构成了退化的图像$f'(x,y)$,退化后的图像与恢复滤波器$g(x,y)$卷积得到恢复图像$\hat{f}(x,y)$。其恢复模型如图5-1所示。

退化模型的矩阵表达式为

$$\boldsymbol{f}' = \boldsymbol{Hf} + \boldsymbol{n} \tag{5-1}$$

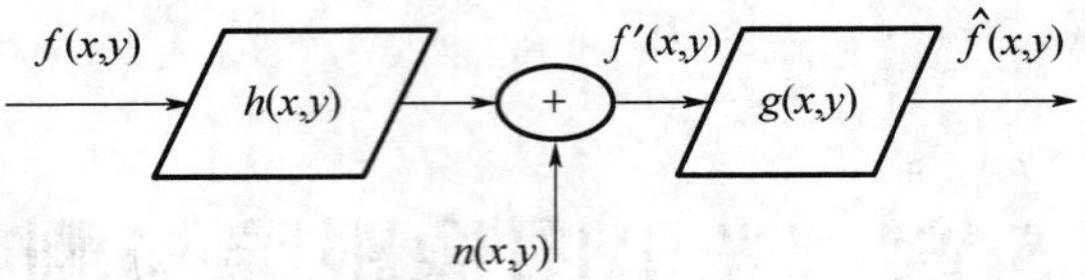

图 5－1　图像恢复模型

式中，$\boldsymbol{H}$ 为离散线性运算。

经典恢复滤波器一般有如下几种：

1）去卷积

去卷积（逆滤波）于 20 世纪 60 年代就开始广泛应用于数字图像恢复。由于信号与噪声相比，信号的频谱随着频率的升高下降很快，因此，高频部分主要是噪声。Nathan 采用的是限定去卷积传递函数最大值的方法；Harris 是采用 PSF 的解析模型对因大气抖动产生的模糊进行了去卷积处理。从那以后，去卷积就成了图像恢复的一种有效的方法。

2）维纳去卷积

在数字图像中，距离近的像素相关性强，反之，距离远的像素相关性弱。因此，图像的自相关函数会随着与原点的距离增加而下降。又因图像的功率谱是其相关函数的傅里叶变换，故图像的功率谱随着频率的升高而降低。

一般地说，噪声源往往具有平坦的功率谱，随频率升高而下降的趋势也比正常的图像功率谱慢很多。因此，可以认为图像功率谱的低频成分是以信号为主，而高频成分则是以噪声为主。Helstrom 提出了基于最小均方误差准则的估计方法，其二维传递函数的维纳去卷积滤波器为

$$G(u,v) = \frac{H^*(u,v)P_f(u,v)}{|H(u,v)|^2 P_f(u,v) + P_n(u,v)} \tag{5-2}$$

式中，P_f、P_n 分别为信号和噪声的功率谱。

维纳去卷积是一种在有噪声情况下导出去卷积传递函数的最优方法。但是，对于非平稳信号与信号处理效果不佳。

3）功率谱均衡

功率谱均衡（PSE）滤波器，又称同态滤波器，可将退化的图像恢复至原先的幅度，其形式如下：

$$G(u,v) = \left[\frac{P_f(u,v)}{|H(u,v)|^2 P_f(u,v) + P_n(u,v)}\right]^{\frac{1}{2}} \tag{5-3}$$

PSE 滤波器，当无噪声时，简化为去卷积；当无信号时，滤波器完全截止；在模糊传递函数为零时并不截止为零。PSE 滤波器具有相当强的图像恢复能力。

5.1.1.2　代数恢复方法

1）无约束最小二乘恢复

由式（5－1）可得

$$\boldsymbol{n} = \boldsymbol{f}' - \boldsymbol{H}\boldsymbol{f} \tag{5-4}$$

如果对于 $\boldsymbol{n}$ 一无所知，当取 $\hat{\boldsymbol{f}}$ 作为 $\boldsymbol{f}$ 的估计时，可采用最小二乘准则，即

$$\boldsymbol{J} = \|\boldsymbol{f}' - \boldsymbol{H}\hat{\boldsymbol{f}}\|^2 = \min \tag{5-5}$$

令

$$\begin{aligned}\frac{\partial \boldsymbol{J}}{\partial \hat{\boldsymbol{f}}} &= \frac{\partial}{\partial \hat{\boldsymbol{f}}}(\boldsymbol{f}' - \boldsymbol{H}\hat{\boldsymbol{f}})^{\mathrm{T}}(\boldsymbol{f}' - \boldsymbol{H}\hat{\boldsymbol{f}}) \\ &= -2\boldsymbol{H}^{\mathrm{T}}(\boldsymbol{f}' - \boldsymbol{H}\hat{\boldsymbol{f}}) = -2\boldsymbol{H}^{\mathrm{T}}\boldsymbol{f}' + 2\boldsymbol{H}^{\mathrm{T}}\boldsymbol{H}\hat{\boldsymbol{f}} = 0\end{aligned} \tag{5-6}$$

于是有

$$\hat{\boldsymbol{f}} = (\boldsymbol{H}^{\mathrm{T}}\boldsymbol{H})^{-1}\boldsymbol{H}^{\mathrm{T}}\boldsymbol{f}' \tag{5-7}$$

若 $\boldsymbol{H}$ 为满秩方阵，则式(5－7)可写为

$$\hat{\boldsymbol{f}} = \boldsymbol{H}^{-1}\boldsymbol{f}' \tag{5-8}$$

2）附有约束条件下最小二乘恢复

当 $\boldsymbol{H}^{-1}$ 不存在，则需要采取对运算施加某种约束来解决恢复中的病态问题。设对原图像施加某一线性运算 $\boldsymbol{Q}$，解求在约束条件

$$\|\boldsymbol{f}' - \boldsymbol{H}\hat{\boldsymbol{f}}\|^2 = \|\boldsymbol{n}\|^2 \tag{5-9}$$

下，使 $\|\boldsymbol{Q}\hat{\boldsymbol{f}}\|^2$ 取最小的原图像之最佳估计 $\hat{\boldsymbol{f}}$。

利用拉格朗日乘数法，构造一辅助函数：

$$\boldsymbol{J} = \|\boldsymbol{Q}\hat{\boldsymbol{f}}\|^2 - \lambda(\|\boldsymbol{f}' - \boldsymbol{H}\hat{\boldsymbol{f}}\|^2 - \|\boldsymbol{n}\|^2) \tag{5-10}$$

令

$$\frac{\partial \boldsymbol{J}}{\partial \hat{\boldsymbol{f}}} = 2\boldsymbol{Q}^{\mathrm{T}}\boldsymbol{Q}\hat{\boldsymbol{f}} - 2\lambda\boldsymbol{H}^{\mathrm{T}}(\boldsymbol{f}' - \boldsymbol{H}\hat{\boldsymbol{f}}) = 0 \tag{5-11}$$

则有

$$\hat{\boldsymbol{f}} = \left(\boldsymbol{H}^{\mathrm{T}}\boldsymbol{H} + \frac{1}{\lambda}\boldsymbol{Q}^{\mathrm{T}}\boldsymbol{Q}\right)^{-1}\boldsymbol{H}^{\mathrm{T}}\boldsymbol{f}' \tag{5-12}$$

把式(5－12)代入式(5－10)，可以证明，$\|\boldsymbol{n}\|^2$ 是 $\frac{1}{\lambda}$ 的单调增函数，可以用迭代法求出满足式(5－10)的待定系数 $\frac{1}{\lambda}$。因此，可以求得最佳估计值。

5.1.1.3 频域恢复方法

在很多情况下，代数复原方法计算复杂。在频域同样也可以实现图像恢复，下面介绍几种频域恢复方法。

1）能量约束最小二乘滤波

在空间域，能量约束最小二乘恢复模型为

$$\hat{\boldsymbol{f}} = (\boldsymbol{H}^{\mathrm{T}}\boldsymbol{H} + \frac{1}{\lambda}\boldsymbol{I})^{-1}\boldsymbol{H}^{\mathrm{T}}\boldsymbol{f}' \tag{5-13}$$

式(5－13)是由式(5－12)中令 $\boldsymbol{Q}=\boldsymbol{I}$ 得到的。

可以证明,在频率域它可表示为

$$\hat{G}(u,v) = \frac{1}{H(u,v)}\frac{\| H(u,v) \|^2}{\| H(u,v)^2 + r \|}F(u,v) \tag{5-14}$$

式(15－14)相当于对 $\boldsymbol{f}'$、$\boldsymbol{f}$、$\boldsymbol{H}$ 进行了一次傅氏变换。

2) 反滤波法

根据图像退化模型:

$$f'(x,y) = h(x,y) * f(x,y) + n(x,y) \tag{5-15}$$

两边取傅里叶变换,有

$$F(u,v) = H(u,v)G(u,v) + N(u,v) \tag{5-16}$$

由此可求得

$$G(u,v) = \frac{F(u,v)}{H(u,v)} - \frac{N(u,v)}{H(u,v)} \tag{5-17}$$

当噪声未知或不可分离时,可以近似取

$$\hat{G}(u,v) = F(u,v)/H(u,v) \tag{5-18}$$

由 $\hat{G}(u,v)$ 取反变换,即可得到恢复后的图像。这一结论可以直接由无约束最小二乘复原模型式(5－8)取傅氏变换得到。因此,反滤波方法也就是无约束最小二乘方法的频域解。使用此方法时,通常先对图像进行平滑,以减少噪声。

3) 功率谱均衡滤波

由图像退化模型:

$$f'(x,y) = h(x,y) * f(x,y) + n(x,y)$$

及随机过程通过线性系统后,输入、输出之间的统计关系为

$$S_{f'}(u,v) = |H(u,v)|^2 S_f(u,v) + S_n(u,v) \tag{5-19}$$

设计一均衡滤波器 $\varphi(x,y)$,使得当 $f'(x,y)$ 输入时,输出便是原图像 $f(x,y)$,因此有

$$f(x,y) = f'(x,y) * \varphi(x,y) \tag{5-20}$$

$$S_f(u,v) = |\phi(u,v)|^2 S_{f'}(u,v) \tag{5-21}$$

式中,$S_f(u,v)$、$S_{f'}(u,v)$ 分别为 $f(x,y)$ 和 $f'(x,y)$ 的自功率谱;$\phi(u,v)$ 为 $\varphi(x,y)$ 的傅里叶变换。

因此有

$$\phi(u,v) = \left| \frac{S_f(u,v)}{S_{f'}(u,v)} \right|^{1/2} = \left[\frac{S_f(u,v)}{|H(u,v)|^2 S_f(u,v) + S_n(u,v)} \right]^{1/2}$$

$$= \left[\frac{1}{|H(u,v)|^2 + S_n(u,v)/S_f(u,v)} \right]^{1/2} \tag{5-22}$$

假定噪声图像与原图像的自功率谱之比为一常数 τ,即

$$\tau = \frac{S_n(u,v)}{S_f(u,v)} \tag{5-23}$$

可以采用试探法进行图像恢复,对所求图像若不满意,则修改常数 τ,再进行恢复,直至有利于特征点的识别为止。图 5-2 为用谱均衡法恢复图像的过程。

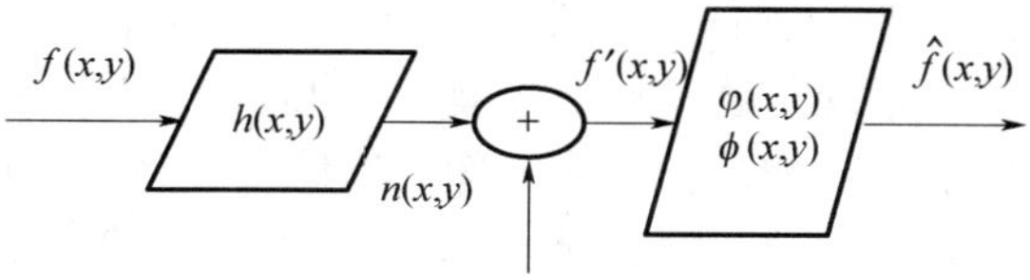

图 5-2　谱均衡法图像恢复模型

4）滑窗平滑滤波法

所谓滑窗平滑处理,就是将某像素的灰度用该像素周围像素灰度的平均值来代替,然后移至下一点,如此递推。这种方法非常简单,设某像素的灰度值为 $f'(x,y)$,用该像素周围的九个点(含该像素本身)进行求解(见图 5-3),即取其均值 $\bar{f}'(x,y)$:

$$\bar{f}'(x,y) = \frac{1}{9}\sum_{i=-1}^{1}\sum_{j=-1}^{1} f'(x+i,y+j),\ -1 < i < 1,\ -1 < j < 1 \tag{5-24}$$

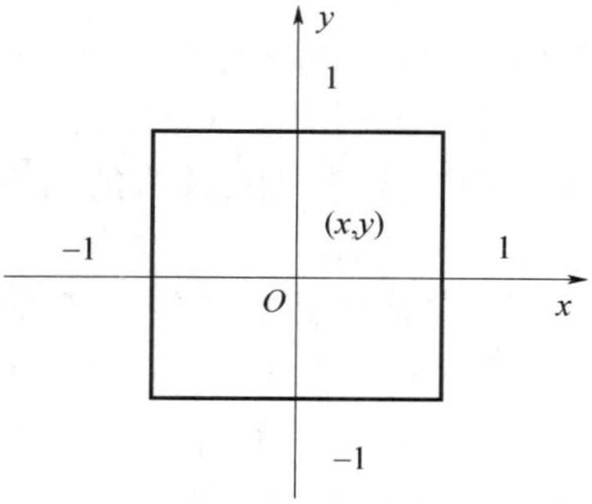

图 5-3　九像点平滑处理示意图

5.1.1.4　几何畸变图像恢复

对于非正直摄影,其图像为透射影像。由于受光学系统和成像器件的参数限制,会引起图像的几何畸变,如枕形畸变、桶形畸变和像素位移等,严重影响特征点位置的量测精度。因此,首先需要对畸变图像进行修正(恢复)。

设几何畸变修正方程为

$$x = a_0 + a_1 x' + a_2 y' \tag{5-25}$$

$$y = b_0 + b_1 x' + b_2 y' \tag{5-26}$$

式中,(x',y')与(x,y)分别为特征点修正前与修正后的像片坐标系坐标;a_i、b_i $(i=0,1,2)$分别为改正系数。

由上可知,只要有三个特征点就可以建立方程组进行改正系数解算。若有三个以上的特征点,则可以在最小二乘准则下求解改正参数。

5.1.2 图像分割

图像分割就是把图像分成各具特性的区域并提取出感兴趣目标的技术和过程。这些特性可以是像素的灰度、颜色、纹理等。目标一旦被分割出来,就可以对其进行量测。这里所说的量测是指量测图像上所感兴趣特征点的坐标。

图像分割是图像处理中的一项关键技术,自 20 世纪 70 年代起一直受到人们的高度重视。大致可分为阈值分割法、边缘检测法、区域提取法和结合特定理论工具的分割法。

1）阈值分割法

阈值分割法现已有了很多算法。对灰度图像的阈值分割就是先确定一个处于图像灰度取值范围之中的灰度阈值,然后将图像中各个像素的灰度值都与这个阈值相比较,并根据比较结果将对应的像素分为两类。这两类像素一般分属图像的两类区域,从而达到分割的目的。从该方法中可以看出,确定一个最优阈值是分割的关键。现有的大部分算法都是集中在阈值确定的研究上。阈值分割法根据图像本身的特点,可分为单阈值分割法和多阈值分割法,也可分为基于像素值的 f 值分割法、基于区域性质的阈值分割法和基于坐标位置的阈值分割方法。若根据分割算法所有的特征或准则,还可以分为直方图与直方图变换法、最大类空间方差法、最小误差法与均匀化误差法、共生矩阵法、最大熵法、简单统计法与局部特性法、概率松驰法、模糊集法、特征空间聚类法、基于过渡区的阈值选取法等。

2）基于边缘的分割法

图像最基本的特征是边缘,它是图像局部特性不连续(或突变)的结果。例如,灰度值的突变、颜色的突变、纹理的突变等。边缘检测法是利用图像一阶导数的极值或二阶导数的过零点信息来提供判断边缘点的基本依据,经典的边缘检测法是构造对图像灰度阶跃变化敏感的差分算子来进行图像分割,如 Robert 算子、Sobel 算子、Prewitt 算子、Laplacian 算子等。

3）基于区域的分割法

区域分割的实质就是把具有某种相似性质的像素连接起来构成最终的分割区域。它利用了图像的局部空间信息,可有效地克服其它方法存在的图像分割空间不连续的缺点,但它通常会造成图像的过度分割。在此类方法中:有从全图像出发,按区域属性特征一致的准则,决定每个像元的区域归属,形成区域图的区域生长准则分割法;有从像元出发,按区域属性特征一致的准则,将属性接近的像元连通聚集为区域的区域增长分割法;有综合利用上述两种方法的分裂—合并法。区域生长分割法的基本思想是将具有相似性质的像素合并起来构成区域,具体做法是选给定图像中要分割的目标物体内的一个小块或者说种子区域,再在种子区域的基础上,不断地将其周围的像素点以一定的规则加入其中,最终达到将代表该物体的所有像素点结合成一个区域的目的。该方法的关键是要选择合适的生长准则或相似准则。生长准则一般可分为三种：基于区域灰度差准则、基于区域内灰度分布统计性质准则和基于区域形状准则。分裂—合并法是先将图像分割成很多的一致性较强的小区域，再按一定的规则将小区域融合成大区域，达到分割图像的目的。

4）结合特定理论工具的分割法

图像分割至今为止尚无通用的自身理论。近年来，随着各学科许多新理论和新方法的提出，人们也提出了许多与一些特定理论、方法和工具相结合的分割技术。例如，基于数学形态学的图像分割法、基于模糊技术的图像分割法、基于人工神经网络技术的图像分割法、基于遗传算法的图像分割法、基于小波分析和变换的图像分割法等。

总之，虽然研究成果越来越多，但由于图像分割本身所具有的难度，使研究没有大的突破性进展。仍然存在的问题主要有两个：一是没有一种普遍使用的分割算法；二是没有一个好的通用的分割评价标准。

从图像分割研究的方向来看，可以看到对图像分割的研究有几个明显的趋势：一是对原有算法的不断改进。二是新方法、新概念的引入和多种方法的有效综合运用。人们逐渐认识到现有的任何一种单独的图像分割算法都难以对一般图像取得令人满意的分割效果，因而很多人在把新方法和新概念不断地引入图像分割领域的同时，也更加重视把各种方法综合起来运用。在新出现的分割方法中，基于小波变换的图像分割法就是一种很好的方法。三是交互式分割研究的深入。由于很多场合需要对目标图像进行边缘分割分析，例如对医学图像的分析等就需要进行交互式分割研究。四是对特殊图像分割的研究越来越得到重视。目前有很多针对立体图像、彩色图像、多光谱图像以及多视场图像分割的研究，也有对运动图像及视频图像中进行目标分割的研究，还有对深度图像、纹理图像、计算机断层扫描 CT 磁共振图像、共聚焦激光扫描显微镜图像、合成孔雷达图像等特殊图像的分割技术的研究。相信随着研究的不断深入，存在的问题会较快地得到解决。

5.2 特征点线检测

5.2.1 图像边缘检测

物体与背景的分界线，在图像上称为边缘线。虽然图像边缘产生的原因不同，但它们都是图像上灰度的不连续点，或灰度变化剧烈的地方。边界提取的方法很多，比较常用的有微分算子法、拟合方法、统计方法、混合方法以及 Canny 边缘检测法等[2]。

5.2.1.1 微分算子法

在特征区域边界处，灰度会发生较大的变化。如果以灰度作为边界检测的依据，则可以运用微分的方法提取边界。

5.2.1.2 曲面拟合法

采用曲面拟合检测边界的方法有三类：第一类是由拟合曲面求某点处的梯度；第二类是用阶跃曲面拟合，然后检测阶跃的高度；第三类是求出拟合曲面后，对其进行假设统计检验。

5.2.1.3 统计判别法

统计判别法主要包括两种：最佳门限法和似然比检测边界法。最佳门限法是通过计算出目标区内部、背景区以及边界上图像边缘的灰度概率分布密度，从而求出提取图像边缘边界点集的最佳灰度门限；似然比检测边界法的运用条件是图像中属于同一类区域的像素灰度服从同一正态分布。

5.2.1.4 曲线跟踪法

曲线跟踪法可以克服图像中目标区域灰度变化不剧烈或边界提取算法效果不太好等缺陷。

5.2.1.5 Canny 边缘检测法

Canny 边缘检测算子充分反映了最优边缘检测器的数学特性，对于不同类型的边缘，均具有良好的信噪比、优异的定位性能、对单一边缘产生多个响应的低概率性和对虚假边缘响应的最大抑制能力，这些性能对具有复杂背景的自然图像的边缘提取有很好的效果。

对于二维图像，Canny 认为阶跃型边缘最优边缘检测器的形状与高斯函数的一阶导数类似，利用二维高斯函数的圆对称性和可分解性，可以计算出高斯函数在任意方向上的方向导数与图像的卷积。

设二维高斯函数

$$G(x,y) = \frac{1}{2\pi\sigma^2}\exp\left(-\frac{x^2+y^2}{2\sigma^2}\right) \tag{5-27}$$

在某一方向上 $G(x,y)$ 的一阶导数为

$$G_n = \frac{\partial G}{\partial n} = \boldsymbol{n} \cdot \nabla \boldsymbol{G} \tag{5-28}$$

式中，$\boldsymbol{n} = [\cos\theta, \sin\theta]^{\mathrm{T}}$ 为单位方向向量，$\nabla \boldsymbol{G} = [G_x, G_y]^{\mathrm{T}}$ 为梯度向量。

将图像 $f(x,y)$ 与 G_n 作卷积，同时改变 $\boldsymbol{n}$ 的方向，当 $\partial(G_n * f(x,y))/\partial n = 0$ 时，可求解出当 $G_n * f(x,y)$ 取得最大值时的 $\boldsymbol{n}$：

$$\boldsymbol{n} = \frac{\nabla \boldsymbol{G} * f(x,y)}{\| \nabla \boldsymbol{G} * f(x,y) \|} \tag{5-29}$$

很显然 $\boldsymbol{n}$ 正交于检测边缘的方向，即在该方向上，$\boldsymbol{G}_n * f(x,y)$ 有最大输出

响应：

$$|G_n * f(x,y)| = \| \nabla G * f(x,y) \| \tag{5-30}$$

式(5－27)中 σ 影响原始模板截断成有限的尺寸 $N=b\sqrt{2\sigma}+1$ 的大小，其中 b 为权值。

因此利用 Canny 边缘检测算法，一方面可以大大地限制背景干扰，另一方面可以有效地提高运行的速度，其具体算法可归纳为：

(1) 用高斯滤波器平滑图像；

(2) 用一阶偏导的有限差分来计算梯度的幅值和方向；

(3) 对梯度幅值进行目标大值抑制；

(4) 用双阈值算法检测和连接边缘。

5.2.2 特征标志中心检测

特征标志是在试验目标上人工设置的特殊标志，其目的是为了在目标运动过程中进行精确观测或事后精确量测其坐标值。在试验中，人工设置的特殊标志多为黑白十字标志，其优点一是黑白反差较大；二是十字标志的点位精度最高，有利于观测和保证坐标量测精度。

5.2.2.1 黑白十字标志中心检测

常用的黑白十字标志如图 5－4 所示，是为了易于观测所设。在搜索区域内，首先确定标志点的处理区域，然后检测出两条相交直线，再建立直线方程，最后求解出两直线的交点，即十字标志中心的精确坐标。

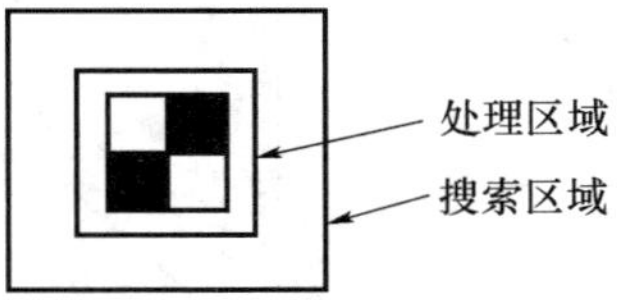

图 5－4　特征点示意图

1. 基于 Hough 变换的直线检测

Hough 变换是提取目标形状特征的有效方法，它应用了基于表决原理的参数估计技术，其基本原理是根据待检测曲线（包括直线、圆等）的函数表达式，将经边缘检测与阈值化后的边缘图像中的边缘点坐标（像素位置）代入该表达式，当表达式得到满足时，则认为该组参数“得到一票”（有一个像素符合该组参数），将所有边缘点代入所有参数的函数表达式后，则每组参数的票数统计结果已知，然后取获得最多表决（最多投票）的参数作为待检测曲线的参数，在边缘图像含有多条曲线时，可以对投票结果进行阈值化，取所有超过某阈值的参数组，得到多条曲线的参数表达式。

Hough 变换检测直线是利用点—线的对偶性（见图 5－5）。在笛卡儿直角坐

标系下,直线的方程为

$$y = px + q \tag{5-31}$$

式中,(x,y)为直线上某点的坐标;p、q分别为直线的斜率和截距。

式(5-31)也可以改写为:

$$q = -px + y \tag{5-32}$$

从式(5-31)和式(5-32)可以看出,在参数空间 PQ 的一个点(p_i,q_i)可以映射到图像空间 XY 中的一条直线 $y=p_ix+q_i$;同样,图像空间 XY 的一个点(x_k,y_k)也可以映射到参数空间 PQ 的一条直线 $q=-x_kp+y_k$,这就是 Hough 变换的点—线对偶性。

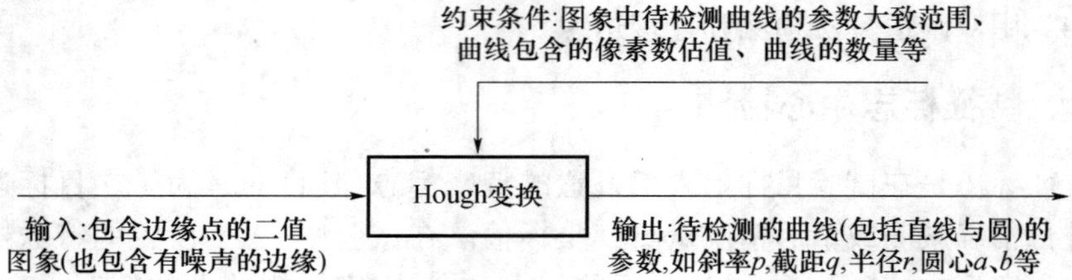

图5-5　Hough 变换直线检测

若考虑图像空间 XY 有两个点(x_i,y_i)和(x_j,y_j),这两个点在参数空间 PQ 将映射到两条直线,分别是 $q=-px_i+y_i$ 和 $q=-px_j+y_j$,参数空间 PQ 到这两条直线必然相交于一点,设该点为(p_k,q_k),该点又映射到图像空间 XY 的一条直线:$y=p_kx+q_k$,由点—线对偶性知,点(x_i,y_i)和(x_j,y_j) 在该直线上,如图5-6所示。

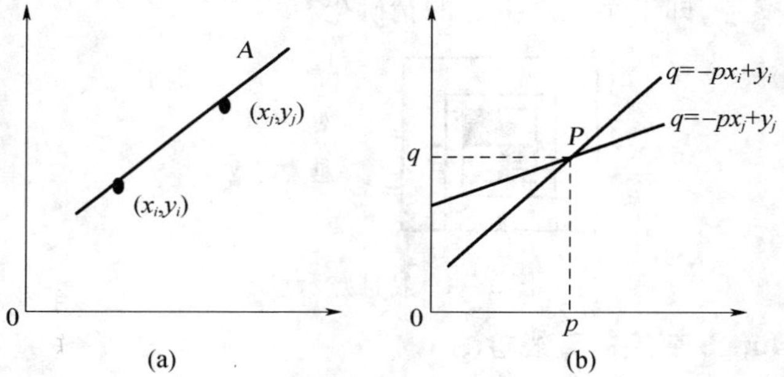

图5-6　Hough 变换中图像空间与参数空间中点和线的对偶性
(a) 图像空间;(b) 参数空间。

于是得到了关于 Hough 变换的一个重要结论:由点—线的对偶性,图像空间中的两点决定了一条直线 A,这两点在参数空间中映射到两条直线,并相交于点 $P(p,q)$,该点反映射到图像空间的直线 A,且该点 $P(p,q)$的坐标值就是图像空间中直线 A 的斜率、截距参数。因此,在笛卡儿坐标系下 Hough 变换检测直线的主要计算方法是,对参数空间进行适当的整数量化,使其成为一个有限的二维离散空间 P_nQ_n,并用一个同样大的二维累加器数组 $A(p_n,q_n)$来跟踪此二维空间,对图像空

间 XY 中的每一个边缘像素，遍历二维离散参数空间 P_nQ_n 的其中一维参数，并按式(5－32)计算另一个参数，在累加器数组 $A(p_n,q_n)$ 相应的 p_n,q_n 的位置加 1。计算完图像空间中的所有像素后，累加器数组 $A(p_n,q_n)$ 中所有元素的数值就代表了在图像空间中，有多少个像素同时处于在以该元素在数组中的位置作为参数的直线上，找出其中的最大值，就得到了图像空间中最多像素的直线的参数方程，以及该直线包含的像素个数。另外，也可以取阈值 T，对累加器数组 $A(p_n,q_n)$ 中所有大于阈值 T 的元素，都认为图像空间存在一条直线，直线的参数是该元素在 $A(p_n,q_n)$ 中所处的位置，且这些直线包含的像素都大于阀值 T。Hough 变换检测直线的基本思想是利用点—线的对偶性，即图像空间共线的点对应参数空间相交的线。因此，将图像空间中直线上的点 (x,y) 通过 Hough 变换映射到参数空间中，就可得到图像中最长的两条直线的参数。

2. 直线方程

在笛卡儿坐标系下，直线的斜率 $p\to\infty$ 或 $q\to\infty$ 时，Hough 变换的计算是难于实现的。在这种情况下，需要对 Hough 变换进行改进，使用直线极坐标方程表示(图 5－7)：

$$\rho = x\cos\theta + y\sin\theta \tag{5-33}$$

式中，ρ 为从原点到直线的垂线长度；θ 为垂线与 x 轴正向夹角。

对标志图像进行 Hough 变换，可以得到多条直线，取参数空间累加结果最大的两项，即为过标志中心的交叉线，如图 5－8 所示。

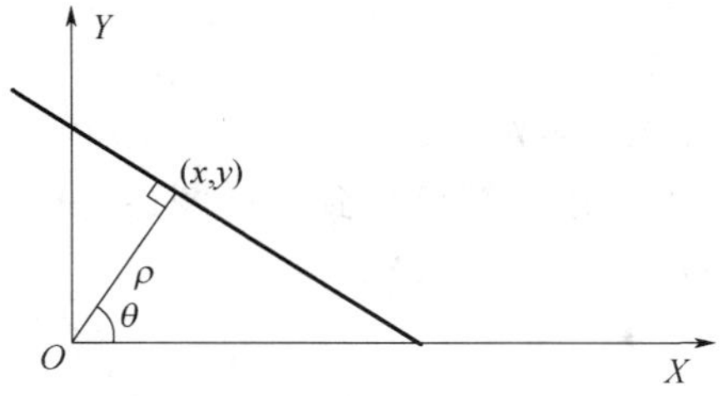

图 5－7　直线 $\rho = x\cos\theta + y\sin\theta$ 的极坐标表示

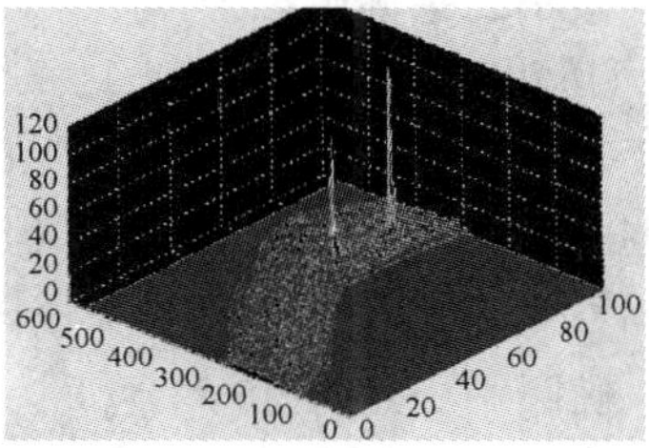

图 5－8　极坐标下用 Hough 变换检测直线的累加器矩阵三维图

3. 标志中心位置计算

当得到两条相交直线各自在参数空间的值 (ρ_1,θ_1)、(ρ_2,θ_2) 时，就可以通过解方程组得到两条相交直线相交中心的坐标值 (x,y)，如图 5－9 所示。

$$\begin{bmatrix}\rho_1\\ \rho_2\end{bmatrix} = \begin{bmatrix}\cos\theta_1 & \sin\theta_1\\ \cos\theta_2 & \sin\theta_2\end{bmatrix}\begin{bmatrix}x\\ y\end{bmatrix} \tag{5-34}$$

则有

$$\begin{bmatrix}x\\ y\end{bmatrix} = \begin{bmatrix}\cos\theta_1 & \sin\theta_1\\ \cos\theta_2 & \sin\theta_2\end{bmatrix}^{-1}\begin{bmatrix}\rho_1\\ \rho_2\end{bmatrix} \tag{5-35}$$

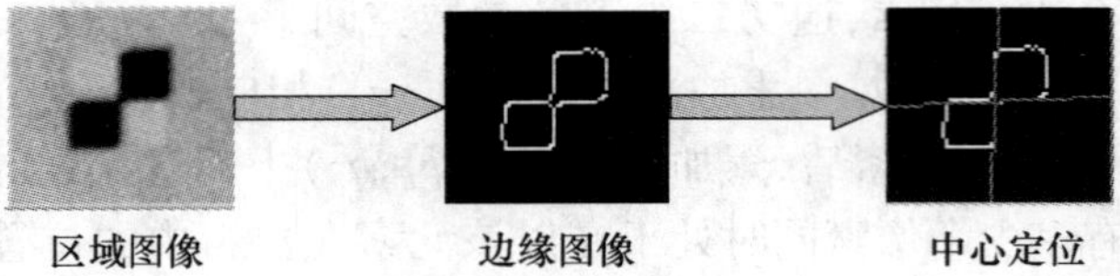

图 5－9　四象限标志中心定位图例

5.2.2.2　圆形或椭圆形中心位置检测

对于椭圆形物体或标志的图像，其中心位置检测方法如下：

1. 图像亚像素边缘检测

利用 Sobel 算子对边缘进行粗定位，在粗定位的边缘点上沿梯度方向求梯度幅值 $G(x,y)$；根据 $G(x,y)$ 的值确定包含边缘的区间，即对给定的阈值 T，确定满足 $G(x,y)>T$ 的 (x,y) 取值区间。

利用梯度分量 G_x、G_y 作为权值，沿梯度方向的边缘位置亚像素级校正模型为

$$\Delta d_x = \sum_{t=1}^{n} G_{x_t} d_{x_t} / \sum_{t=1}^{n} G_{x_t} \tag{5-36}$$

$$\Delta d_y = \sum_{t=1}^{n} G_{y_t} d_{y_t} / \sum_{t=1}^{n} G_{y_t} \tag{5-37}$$

式中，d_x、d_y 为一个像素点沿梯度方向与粗定位边缘点的距离分量；G_x、G_y 为梯度分量；n 为沿梯度方向上 $G(x,y)>T$ 的像素点个数。

2. 最小二乘椭圆拟合

平面椭圆方程为

$$x^2 + 2Bxy + Cy^2 + 2Dx + 2Ey + F = 0 \tag{5-38}$$

根据最小二乘法列出误差方程式，并将上面方法计算所得到的椭圆边缘的像素坐标代入方程，便可得到平面椭圆方程的系数 (B,C,D,E,F)。

3. 椭圆中心点坐标 (x_0, y_0)

椭圆中心点坐标分别为

$$x_0 = \frac{BE - CD}{C - B^2} \tag{5-39}$$

$$y_0 = \frac{BD - EC}{C - B^2} \tag{5-40}$$

在飞机起飞着陆过程中，为了实现对飞机的自动跟踪和航迹测量，可以利用此方法对飞机起落架图像进行自动检测和中心定位（图 5－10）。

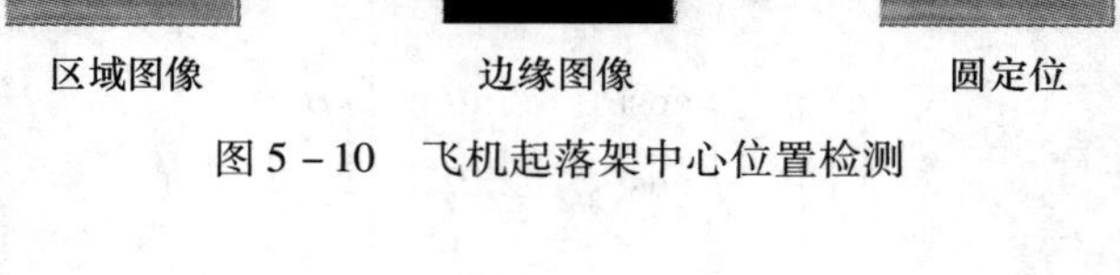

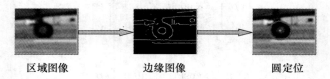

图 5－10　飞机起落架中心位置检测

5.2.3 序列图像中特征点检测

在序列图像中，特征点检测算法可用于像点坐标的自动量测，也可用于光电经纬仪对运动目标的自动跟踪。

在对运动目标的高速摄影中，相邻图像中标志点的位置变化很小，前一帧图像标志点精确定位后，将处理区域中的图像作为模板，在下一帧图像的跟踪搜索区域内进行图像模板匹配，完成下一帧图像中标志点位置的粗定位。根据粗定位位置自动确定跟踪搜索区域和图像处理区域，对处理区域内的图像进行标志点精确定位，记录标志点坐标，然后再进行下一帧图像的处理，直到全部图像处理结束，输出每一帧图像中每个标志点的坐标数据。

对于运动目标的跟踪，算法必须满足其实时测量要求。常用的算法有差分法、自适应运动检测法等。

5.2.3.1 差分法

将同一背景不同时刻两幅图像进行比较，可以反映出一个运动物体在此背景下运动的结果。比较简单的一类方法是将两图像做“差分”或“相减”运算，从相减后的图像中，很容易发现运动物体的特征信息。

在相减后的图像中，灰度不发生变化的部分被减掉，这里包括大部分背景和一小部分目标。若背景比目标灰度低，则前区为正，后区为负，其它部分为零。由于检出的部分可以大概确定运动目标在图像上的位置，使用相关法时就可以缩小搜索范围。

对实际的运动图像，因为其抑制噪声能力差，一般不使用简单的相减方法。可以不直接利用像素间灰度值的差，而是研究小区域间的相似性。利用小区域的灰度均值、方差等特征构造差异作为判别的尺度。这种差分图像分析法是运动图像分析中最基本的方法。

5.2.3.2 自适应运动检测法

该方法是利用参考图像与输入图像背景的相关性质，调节加权系数，使输出图像中消除相关因素。消除了背景杂波和噪声，保留了灰度发生变化的部分，从而可以快速的识别运动目标，达到快速定位测量的效果。

差分法计算简单、效果好，但它要求目标与背景反差较大、绝对静止或基本无变化(噪声小)，因而不适应背景反差小和噪声比较大的环境。自适应运动检测法只对小目标、点目标的识别定位测量有效。

5.2.4 快速跟踪算法

在实时跟踪测量系统中，电视跟踪采用多种跟踪模式以适应不同的目标、背景以及精度要求，其算法主要为二值质心跟踪、相关跟踪算法。

1）二值质心跟踪

设目标的总像素数为

$$M_0 = \sum_{i=1}^{m}\sum_{j=1}^{n} IP(i,j) \tag{5-41}$$

式中，i、j 分别表示 x、y 方向坐标值；m、n 表示窗口尺寸。

一阶原点矩：

$$M_x = \sum_{i=1}^{m}\sum_{j=1}^{n} i \cdot IP(i,j) \tag{5-42}$$

$$M_y = \sum_{i=1}^{m}\sum_{j=1}^{n} j \cdot IP(i,j) \tag{5-43}$$

则目标质心位置为

$$X_0 = M_x/M_0 \tag{5-44}$$

$$Y_0 = M_y/M_0 \tag{5-45}$$

2）相关跟踪

相关跟踪是应用最多的一种算法。其基本原理为：经人工选取模板，在配准区域内进行图像匹配，找到最佳配准点作为跟踪点。以下是一种简化的相关模型。设实时图像为 $f(x,y)$，模板为 $g(x,y)$，模板尺寸为 $M \times N$，则数学模型为

$$c(x,y) = \sum_{i=1}^{M}\sum_{j=1}^{N} |f(x+i,y+j) - g(x+i,y+j)| \tag{5-46}$$

$$s.t.\ \min(x,y)$$

5.3 基于小波金字塔的模板匹配算法[3]

5.3.1 模板匹配原理

模板匹配是数字图像处理的方法之一。把不同传感器或同一传感器在不同时间、不同成像条件下对同一景物获取的两幅或多幅图像在空间上对准，或根据已知模式到另一幅图中寻找相应模式的处理方法就叫做模板匹配。该法是以目标形态特征为判据来实现对目标的检测和跟踪。即使在复杂背景环境下，跟踪灵敏度和稳定度都较高，比较适用在复杂背景下机动目标的自动跟踪。

设 I、J 分别是 CCD 获取的序列图像中的相邻两张二维灰度图像，图像中一点 $\boldsymbol{X} = [x \quad y]^{\mathrm{T}}$ 在 I、J 中的灰度值分别用 $I(\boldsymbol{X}) = I(x,y)$、$J(\boldsymbol{X}) = J(x,y)$ 来表达。在图像 I 中通过人工选取一点 $\boldsymbol{U} = [u_x \quad u_y]^{\mathrm{T}}$ 作为跟踪特征点，跟踪的目的就是要找出 $\boldsymbol{U}$ 点在图像 J 中的坐标：

$$\boldsymbol{V} = \boldsymbol{U} + \boldsymbol{d} = [u_x + d_x \quad u_y + d_y]^{\mathrm{T}} \tag{5-47}$$

式中，$\boldsymbol{d} = [d_x \quad d_y]^{\mathrm{T}}$ 为 $\boldsymbol{X}$ 点运动向量，也称为在 $\boldsymbol{X}$ 点光流。

定义匹配块大小为$(2\omega_x+1, 2\omega_y+1)$，图像数据在$I$和$J$中的相似度最小均方差计算函数为

$$\varepsilon(\boldsymbol{d}) = \varepsilon(d_x, d_y) = \sum_{x=u_x-\omega_x}^{u_x+\omega_x} \sum_{y=u_y-\omega_y}^{u_y+\omega_y} (I(x,y) - J(x+d_x, y+d_y))^2 \tag{5-48}$$

通过对式(5－48)求极值，可以估计出位移向量$\boldsymbol{d}=[d_x \quad d_y]^{\mathrm{T}}$。$\omega_x$、$\omega_y$在实际工程中常取整数3～7。匹配结束后，可以用匹配误差的相对大小作为目标判别依据，误差最小的位置就是目标位置(见图5－11)。

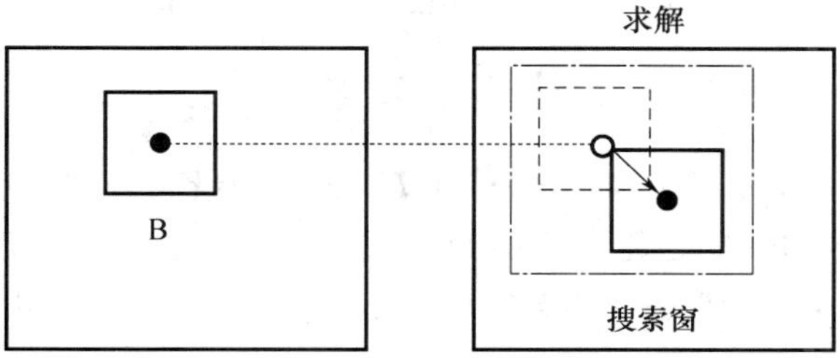

图5－11　模板匹配示意

匹配算法大致可以分为关系结构匹配法、基于特征的匹配法和基于灰度的匹配法三大类，但在目标跟踪中，常用第三类。同时由于搜索模板计算量较大，因此人们也相应地提出了基于相似性检测、金字塔法和遗传算法的搜索优化方法。

5.3.2　图像金字塔

当观察图像时，通常看到的是连接纹理与灰度级相似的区域，它们相结合形成物体。如果物体的尺寸很小或对比度不高，通常采用较高的分辨率观察；如果物体的尺寸很大或对比度很强，只需要较低的分辨率。如果物体尺寸有大有小，或对比度有强有弱的情况同时存在，以不同分辨率对它们进行研究将具有优势，这就是多分辨率处理的优势所在。以多分辨率来处理图像的这种方法有效，但概念简单的结构是图像金字塔。图像金字塔最初用于机器视觉和图像压缩，一幅图像的金字塔是一系列以金字塔形状排列的分辨率逐步降低的图像集合。金字塔的底部表示的是高分辨率图像，而顶部是低分辨率的近似图像。当向金字塔的上层移动时，尺寸和分辨率降低。

金字塔分级搜索方法是利用分辨率逐步降低生成一个基于灰度的金字塔，在金字塔的顶层，影像的尺寸最小，分辨率最低；把原始影像看成金字塔的底层，分辨率最高，如图5－12所示。在此基础上进行基于灰度的分层影像匹配。影像金字塔主要被用来引导同名像点，将上一层匹配的结果映射到金字塔的下一层作为该层匹配的初值，以减小搜索同名像点的范围，从而减少计算量。

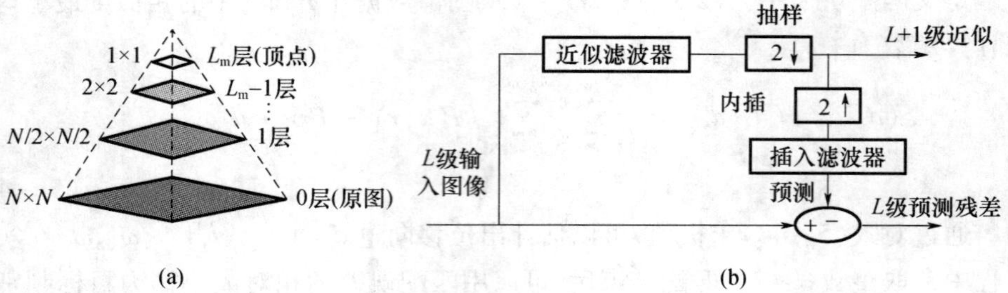

图 5-12 金字塔构建方法

(a)金字塔结构;(b)建立金字塔的方框图。

5.3.2.1 高斯金字塔(低通滤波图像抽样)

这里先定义一个图像 I 的金字塔,让 $I^0=I$ 作为最高分辨率第 0 层图像(未处理原始图)。图像的分层是建立在回归方式基础上:由 I^0 计算 I^1,然后由 I^1 计算 I^2,如此递推。让 $L=1,2,\cdots$ 作为金字塔层数,让 I^{L-1} 作为 $L-1$ 层。那么图像 I^{L-1} 定义如下:

$$
\begin{aligned}
I^L(x,y) = {} & \frac{1}{4}I^{L-1}(2x,2y)+\frac{1}{8}(I^{L-1}(2x-1,2y)+I^{L-1}(2x+1,2y)+\\
& I^{L-1}(2x,2y-1))+\\
& \frac{1}{8}I^{L-1}(2x,2y+1)+\frac{1}{16}(I^{L-1}(2x-1,2y-1)+\\
& I^{L-1}(2x+1,2y+1))
\end{aligned}
\tag{5-49}
$$

式中,$I^L(x,y)$ 为金字塔分层后 L 层 (x,y) 像素点的灰度值。

对于典型图像一般情况分层不需要超出 4 层。例如,对 I^0 为 640×480 的一个图像,图像 I^1、I^2、I^3 和 I^4 被分层后大小是 320×240、160×120、80×60、40×30。通过上式便可构造出图像金字塔。

5.3.2.2 小波金字塔(小波变换)

小波变换是当前应用数学和工程学科中一个迅速发展的新领域,经过近 10 多年的探索研究,理论基础更加完善。与 Fourier、Gabor 变换相比,小波变换是空间(时间)和频率的局部变换,因而能更有效地从信号中提取信息。通过伸缩和平移等运算功能可对函数或信号进行多尺度的细化分析,解决了 Fourier 变换不能用于局部分析的问题。1987 年,Mallat 首次把小波作为分析基础用于多分辨率理论,将多种学科的技术有效地统一在一起,如信号处理的子带编码、数字语音识别的积分镜像过滤以及金字塔图像处理。

利用二维 Mallat 分解算法,把一幅图像分解成为一系列子带,它们可以重组在一起无失真地重建原始图像,每个子带通过对输入进行带通滤波而得到,所得到的子带带宽要比原始图像小,子带可以进行无信息损失的抽样,低频子带构成金字塔灰度图像层。

对于二维图像而言，利用 Mallat 分解算法通过张量积由一维正交小波构造二维正交小波基，从而得到离散图像的多尺度分解。对于二维函数空间 $L^2(Z\times Z)$ 上的任意信号 $f(x,y)$，将它在子空间 $\Lambda_{(j)}^{(p)}$ 上正交投影记为 $f_j^{(p)}(x,y)$，则可以写成如下正交级数：

$$f_j^{(p)}(x,y)=\sum_{(p,q)\in Z\times Z} d_{j,p,q}^{(p)}\vartheta_{j,p,q}^{(p)}(x,y),p=0,1,2,\cdots \tag{5-50}$$

式中，

$$d_{j,p,q}^{(p)}=\int_{Z\times Z} f(x,y)\bar{\vartheta}_{j,p,q}^{(p)}(x,y)\,\mathrm{d}x\mathrm{d}y$$

Mallat 二维小波分解快速算法可写为

$$\begin{cases} d_{j,k,l}^{(0)}=\sum\limits_{(p,q)\in Z\times Z} h(p-2k)h(q-2l)d_{j-1,p,q}^{0} \\ d_{j,k,l}^{(1)}=\sum\limits_{(p,q)\in Z\times Z} h(p-2k)g(q-2l)d_{j-1,p,q}^{0} \\ d_{j,k,l}^{(2)}=\sum\limits_{(p,q)\in Z\times Z} g(p-2k)h(q-2l)d_{j-1,p,q}^{0} \\ d_{j,k,l}^{(3)}=\sum\limits_{(p,q)\in Z\times Z} g(p-2k)g(q-2l)d_{j-1,p,q}^{0} \end{cases} \tag{5-51}$$

式中，$h(n)$ 和 $g(n)$ 分别为对应同一小波基的低通和高通滤波器。

$d_{j,k,l}^{(0)}$ 反映原图像的低频信息，也称平滑图像。$d_{j,k,l}^{(1)}$ 是垂直方向高频，水平方向低频的分量，反映原图的水平边缘。$d_{j,k,l}^{(2)}$ 是水平方向高频，垂直方向低频的分量，反映原图的垂直边缘。而 $d_{j,k,l}^{(3)}$ 在水平方向和垂直方向均为高频分量，反映原斜线边缘。利用二维 Mallat 分解算法，把一幅图像分解成为一系列子带，每个子带是通过对输入进行带通滤波而得到，用低频子带构成金字塔灰度图像层。这样做的目的主要是为了滤除原图像的高频噪声，防止在噪声环境进行运动估计时，由于存在大量局部极值点而导致匹配不准确。由于光流计算使用了微分计算，当目标运动速度较大时，微分误差很大，同时对噪声敏感。经过小波滤波、金字塔分层后的图像，不仅提高了匹配速度，同时也解决了目标快速运动和高频噪声影响匹配精度的问题。

金字塔的多级影像匹配具有速度快、可靠性高的特点，所以不同影像金字塔均可以实现由粗到精的匹配策略并提高匹配的效率，但不同的影像金字塔对其匹配结果影响不同。研究表明：对数字影像而言，基于小波影像金字塔的匹配成功率最高，其次是高斯影像金字塔和拉普拉斯影像金字塔。小波影像金字塔有以下优点：

（1）金字塔分层的时候，总希望尽可能地保持原有影像的所有信息，以尽可能减小匹配传递的误差率。而小波分析把上一层影像的所有信息都保存下来，分别存在三个分量中，所以它是一种无损的变换。并由于它的低频分量是光滑的，所以有利于影像相关的正确实施。

(2) 小波分析是可以重建的。这对金字塔分层来说非常重要,因为可以重建,所以不必每层都用原始影像重新计算,这大大提高了速度。

(3) 小波影像金字塔每一层都由一个直流分量、三个特征分量组成,利用特征分量可以进行特征提取,用于特征匹配。

(4) 金字塔的所有层的数据量与原始影像量大小一样,又因为可以重建,所以内存中可以释放原始影像数据,这样,金字塔分层后所需的内存空间大小没有丝毫增加。

(5) 小波变换具有快速算法,所以基于小波变换的图像匹配计算量小,速度快。

正因为小波影像金字塔的这些优势,近几年来小波影像金字塔广泛用于影像匹配中。

5.3.3 金字塔模板匹配

5.3.3.1 光流法原理

光流法是运动图像分析的重要方法。光流表达了图像的变化,由于它包含了图像运动的信息,因此可以被观察者用来确定目标的运动情况,从光流的定义可以看出,它包含三方面意思:一是速度场,这是光流形成的必要条件;二是光学特性的部位(如有灰度的像素点),它能携带信息;三是成像投影(从场景到图像平面),因而能被观察到。

光流场的计算最初是由 Horn 和 Schunk 提出的,由于在图像序列中相邻图像之间的时间间隔不大,而且是在图像灰度变化很小的前提下,推导出的基本光流约束方程(Optical Flow Constraint Equation)。

设 $I(x,y,t)$ 是图像点 (x,y) 在时刻 t 的照度,如果 v_x 和 v_y 是该点光流的 x 和 y 分量,假定点在 $t+\delta t$ 时运动到 $(x+\delta x, y+\delta y)$ 时,照度保持不变,其中,$\delta x = u\delta t$,$\delta y = v\delta t$,即有

$$I(x + u\delta t, y + v\delta t, t + \delta t) = I(x,y,t) \tag{5-52}$$

如果亮度随 x、y、t 平稳变化,则可以将上式的左边用泰勒级数展开:

$$I(x,y,t) + \delta x \frac{\partial I}{\partial x} + \delta y \frac{\partial I}{\partial y} + \delta t \frac{\partial I}{\partial t} + e = I(x,y,t) \tag{5-53}$$

式中,e 为关于 δx、δy、δt 的二阶和二阶以上的项。

式(5-53)两边的 $I(x,y,t)$ 相互抵消,两边除以 δt,并取极限 $\delta t \to 0$,得

$$\frac{\partial I}{\partial x}\frac{\mathrm{d}x}{\mathrm{d}t} + \frac{\partial I}{\partial y}\frac{\mathrm{d}y}{\mathrm{d}t} + \frac{\partial I}{\partial t} = 0 \tag{5-54}$$

式(5-54)实际上是下式的展开式:

$$\frac{\mathrm{d}I}{\mathrm{d}t} = 0 \tag{5-55}$$

设

$$I_x = \frac{\partial I}{\partial x}, \quad I_y = \frac{\partial I}{\partial y}, \quad I_t = \frac{\partial I}{\partial t}$$

$$u = \frac{\mathrm{d}x}{\mathrm{d}t}, \quad v = \frac{\mathrm{d}y}{\mathrm{d}t}$$

式中,I_x、I_y 为图像点灰度的空间梯度;I_t 为图像的灰度随时间变化率;u、v 为光流。

则可以得到空间和时间梯度与速度分量之间的关系:

$$I_x u + I_y v + I_t = 0 \tag{5-56}$$

5.3.3.2 特征点跟踪

图像匹配的目的是,在图像 I 中找出特征点 u 在图像 J 中位置变化量 d,特征点 u 在金字塔 I^L 中定义为 $u^L = (u_x^L, u_y^L)$,可得

$$u^L = \frac{u}{2^L} \tag{5-57}$$

光流计算首先从金字塔的最顶层 L_m(L_m 为金字塔层数)开始,然后,计算的结果被传递到 $L_m - 1$ 层作为计算初始值,根据推测,在 $L_m - 1$ 搜索计算,结果再传递到 $L_m - 2$,如此递推,直到 0 层(原始图像)。L 层图像匹配最小均方差计算公式如下:

$$\boldsymbol{\varepsilon}^L(d^L) = \boldsymbol{\varepsilon}^L(d_x^L, d_y^L) = \sum_{x = u_x^L - \omega_x}^{u_x^L + \omega_x} \sum_{y = u_y^L - \omega_y}^{u_y^L + \omega_y} [I^L(x,y) - J^L(x + g_x^L + d_x^L, y + g_y^L + d_y^L)]^2 \tag{5-58}$$

在金字塔的最顶层设置为 $\boldsymbol{g}^{Lm} = [0 \quad 0]^{\mathrm{T}}$,在所有层匹配块$(2\omega_x + 1, 2\omega_y + 1)$均为常量,光流 $\boldsymbol{d}^L = [d_x^L \quad d_y^L]^{\mathrm{T}}$ 在金字塔层中都很小,通过 Lucas - Kanade 容易进行计算,即

$$\boldsymbol{g}^{L-1} = 2(\boldsymbol{g}^L + \boldsymbol{d}^L) \tag{5-59}$$

金字塔计算的优点是明显的,在顶层相当于把匹配块增大了$(2^{L_m+1} - 1)$,当金字塔层数为 $L_m = 3$ 时,相当把匹配块放大 15 倍,这意味这在金字塔算法中可以选用小的匹配块进行快速目标匹配跟踪,同时大大降低了运算量。

5.3.3.3 光流迭代计算

光流计算的核心是在金字塔的每一层 L 通过计算最小匹配误差 $\boldsymbol{\varepsilon}^L$ 的方法计算出运动向量 $\boldsymbol{d}^L$。由于是在金字塔的每一层进行相同的操作,因此不需要再用金字塔层上标来标识图像。为了表达方便,重新定义 L 层中的两帧图像为

$$A(x,y) = I^L(x,y) \tag{5-60}$$

$$B(x,y) = J^L(x + g_x^L, y + g_y^L) \tag{5-61}$$

同样,为了描述清楚,改变速度向量 $\boldsymbol{v} = [v_x \quad v_y]^{\mathrm{T}} = \boldsymbol{d}^L$,同样特征点位移向量为 $\boldsymbol{p} = [p_x \quad p_y]^{\mathrm{T}} = \boldsymbol{u}^L$。用新的符号重新表达通过最小匹配均方差误差计算运动向

量 $\boldsymbol{v}=[v_x \quad v_y]^{\mathrm{T}}$ 的计算方程为

$$\varepsilon(\bar{\boldsymbol{v}}) = \varepsilon(v_x,v_y) = \sum_{x\in\omega}\sum_{y\in\omega}[A(x,y) - B(x+v_x+g_x, y+v_y+g_y)]^2 \quad (5-62)$$

Lucas – Kanade[Lucas 1981] 假设在一个小的空间邻域上运动向量保持恒定，通过函数微分计算最小值：

$$\left.\frac{\partial\varepsilon(\bar{\boldsymbol{v}})}{\partial\bar{\boldsymbol{v}}}\right|_{\bar{v}=\bar{v}_{opt}} = 0 \quad (5-63)$$

展开式(5-63)，得到

$$\sum_{x\in\omega}\sum_{y\in\omega}[A(x,y) - B(x+v_x, y+v_y)]\cdot[I_x \quad I_y] = 0 \quad (5-64)$$

对式(5-64)中 $B(x+v_x,y+v_y)$ 在 $\bar{\boldsymbol{v}}=[0 \quad 0]$处用一阶泰勒级数展开，得

$$\sum_{x\in\omega}\sum_{y\in\omega}[A(x,y) - (B(x,y) + [I_x \quad I_y]\bar{v})]\cdot[I_x \quad I_y] = 0 \quad (5-65)$$

由于矩阵$\left[\frac{\partial B}{\partial x} \quad \frac{\partial B}{\partial y}\right]$是图像梯度向量，对符号进行微小改变，则有

$$\nabla\boldsymbol{I} = \begin{bmatrix} I_x \\ I_y \end{bmatrix} = \begin{bmatrix} \frac{\partial B}{\partial x} \\ \frac{\partial B}{\partial y} \end{bmatrix} \quad (5-66)$$

图像微分 I_x、I_y 可以直接从第一帧图像 $A(x,y)$ 计算得到，如果将中心差分用于微分计算，两个图像的微分计算可以用下面两个方程式表示：

$$I_x(x,y) = \frac{\partial A(x,y)}{\partial x} = \frac{1}{2}(A(x+1,y) - A(x-1,y)) \quad (5-67)$$

$$I_y(x,y) = \frac{\partial A(x,y)}{\partial y} = \frac{1}{2}(A(x,y+1) - A(x,y-1)) \quad (5-68)$$

通过式(5-67)和式(5-68)即可解算出光流 $\bar{\boldsymbol{v}}$，在计算 $\bar{\boldsymbol{v}}$ 时，可利用牛顿迭代法。在进行迭代时，初始值可设为 $\bar{\boldsymbol{v}}^0=[0 \quad 0]$，当 k 次迭代计算 $\bar{\boldsymbol{v}}^k - \bar{\boldsymbol{v}}^{k-1} < \delta$ 阈值时，计算结束，得到 L 层光流 $\bar{\boldsymbol{v}}^k$。当物体沿光轴的运动量与物体到传感器距离相比很小时，可以用光流场代替位移场，因此，$\boldsymbol{d}^L = \bar{\boldsymbol{v}}^k$，通过 $\boldsymbol{g}^{L-1}=2(\boldsymbol{g}^L+\boldsymbol{d}^L)$解算出的结果作为下一级预测值，最终得到图像 A 中特征点在图像 B 运动位移 $d=g^0+d^0$。

有时，图像微分也利用 Sharr 算法（非常接近中心差分计算）。用新的符号重新定义后，公式可表达为

$$\frac{1}{2}\left[\frac{\partial\varepsilon(\bar{\boldsymbol{v}})}{\partial\bar{\boldsymbol{v}}}\right]^{\mathrm{T}} \approx \sum_{x\in\omega_x}\sum_{y\in\omega_y}\left(\begin{bmatrix} I_x^2 & I_xI_y \\ I_yI_x & I_y^2 \end{bmatrix}\bar{v} - \begin{bmatrix} \delta I_x \\ \delta I_y \end{bmatrix}\right) \quad (5-69)$$

令

$$\sum_{x\in\omega_x}\sum_{y\in\omega_y}\begin{bmatrix} I_x^2 & I_xI_y \\ I_yI_x & I_y^2 \end{bmatrix} = \boldsymbol{G} \quad (5-70)$$

$$\sum_{x \in \omega_x} \sum_{y \in \omega_y} \begin{bmatrix} \delta I_x \\ \delta I_y \end{bmatrix} = \bar{\boldsymbol{b}} \tag{5-71}$$

因此有

$$\frac{1}{2}\left[\frac{\partial \varepsilon(\bar{\boldsymbol{v}})}{\partial \bar{\boldsymbol{v}}}\right]^{\mathrm{T}} \approx \boldsymbol{G}\bar{\boldsymbol{v}} - \bar{\boldsymbol{b}} \tag{5-72}$$

即

$$\bar{\boldsymbol{v}} = \boldsymbol{G}^{-1}\bar{\boldsymbol{b}} \tag{5-73}$$

如果矩阵 $\boldsymbol{G}$ 是可转置的，则这个表达式是正确的，这等同于说图像 $A(x,y)$ 在特征点 P 附近包含了 X、Y 方向的梯度信息。这是标准的 Lucas - Kanade 光流计算方法。如果像素运动位置非常小(符合泰勒第一定律)，计算应该是非常正确的。实际上，为了得到精确的结果，需要进行多次迭代计算。

5.3.4 仿真与分析

在复杂背景环境下对目标进行有效地识别和稳定地跟踪是非常困难的，仅仅依靠一种或少数几种识别手段很难准确地进行目标跟踪与识别，必须尽可能地利用多个和多类传感器所收集到的多种信息，采用多种识别方法，综合出准确的目标属性，进行目标综合识别。对扩展目标进行稳健跟踪的关键在于当目标的位置和姿态发生变化时，找出在目标姿态变换时具有不变性的特征，或者通过多种不变特征的组合来对目标进行持续稳定地跟踪。同时，在努力提高识别和跟踪算法准确性的同时还必须要考虑实时性，使识别算法能真正地在工程应用中发挥作用。对此，进行了飞机起飞和着陆过程的模拟仿真试验。

仿真试验时，模拟了飞机在起飞着陆过程中的跟踪测量过程。在飞机上自动选择三个特征点进行自动跟踪。图 5 - 13(a)是模拟跟踪飞机得到的 X 方向上的运动曲线。从数据曲线看，三个特征点的数据曲线具有一致性，跟踪稳定，精度达到亚像素；图 5 - 13(b)是飞机起飞过程中 X 和 Y 方向上的自动判读曲线；图 5 - 13(c)是飞机起飞着陆过程 X 和 Y 方向上的自动判读曲线。在整个飞行过程中，可以稳定可靠地跟踪目标。

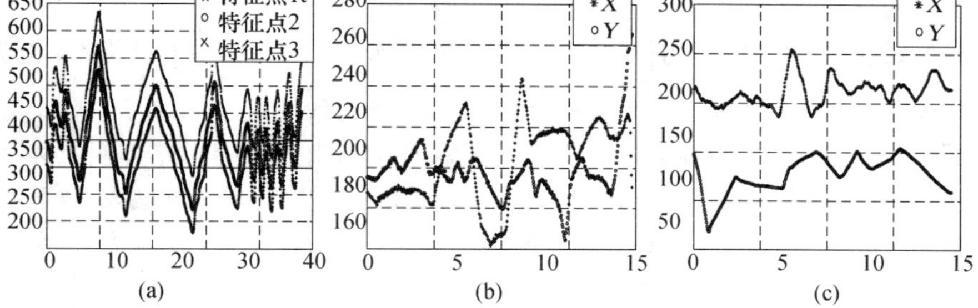

图 5 - 13 自动跟踪测量数据曲线

(a) 机动目标上三点跟踪结果；(b) 起飞过程中 XY 方向上曲线；(c) 着陆过程中 XY 方向上曲线。

5.4 机动目标姿态测量

机动目标在飞行过程中,可以利用光电跟踪传感器获取其序列影像。目标姿态测量就是基于光电跟踪传感器获取的序列影像分析。利用光电传感器影像获取目标姿态的方法有多种,如直接线性变换法、Horaud. R 提出的四点透视法、DeMenthon. D 提出的弱透视成像模型、Ohta. Y 提出的广义透视成像模型均可以用来求解机动目标姿态参数。但这些方法的共同特点是要求每幅影像上需要有三个以上的特征点进行解算,而且只能实现近距离目标的姿态求解。对于较远距离的机动目标则需要采用基于广义点反馈迭代轮廓匹配方法来求解姿态[4,5]。如果机动目标的影像成为一个点时,则无法实现目标姿态的求解。

5.4.1 基于单像后方交会的姿态解算

单像空间后方交会既可以用来解算机动目标的瞬时空间三维坐标(见第 4 章 4.5 节),也可以用来解算机动目标的瞬时飞行姿态。当航空摄影机安装在飞机平台上,对地面进行摄影时,可以获取地面上含有已知大地坐标的控制点的地面景象。假定条件,一是航空摄影机为量测摄影机或者航空摄影机经过了标定;二是每一幅影像上至少有三个控制点。

当这些坐标已知的控制点(三个或三个以上点)被检测出来后,可建立共线方程:

$$x+f\frac{a_1(X-X_S)+b_1(Y-Y_S)+c_1(Z-Z_S)}{a_3(X-X_S)+b_3(Y-Y_S)+c_3(Z-Z_S)}=0 \qquad (5-74)$$

$$y+f\frac{a_2(X-X_S)+b_2(Y-Y_S)+c_2(Z-Z_S)}{a_3(X-X_S)+b_3(Y-Y_S)+c_3(Z-Z_S)}=0 \qquad (5-75)$$

从上两式可以看出,欲解算的未知量有六个,包括 X、Y、Z、φ、ω、κ。而 X_S、Y_S、Z_S、f 与 x、y 均为已知量。因此,需要三个目标特征点坐标(X_j、Y_j、Z_j)与相对应的影像坐标(x_j,y_j)($j=1,2,3$),可以组成六个方程,对此六个方程联合求解,可以获得六个未知量的解。其中系数 a_i、b_i、c_i,$i=1,2,3$ 为旋转矩阵中的元素,它们是 φ、ω、κ 的函数。

若影像上有三个以上的特征点,则就有多余观测数 $d=2n-6$。若 $n>3$,这时建立误差方程式,可在最小二乘准则下求解未知量的最优解 $\hat{\varphi}$、$\hat{\omega}$、$\hat{\kappa}$。

因此,对上式进行线性化以后得出关于观测量与未知量的误差方程式为

$$v_x = a_{11}\Delta\varphi + a_{12}\Delta\omega + a_{13}\Delta\kappa - a_{14}\Delta X - a_{15}\Delta Y - a_{16}\Delta Z - l_x \qquad (5-76)$$

$$v_y = a_{21}\Delta\varphi + a_{22}\Delta\omega + a_{23}\Delta\kappa - a_{24}\Delta X - a_{25}\Delta Y - a_{26}\Delta Z - l_y \qquad (5-77)$$

对于任意点 i 有以下矩阵形式误差方程:

$$\boldsymbol{v} = \boldsymbol{B}\boldsymbol{X} - \boldsymbol{l} \qquad (5-78)$$

式中,

$$\boldsymbol{v} = [v_x \quad v_y]^{\mathrm{T}}$$

$$\boldsymbol{B} = \begin{bmatrix} a_{11} & a_{12} & a_{13} & -a_{14} & -a_{15} & -a_{16} \\ a_{21} & a_{22} & a_{23} & -a_{24} & -a_{25} & -a_{26} \end{bmatrix}$$

$$\boldsymbol{X} = [\Delta\varphi \quad \Delta\omega \quad \Delta\kappa \quad \Delta X \quad \Delta Y \quad \Delta Z]^{\mathrm{T}}$$

$$\boldsymbol{l} = [l_x \quad l_y]^{\mathrm{T}}$$

在最小二乘准则下求解参数估计量,需要进行迭代解算航空摄像机的空间姿态参数,直至满足精度要求为止。如此重复进行,就可以获取任一摄影瞬间的姿态参数。

当对每幅图像解算出姿态参数后,对解算的参数进行回归,可以获取任一时刻的姿态参数。

由于航空摄影机固定在飞机平台上,可以事先测量确定航空摄影机摄影光束的空间指向与飞机轴系之间关系的初始值,所以,飞机在任一时刻的姿态参数值是每幅图像解算的姿态值与初始值的向量和。

5.4.2 基于轮廓匹配的姿态求解

轮廓匹配的基本思路是,首先建立被测飞行器的三维模型,其次,将光电传感器所获取的图像与之匹配。在匹配过程中,对模型进行旋转,达到轮廓匹配误差最小,此时,三维模型的姿态即为飞行器的空间飞行状态。

为了进行轮廓匹配,需要将飞行器三维数据进行建模获得参考图像,再提取出模型的外形轮廓线,这样才能与真实图像的外形轮廓线进行配准,从而获得其空间姿态参数。为此,需要进行两方面的工作:一是根据飞机外轮廓几何数据进行计算机仿真获得参考图像,二是将获取的真实飞行影像与参考图像进行配准,从而确定飞机的姿态。其基本原理如图 5 – 14 所示。

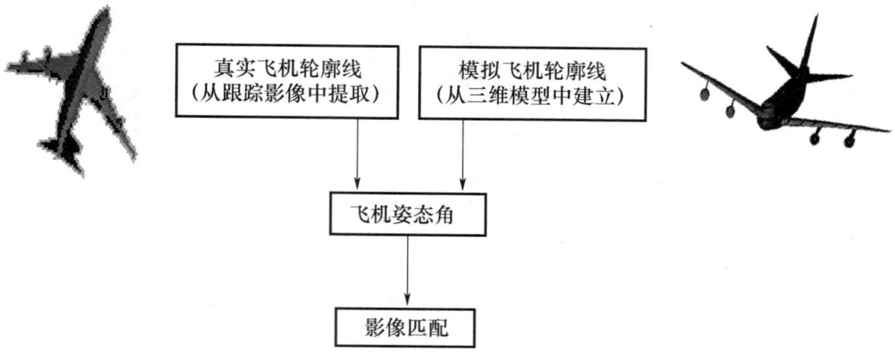

图 5 – 14　真实和模拟影像匹配基本原理

5.4.2.1　光电传感器测量模型

在光电传感器跟踪空中机动目标过程中,只能计算出以测站点为原点的机动目标空间三维坐标,其测量模型为

$$\begin{bmatrix} X_m \\ Y_m \\ Z_m \end{bmatrix} = D \begin{bmatrix} \cos E \cos A \\ \cos E \sin A \\ \sin E \end{bmatrix} \tag{5-79}$$

式中,A、E、D 分别为光电传感器跟踪系统的方位、仰角与距离观测值。

当机动目标成像不是一个点而是一个面时,就可以解算其空间姿态。这时,对于机动目标上各点的空间坐标可表示为

$$\begin{bmatrix} X_i \\ Y_i \\ Z_i \end{bmatrix} = \boldsymbol{R}' \begin{bmatrix} X \\ Y \\ Z \end{bmatrix} + \begin{bmatrix} X_m \\ Y_m \\ Z_m \end{bmatrix} \tag{5-80}$$

式中,$\boldsymbol{R}'$ 为机动目标在空中运动过程中自身坐标系与地面坐标系之间的旋转矩阵;$[X \quad Y \quad Z]^{\mathrm{T}}$ 为目标表面各点在目标机体坐标系中的坐标。

根据共线条件方程,机动目标上的点在地面坐标系下的坐标与图像上的像点坐标之间的关系可以简化为

$$\begin{bmatrix} x \\ y \end{bmatrix} = -\frac{f}{\bar{Z}} \begin{bmatrix} \bar{X} \\ \bar{Y} \end{bmatrix} \tag{5-81}$$

由于式(5-81)中物方坐标是经过旋转平移变换后的机动目标空间坐标,则有

$$\begin{bmatrix} \bar{X} \\ \bar{Y} \\ \bar{Z} \end{bmatrix} = \boldsymbol{R}^{-1}\boldsymbol{R}' \begin{bmatrix} X \\ Y \\ Z \end{bmatrix} + \boldsymbol{R}^{-1} \begin{bmatrix} X_m \\ Y_m \\ Z_m \end{bmatrix} - \boldsymbol{R}^{-1} \begin{bmatrix} X_S \\ Y_S \\ Z_S \end{bmatrix} \tag{5-82}$$

式中,$\boldsymbol{R}$、$\boldsymbol{R}'$ 分别为光电传感器与目标自身的旋转矩阵,其中,

$$\boldsymbol{R} = \begin{bmatrix} a_1 & a_2 & a_3 \\ b_1 & b_2 & b_3 \\ c_1 & c_2 & c_3 \end{bmatrix}, \quad \boldsymbol{R}' = \begin{bmatrix} a'_1 & a'_2 & a'_3 \\ b'_1 & b'_2 & b'_3 \\ c'_1 & c'_2 & c'_3 \end{bmatrix}$$

对共线条件方程式进行线性化得到:

$$F_x = \frac{\partial F_x}{\partial \varphi}\mathrm{d}\varphi + \frac{\partial F_x}{\partial \omega}\mathrm{d}\omega + \frac{\partial F_x}{\partial \kappa}\mathrm{d}\kappa + \frac{\partial F_x}{\partial X_m}\mathrm{d}X_m + \frac{\partial F_x}{\partial Y_m}\mathrm{d}Y_m + \frac{\partial F_x}{\partial Z_m}\mathrm{d}Z_m \tag{5-83}$$

$$F_y = \frac{\partial F_y}{\partial \varphi}\mathrm{d}\varphi + \frac{\partial F_y}{\partial \omega}\mathrm{d}\omega + \frac{\partial F_y}{\partial \kappa}\mathrm{d}\kappa + \frac{\partial F_y}{\partial X_m}\mathrm{d}X_m + \frac{\partial F_y}{\partial Y_m}\mathrm{d}Y_m + \frac{\partial F_y}{\partial Z_m}\mathrm{d}Z_m \tag{5-84}$$

其误差方程式形式为

$$v_x = a_{11}\Delta\varphi + a_{12}\Delta\omega + a_{13}\Delta\kappa + a_{14}\Delta X_m + a_{15}\Delta Y_m + a_{16}\Delta Z_m - l_x \tag{5-85}$$

$$v_y = a_{21}\Delta\varphi + a_{22}\Delta\omega + a_{23}\Delta\kappa + a_{24}\Delta X_m + a_{25}\Delta Y_m + a_{26}\Delta Z_m - l_y \tag{5-86}$$

由式(5-79)、式(5-81)和式(5-85)和式(5-86)组成了光电传感器成像模型与求解误差方程。

当机动目标在光电传感器图像上成像面积较大（一般大于图像面积的四分之一）时，也可以直接采用单站或交会测量计算出机动面目标上多个点的空间坐标（纵轴方向上两个，横轴方向上一个或两个），解算出飞行目标的姿态角参数。该法测得的姿态角参数一般精度较低，精度不稳定。

5.4.2.2 广义点及反馈迭代

基于最小二乘的广义点反馈迭代方法是利用待逼近的影像轮廓边缘与目标轮廓边缘的差异，在模型迭代求解过程中用最小二乘方法动态调整模拟影像边界，达到模拟影像快速逼近实际影像的目的。

如图 5－15 所示，飞机真实影像的轮廓边和模拟系统产生的飞机轮廓边，在没有完全匹配好的情况下存在差异。这种差异体现在 X，Y 两个方向。例如，P 点在 X 方向上与实际影像的差距 $\mathrm{d}x=-\overline{PP_1}$，在 Y 方向的差异 $\mathrm{d}y=-\overline{PP_2}$，$P$ 点是模拟影像上的任意一点，它是从飞机模型上投影到模拟影像平面的，P 点对应的飞机模型坐标（X，Y，Z）是可以求得的，而 P 点对应到真实影像上的点 P' 在哪里是无法知道的，迭代匹配的目的是逐步消除 $\mathrm{d}x$、$\mathrm{d}y$，最终获得 P 点在真实影像上的位置。事实上，随着模拟飞机姿态的改变，模拟飞机轮廓边上的点也随着改变，因此，在迭代匹配逐步消除 $\mathrm{d}x$、$\mathrm{d}y$ 的过程中每次调整的不是模型上某一固定点的误差而是调整整个模拟模型的变化趋势。我们将模拟影像轮廓边上这种参与平差的点称为广义点。之所以称为广义点，是因为在最终求得的 P' 点与计算开始时的 P 点在模型上的位置是完全不同的，在迭代过程中并不是消除模拟影像轮廓上 P 点的误差，而是寻找实际影像轮廓边对应于真实三维模型上的那一点；其次，在利用这些轮廓点参与计算时强调的是全部轮廓点而非单一点，并且每点只选择在 X，Y 方向上差距较小的方向参与迭代求解。利用广义点求解飞机姿态的过程如下：

（1）在序列影像库中找到一幅较为清晰的图像，用人工的方法选取适当的特

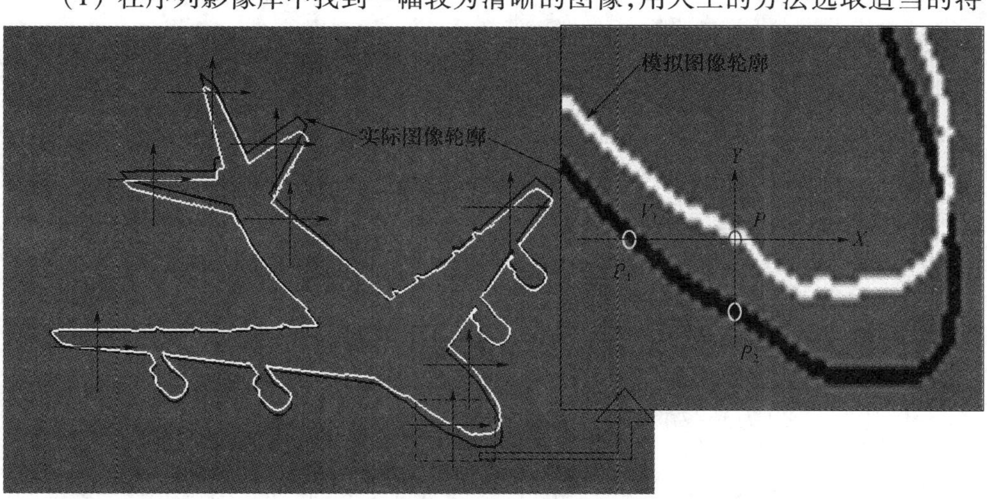

图 5－15 真实和模拟影像轮廓及广义点示意图

征点。例如机头、机翼、机尾等利用直接线性变换求解飞机姿态初值线元素（X_0，Y_0，Z_0）和角元素（φ_0，ω_0，κ_0）。

（2）提取选中的序列影像中目标轮廓点的集$\{S_0\}$，并对$\{S_0\}$用RANSAC方法排除粗差点，进行局部线性化获得轮廓点的集$\{S_1\}$。

（3）将飞机姿态初值（φ_0，ω_0，κ_0）放入模拟系统中产生一幅模拟图像，提取轮廓点并且将其进行直线简化，获得模拟影像轮廓点集合$\{S_2\}$。

（4）对于点集$\{S_2\}$中每一点P，计算其在X方向与$\{S_1\}$的距离dx和在Y方向与$\{S_1\}$的交点距离dy，同时求解P点对应的三维模型坐标（X，Y，Z），然后建立一个误差方程，每一个点在X和Y方向可以列两个误差方程，按照广义点反馈迭代方法原则取$|dx|$和$|dy|$中较小的方向参与最小二乘迭代求解。

（5）解求飞机姿态改正数（$\Delta\varphi$，$\Delta\omega$，$\Delta\kappa$，ΔX，ΔY，ΔZ），获得新的飞机姿态（φ_0，ω_0，κ_0）。

（6）如果飞机姿态改正数大于规定的阈值返回第三步重新迭代，直到迭代收敛。

5.4.2.3　像点的模型坐标计算

在利用广义点反馈迭代方法对飞机模型姿态求解过程中有必要知道模拟影像轮廓点的三维模型坐标，尽管模拟影像轮廓点是从三维模型上投影上来的，但是，每次投影要计算每点的深度，不仅要花费大量内存，而且还要花大量时间计算每点的消隐。因此，根据参与平差的轮廓点实时计算其对应的三维点是必要的。

设摄影中心坐标为（X_S，Y_S，Z_S），像点坐标为（x，y，$-f$），则过摄影中心的光线向量$\boldsymbol{V}$可表示为

$$\boldsymbol{V} = \begin{bmatrix} X_S - x \\ Y_S - y \\ Z_S + f \end{bmatrix} \tag{5-87}$$

设光电传感器旋转矩阵为$\boldsymbol{R}$，飞机旋转矩阵为$\boldsymbol{R}'$，将光线$\boldsymbol{V}$变换到飞机模型坐标系下，则有

$$\boldsymbol{V}' = (\boldsymbol{R}'\boldsymbol{R})^{-1}\boldsymbol{V} \tag{5-88}$$

飞机模型是由三角网组成的，首先生成光线向量与飞机模型表面三角网在空间三个平面上的平行投影数据集；再求出与投影光线相交的三角形以排除大量与光线不相交的三角形，然后利用Tomas Moller等人提出的光线与空间三角形快速求取交点算法，计算提取的空间三角网表面与光线的真正交点。

设$O(X,Y,Z)$为光线上的一点，$\boldsymbol{D}$为光线向量方向，则光线方程为

$$\boldsymbol{V}(t) = \boldsymbol{O} + t\boldsymbol{D} \tag{5-89}$$

设三角形的三个顶点坐标为$V_1(X_1,Y_1,Z_1)$、$V_2(X_2,Y_2,Z_2)$、$V_0(X_0,Y_0,Z_0)$，在此三角形内部，每点坐标可参数化的变量u、v表示如下：

$$T(u,v) = (1-u-v)V_0 + uV_1 + vV_2 \tag{5-90}$$

其中(u,v)是三角形中心化坐标，满足条件：$u \geqslant 0, v \geqslant 0, (u+v) \leqslant 1$。由于光线与三角形相交，就有 $V(t) = T(u,v)$，则

$$\begin{bmatrix} -D & V_1 - V_0 & V_2 - V_0 \end{bmatrix} \begin{bmatrix} t \\ u \\ v \end{bmatrix} = O - V_0 \tag{5-91}$$

令　$E_1 = V_1 - V_0, E_2 = V_2 - V_0, T = O - V_0$则有

$$\begin{bmatrix} t \\ u \\ v \end{bmatrix} = \frac{1}{(D \times E_2)E_1} \begin{bmatrix} (T \times E_1)E_2 \\ (D \times E_2)T \\ (T \times E_1)D \end{bmatrix} \tag{5-92}$$

将每一个三角形的三点坐标代入式(5-92)，即可以求得光线与三角形的交点参数坐标(t,u,v)，然后求得光线与三角形的交点坐标。

图5-16为飞机的第一幅和第十六幅模拟图像以及迭代求解过程中产生的飞机表面模型。将第一幅飞机的姿态作为已知值计算第二幅。这样每次将上一帧飞机姿态作为下一帧的初值，用广义点反馈迭代方法求解飞机姿态。图5-17是按广义点反馈迭代方法求解的序列影像姿态角与真实数据姿态角之差的变化曲线。从变化曲线可以看出：κ 角的精度最高，ω 角的精度最低。这是由于飞机目标的成像尺寸在它自身的 X, Y 方向都比较大，所以绕 Z 轴方向的 κ 旋转对轮廓变化影响比较明显，精度最高；而 ω 角的变化是飞机绕机翼轴旋转所引起，且还包含了机翼变形产生的误差，因此 ω 角精度较差。

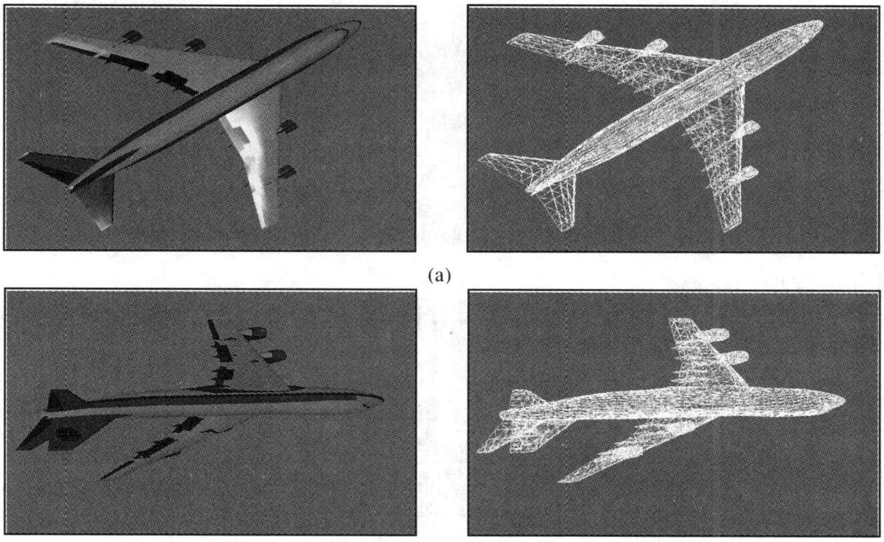

(a)

(b)

图5-16　第一幅和第十六幅飞机姿态及迭代产生的飞机表面模型

(a) 第一幅模型；(b)第十六幅模型。

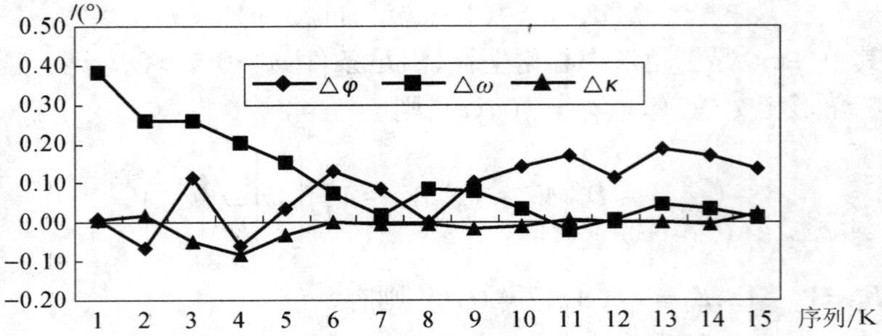

图 5-17　序列影像求解姿态角与真实数据姿态角之差的变化曲线

5.4.2.4　目标轮廓线提取算法

对机动目标图像轮廓线的提取，直接关系到目标姿态解算精度。传统边缘检测算子主要是基于边缘点的一阶微分比周围像素大，二阶微分为零交叉点的特点而设计的。最具代表性的有 Roberts 算子、Sobel 算子、Laplacian 算子等。由于这些算子直接对像素进行微分，因此，对噪声比较敏感，抗噪声干扰能力比较低。近年来，在这些经典检测算子的基础上又发展了一些新算子。如具有抗干扰能力的 LOG(Laplacian of Gaussian)算子、具有较好定位性能的 Canny 算子以及具有较高定位精度的 Susan 算子。

对于运动目标轮廓线的提取，可以采用基于线先扩散函数模型的序列影像目标轮廓特征线提取算法 LDFM(Line Diffusion Function Model based Outline Detection Algorithm)。

在图像中，一个理想的目标边缘的灰度曲线为一刀刃曲线，其边缘法线方向与灰度的关系如下式：

$$g(x)=\int_{-\infty}^{x}S(x)\,\mathrm{d}x \tag{5-93}$$

式中，$S(x)$为系统的线扩散函数，服从高斯分布：

$$S(x)=\frac{1}{\sqrt{2\pi}\rho}\exp\left(-\frac{x^2}{2\rho^2}\right) \tag{5-94}$$

其中，ρ为灰度概率分布的标准差(也是线扩散函数的形状参数)，x为曲线法线方向离开边缘点的距离。

对式(5-94)求导，得到边缘灰度在法线方向的梯度变化函数：

$$\nabla g(x)=\frac{\mathrm{d}}{\mathrm{d}x}g(x)=\frac{\mathrm{d}}{\mathrm{d}x}\int_{-\infty}^{x}S(x)\,\mathrm{d}x=\frac{1}{\sqrt{2\pi}\rho}\exp\left(-\frac{x^2}{2\rho^2}\right) \tag{5-95}$$

从式(5-95)可以看出影像灰度梯度与距离x成反比，与参数ρ成正比。现可将目标边缘法向梯度看作是边缘法线方向距离r与线扩散函数形状参数ρ的函数，并且考虑到理想的轮廓边界线，经过成像输出后，其边缘影像的梯度与系统的线扩散函数成正比关系，则上式可以改写成：

$$\nabla g(r,\rho,k)=k\rho^{-1}\exp\left(-\frac{(x-r)^2}{2\rho^2}\right) \tag{5-96}$$

对上式进行线性化,可得到误差方程:

$$v(r,\rho,k) = c_0\mathrm{d}r + c_1\mathrm{d}\rho + c_2\mathrm{d}k + c_3 \tag{5-97}$$

式中,

$$c_0 = \frac{\partial \nabla g(r,\rho,k)}{\partial r} = k\rho^{-3}(x-r)\exp\left(-\frac{(x-r)^2}{2\rho^2}\right)$$

$$c_1 = \frac{\partial \nabla g(r,\rho,k)}{\partial \rho} = (k\rho^{-4}(x-r)^2 - k\rho^{-2})\exp\left(-\frac{(x-r)^2}{2\rho^2}\right)$$

$$c_2 = \frac{\partial \nabla g(r,\rho,k)}{\partial k} = \rho^{-1}\exp\left(-\frac{(x-r)^2}{2\rho^2}\right)$$

$$c_3 = k\rho^{-1}\exp\left(-\frac{(x-r)^2}{2\rho^2}\right) - \nabla g(r,\rho,k)$$

求解时,先设线扩散函数的初始值为

$$\rho_0 = 2.0, r_0 = 0, k_0 = 2\mathrm{Max}(\nabla g)$$

在最小二乘 $\boldsymbol{v}^{\mathrm{T}}\boldsymbol{v} = \min$ 准则下,可得到参数估计为

$$\begin{bmatrix} r \\ \rho \\ k \end{bmatrix} = \begin{bmatrix} \sum c_{0i}c_{0i} & \sum c_{0i}c_{1i} & \sum c_{0i}c_{2i} \\ \sum c_{1i}c_{0i} & \sum c_{1i}c_{1i} & \sum c_{1i}c_{2i} \\ \sum c_{2i}c_{0i} & \sum c_{2i}c_{1i} & \sum c_{2i}c_{2i} \end{bmatrix}^{-1} \begin{bmatrix} \sum c_{0i}c_{3i} \\ \sum c_{1i}c_{3i} \\ \sum c_{2i}c_{3i} \end{bmatrix} \tag{5-98}$$

由于 LDFM 序列影像目标轮廓特征线提取算法避免了梯度算子计算的边缘梯度与真实影像边缘梯度的系统误差,以及因像素取整引起的系统误差,故轮廓线的特征提取可达亚像素级的精度。

利用光电跟踪测量系统获取的飞机真实序列影像与该飞机的模拟影像进行姿态求解的流程如图 5-18 所示。

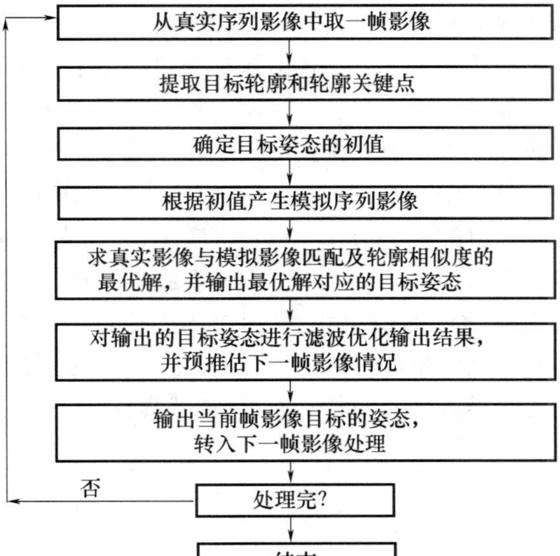

图 5-18 序列影像姿态求解流程图

5.4.3 摄像机初始参数标定

检查和校准摄像机的内方位元素和光学畸变参数的过程称为摄像机标定。对于广泛使用的非量测摄像机来说,摄像机标定是必不可少的步骤。随着数字摄影测量和计算机视觉理论的发展,许多学者对摄像机标定技术进行了深入的研究。直接线性变换(Direct Linear Transformation,DLT)是建立像方坐标和物方坐标之间直接线性关系的一种算法。该算法处理时不需要事先知道摄像机内外方位元素,因而在摄影测量中被广泛使用。利用多张像片的主纵线求解主点初值再根据光束法平差进行摄像机标定。采用该算法进行标定时,可移动标定平面或摄像机,且不需要知道任何摄像机参数,具有广泛的应用前景。

5.4.3.1 二维 DLT 及内外方位元素初值求解

二维 DLT 可表示为

$$x = \frac{h_1X + h_2Y + h_3}{h_7X + h_8Y + 1} \tag{5-99}$$

$$y = \frac{h_4X + h_5Y + h_6}{h_7X + h_8Y + 1} \tag{5-100}$$

式中,h_1、h_2、h_3、h_4、h_5、h_6、h_7、h_8 为二维 DLT 的八个变换参数,令 $\boldsymbol{H} = (h_1h_2h_3h_4h_5h_6h_7h_8)^{\mathrm{T}}$;($X$、$Y$)为标定平面上网格控制点的空间坐标($Z$ 坐标为零);x、y 为相应的像点坐标。当像片点数大于四个时,可将上式进行适当变换,则二维 DLT 参数可通过解超定方程 $\boldsymbol{AH} = 0$ 求得。在求解未知参数时,可将超定方程计算出的未知参数作为初值,然后将上式线性化,利用最小二乘方法进行迭代以剔除由于影像误匹配产生的粗差点,消除其对未知参数的影响。由于式(5-99)和式(5-100)未考虑镜头畸变的影响,因而在剔除粗差时要适当放宽限差,以免将图像边沿畸变差较大的观测值被误剔除。当不考虑镜头畸变影响时,摄影系统的实际未知数为 9 个(f、x_0、y_0、$\boldsymbol{\phi}$、$\boldsymbol{\omega}$、$\boldsymbol{\kappa}$、X_s、Y_s、Z_s),而二维 DLT 共有八个参数,则必然无法唯一分解出摄像机的九个未知参数。事实上,在给定二维 DLT 的八个参数时,主点(x_0,y_0)可在主纵线上自由移动,从而造成外方位元素解算的不唯一性。为了消除二维 DLT 参数之间的相关性,最简单的方法是手持摄像机,每次拍摄网格时都采用三个不同的旋转角进行拍摄,使旋转矩阵之间失去相关性,从而使各主纵线的斜率有较大的差异,这样计算的主点位置就具有唯一性。

5.4.3.2 利用光束法平差进行摄像机标定

解算出摄像机内外方位元素的初值后,利用摄影测量中常用的光束平差法进行摄像机标定。由于非量测数字摄像机镜头一般都存在较大的畸变,标定时需解求畸变参数。引入畸变差后的共线方程为

$$x - x_0 - \Delta x = -f_x \frac{a_1(X - X_s) + b_1(Y - Y_s) + c_1(Z - Z_s)}{a_3(X - X_s) + b_3(Y - Y_s) + c_3(Z - Z_s)} = -f_x \frac{\bar{X}}{\bar{Z}}$$

$$y - y_0 - \Delta y = -f_y \frac{a_2(X - X_s) + b_2(Y - Y_s) + c_2(Z - Z_s)}{a_3(X - X_s) + b_3(Y - Y_s) + c_3(Z - Z_s)} = -f_y \frac{\bar{Y}}{\bar{Z}} \tag{5-101}$$

式中，f_x、f_y 分别为 x、y 两个方向的焦距分量，此处假设其有效值可能不相等。

$$\begin{aligned}\Delta x &= (x - x_0)(K_1 \cdot r^2 + K_2 \cdot r^4) + P_1(r^2 + 2 \cdot (x - x_0)^2) + \\ &\quad 2 \cdot P_2(x - x_0) \cdot (y - y_0) \\ \Delta y &= (y - y_0)(K_1 \cdot r^2 + K_2 \cdot r^4) + P_2(r^2 + 2 \cdot (y - y_0)^2) + \\ &\quad 2 \cdot P_1(x - x_0) \cdot (y - y_0)\end{aligned} \tag{5-102}$$

其中，$r^2 = (x - x_0)^2 + (y - y_0)^2$；$K_1$、$K_2$ 为径向畸变差；P_1、P_2 为偏心畸变差。用泰勒级数将上式线性化，即可得到用于标定的误差方程式：

$$\begin{aligned}v_x &= \frac{\partial x}{\partial X_s}\Delta X_s + \frac{\partial x}{\partial Y_s}\Delta Y_s + \frac{\partial x}{\partial Z_s}\Delta Z_s + \frac{\partial x}{\partial \varphi}\Delta \phi + \frac{\partial x}{\partial \omega}\Delta \omega + \frac{\partial x}{\partial \boldsymbol{\kappa}}\Delta \boldsymbol{\kappa} + \frac{\partial x}{\partial X}\Delta X + \\ &\quad \frac{\partial x}{\partial Y}\Delta Y + \frac{\partial x}{\partial Z}\Delta Z + \frac{\partial x}{\partial f_x}\Delta f_x + \frac{\partial x}{\partial f_y}\Delta f_y + \frac{\partial x}{\partial x_0}\Delta x_0 + \frac{\partial x}{\partial y_0}\Delta y_0 + \\ &\quad \frac{\partial x}{\partial K_1}\Delta K_1 + \frac{\partial x}{\partial K_2}\Delta K_2 + \frac{\partial x}{\partial P_1}\Delta P_1 + \frac{\partial x}{\partial P_2}\Delta P_2 - l_x \\ v_y &= \frac{\partial y}{\partial X_s}\Delta X_s + \frac{\partial y}{\partial Y_s}\Delta Y_s + \frac{\partial y}{\partial Z_s}\Delta Z_s + \frac{\partial y}{\partial \phi}\Delta \phi + \frac{\partial y}{\partial \omega}\Delta \omega + \frac{\partial y}{\partial \boldsymbol{\kappa}}\Delta \boldsymbol{\kappa} + \\ &\quad \frac{\partial y}{\partial X}\Delta X + \frac{\partial y}{\partial Y}\Delta Y + \frac{\partial y}{\partial Z}\Delta Z + \frac{\partial y}{\partial f_x}\Delta f_x + \frac{\partial y}{\partial f_y}\Delta f_y + \frac{\partial y}{\partial x_0}\Delta x_0 + \\ &\quad \frac{\partial y}{\partial y_0}\Delta y_0 + \frac{\partial y}{\partial K_1}\Delta K_1 + \frac{\partial y}{\partial K_2}\Delta K_2 + \frac{\partial y}{\partial P_1}\Delta P_1 + \frac{\partial y}{\partial P_2}\Delta P_2 - l_y\end{aligned} \tag{5-103}$$

误差方程式各项系数均由共线方程求偏导数得到。若认为控制点无误差时，则应去掉误差方程式中相应的含有 $\Delta X, \Delta Y, \Delta Z$ 项。在用光束法进行摄像机标定时，大多数情况下法方程的状态不良，因而需要对内方位元素加适当的权进行平差，以保证解算的稳定性。通过实际图像标定，结果可达到 0.1 像素的分辨率精度。在用该方法进行摄影时，可移动标定平面或摄像机，计算时也不需要摄像机参数的任何初值，可以满足高精度近景三维测量及其它应用的要求，并已成功地应用于飞行试验数字摄影测量之中。

5.4.4 基于灭点理论的飞机起飞着陆姿态解算[6]

航空飞行试验中，精确测量飞机起飞着陆时姿态角参数是一个经常要遇到的问题。飞机姿态角一般指俯仰角、横滚角和偏航角。在某项适配性检查试飞中，俯仰角是试验成功与否的重要决定因素；在飞机起落架载荷试飞中，横滚角决定飞机起飞着陆过程中主起落架的载荷分配，横滚角较大时，主起落架不能同时接地，对起落架单边受力强度要求很高，同时也影响飞行安全和起落架的使用寿命；在某特殊飞行员训练过程中,偏航角的存在会引起地面配套设备承受的拉力分配不均,偏航角较大时可能造成地面配套设备的损毁,进而引起重大飞行安全事故。本节根据飞机降落过程中机载摄像机所获取到的跑道面影像,提出了基于灭点理论的飞机姿态参数求解的新方法。论述了灭点与摄像机外方位角元素的函数关系,建立了基于灭点与直线几何约束条件进行姿态角参数解算的数学模型。飞机实际起降试验的数据处理结果表明,该方法切实可行,能够获得飞机起飞着陆过程中精确可靠的姿态角数据。

5.4.4.1 基本原理

共线条件(即物点、像点与摄影中心位于一条直线上)是单像摄影测量的理论基础,其对应的共线方程是表达像点与物点之间关系的基本模型,其表达形式为

$$\begin{cases} x - x_0 = -f\dfrac{a_1(X - X_S) + b_1(Y - Y_S) + c_1(Z - Z_S)}{a_3(X - X_S) + b_3(Y - Y_S) + c_3(Z - Z_S)} \\ y - y_0 = -f\dfrac{a_2(X - X_S) + b_2(Y - Y_S) + c_2(Z - Z_S)}{a_3(X - X_S) + b_3(Y - Y_S) + c_3(Z - Z_S)} \end{cases} \tag{5-104}$$

式中,(x,y)和(x_0,y_0)分别为像点和像主点在框标坐标系下的坐标;(X,Y,Z)为地面P点坐标;f为摄影焦距;(X_s,Y_s,Z_s)为影像的外方位线元素;a_i、b_i、c_i($i=1,2,3$)为影像的外方位角元素φ、ω、κ所确定的旋转矩阵中的各元素[5],其表达式如下式:

$$\boldsymbol{R} = \begin{bmatrix} a_1 a_2 a_3 \\ b_1 b_2 b_3 \\ c_1 c_2 c_3 \end{bmatrix} = \begin{bmatrix} \cos\varphi\cos\kappa - \sin\varphi\sin\omega\sin\kappa & -\cos\varphi\sin\kappa - \sin\varphi\sin\omega\cos\kappa & -\sin\varphi\cos\omega \\ \cos\omega\sin\kappa & \cos\omega\cos\kappa & -\sin\omega \\ \sin\varphi\cos\kappa + \cos\varphi\sin\omega\sin\kappa & -\sin\varphi\sin\kappa + \cos\varphi\sin\omega\cos\kappa & \cos\varphi\cos\omega \end{bmatrix} \tag{5-105}$$

式(5-104)的建立涉及到坐标系的过渡和转换,主要包括框标坐标系、像平面坐标系($O-xy$)、像空间坐标系($S-xyz$)、像空间辅助坐标系($S-XYZ$)和物方空间坐标系($A-X_pY_pZ_p$),其相互关系如图5-19所示。

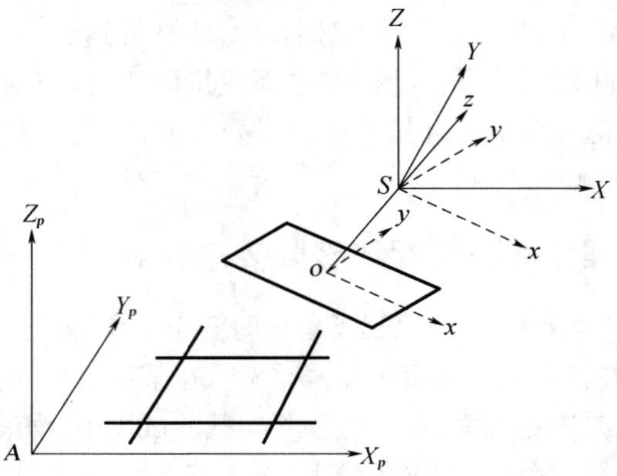

图5-19 摄影测量坐标系统

对于中心投影而言，灭点是物方空间一组平行线在无穷远处的交点在影像平面上的构像，即该组平行线在影像上的投影的交点，可以认为该空间的无穷远点与对应的灭点满足共线方程[7]。根据文献[8]可知，只靠一个灭点是无法获取准确、稳定的三个姿态角元素的，至少需要两个灭点(对应于两组空间互不平行，且夹角较大的平行线束)才能够解求出影像的三个角方位元素。这是因为一个灭点坐标等价于给影像的三个摄影姿态角增加了两个约束条件，就是说一组平行线束最多只能确定两个自由度。因此，以跑道上相互垂直的两组平行线为基础就能实现飞机姿态角的解算。

若位于物方空间坐标系 $A-X_pY_pZ_p$ 中平行于 X_p、Y_p 轴的平行线束(如图 5-19 所示)在影像上投影后形成的两个交点(灭点)的像平面坐标分别为($x_{X\infty}, y_{X\infty}$)和($x_{Y\infty}, y_{Y\infty}$)，其坐标满足共线方程式(5-104)，由于灭点对应的物方点是无穷远点，其 X 或 Y 方向上坐标趋于无穷大，从而可得两个灭点的共线方程：

$$x_{X\infty}=-f\frac{a_1}{a_3};\qquad y_{X\infty}=-f\frac{a_2}{a_3}\tag{5-106}$$

$$x_{Y\infty}=-f\frac{b_1}{b_3};\qquad y_{Y\infty}=-f\frac{b_2}{b_3}\tag{5-107}$$

将式(5-105)中对应参数代入式(5-106)和式(5-107)，得到灭点与外方位角元素的关系式为

$$\begin{cases}x_{X\infty}=f\cot\varphi\sec\omega\cos\kappa-f\tan\omega\sin\kappa\\ y_{X\infty}=-f\cot\varphi\sec\omega\sin\kappa-f\tan\omega\cos\kappa\\ x_{Y\infty}=f\cot\omega\sin\kappa\\ y_{Y\infty}=f\cot\omega\cos\kappa\end{cases}\tag{5-108}$$

5.4.4.2 建立直线与灭点的平差模型

假设物方空间的一组平行线在像方投影为 $l_i(i=1,2,3,\cdots,n)$，理论上所有直线都应该相交于一点，但由于提取的直线存在一定的误差，n 条直线会形成 C_n^2 个交点(如图 5-20 所示)，此时需根据这些交点求出一个到所有交点的距离最近的点 $V(x_V, y_V)$ 作为灭点。

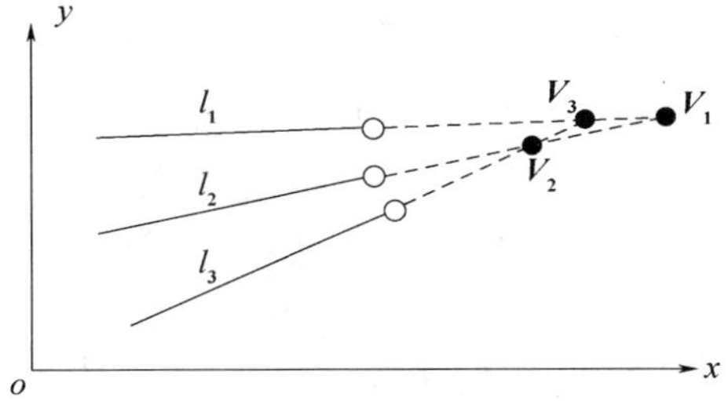

图 5-20 灭点的确定

设其中某直线段的端点为 A、B，则 A、B、V 三点不满足共线条件，设 V 到直线的距离为 d，则

$$d = (y_V - y_A)\frac{x_B - x_A}{s_{AB}} - (x_V - x_A)\frac{y_B - y_A}{s_{AB}} \qquad (5-109)$$

式中，s_{AB} 为直线段 AB 的长度；(x_A, y_A)、(x_B, y_B) 和 (x_V, y_V) 均为像平面坐标系中的坐标[9,10]。

设灭点坐标 (x_V, y_V) 为未知数，则可建立带未知数的间接观测平差模型。将式(5-109)左右分别乘以 s_{AB}，得

$$d \cdot S_{AB} = (y_V - y_A)(x_B - x_A) - (x_V - x_A)(y_B - y_A)$$

对上式线性化得 $(\mathrm{d}y_V - \mathrm{d}y_A)(x_B - x_A) + (y_V - y_A)(\mathrm{d}x_B - \mathrm{d}x_A) - (\mathrm{d}x_V - \mathrm{d}x_A)(y_B - y_A) - (x_V - x_A)(\mathrm{d}y_B - \mathrm{d}y_A) - d_0 = 0$

移项并合并，得

$(y_B - y_V)\mathrm{d}x_A + (x_V - x_B)\mathrm{d}y_A + (y_V - y_B)\mathrm{d}x_B + (x_A - x_V)\mathrm{d}y_B + (y_A - y_B)\mathrm{d}x_V + (x_B - x_A\mathrm{d}y_V - d_0 = 0$

用 $v_A, v_{y_A}, v_{x_B}, v_{y_B}$ 分别代替 $\mathrm{d}x_A, \mathrm{d}y_A, \mathrm{d}x_B, \mathrm{d}y_B$，有

$$(y_B - y_V)v_{x_A} + (x_V - x_B)v_{y_A} + (y_V - y_A)v_{x_B} + (x_A - x_V)v_{y_B} + (y_A - y_B)\mathrm{d}x_V + (x_B - x_A)\mathrm{d}y_V + d_0 = 0 \qquad (5-110)$$

式中，$d_o = (y_V - y_A)(x_B - x_A) - (x_V - x_A)(y_B - y_A)$。

由于只要是平行于 X 或 Y 方向的平行线均可求出对应的唯一灭点，与直线的具体位置无关，因此可认为直线其中的一个端点为固定点，无误差，不参与平差计算，同时当直线与水平方向倾角小于45°时，直线端点横坐标的变化对灭点的影响很小[11]，可忽略不计，设端点 A 为固定点，则式(5-110)可简化为

$$(x_A - x_V)v_{y_B} + (y_A - y_B)\mathrm{d}x_V + (x_B - x_A)\mathrm{d}y_V - d_0 = 0 \qquad (5-111)$$

同理，当直线与水平方向倾角大于45°时，式(5-110)可简化为

$$(y_V - y_A)v_{x_B} + (y_A - y_B)\mathrm{d}x_V + (x_B - x_A)\mathrm{d}y_V - d_0 = 0 \qquad (5-112)$$

将式(5-108)线性化，然后根据平行直线的方向，将线性化式分别代入式(5-111)和式(5-112)，可得

$$(x_A - x_V)v_{y_B} + (a_{11}y_{AB} - a_{21}x_{AB})\mathrm{d}\varphi + (a_{12}y_{AB} - a_{22}x_{AB})\mathrm{d}\omega + (a_{13}y_{AB} - a_{23}x_{AB})\mathrm{d}\kappa + L_0 = 0 \qquad (5-113)$$

$$(y_V - y_A)v_{x_B} + (a_{11}y_{AB} - a_{21}x_{AB})\mathrm{d}\varphi + (a_{12}y_{AB} - a_{22}x_{AB})\mathrm{d}\omega + (a_{13}y_{AB} - a_{23}x_{AB})\mathrm{d}\kappa + L_0 = 0 \qquad (5-114)$$

式中，a_{11}、a_{12}、a_{13}、a_{21}、a_{22}、a_{23} 为三个角元素的偏导系数；$x_{AB} = x_A - x_B$；$y_{AB} = y_A - y_B$；$L_0 = y_{AB}(x_V - x_A) - x_{AB}(y_V - y_A)$。

实际解算过程中，根据物方空间直线在影像上投影与水平直线的夹角，列出相应式(5-113)或式(5-114)的平差模型，进行最小二乘平差解算，获得三个角元素精确的解。

5.4.4.3 模型解算

1. 确定灭点和方位角元素的初值

当物方空间只有两条平行线时,在成像后就不再平行。根据影像特征点提取方法,可获得两投影直线端点的像点坐标,然后通过解两投影直线的方程,就可得到这两投影直线的交点即灭点坐标 $V(x_V,y_V)$。当平行线束中直线数量大于2时,会产生多个交点,此时需采用最小二乘原理,获取灭点的最佳坐标值 $V(x_V,y_V)$。

根据式(5-108)中表示的灭点与方位角元素的关系,特别是其第三和第四子式,可得[12]

$$\tan\kappa = x_{Y\infty}/y_{Y\infty} \tag{5-115}$$

$$|\tan\omega| = f/\sqrt{x_{Y\infty}^2 + y_{Y\infty}^2} \tag{5-116}$$

若由式(5-116)计算 ω,会存在角度正负的判断问题。为了解决该问题,采用顺序求解法,依次根据式(5-115)求出 κ 角,然后根据式(5-108)中第三子式求出 ω,最后根据式(5-108)中第一或第二子式求出 φ,将其作为平差运算的未知参数的初值,以便提高解算速度、精度和可靠性。

2. 根据直线几何约束条件建立平差模型

从几何上讲,若有两条空间直线 $L_1//L_2$,设点 A、B、C、D 分别为直线 L_1、L_2 上任意两点,其物方坐标分别为 (X_A,Y_A,Z_A)、(X_B,Y_B,Z_B)、(X_C,Y_C,Z_C) 和 (X_D,Y_D,Z_D),则根据共线条件,有

$$\begin{bmatrix} X_{pi} \\ Y_{pi} \\ Z_{pi} \end{bmatrix} = \begin{bmatrix} X_i - X_s \\ Y_i - Y_s \\ Z_i - Z_s \end{bmatrix} = \boldsymbol{R}\begin{bmatrix} x_i \\ y_i \\ -f \end{bmatrix} \quad ,i \in \{A,B,C,D\} \tag{5-117}$$

式中,(X_{pi},Y_{pi},Z_{pi}) 为点 A、B、C、D 的像空间辅助坐标;(x_i,y_i) 为对应像点的像平面坐标;$(X_s$、Y_s、$Z_s)$ 为像空间辅助坐标系与物方坐标系之间的平移参数,f 为摄影焦距;$\boldsymbol{R}$ 为旋转矩阵,表示像空间坐标系与像空间辅助坐标系之间的旋转变换关系,其表达式如式(5-105)。

在物方空间坐标系下,跑道平面垂直于 Z 轴,则空间直线在像片上成像投影到 $X-Y$ 平面的公式为[12,13]:

$$\begin{aligned} X_t &= -f\frac{X_{pi}}{Z_{pi}} = -f\frac{a_1x_i + a_2y_i - a_3f}{c_1x_i + c_2y_i - c_3f} \\ Y_t &= -f\frac{Y_{pi}}{Z_{pi}} = -f\frac{b_1x_i + b_2y_i - b_3f}{c_1x_i + c_2y_i - c_3f} \end{aligned} \tag{5-118}$$

根据参与获取的平行直线的方向,定义观测值 F,以与 X 轴平行为例,有

$$F = Y_{t1} - Y_{t2} = -f\left(\frac{Y_{p1}}{Z_{p1}} - \frac{Y_{p2}}{Z_{p2}}\right) = -f\left(\frac{Y_{p1}Z_{p2} - Y_{p2} - Z_{p1}}{Z_{p1}Z_{p2}}\right) =$$

$$\left(-\frac{f}{Z_{p1}}\right)\left(-\frac{f}{Z_{p2}}\right)\left(-\frac{1}{f}\right)(Y_{p1}Z_{p2} - Y_{p2}Z_{p1}) \tag{5-119}$$

由于 $Z_{p1} \approx Z_{p2} \approx -f$,故有

$$F = (Y_{p1}Z_{p2} - Y_{p2}Z_{p1})/(-f) = (Y_{p1}Z_{p2} - Y_{p2}Z_{p1})/C$$

式(5－120)中 C 近似等于 $-f$,在计算过程中,C 是根据观测值精度设置的权值,合适的权值有利于提高解算的精度和速度。对上式进行线性化,列出包含三个角元素和端点坐标的误差方程:

$$\frac{\partial F}{\partial y_B}v_{yB} + \frac{\partial F}{\partial \varphi}\mathrm{d}\varphi + \frac{\partial F}{\partial \omega}\mathrm{d}\omega + \frac{\partial F}{\partial \kappa}\mathrm{d}\kappa + F_0 = 0 \tag{5－121}$$

其中,像空间辅助坐标(X_{pi}, Y_{pi}, Z_{pi})对三个角元素的偏导可按式(5－122)进行计算:

$$\frac{\partial\begin{bmatrix}X_p\\Y_p\\Z_p\end{bmatrix}}{\partial\varphi} = \begin{bmatrix}-Z_p\\0\\X_p\end{bmatrix},\quad \frac{\partial\begin{bmatrix}X_p\\Y_p\\Z_p\end{bmatrix}}{\partial\omega} = \begin{bmatrix}0 & -\sin\varphi & 0\\ \sin\varphi & 0 & -\cos\varphi\\ 0 & \cos\varphi & 0\end{bmatrix}\begin{bmatrix}X_p\\Y_p\\Z_p\end{bmatrix} = \begin{bmatrix}-Y_p\sin\varphi\\ X_p\sin\varphi - Z_p\cos\varphi\\ Y_p\cos\varphi\end{bmatrix}$$

$$\frac{\partial\begin{bmatrix}X_p\\Y_p\\Z_p\end{bmatrix}}{\partial\kappa} = \begin{bmatrix}0 & -\cos\varphi\cos\omega & -\sin\omega\\ \cos\varphi\cos\omega & 0 & \sin\varphi\cos\omega\\ \sin\omega & -\sin\varphi\cos\omega & 0\end{bmatrix}\begin{bmatrix}X_p\\Y_p\\Z_p\end{bmatrix} = \begin{bmatrix}-Y_p\cos\varphi\cos\omega - Z_p\sin\omega\\ X_p\cos\varphi\cos\omega + Z_p\sin\varphi\cos\omega\\ X_p\sin\omega - Z_p\sin\varphi\cos\omega\end{bmatrix} \tag{5－122}$$

同理列出与 Y 轴平行的直线约束误差方程:

$$\frac{\partial F}{\partial x_B}v_{xB} + \frac{\partial F}{\partial \varphi}\mathrm{d}\varphi + \frac{\partial F}{\partial \omega}\mathrm{d}\omega + \frac{\partial F}{\partial \kappa}\mathrm{d}\kappa + F_0 = 0 \tag{5－123}$$

实际应用中,在观测值坐标精度满足要求的情况下,可以仅根据式(5－115)和式(5－116)求方位角元素初值的方法获得飞机姿态角。因为在多直线求灭点的过程中已经进行了平差计算,由此计算得到的飞机姿态角精度也应该满足精度要求,或者可以进一步以式(5－113)和式(5－114)联合平差解算,此时像点坐标均不参与平差。在观测值精度较低时,联合式(5－113)、式(5－114)、式(5－121)和式(5－123),用最小二乘平差方法解算飞机姿态角。

5.4.4.4 试验验证与分析

根据上述原理,利用 VC＋＋编写了相应的飞机姿态角参数解算软件。在某型飞机的飞行试验中,通过在飞机机腹加装高清数字摄像机(摄影光轴与飞机轴系之间的角度关系在试验前进行测量),采集、记录飞机下滑接地段跑道标志线影像(影像的大小为 2352×1728 像素,镜头焦距为 24mm,像素大小为 0.007mm),并对影像进行直线特征提取,选取其中不同方向的两组平行线,解算出飞机的俯仰角、

横滚角和偏航角，试验证明了该方法的正确性和有效性。

表 5－1 为利用本方法对两组数据进行计算的结果（沿跑道方向平行直线对以 fline 表示，地面垂直跑道方向以 cline 表示）。

表 5－1　基于两组试验数据的计算值与理论值对照表

试验数据(fline, cline)	理论值/(°)	初始值	计算值/(°)	计算时间/ms
(1,1)	φ = 10.15	无	10.147452	0.09
	ω = 3.70		3.697333	
	κ = 9.35		9.349594	
(2,2)	φ = 7.50	无	7.501774	0.13
	ω = 2.70		2.700863	
	κ = 4.50		4.499921	

由此对比计算结果表明：

（1）该算法无需给出未知参数的初始估计值，它可根据试验数据自动计算未知参数的初始值，然后进行迭代计算，保证了参数解算的可靠性，有效加速了迭代的收敛。

（2）所需线特征的观测值少，在观测值精度满足要求的情况下，仅根据两方向上各一对平行线也能精确解算飞机姿态角，减少了外场控制线的布设工作量。

（3）对比第一组和第二组数据试验，证明在观测值精度一致的情况下，多余观测值量越多，其解算精度越高，因此，在姿态角参数精度要求较高的情况下可适当增加多余观测量，以满足飞机姿态角解算的精度，提高可靠性。

（4）分析三个角元素的解算精度可以看出：偏航角和横滚角的解算精度比俯仰角更高，主要是因为在物方的垂直方向缺少高程控制，对其相关性较大的俯仰角的解算精度有一定的影响。

该方法在理论上是严密的，经过飞行试验科目的测试验证，证明该方法可行，测量结果可靠有效，可满足飞机起飞着陆时对姿态角的测量要求。

5.4.5　基于透视几何原理的飞机起飞着陆姿态解算

基于透视几何原理的解算方法不仅可以解算出飞机的起飞着陆姿态，而且还可以解算出飞机的起飞着陆航迹。主要用于大、中型飞机起飞着陆轨迹和姿态角的测量，也可用于大、中、小飞机低空飞行时航迹和姿态角测量，特别适用飞机转场到那些不具有航迹跟踪测量设备的机场，可用此方法进行起飞着陆轨迹和姿态角测量。摄影（像）机安装在飞机机腹，向前、向后倾斜或垂直安装均可。摄影机安装固定在飞机上以后，飞机架水平，标校出摄影机像平面和飞机平面的姿态角数据，以及摄影机投影中心与飞机质心或重心的坐标差数据。在飞机起飞着陆过程中，连续拍摄跑道上布设的垂直于跑道中心线，并成矩形的四点地标（也可以利用跑道上的水泥块形状作为自然地标）。拍摄时每一个画幅都记录或叠加了曝光瞬间的标准时间信息,它不仅可用于速度、加速度等参数的计算,还可作为与机上其它测试参数同步的依据。

该方法是利用透视几何原理进行计算的,参见图 5-21。

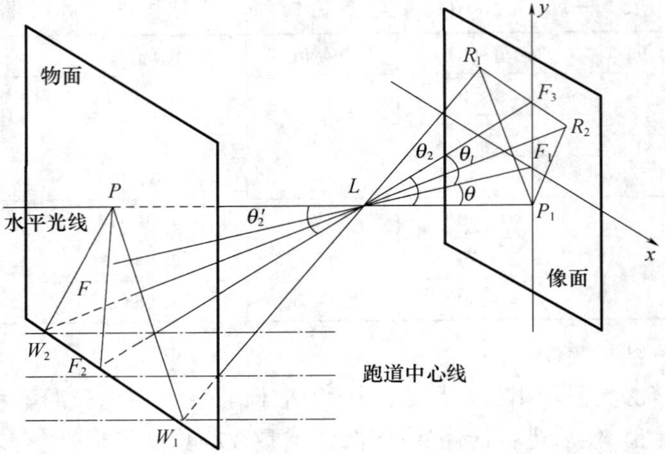

图 5-21 跑道标志在像片上的透视关系图

图 5-21 是飞机在没有横滚角、偏航角和偏航距的理想状态下的摄影透视关系示意图。图中,L 为摄像机的投影中心;F_1 为像片上的主点位置;F_1L 为主光轴;F_1L 的长度就是摄影机的主距 f_0;P_1P 为通过投影中心 L 的水平光线,水平光线与像片面的交点 P_1 既是水平光线的像点,也是一组水平平行线在无穷远处的交点(灭点)的构像点;W_1W_2 是垂直并对称于跑道中心线的标志线,其宽度已知;R_1R_2 是垂直并对称于跑道中心线的标志线在像片面的成像,它与像片坐标系的 y 轴相交于 F_3 点;R_1R_2、F_3F_1 和 F_1P_1 的长度均能通过像点坐标量测而获得。于是根据这些数据和简单的透视几何关系,就可计算出像面的俯仰角 θ 及其它有关数据 θ_1、θ_2、θ'_2、PF_2、LP。其中:

$$\theta = \arctan^{-1}\left(\frac{F_1P_1}{LF_1}\right) \tag{5-124}$$

$$\theta_1 = \arctan^{-1}\left(\frac{F_3P_1}{LF_3}\right) \tag{5-125}$$

$$\theta_2 = \theta'_2 = \theta_1 + \theta \tag{5-126}$$

$$LF_3 = ((F_3F_1)^2 + (LF_1)^2)^{1/2} \tag{5-127}$$

$$LF_2 = LF_3 \cdot W_1W_2/R_1R_2 \tag{5-128}$$

投影中心至跑道平面的垂距 PF_2:

$$PF_2 = LF_2 \cdot \sin\theta'_2 \tag{5-129}$$

投影中心到地标线 W_1W_2 的水平距离 LP:

$$LP = LF_2 \cdot \cos\theta'_2 \tag{5-130}$$

考虑飞机架水平后测量计算的摄影机初始安装数据，由像片俯仰角便可求出飞机的俯仰角，由 PF_2 就可求出飞机的离地高度，由 LP 和 W_1W_2 就可计算得到物镜投影中心 L 的位置和飞机滑跑通过的距离。根据时间 t 参数，还可计算飞机起飞着陆性能的其他参数。

实际上，飞机在起飞着陆、滑跑或飞行过程中不仅有俯仰角的存在，而且还有横滚角、偏航角和偏航距的存在，因此不能直接用上述简单的关系式来计算，而应该根据图 5－22 所示的透视关系推导出的一系列公式来计算出飞机离地高度、滑跑距离、俯仰角、横滚角、偏航角、偏航距、速度、加速度等一系列参数。

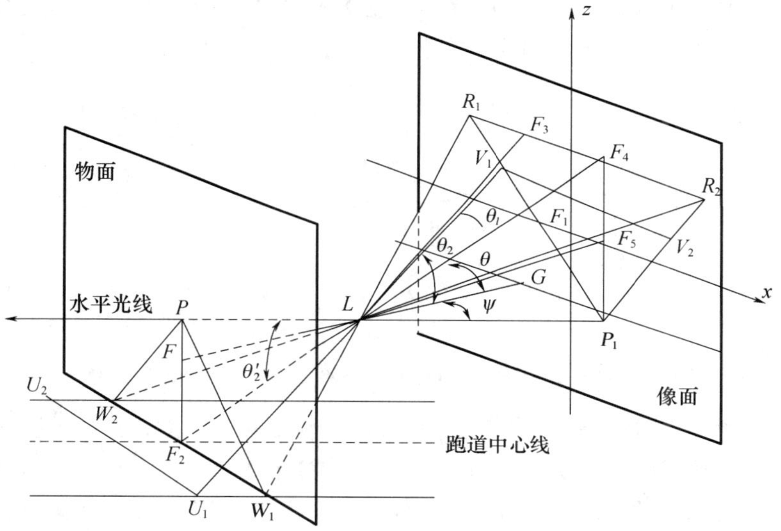

图 5－22 具有俯仰、横滚和偏航的透视关系示意图

如图 5－22 所示，在跑道上布设垂直并对称于跑道中心线并成矩形或正方形的四点地标为 W_1、W_2、U_1、U_2，W_1U_1 和 W_2U_2、W_1W_2 和 U_1U_2 分别代表了物方空间的两组平行线，W_1、W_2、U_1、U_2 在像面上的成像分别为 R_1、R_2、V_1、V_2。根据透视几何原理，平行线 W_1U_1 和 W_2U_2 在无穷远处的交点称为消失点或灭点，设为 P_1；另一组平行线 W_1W_2 和 U_1U_2 在无穷远处的交点也是消失点，设为 P_2。通过摄影投影中心 L 并平行于跑道中心线的水平光线延伸到无穷远处必然与跑道平面相交的点也是 P_1 点；通过摄影投影中心 L 并垂直于跑道中心线的水平光线延伸到无穷远处必然与跑道平面相交的点也是 P_2 点，它们均构像在影像平面上。这样就可以根据透视几何原理推导出的一系列的公式来计算出飞机的横滚角、俯仰角、偏航角、偏航距、瞬间位置、起飞滑跑距离、着陆滑跑距离、离地点和速度等一系列参数。由于推导过程比较烦琐，因此下面仅介绍测量与计算步骤：

（1）通过检校，获得摄影（像）机的内方位元素 f_0、x_0、y_0。

（2）在飞机架设水平的情况下，引出飞机的纵轴线，并布设垂直和对称于飞机纵轴线的矩形或正方形四点地标，利用在飞机机腹下按要求安装好的摄影（像）

机，对地标进行拍摄。然后利用摄有四点地标的图像，根据此法可解算出摄影（像）机初始安装角 θ_0、φ_0、ψ_0，同时测量出摄影机投影中心与飞机质心或重心的坐标差数据 ΔX、ΔY、ΔZ。

（3）利用飞机起飞着陆滑跑或低空飞行过程中拍摄的图像，量测或提取出像片上框标坐标系下的框标十字中心坐标和像点 R_1、R_2、V_2、V_1 的坐标，并换算到以像主点 F_1 为原点的像片坐标系坐标。

（4）根据像点 R_1、R_2、V_1、V_2 的坐标分别列出 R_1、V_1 和 R_2、V_2 的直线方程并计算出灭点 P_1 的坐标。

（5）再根据像点 R_1、R_2、V_1、V_2 的坐标分别列出 V_1、V_2 和 R_1、R_2 的直线方程并计算出灭点 P_2 的坐标，参见图 5 – 23。

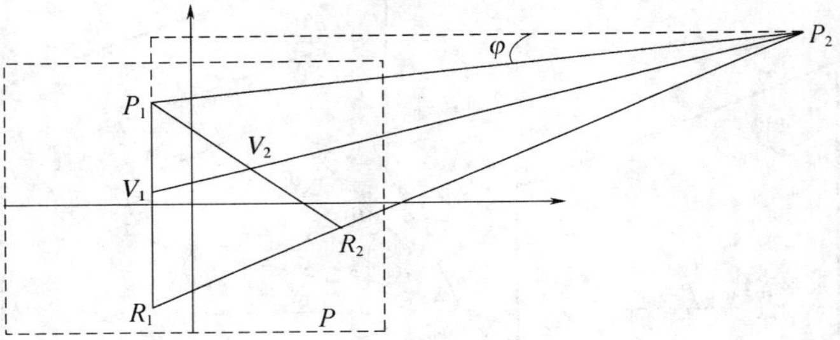

图 5 – 23　计算灭点 P_1、P_2 点的坐标及像片左右倾角 φ 的示意图

（6）在条件许可的情况下可适当增加多余观测量，即以跑道上布设的更多平行线或水泥块平行线列出更多的直线方程并计算出灭点 P_1 和 P_2 的平差坐标，以提高灭点 P_1 和 P_2 的精度和可靠性，从而提高飞机飞行姿态角和位置的解算精度和可靠性。

（7）利用 P_1、P_2 点的坐标差便可计算出像片 P 的左右倾角 φ。它是由飞机起飞着陆滑跑或飞行过程中存在的横滚角所引起。

（8）利用计算出的横滚角 φ 进行坐标旋转，修正计算出图像没有横滚时的 R_1、R_2、P_1 的坐标值，参见图 5 – 22 和图 5 – 23。

（9）利用修正了横滚角时的 R_1、R_2、P_1 的 x，y 坐标值以及解直线方程获得的 F_3 和 F_4 点的 y 坐标值，便可计算出像片的俯仰角 θ 和偏航角 ψ。如图 5 – 22 所示，其中：

$$\theta = \arctan\left(\frac{FG_1}{F_1L}\right) \tag{5-131}$$

$$\psi = \arctan\left(\frac{GP_1}{LG}\right) = \arctan^1\left(\frac{GP_1}{\sqrt{(F_1L)^2 + (F_1G)^2}}\right) \tag{5-132}$$

式中，F_1G 为 P_1 点的 y 坐标值；GP_1 为 P_1 点的 x 坐标值；F_1L 为摄影机的主距 f_0。

若摄影（像）机在飞机上初始安装角 θ_0、φ_0、ψ_0 不为零，则需从计算出的影像平面的俯仰角 θ、横滚角 φ、偏航角 ψ 中分别加上或减去 θ_0、φ_0、ψ_0 后，才是飞机起降过程中实际的姿态角。

在计算出像片的横滚角 φ、俯仰角 θ、偏航角 ψ 和相关的参数后，若还需要飞机的航迹和速度等性能参数，则再根据透视几何原理所建立的一系列的相关公式和 W_1W_2、W_1U_1 的距离、飞机通过的矩形或正方形个数以及计算出的摄影投影中心 L 距跑道标志线 W_1W_2 的水平距离 LP、至跑道平面的高度和跑道中心线的偏航距等，就可计算出摄影投影中心 L 在给定坐标系中的三维坐标，从而进一步计算出飞机质心或重心位置的三维坐标，最后计算出飞机在起飞着陆和低空飞行过程中的位置、速度和加速度等参数。

本方法采用的计算公式是严密的。其测量参数的精度涉及许多因素，主要有：矩形或正方形地标的布设精度，摄影机初始安装的姿态及位置校准精度，摄影机的成像质量、画幅大小、内方位元素和影像畸变校准精度，飞机振动对图像质量的影响大小，地标标志点的提取或量测精度，涉及灭点坐标精度解算的相关因素和方法，跑道平面的平坦度等。至于该采取什么措施或方法来减小或限制其产生的误差，需根据不同的试飞测试任务要求而定。

参 考 文 献

[1] Kennneth. R. Castleman. Digital Image Processing. Prentice Hall.

[2] 冯小荣，张建新，樊秋林. 电视跟踪系统误差分析. 光电技术应用，2006，21(3)：14 - 16.

[3] 李宏，杨廷梧. 基于光流场技术的复杂背景下运动目标跟踪. 光电工程. 2006，33(10)：13 - 17.

[4] 贾浩正等. 单影像运动目标六维参数测量方法. 光电工程，2010，37(6)：11 - 15.

[5] 苏国中，郑顺义，张剑清. OpenGL 模拟摄影测量方法研究. 中国图像图形学报，2006，11(4)：540 - 544.

[6] 胡丙华，张虎龙，等. 基于灭点理论的飞机着陆段姿态角测量. 应用光学，2012，33(4)：779 - 783.

[7] 荣瑞霞，欧龙，张丽娜，等. 基于灭点理论的普通数码相机标定方法. 工程地球物理学报，2007，4(2).

[8] 张勇. 铅垂线辅助空中三角测量的应用研究. 武汉：武汉大学博士学位论文，2006.

[9] 谢文寒. 基于多像灭点进行相机标定的方法研究. 武汉：武汉大学博士学位论文，2004.

[10] 杨化超，张书毕，刘超. 基于灭点理论和平面控制场的相机标定方法研究. 中国图象图形学报，2010，15(8).

[11] 张祖勋，张剑清. 广义点摄影测量及其应用. 武汉大学学报·信息科学版，2005，30(1).

[12] 康志忠，张祖勋. 基于灭点理论和物方平行线几何约束的建筑墙面纹理自动纠正. 武汉大学学报. 信息科学版，2004，29(4).

[13] 王德麾，樊庆文，袁中凡. 一种基于多灭点标定数码相机内外参数的方法. 四川大学学报. 工程科学版，2009，41(5).

第6章　多传感器数据处理

多传感器数据处理是航空飞行试验光电测量中非常重要的内容。本章依次介绍飞行试验光电测量数据中异常值的处理方法、测量随机误差(含系统误差残差)的滤波方法、K－L变换、IMM－UKF滤波模型,并提出了多传感器的分组方法,接着叙述了在分布式多传感器系统中,观测数据批处理与序贯处理的两种典型的融合方法——加权融合与卡尔曼滤波方法以及基于卡尔曼滤波理论的多尺度融合模型与方法;最后简要介绍了观测数据回归理论与方法,分别对多元线性回归与非线性回归、偏最小二乘回归方法进行了描述。通过仿真或飞行试验,对多传感器数据处理的有效性和正确性进行了验证。

6.1　观测异常值滤波

观测数据集合中的观测异常值,不仅会严重影响观测数据质量,而且会影响运动模型的辨识。在观测数据集合中严重偏离绝大部分数据趋势的那部分数据被称为观测异常值。这些异常值如不经过处理,会导致传感器本地的状态向量估计具有较大的方差,从而影响最终融合精度。因此,观测异常值修正对提高测量精度和飞机跟踪精度有着十分重要的意义。

在各种文献资料中关于观测异常值滤波的算法很多。本节首先描述了观测异常值的性质,然后介绍了几种在机动目标跟踪过程中对观测异常值滤波算法。其中:七点二阶算式为简单实用的方法;滑动容错算法是对多项式算法的改进,有利于异常值的发现与修正;基于观测新息偏差的目标跟踪自适应滤波算法,能够有效地检测观测数据集的异常值,剔除并重构伪观测值参与滤波,实践证明该算法有效地提高了目标跟踪精度,在递归滤波器中运算量增加不大,是一种易于实现的算法。

在多传感器目标跟踪过程中,系统中的所有传感器在测量过程中均可能出现异常值,即使是高精度的测量设备(如光电经纬仪等)。由于内部、外部等各种偶然因素的综合作用和影响,采样数据集合中往往包含了1%～2%的,有时甚至多达10%～20%(例如雷达进行大仰角跟踪时)的数据严重偏离目标的真实航迹[1]。在航空飞行试验中,异常观测值(简称异常值)严重偏离正常测量航迹,其中每一个异常值又被称为异常点。异常点在测量数据集中有几种表现形式:因系统内部的随机因素影响而产生的个别点,一般是异常孤点;连续异常点被称为异常群点;也有因外部因素作用产生的异常点,这些点一般带有系统误差的性质,其统计特征是均值不为零,但常常也作为随机误差进行修正。几十年来,国内外统计界大量研究结果表明,无论是基于最小二乘理论的模型参数最优估计、最优线性滤波算法(包括多项式滤波与递推 Kalman 滤波等),还是极大熵谱估计,对采样序列中包含的异常点反应都较为敏感。在事后分析中常采用六点修正法或八点修正法。许多滤波算法和数据融合算法均是在假设没有异常点或者认为异常点已被修正的条件下检验其有效性的。因此,在实际应用中采用适当的修正算法,对于改善数据处理质量,提高数据精度非常重要。许多学者[2-4]对此作了大量的研究,其中广泛采用的检测方法主要有:多项式拟合预报法(Polynomial Fitting)、差分检测法(Differential Detection)、似然比检验法(Likelihood Ratio Test)和稳健—似然比检验法(Steadiness-Likelihood Ratio Test)等。从工程应用角度看,这些方法均有各自的优点,但也存在不同的缺点[5]。周宏仁等[6]提出的异常值自动剔除方法,是在递推滤波过程中,利用预测残差的统计性质对预测向量的每一个分量进行判别,如某个测量值为异常值,则在求得增益矩阵后,将相应于该值的一行元素变为零,其余滤波值和滤波误差协方差矩阵不变。吴翊和朱炬波[7,8]给出了弹道测量事后数据处理的融合算法,讨论了如何融合多种测量元素来诊断和估计测量系统误差,给出高精度的弹道参数。孙华燕等[9]考虑了基于数据融合的靶场光测数据的实时剔除异常值方法,通过判断测量设备对目标的描述是否一致来判定测量数据是不是异常点。贺明科等[5]利用多传感器数据形成的对目标状态参数的正确描述和测量数据集合主体的变化趋势,提出了基于预测的观测向量和基于航迹关联进行识别和剔除测量数据中异常点的方法。其基本思路是首先将带有异常值的观测剔除,然后利用传感器的非异常值数据计算出局部估计 $\hat{\boldsymbol{X}}_i(k/k)$ 和 $\boldsymbol{P}_i^{-1}(k/k)$。

6.1.1 观测异常值及其性质

胡绍林等[1]在文献中对异常值有这样定性的定义:测量数据集合中严重偏离大部分数据所呈现整体趋势的小部分数据点。

周宏仁等[6]对此是这样描述的:设 $\boldsymbol{Y}(1),\boldsymbol{Y}(2),\cdots,\boldsymbol{Y}(k)$ 对目标状态 $\boldsymbol{X}(k+1)$ 的预测值为 $\hat{\boldsymbol{X}}(k+1/k)$,预测残差为 $\boldsymbol{d}(k+1)$,有

$$\boldsymbol{d}(k+1)=\boldsymbol{Y}(k+1)-\boldsymbol{H}(k+1)\hat{\boldsymbol{X}}(k+1/k) \tag{6-1}$$

式中,$\boldsymbol{d}(k+1)$ 为均值为零的高斯随机量,其协方差矩阵为

$$E[\boldsymbol{d}(k+1)\boldsymbol{d}(k+1)^{\mathrm{T}}]=\boldsymbol{H}(k+1)\boldsymbol{P}(k+1/k)\boldsymbol{H}(k+1)+\boldsymbol{R}(k+1) \tag{6-2}$$

式中,$\boldsymbol{P}(k+1/k)$ 为预测误差协方差矩阵;$\boldsymbol{R}(k+1)$ 为量测噪声协方差矩阵。

利用预测残差的上述统计性质可对 $\boldsymbol{Y}(k+1)$ 的每个分量进行判别,判别式为

$$|\boldsymbol{d}_i(k+1)|\leqslant C\{[H(k+1)\boldsymbol{P}(k+1/k)\boldsymbol{H}^{\mathrm{T}}(k+1)+\boldsymbol{R}(k+1)]_{i,i}\}^{\frac{1}{2}} \tag{6-3}$$

式中,下标 i,i 为矩阵对角线上的第 i 元素;$\boldsymbol{d}_i(k+1)$ 为 $\boldsymbol{d}(k+1)$ 的第 i 个分量;C 为常数,可取 3 或 4。

若式(6-3)成立,判别 $\boldsymbol{y}_i(k+1)$ 为正确量。反之,则判别 $\boldsymbol{y}_i(k+1)$ 为异常值,其中,$\boldsymbol{y}_i(k+1)$ 为 $\boldsymbol{Y}(k+1)$ 的第 i 个分量。

贺明科等人[5]在文献中采用预测观测向量对异常值进行识别,由反馈给每个传感器的一步预测估计 $\hat{\boldsymbol{X}}(k/k-1)$,可得到传感器 i 的预测观测向量:

$$\hat{\boldsymbol{Y}}_i(k/k-1) = \boldsymbol{H}_i(k)\hat{\boldsymbol{X}}(k/k-1) \tag{6-4}$$

给定阈值 δ,如果新的观测 $\boldsymbol{z}_i(k)$ 满足:

$$|\boldsymbol{Y}_i(k) - \hat{\boldsymbol{Y}}_i(k/k-1)| < \delta \tag{6-5}$$

则认为观测 $\boldsymbol{y}_i(k)$ 不是异常点,否则 $\boldsymbol{y}_i(k)$ 为异常点。阈值 δ 按(3-6)σ 选取。在剔除了观测异常值之后,并对传感器的非异常值数据进行处理,计算出局部估计 $\hat{\boldsymbol{X}}_i(k/k)$ 和 $\boldsymbol{P}_i^{-1}(k/k)$。

若利用函数的连续性性质,可对异常点作如下定义:

定义 设机动目标运动函数 $y=f(x)$ 在点 x_0 左右导数存在,且有

$$\lim_{x\to x_0^-}\frac{f(x)-f(x_0)}{x-x_0} = f'(x_0^-),\ \lim_{x\to x_0^+}\frac{f(x)-f(x_0)}{x-x_0} = f'(x_0^+) \tag{6-6}$$

(1) 若 $f'(x_0^-)=f'(x_0^+)=f'(x_0)$,则函数 $y=f(x)$ 在点 x_0 处连续,不存在异常点;

(2) 若 $f'(x_0^-)\neq f'(x_0^+)$,则函数 $y=f(x)$ 在点 x_0 处不连续,存在异常点。

观测传感器在正常状态下,应该具有稳定的输出特性,可以获得可信度高的观测数据。下面给出容许函数的概念。

定义 传感器观测值的容许函数定义为 $R:X\times X\times\cdots\times X\to[0,1]$,

$$R(x_1,x_2,\cdots,x_n) = \min_{i,j}\{R(x_i,x_j)\} \tag{6-7}$$

根据容许度定义,容许度类似于测量信息可信程度。当传感器所有输出信息较为集中时,容许度较大,测量结果的可信度较高;当某个或某几个数据与大多数数据的偏差较大时,对应着传感器出现故障或受外界干扰影响较大的情况,容许度较小,其测量结果的可信度较低。

容许函数可根据需要进行选取,一般较为简单的形式有阈值函数。需要注意的是,阈值函数中的阈值大小应与实际要求相符。

对大量观测数据进行分析,可以得出观测异常值性质如下:

性质1 传感器观测集合中的异常值是有界的。

多传感器系统中传感器在观测过程中,由于出现故障或受外界干扰影响的原因而产生异常值,这些值的大小受传感器输出的限制,虽然远离正常值但在一定范围之内。对于某一给定正常数 m,观测异常值 L_i 满足下列不等式:

$$-m \leqslant L_i \leqslant +m,\ i=1,2,\cdots,n \tag{6-8}$$

性质2 传感器观测集合中异常值不一定具有高斯分布的统计特性。

传感器在观测过程中,由于出现故障或受外界干扰影响的原因而产生异常值,

带有一定的突发性，虽然表现出随机特征，但在一次具体的观测过程中，可能出现偏离主体较大的观测值，这些偏离量不一定具有高斯分布的特征。有时又表现出了一定的系统规律性。当找到干扰原因后，可用数学模型或经验模型进行校正。

性质3 传感器观测集合中异常值是目标真实观测分量和干扰分量向量之和。即

$$y_i(k) = s_i(k) + n_i(k) \tag{6-9}$$

在观测过程中产生的异常值，不管干扰来自于内部还是外部，也不论这种干扰具有随机性还是系统性，都可看成是真实观测值和干扰噪声的叠加。

6.1.2 多项式滑动模型[10]

6.1.2.1 低阶多项式滑动算法

观测异常值修正的方法，首先是识别异常值并剔除，其次是采用一定方法重构观测值（该观测值称为伪观测值）。低阶多项式滑动拟合法，只采用前推差分算式（七点二阶算式），这样可避免后面异常值的影响而将正常值误判为异常值，也不采用平均值作为数学期望。该方法简单易行。国内许多学者在观测数据异常值修正方面做了大量工作[11,12]，给出了许多有意义的算法模型。

设观测数据序列为$\{y_k\}$，采用七点二阶算式后的输出数据序列为$\{\hat{y}_k\}$，其计算方法如下：

$$\begin{cases}
\hat{y}_1 = (32y_1 + 15y_2 + 3y_3 - 4y_4 - 6y_5 - 3y_6 + 5y_7)/42 \\
\hat{y}_2 = (5y_1 + 4y_2 + 3y_3 + 2y_4 + y_5 - y_7)/14 \\
\hat{y}_3 = (y_1 + 3y_2 + 4y_3 + 4y_4 + 3y_5 + y_6 - 2y_7)/14 \\
\hat{y}_4 = (-2y_1 + 3y_2 + 6y_3 + 7y_4 + 6y_5 + 3y_6 - 2y_7)/21 \\
\hat{y}_5 = (-2y_1 + y_2 + 3y_3 + 4y_4 + 4y_5 + 3y_6 + y_7)/14 \\
\hat{y}_6 = (-y_1 + y_3 + 2y_4 + 3y_5 + 4y_6 + 5y_7)/14 \\
\hat{y}_i = (5y_{i-6} - 3y_{i-5} - 6y_{i-4} - 4y_{i-3} + 3y_{i-2} + 15y_{i-1} + 32y_i)/42 \quad (i \geqslant 7)
\end{cases} \tag{6-10}$$

从式(6－10)可以看出，除第一点到第六点的计算需要用到以后的观测数据，从第七点开始，就不再使用以后的数据，这从式(6－10)中的最后一项$\hat{y}_i$计算式可以看出来。

根据式(6－10)，按照时间顺序逐步计算$\{\hat{y}_i\}$以及差值v_i：

$$v_i = y_i - \hat{y}_i, i = 1,2,\cdots,n \tag{6-11}$$

由于观测异常值的差值v_i要远大于正常差值，因此，需要设定阈值δ进行判别。有的学者用下式作为判别准则：

$$|v_k| > 2.2\sqrt{\frac{\sum_{i=k-6}^{k}(y_i-\hat{y}_i)^2}{6}} = 2.2\sigma = \delta \tag{6-12}$$

当然阈值δ大小的选择需要根据具体试验对象与观测数据的品质进行综合考虑。在航空飞行试验中,一般将大于3σ的观测值判定为观测异常值。也就是说,应该根据具体情况δ取大于或等于3σ的任意值。故有

$$|v_k| > \delta = C\sqrt{\frac{\sum_{i=k-6}^{k}(y_i-\hat{y}_i)^2}{6}} = C\sigma = \delta \tag{6-13}$$

式中,$3 \leqslant C \leqslant \infty$。

在实际测量中,若阈值δ选择太小,则可能将含有随机误差的正常观测值看作是异常值剔除了,则此时模型就可能反映不出目标运动的真实状况;反之,阈值δ选择太大,又起不到剔除异常值的作用。

如果试验中出现连续观测异常值即异常群点,则需要计算其差值并进行比较,若观测值y_{k+i}满足下式:

$$|y_{k+i} - y_k| > \delta, i = 1,2,\cdots m \tag{6-14}$$

则可以判定该观测值序列$y_k, y_{k+1}, \cdots, y_{k+i}, \cdots, y_{k+m}$为异常值序列,应予以剔除。同时,采用$y_{k-3}, y_{k-2}, y_{k-1}, X, y_{k+m+1}, y_{k+m+2}, y_{k+m+3}$为已知的拉格朗日差值公式,可以求出$y_k, y_{k+1}, \cdots, y_{k+i}, \cdots, y_{k+m}$的修正值$\hat{y}_k, \hat{y}_{k+1}, \cdots, \hat{y}_{k+i}, \cdots, \hat{y}_{k+m}$。

$$\hat{y}_l = \sum_{j=k-3}^{k+m+3}\prod_{i=k-3}^{k+m+3}\frac{y_l - y_i}{y_j - y_i}y_i, l = k, k+1, \cdots, k+m \tag{6-15}$$

观测异常值从其本质上来说,是因为偏离观测数据的整体趋势太大,故将其列为异常值。因此,在实际测量应用中,不宜将阈值δ设定太小,应根据观测数据分布的离散性或对影响因素仔细分析后根据经验来确定效果更好。经过观测异常值剔除之后的观测值,还需进行随机误差滤波和系统误差修正。

6.1.2.2 滑动多项式辨识算法

在观测数据集合中,少量观测异常值容易剔除,目前有许多较好的算法可以使用。但是,如果有成串出现的异常值群点(又称斑点型野值)时,就不可随意选择一种算法进行修正,而需要认真分析异常值特点,选择一种合适的算法进行修正。从表面看,有些算法虽然提高了观测数据的“精度”,却有可能导致模型失真。

采用最小二乘多项式外推拟合进行识别,有利于对阶跃型或脉冲型跳点的识别。对于大航线机动目标测量数据集合中斑点型异常值的识别,多采用多项式改进算法即滑动容错辨识算法。该算法的本质是使用滑动多项式分段拟合。

6.1.2.3 滑动多项式算法原理

当机动目标运动方程$f(t)$在有限时间区间$[t_1, t_N]$上连续变化、分段光滑时，则$f(t)$在该时间区的任一子区间$[t_l, t_{n+l}]$上都可被代数多项式一致逼近。设机动目标$f(t)$的观测数据序列为$\{y(t_i), i=1,\cdots,N\}$，则有

$$y(t_i) = \begin{bmatrix} 1 & t_i & \cdots & t_i^{m-1} \end{bmatrix} \begin{bmatrix} a_0 \\ a_1 \\ \vdots \\ a_{m-1} \end{bmatrix} + \varepsilon_r(t_i) + \varepsilon_0(t_i) + \varepsilon_c(t_i) \quad (6-16)$$

式中，a_i 为分段多项式系数；$\varepsilon_r(t_i)$为观测数据随机误差；$\varepsilon_0(t_i)$为高频分量截断误差；$\varepsilon_c(t_i)$为观测粗差，即由观测异常值而产生的较大误差。

对于截断误差 $\varepsilon_0(t_i)$，只要适当选取拟合阶次，则对数据处理结果的影响不大；如果观测粗差 $\varepsilon_c(t_i)$存在，就会远大于其它误差，即 $\varepsilon_c(t_i) \gg \varepsilon_0(t_i)$与 $\varepsilon_c(t_i) \gg \varepsilon_r(t_i)$，就会使观测数据严重偏离数据主体趋势，不仅严重影响数据处理精度，同时也使系统模型发生变异。对于 $y(t_i)$，式(6-16)可写成如下形式(略去截断误差 $\varepsilon_0(t_i)$)：

$$\begin{bmatrix} y(t_1) \\ y(t_2) \\ \vdots \\ y(t_n) \end{bmatrix} = \begin{bmatrix} 1 & t_1 & \cdots & t_1^{m-1} \\ 1 & t_2 & \cdots & t_2^{m-1} \\ \vdots & \vdots & & \vdots \\ 1 & t_n & \cdots & t_n^{m-1} \end{bmatrix} \begin{bmatrix} a_0 \\ a_1 \\ \vdots \\ a_{m-1} \end{bmatrix} + \begin{bmatrix} \varepsilon_c(t_1) \\ \varepsilon_c(t_2) \\ \vdots \\ \varepsilon_c(t_n) \end{bmatrix} + \begin{bmatrix} \varepsilon_r(t_1) \\ \varepsilon_r(t_2) \\ \vdots \\ \varepsilon_r(t_n) \end{bmatrix} \quad (6-17)$$

即有矩阵形式：

$$\boldsymbol{Y} = \boldsymbol{Xa} + \boldsymbol{\varepsilon}_c + \boldsymbol{\varepsilon}_r \quad (6-18)$$

式中，

$$\boldsymbol{Y} = [y(t_1) \quad y(t_2) \quad \cdots \quad y(t_n)]^{\mathrm{T}}, \quad \boldsymbol{a} = [a_0 \quad a_1 \quad \cdots \quad a_{m-1}]^{\mathrm{T}}$$

$$\boldsymbol{X} = \begin{bmatrix} 1 & t_1 & \cdots & t_1^{m-1} \\ 1 & t_2 & \cdots & t_2^{m-1} \\ \vdots & \vdots & \ddots & \vdots \\ 1 & t_n & \cdots & t_n^{m-1} \end{bmatrix}, \boldsymbol{\varepsilon}_c(t) = \begin{bmatrix} \varepsilon_c(t_1) \\ \varepsilon_c(t_2) \\ \vdots \\ \varepsilon_c(t_n) \end{bmatrix}, \boldsymbol{\varepsilon}_r(t) = \begin{bmatrix} \varepsilon_r(t_1) \\ \varepsilon_r(t_2) \\ \vdots \\ \varepsilon_r(t_n) \end{bmatrix}$$

滑动多项式算法的基本思想是：在最小二乘准则的基础上，引入了能自适应调节的 $\phi(x)$函数。在待处理点前后选取一段数据(称为窗口)，在窗口内采用低阶多项式估计算法，估计当前时刻的状态值。为处理方便，所有窗口包含奇数点($n=2m_1+1$)，并使待估计点位于窗口中心。随着估计点移动，窗口也跟着移动，故称为滑动多项式算法。对于初始和末了段 m_1 个点，窗口保持不动，分别固定为初始($2m_1+1$)和最后($2m_1+1$)个点进行稳健多项式回归估计值。

6.1.2.4 滑动多项式递推模型

对式 (6－16)进行滑动多项式拟合,首先要选取滑动区间的长度为 n,当 $n \geqslant m$ 阶次时,多项式拟合系数的滑动递推辨识模型为

$$\hat{\boldsymbol{a}}_{[i+1,i+n]} = \hat{\boldsymbol{a}}_{[i,i+n-1]} - \boldsymbol{J}_{[i+1,i+n]}\boldsymbol{x}_i^{\mathrm{T}}(\boldsymbol{y}(t_i) - \boldsymbol{x}_i\hat{\boldsymbol{a}}_{[i,i+n-1]}) + \boldsymbol{F}_{[i+1,i+n]}(\boldsymbol{y}(t_{i+n}) - \boldsymbol{x}_{i+n}\hat{\boldsymbol{a}}_{[i,i+n-1]}) \tag{6－19}$$

式中, 下标$[i,j]$表示从第 i 个数据到第 j 个数据;

$$\boldsymbol{J}_{[i+1,i+n]} = [\boldsymbol{x}^{\mathrm{T}}_{[i+1,i+n]}\boldsymbol{x}_{[i+1,i+n]}]^{-1} \tag{6－20}$$

其中, $\boldsymbol{x}[i+1,i+n] = \begin{bmatrix} x_{i+1} \\ \vdots \\ x_{i+n} \end{bmatrix} = \begin{bmatrix} 1 & t_{i+1} & \cdots & t_{i+1}^{m-1} \\ \vdots & \vdots & \ddots & \vdots \\ 1 & t_{i+n} & \cdots & t_{i+n}^{m-1} \end{bmatrix}, \boldsymbol{x}_i = \begin{bmatrix} 1 \\ t_i \\ \vdots \\ t_i^{m-1} \end{bmatrix}$

$$\boldsymbol{F}_{[i+1,i+n]} = \frac{[\boldsymbol{J}^{-1}_{[i+1,i+n]} - \boldsymbol{x}^{\mathrm{T}}_{i+1}\boldsymbol{x}_{i+1}]^{-1}\boldsymbol{x}^{\mathrm{T}}_{i+n}}{1 + \boldsymbol{x}_{i+n}[\boldsymbol{J}^{-1}_{[i+1,i+n]} - \boldsymbol{x}^{\mathrm{T}}_{i+1}\boldsymbol{x}_{i+1}]^{-1}\boldsymbol{x}^{\mathrm{T}}_{i+n}} \tag{6－21}$$

$\hat{\boldsymbol{a}}_{[i+1,i+n]}$为 $\boldsymbol{a}$ 基于测量数据$\{y(t_{i+1}),\cdots y(t_{i+n})\}$的最小二乘估计,其中,

$$\boldsymbol{a} = \begin{bmatrix} a_0 \\ \vdots \\ a_{m-1} \end{bmatrix}$$

当误差分量服从正态分布且无观测异常值时,该算法也可作为观测数据的随机误差滤波算法,具有良好的统计性质。但若测量数据序列中包含有异常观测值,就必须引入有界 ϕ 函数,进行算法改进。改进的滑动多项式递归估计算法有两种:

(1) 算法一:

$$\hat{\boldsymbol{a}}_{[i+1,i+n]} = \hat{\boldsymbol{a}}_{[i,i+n-1]} - \boldsymbol{J}_{[i+1,i+n]}(\boldsymbol{x}_i^{\mathrm{T}}\boldsymbol{y}_i - \boldsymbol{x}_i\hat{\boldsymbol{a}}_{[i,i+n-1]}) + \boldsymbol{F}_{[i,i+n-1]}(\boldsymbol{y}_{i+n} - \boldsymbol{x}_{i+n}\hat{\boldsymbol{a}}_{[i,i+n]}) \tag{6－22}$$

$$\boldsymbol{y}_{i+1} = \boldsymbol{x}_{i+1}\hat{\boldsymbol{a}}_{[i,i+n-1]}\phi\left(\frac{\boldsymbol{y}_{i+n} - \boldsymbol{x}_{i+n}\hat{\boldsymbol{a}}_{[i,i+n]}}{\sqrt{1 - \boldsymbol{x}_i\boldsymbol{J}_{[i,i+n-1]}\boldsymbol{x}_i^{\mathrm{T}}}}, c_i\right) \tag{6－23}$$

(2) 算法二:

$$\hat{\boldsymbol{a}}_{[i+1,i+n]} = \hat{\boldsymbol{a}}_{[i,i+n-1]} - \boldsymbol{J}_{[i+1,i+n]}\boldsymbol{x}_i^{\mathrm{T}}\sqrt{1 - \boldsymbol{x}_i\boldsymbol{J}_{[i,i+n-1]}\boldsymbol{x}_i^{\mathrm{T}}}\,\phi\left(\frac{\boldsymbol{y}_i - \boldsymbol{x}_i\hat{\boldsymbol{a}}_{[i,i+n-1]}}{\sqrt{1 - \boldsymbol{x}_i\boldsymbol{J}_{[i,i+n-1]}\boldsymbol{x}_i^{\mathrm{T}}}}, \boldsymbol{c}_i\right) + \boldsymbol{F}_{[i,i+n-1]}\sqrt{1 + \boldsymbol{x}_{i+n}\boldsymbol{J}_{[i,i+n-1]}\boldsymbol{x}_{i+n}^{\mathrm{T}}}\,\phi\left(\frac{\boldsymbol{y}_{i+n} - \boldsymbol{x}_{i+n}\hat{\boldsymbol{a}}_{[i,i+n]}}{\sqrt{1 - \boldsymbol{x}_{i+n}\boldsymbol{J}_{[i,i+n-1]}\boldsymbol{x}_{i+n}^{\mathrm{T}}}}, \boldsymbol{c}_i\right) \tag{6－24}$$

$$\boldsymbol{y}(t_{i+k}) = \sum_{j=0}^{m}\hat{\boldsymbol{a}}_{j[i+1,i+n]}t_{i+k}^{j} = \hat{a}_0 + \hat{a}_1 t + \hat{a}_2 t^2 + \cdots + \hat{a}_n t^m \tag{6－25}$$

式(6－23)和式(6－24)中的 c_i 可按 $(3\sim6)\sigma$ 进行选择。

在数据预处理时,为了简化计算,也可采用如下的 Huber 型或 Hampel 型 ϕ 函数:

① Huber 型:

$$\phi(w)=\begin{cases} w & |w|\leqslant c \\ 0, & |w|>c \end{cases} \tag{6-26}$$

② Hampel 型:

$$\phi(w)=\begin{cases} \operatorname{sign}(\omega)|\omega|, & |\omega|\leqslant a \\ \operatorname{sign}(\omega)a, & a\leqslant|\omega|\leqslant b \\ \operatorname{sign}(c-|\omega|)/(c-b), & b\leqslant|\omega|\leqslant c \\ 0, & |\omega|>c \end{cases} \tag{6-27}$$

式中,$0<a<b<c$,a、b、c 是根据数据离散度和经验适当选取的非负常数。

当观测数据离散度较大时,利用 Hampel 型重衰减函数的效果更佳。

两种算法各有优点,算法一对严重偏离预报值的观测数据有良好的纠错能力;算法二通过压缩滤波残差能提高递推算法的容错能力。

6.1.2.5 滑动容错算法过程与仿真

对于含有斑点型观测异常值的序列数据,按照上述方法,并结合差分技术,可实现观测异常值的剔除与修正。具体步骤为:

(1) 用全段数据得到初步估计 $\hat{\sigma}^2$,选取基准段,一般为初始段。

(2) 预测基准段中点的状态值,并与实际观测值比较,若两者相差小于 6σ,认为观测值为合理值。如果相差大于 6σ,则认为是观测异常值,异常值用估计值代替。

(3) 基准段更新。去掉原基准段的第 1 个值,并补以基准段后紧邻的第 1 个值(如果观测值已被判为异常值,则用容错预测值替代),即基准段向后移动 1 个点。如果整个数据处理完毕,转第(4)步,否则,转向第(2)步。

(4) 先用剔除异常值后的数据重新估算 $\hat{\sigma}^2$,然后判断这一轮中是否有新异常值被剔出,如果没有,计算结束,否则转向第(2)步。

利用蒙特卡洛法进行仿真。空中机动目标观测数据由“多项式＋正态测量误差”模型产生,具体模型为

$$y(t)=b_0+b_1t+b_2t^2+\varepsilon(t)+\varepsilon_c(t)$$

式中,$\varepsilon_c(t)$ 为观测异常值误差,$\varepsilon(t)\sim N(0,1)$。

设定模型中的参数:$b_0=-50$,$b_1=-8$,$b_2=-1$。t 为 $-10\text{s}\sim3\text{s}$ 的时间序列,时间间隔为 0.04s 。在图 6－1 中,Y 坐标中含有人为叠加的异常值,即在第 60 ~ 69、

160 ~ 169、200 ~ 208 点为采用人为叠加一定值后形成的异常值点。60 ~ 69 点叠加了 -20m的值,第 160 ~ 169 点叠加了 -8m 的值,200 ~ 208 点叠加了 10m 的值,即

$yy(60:69) = yy(60:69) - 20$

$yy(160:169) = yy(160:169) - 8$

$yy(200:208) = yy(200:208) + 10$

仿真产生的 Y 坐标中含有观测异常值的数据图形见图 6 - 1。

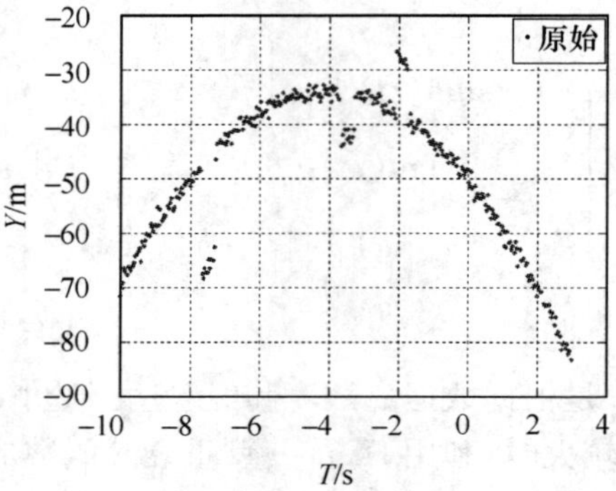

图 6 - 1　含有异常点的仿真数据图形

图 6 - 2 是按照上述异常值剔除的步骤进行检测、剔除、修正后,所得到的 $Y-T$ 数据图形;图 6 - 3 是异常值数据剔除前后的数据曲线。

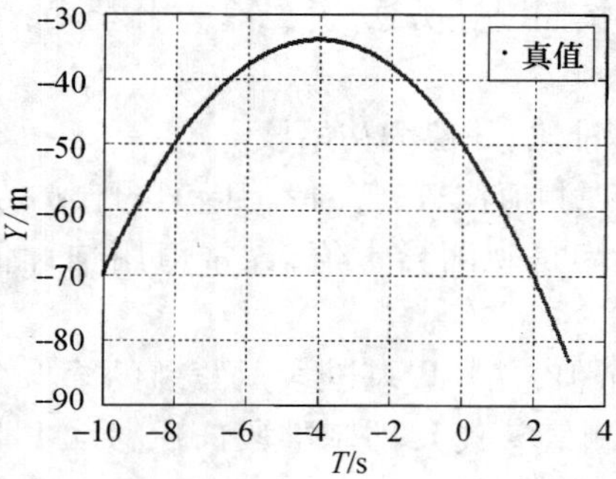

图 6 - 2　采用滑动多项式估计后的曲线

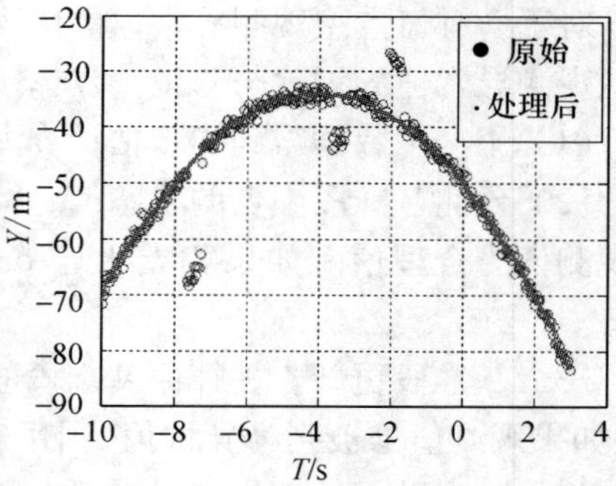

图 6 - 3　原始数据曲线与估计曲线比较

从图 6 - 2 可以看出,滑动多项式算法具有很好的检测异常值和修复能力;从图 6 - 3 可看出,进行滑动多项式剔除观测异常值的估计结果曲线显然更加合理。仿真表明,该异常值检测方法能够准确检测出仿真数据序列中人为设置的异常值,识别准确有效。

为了进一步验证该算法的有效性,利用真实飞行试验中对某型飞机进行观测的数据(目标斜距 R_i)进行了处理。图 6 - 4 和图 6 - 5 是一组对原始观测数据进行滑动多项式及差分所获得的估计结果。

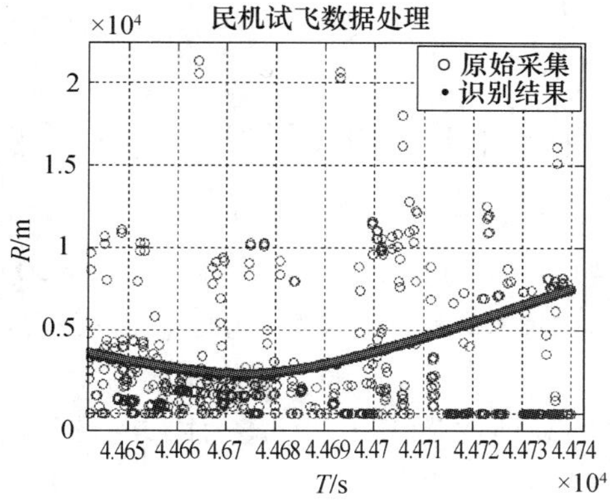

图 6-4 滑动多项式估计(1)

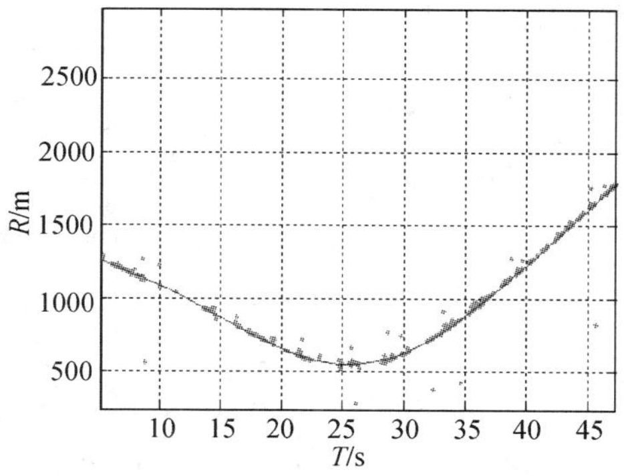

图 6-5 滑动多项式估计(2)

图 6-6、图 6-7 是另一组对原始观测数据进行滑动多项式及差分所获得的估计结果。这些处理结果都进一步验证了该算法的有效性。

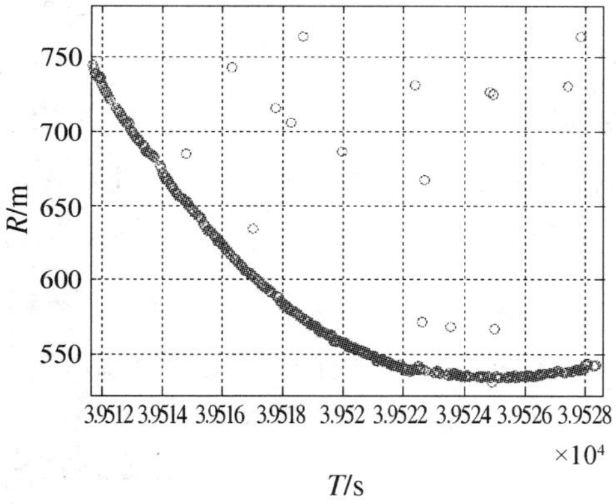

图 6-6 滑动多项式估计(3)

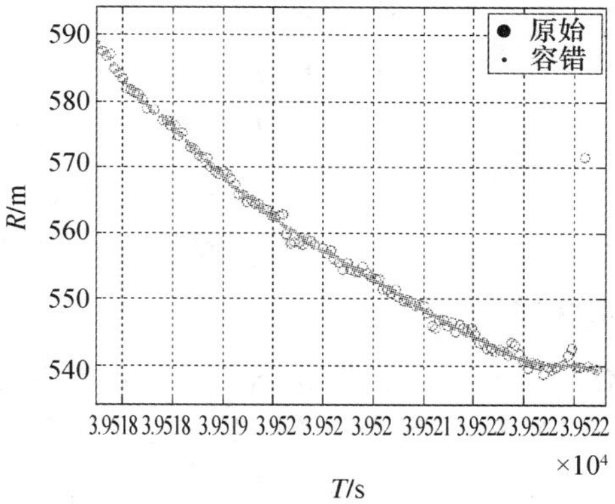

图 6-7 滑动多项式估计(4)

6.1.3 观测异常值自适应滤波

6.1.3.1 观测异常值局部自适应滤波

1. 模型描述

机动目标通常是指空中机动飞行的目标，比如在飞行试验中飞行的飞机。因此在建立其运动模型时，必须考虑其机动分量和噪声分量。

设机动目标的运动模型为

$$\boldsymbol{X}(k+1) = \boldsymbol{A}\boldsymbol{X}(k) + \boldsymbol{B}\boldsymbol{U}(k) + \boldsymbol{B}\boldsymbol{W}(k) \tag{6-28}$$

式中，$\boldsymbol{A} \in \boldsymbol{R}^{n\times n}$ 为状态转移矩阵；$\boldsymbol{B} \in \boldsymbol{R}^{n\times p}$ 为输入转移矩阵；$\boldsymbol{X}(k) = [x(k), y(k), z(k), \cdots]^{\mathrm{T}} \in \boldsymbol{R}^{n\times 1}$ 为 k 时刻目标状态向量；$\boldsymbol{U}(k)$ 为目标机动输入，包含目标真实的机动和各种干扰，一般是未知的；$\boldsymbol{W}(k) \in \boldsymbol{R}^{p\times 1}$ 为服从 $N(0, \boldsymbol{Q}_w)$ 的零

均值、互为不相关的高斯白噪声，其中 $\boldsymbol{Q}_w$ 为协方差矩阵。

有

$$p(\boldsymbol{W}(k)) = \frac{1}{(2\pi)^{\frac{m}{2}} \mid \boldsymbol{Q}_w \mid^{\frac{1}{2}}} \exp\left\{-\frac{1}{2}\boldsymbol{W}(k)^{\mathrm{T}}\boldsymbol{Q}_w\boldsymbol{W}(k)\right\} \tag{6-29}$$

观测模型为

$$\boldsymbol{Z}(k) = \boldsymbol{H}\boldsymbol{X}(k) + \boldsymbol{V}(k) \tag{6-30}$$

式中，$\boldsymbol{Z}(k) \in \boldsymbol{R}^{m\times 1}$ 为观测值；$\boldsymbol{V}(k) \in \boldsymbol{R}^{m\times 1}$ 为观测噪声；$\boldsymbol{H} \in \boldsymbol{R}^{m\times n}$ 为传感器观测矩阵，m 为观测向量维数；

量测噪声 $\boldsymbol{V}(k) \sim N(0,R)$ 为互不相关的高斯白噪声序列，$\boldsymbol{R}$ 为协方差矩阵：$\boldsymbol{R} = \mathrm{diag}\{R_1(k), R_2(k), \cdots, R_m(k)\}$。$\boldsymbol{W}(k)$ 和 $\boldsymbol{V}(k)$ 相互独立。

解决此问题的方法，可采用自适应卡尔曼滤波，有

$$\hat{\boldsymbol{X}}(k+1/k) = \boldsymbol{A}\hat{\boldsymbol{X}}(k/k) \tag{6-31}$$

$$\boldsymbol{P}(k+1/k) = \boldsymbol{A}\boldsymbol{P}(k/k)\boldsymbol{A}^{\mathrm{T}} + \boldsymbol{B}\boldsymbol{Q}(k)\boldsymbol{B}^{\mathrm{T}} \tag{6-32}$$

$$\boldsymbol{D}(k+1) = \boldsymbol{Z}(k+1) - \boldsymbol{H}\hat{\boldsymbol{X}}(k+1/k) \tag{6-33}$$

$$\boldsymbol{O}(k+1) = \boldsymbol{H}\boldsymbol{P}(k+1/k)\boldsymbol{H}^{\mathrm{T}} + \boldsymbol{R} \tag{6-34}$$

$$\boldsymbol{K}(k+1) = \boldsymbol{P}(k+1/k)\boldsymbol{H}^{\mathrm{T}}\boldsymbol{O}(k+1)^{-1} \tag{6-35}$$

$$\hat{\boldsymbol{X}}(k+1/k+1) = \hat{\boldsymbol{X}}(k+1/k) + \boldsymbol{K}(k+1)\boldsymbol{D}(k+1) \tag{6-36}$$

$$\boldsymbol{P}(k+1/k+1) = \{\boldsymbol{I} - \boldsymbol{K}(k+1)\boldsymbol{H}\}\boldsymbol{P}(k+1/k) \tag{6-37}$$

式中，$\hat{\boldsymbol{X}}(k+1/k)$ 和 $\boldsymbol{P}(k+1/k)$ 为目标状态预测值及其误差协方差矩阵；$\boldsymbol{D}(k+1)$ 和 $\boldsymbol{O}(k+1)$ 为观测新息及其误差协方差矩阵；$\boldsymbol{K}(k+1)$ 为卡尔曼滤波增益矩阵；$\hat{\boldsymbol{X}}(k+1/k+1)$ 和 $\boldsymbol{P}(k+1/k+1)$ 为状态估计及其误差协方差矩阵。

观测新息 $\boldsymbol{D}(k+1)$ 及其误差协方差矩阵 $\boldsymbol{O}(k+1)$ 反应了观测量与观测预测量之间的关系，如式(6-33)和式(6-34)两式所示。若目标产生机动，则 $\boldsymbol{Q}(k)$ 会增大，从而使得预测观测量也随之发生变化。观测新息 $\boldsymbol{D}(k+1)$ 及其误差协方差矩阵 $\boldsymbol{O}(k+1)$ 也随之发生变化。因此，为了确定观测值中是否出现异常值，就必须先解决机动目标的观测预测估计问题。

如果目标作匀速直线运动，即 $\boldsymbol{U}(k)=0$，则 $\boldsymbol{Q}_w$ 反映了真实的过程噪声，这时 $\boldsymbol{Q}(k)$ 取 $\boldsymbol{Q}_w$ 就可以实现最小均方差估计；当目标产生机动时，即 $\boldsymbol{U}(k)\neq 0$，需要通过增大 $\boldsymbol{Q}(k)$ 进行补偿。设

$$\boldsymbol{Q}(k) = \boldsymbol{Q}_w + \boldsymbol{Q}_u(k) \tag{6-38}$$

式中，$\boldsymbol{Q}_u(k)$ 为产生机动($\boldsymbol{U}(k)\neq 0$)时，$\boldsymbol{Q}(k)$ 需增加的量。

解决机动问题目前有三种方法：一种是使用机动检测加蒙特卡洛仿真并适当选取 $\boldsymbol{Q}(k)$；另一种为协方差匹配法[13]，属实时辨识类型；第三种是 *Efe* 变比例算法[14]，它是利用先验知识 $|\boldsymbol{D}(k+1)|^2 \approx \mathrm{trace}(\boldsymbol{O}(k+1))$，通过左右两项的偏差来自适应地调整 $\boldsymbol{Q}(k)$，属经验漫步型。

当测量传感器内部或外部干扰导致异常值出现时,也会使 $\boldsymbol{U}(k) \neq 0$。这时,$\boldsymbol{U}(k)$可以看作是目标机动与干扰的叠加输入。在这种叠加输入中,目标机动输入需要在目标状态预测值及其误差协方差矩阵中进行描述,而干扰则需要剔除[15]。

设 $\boldsymbol{Q}_{\text{int}}(k)$是传感器内部或外部干扰而产生的噪声。则式(6-38)可修正为

$$\boldsymbol{Q}(k) = \boldsymbol{Q}_w + \boldsymbol{Q}_u(k) + \boldsymbol{Q}_{\text{int}}(k) \tag{6-39}$$

当观测过程中有异常值产生时,$\boldsymbol{Q}(k)$的值就会急剧增加,根据观测异常值性质可知,异常值是有界的,同时,也具有随机性,所以通过滤波模型应能自动检测出异常值出现的时刻,并自动进行修正。

2. 异常值检测与自适应滤波

当目标作机动或受外界干扰时,$\boldsymbol{Q}(k)$将出现相应的变化。当目标作机动时 $\boldsymbol{Q}(k)$应当增大,以适应目标的机动跟踪;当干扰出现时,$\boldsymbol{Q}(k)$应当维持不变,否则,滤波器会产生很大的目标状态估计误差,导致目标丢失。因此为了更好地描述含有异常值的测量模型,对式(6-30)改写如下:

$$\boldsymbol{Z}(k) = \boldsymbol{H}\boldsymbol{X}(k) + \boldsymbol{V}(k) + \boldsymbol{O}_d(k) \tag{6-40}$$

式中,$\boldsymbol{O}_d(k) \in \boldsymbol{R}^{m\times 1}$为传感器内部或外部干扰噪声,它是一高频干扰噪声。其余各项的物理意义同式(6-30)。如果在测量过程中没有出现异常值,则 $\boldsymbol{O}_d(k)=0$。由于异常值出现的概率很小,所以可以利用测量新息整体分布对异常值出现时进行检测。

由前面描述可知,由于 $\boldsymbol{O}_d(k)$的出现,导致 $\boldsymbol{Q}(k)$的值急剧增加,相应的观测新息 $\boldsymbol{D}(k+1)$及其误差协方差矩阵 $\boldsymbol{O}(k+1)$也必然增大,即

$$\boldsymbol{D}(k+1) = \boldsymbol{D}'(k+1) + \Delta\boldsymbol{D}(k+1) \tag{6-41}$$

式中,$\boldsymbol{D}(k+1)$为总的观测新息;$\boldsymbol{D}'(k+1)$为目标机动新息;$\Delta\boldsymbol{D}(k+1)$为 $\boldsymbol{O}_d(k)$出现时新息增量。故有

$$\Delta\boldsymbol{D}(k+1) = \boldsymbol{D}(k+1) - \boldsymbol{D}'(k+1) \tag{6-42}$$

对于目标仅有机动的情况,$\Delta\boldsymbol{D}(k+1)$参数变化是有规律的、渐变的,不会产生跳跃式的增量;而当异常值出现时,$\Delta\boldsymbol{D}(k+1)$会产生突变。对式 (6-42)有

$$\begin{aligned}\Delta\boldsymbol{D}(k+1) &= \boldsymbol{D}(k+1) - \boldsymbol{D}'(k+1)\\ &= [\boldsymbol{Z}(k+1) - \boldsymbol{H}\hat{\boldsymbol{X}}(k+1)] - [\boldsymbol{Z}'(k+1) - \boldsymbol{H}\hat{\boldsymbol{X}}(k+1)]\\ &= \boldsymbol{Z}(k+1) - \boldsymbol{Z}'(k+1)\end{aligned} \tag{6-43}$$

式中,$\boldsymbol{Z}(k+1)$为含有异常值的测量值,$\hat{\boldsymbol{Z}}(k+1)$为剔除异常值后的测量值(又称伪观测值)。

伪观测值是修正后的测量值,可作为测量值参与滤波。令

$$\boldsymbol{Z}'(k+1) = [\boldsymbol{I} + \boldsymbol{\lambda}(k+1)]\boldsymbol{H}\hat{\boldsymbol{X}}(k+1) \tag{6-44}$$

式中,$\boldsymbol{\lambda}(k+1)$为一系数矩阵,其中 $\boldsymbol{\lambda}_i(k+1) \in (-1,1)$。对于 $\boldsymbol{\lambda}(k+1)$有

$$\boldsymbol{\lambda}(k+1) = [\boldsymbol{H}\hat{\boldsymbol{X}}(k) - \boldsymbol{H}\hat{\boldsymbol{X}}(k-1)][\boldsymbol{H}\hat{\boldsymbol{X}}(k)]^{-1} \tag{6-45}$$

将式(6-44)代入式(6-43),计算 $\Delta\boldsymbol{D}(k+1)$并取模。

若 $$|\Delta \boldsymbol{D}(k+1)| \leqslant \max\{|\Delta \boldsymbol{D}(k)|, |\Delta \boldsymbol{D}(k-1)|, \cdots, k = 1,2,\cdots n\} \tag{6-46}$$

则认为观测 $\boldsymbol{Z}(k+1)$ 中不含有异常值。

若 $$|\Delta \boldsymbol{D}(k+1)| > \max\{|\Delta \boldsymbol{D}(k)|, |\Delta \boldsymbol{D}(k-1)|, \cdots, k = 1,2,\cdots n\} \tag{6-47}$$

则认为测量值 $\boldsymbol{Z}(k+1)$ 中含有异常值,那么用 $\boldsymbol{Z}'(k+1)$ 取代 $\boldsymbol{Z}(k+1)$,并根据前面介绍的方法进行卡尔曼滤波:

$$\hat{\boldsymbol{X}}(k+1/k+1) = \hat{\boldsymbol{X}}(k+1/k) + \boldsymbol{K}(k+1)\boldsymbol{D}'(k+1) \tag{6-48}$$

$$\boldsymbol{P}(k+1/k+1) = \{\boldsymbol{I} - \boldsymbol{K}(k+1)\boldsymbol{H}\}\boldsymbol{P}(k+1/k) \tag{6-49}$$

式中,$\hat{\boldsymbol{X}}(k+1/k)$ 和 $\boldsymbol{P}(k+1/k)$ 为目标状态预测值及其误差协方差矩阵;$\boldsymbol{D}'(k+1)$ 和 $\boldsymbol{O}(k+1)$ 为目标机动新息及其误差协方差矩阵;$\boldsymbol{K}(k+1)$ 为卡尔曼滤波增益矩阵;$\hat{\boldsymbol{X}}(k+1/k+1)$ 和 $\boldsymbol{P}(k+1/k+1)$ 为状态估计及其误差协方差矩阵。

6.1.3.2 观测异常值全局自适应滤波算法

前面主要讨论了传感器本地处理器进行异常值局部检测与滤波的方法,该方法对传感器数目较少的系统有着很重要的作用,但对于多传感器系统全局滤波,它存在一定的局限性。在分布式多传感器跟踪系统中,对含有异常值的测量数据流采用自适应滤波的算法。虽然多传感器系统具有对异常值的容错能力,但还是降低了最终融合估计精度,因此有必要采用一定的算法对传感器观测值进行滤波。要识别多传感器系统每一时刻的观测数据流中是否含有异常值,可以利用多传感器数据进行预测。由于观测数据中的异常值是随机出现的,并且概率很小(1% ~ 2%),因此,利用融合后的预测观测向量对观测值进行估计,可实现状态向量估计误差最小。

1. 模型描述

设机动目标运动规律在离散化状态方程的基础上可描述为

$$\boldsymbol{X}(k+1) = \boldsymbol{A}\boldsymbol{X}(k) + \boldsymbol{G}\boldsymbol{W}(k) \tag{6-50}$$

式中,$\boldsymbol{A} \in \boldsymbol{R}^{n\times n}$ 为状态转移矩阵;$\boldsymbol{X}(k) = [x(k), y(k), z(k), \cdots]^{\mathrm{T}} \in \boldsymbol{R}^{n\times 1}$ 为 k 时刻目标状态向量;$\boldsymbol{G} \in \boldsymbol{R}^{n\times p}$ 为输入矩阵;$\boldsymbol{W}(k) \in \boldsymbol{R}^{p\times 1}$ 为服从 $N(0, Q_w)$ 的零均值、互为不相关的高斯白噪声,其中 $\boldsymbol{Q}_w$ 为协方差矩阵。

设共有 M 个观测传感器,第 i 传感器的观测模型为

$$\boldsymbol{Z}_i(k) = \boldsymbol{H}_i\boldsymbol{X}(k) + \boldsymbol{V}_i(k), i = 1,2,\cdots,M \tag{6-51}$$

式中,$\boldsymbol{Z}_i(k) \in \boldsymbol{R}^{m_i\times 1}$ 为观测值;$\boldsymbol{V}_i(k) \in \boldsymbol{R}^{m_i\times 1}$ 为观测噪声;$\boldsymbol{H}_i \in \boldsymbol{R}^{m_i\times n}$ 为传感器观测矩阵;测量噪声 $\boldsymbol{V}_i(k) \sim N(0, \boldsymbol{R}_i(k))$ 为互不相关的高斯白噪声序列,其协方差矩阵为 $\boldsymbol{R}_i(k)$。$\boldsymbol{W}(k)$ 和 $\boldsymbol{V}_i(k)$ 相互独立。

令 $$\boldsymbol{Z}(k) = [\boldsymbol{Z}_1(k)^{\mathrm{T}}, \boldsymbol{Z}_2(k)^{\mathrm{T}}, \cdots, \boldsymbol{Z}_m(k)^{\mathrm{T}}]^{\mathrm{T}} \tag{6-52}$$

$$\boldsymbol{H}(k) = [\boldsymbol{H}_1(k)^{\mathrm{T}}, \boldsymbol{H}_2(k)^{\mathrm{T}}, \cdots, \boldsymbol{H}_m(k)^{\mathrm{T}}]^{\mathrm{T}} \tag{6-53}$$

$$\boldsymbol{V}(k) = [\boldsymbol{V}_1(k)^{\mathrm{T}}, \boldsymbol{V}_2(k)^{\mathrm{T}}, \cdots, \boldsymbol{V}_m(k)^{\mathrm{T}}]^{\mathrm{T}} \tag{6-54}$$

则总的观测方程可写成如下形式：

$$\boldsymbol{Z}(k) = \boldsymbol{H}(k)\boldsymbol{X}(k) + \boldsymbol{V}(k) \tag{6-55}$$

式中，$\boldsymbol{Z}(k) \in \boldsymbol{R}^{m\times 1}$为观测值；$\boldsymbol{V}(k) \in \boldsymbol{R}^{m\times 1}$为观测噪声；$\boldsymbol{H} \in \boldsymbol{R}^{m\times n}$为传感器观测矩阵。其中，$m$ 为观测向量维数：$m = \sum_{i=1}^{M} m_i$ 测量噪声 $\boldsymbol{V}(k) \sim N(0,R)$为互不相关的高斯白噪声序列，$\boldsymbol{R}(k)$为协方差矩阵：$\boldsymbol{R}(k) = \mathrm{diag}\{R_1(k), R_2(k), \cdots, R_M(k)\}$表示对角矩阵。

对于式(6－50)和式(6－55)所表示的模型，可以按照标准的估计结果，传感器 i 本地估计为

$$\hat{\boldsymbol{X}}_i(k/k) = \hat{\boldsymbol{X}}_i(k/k-1) + \boldsymbol{K}_i(k)\boldsymbol{D}_i(k) \tag{6-56}$$

式中，$\boldsymbol{K}_i(k)$为增益矩阵：

$$\boldsymbol{K}_i(k) = \boldsymbol{P}_i(k/k)\boldsymbol{H}_i(k)^{\mathrm{T}}\boldsymbol{Q}_i(k)^{-1} \tag{6-57}$$

$\boldsymbol{D}_i(k)$为新息：

$$\begin{aligned}\boldsymbol{D}_i(k) &= \boldsymbol{Z}_i(k) - \hat{\boldsymbol{Z}}_i(k/k-1) \\ &= \boldsymbol{Z}_i(k) - \boldsymbol{H}_i(k)^T\hat{\boldsymbol{X}}_i(k/k-1)\end{aligned} \tag{6-58}$$

将式(6－57)和式(6－58)代入式(6－56)，得

$$\begin{aligned}\hat{\boldsymbol{X}}_i(k/k) = {}&\hat{\boldsymbol{X}}_i(k/k-1) + \\ &\boldsymbol{P}_i(k/k)\boldsymbol{H}_i(k)^{\mathrm{T}}\boldsymbol{Q}(k)^{-1}[\boldsymbol{Z}_i(k) - \boldsymbol{H}_i(k)^{\mathrm{T}}\hat{\boldsymbol{X}}_i(k/k-1)]\end{aligned} \tag{6-59}$$

相应的协方差为

$$\boldsymbol{P}_i(k/k) = \boldsymbol{P}_i(k/k-1) - \boldsymbol{K}_i(k)\boldsymbol{Q}_i(k)\boldsymbol{K}_i(k)^{\mathrm{T}} \tag{6-60}$$

在分布式多传感器系统中，如果考虑有反馈时的航迹融合，在每一时刻 k 都将系统融合后的一步预测估计及其一步预测方差反馈到每个传感器，即对任意 $k \geqslant 1$，令

$$\boldsymbol{P}_i(k/k-1) = \boldsymbol{P}(k/k-1), i = 1,2,\cdots,M \tag{6-61}$$

$$\hat{\boldsymbol{X}}_i(k/k-1) = \hat{\boldsymbol{X}}(k/k-1), i = 1,2,\cdots,M \tag{6-62}$$

则有如下航迹融合公式：

$$\begin{aligned}\hat{\boldsymbol{X}}(k/k) = \boldsymbol{P}(k/k)[&\sum_{i=1}^{M}\boldsymbol{P}_i^{-1}(k/k)\hat{\boldsymbol{X}}_i(k/k) \\ &- (M-1)\boldsymbol{P}^{-1}(k/k-1)\hat{\boldsymbol{X}}(k/k-1)]\end{aligned} \tag{6-63}$$

$$\boldsymbol{P}^{-1}(k/k) = \sum_{i=1}^{M}\boldsymbol{P}_i^{-1}(k/k) - (M-1)\boldsymbol{P}^{-1}(k/k-1) \tag{6-64}$$

2. 全局自适应滤波算法

对于在多传感器观测数据流中存在异常值的情况下，应对滤波方程进行改进。采用基于融合中心预测观测向量和传感器本地预测观测向量相结合的方法消除异

常值,并用该时刻的伪观测值替代原始观测值。其具体步骤是,首先根据传感器 i 本地预测估计 $\hat{\boldsymbol{X}}_i(k/k-1)$ 计算该传感器的预测观测向量:

$$\hat{\boldsymbol{Z}}'_i(k/k-1) = \boldsymbol{H}_i(k)\hat{\boldsymbol{X}}_i(k/k-1) \tag{6-65}$$

然后利用融合中心反馈给传感器 i 的一步预测估计值 $\hat{\boldsymbol{X}}(k/k-1)$,计算该传感器的预测观测向量:

$$\hat{\boldsymbol{Z}}''_i(k/k-1) = \boldsymbol{H}_i(k)\hat{\boldsymbol{X}}(k/k-1) \tag{6-66}$$

构造一函数,$\forall\alpha\subset[0,1]$:

$$\hat{\boldsymbol{Z}}_i(k/k-1) = \alpha\hat{\boldsymbol{Z}}'_i(k/k-1) + (1-\alpha)\hat{\boldsymbol{Z}}''_i(k/k-1) \tag{6-67}$$

式中,α 的物理意义实际上代表权重。

对于传感器 i 的本地预测观测向量的权重可以根据下式给定:

$$\alpha = \frac{1}{M} \tag{6-68}$$

式中,M 为传感器数量。

对传感器 i,设定阈值 $\varepsilon=4\sigma_i,\sigma_i=[\sigma_{i1},\sigma_{i2},\cdots,\sigma_{il}]^{\mathrm{T}}$,$l$ 为传感器 i 观测参数个数,σ_{ij} 为传感器 i 第 j 个观测参数的标准差,这个参数是传感器本身的性能参数,可以事先得到。对于新的观测 $\boldsymbol{Z}_i(k)$,如果满足:

$$|\boldsymbol{Z}_i(k) - \hat{\boldsymbol{Z}}_i(k/k-1)| \leqslant \varepsilon \tag{6-69}$$

则可以确定新的观测 $\boldsymbol{Z}_i(k)$ 不是异常值,反之则认为新的观测 $\boldsymbol{Z}_i(k)$ 是异常值,则将上述的构造函数替代异常观测值 $\boldsymbol{Z}_i(k)$,形成伪观测值 $\boldsymbol{Z}_i(k)$。即令

$$\boldsymbol{Z}_i(k) = \hat{\boldsymbol{Z}}_i(k/k-1) \tag{6-70}$$

伪观测值 $\boldsymbol{Z}_i(k)$ 作为原始观测参与传感器 i 本地进行目标状态估计 $\hat{\boldsymbol{X}}_i(k/k)$ 和 $\boldsymbol{P}_i^{-1}(k/k)$。根据式(6-63)和式(6-64):给出融合状态估计和协方差阵。再由下式给出一步预测,从而实现递归计算:

$$\hat{\boldsymbol{X}}(k+1/k) = \boldsymbol{H}(k)\hat{\boldsymbol{X}}(k/k) \tag{6-71}$$

一步预测协方差阵为

$$\boldsymbol{P}(k+1/k) = \boldsymbol{H}(k+1,k)\boldsymbol{P}(k+1/k)\boldsymbol{H}^{\mathrm{T}}(k+1,k) + \boldsymbol{G}(k)\boldsymbol{Q}(k)\boldsymbol{G}^{\mathrm{T}}(k) \tag{6-72}$$

6.1.3.3 仿真

设定有两台雷达和一台光电经纬仪同时跟踪同一个目标,并假设跟踪是在同一坐标系统中同步进行。在仿真分析中,令各测量站点的坐标分别为(0km,0km)、(10km,0km)、(20km,0km)。目标的初始位置为(-20km,10km),初始速

度为 100m/s,状态噪声为相互独立的零均值的高斯白噪声,设定雷达测量先验误差均方差:$\boldsymbol{\sigma}_{\text{radar}}=[\sigma_R,\sigma_A,\sigma_E]=[5\text{m},5',5']$;光电经纬仪先验测量误差均方差:$\boldsymbol{\sigma}_{\text{optic}}=[\sigma_R,\sigma_A,\sigma_E]=[1\text{m},20'',20'']$;采样周期为 $T=0.1\text{s}$。

为了简化运算,设目标跟踪以 CV 模型为基础,则 $\boldsymbol{A}(k)$,$\boldsymbol{G}(k)$分别为

$$\boldsymbol{A}(k)=\begin{bmatrix}1&T&0&0\\0&1&0&0\\0&0&1&T\\0&0&0&1\end{bmatrix}\tag{6-73}$$

$$\boldsymbol{G}(k)=\begin{bmatrix}\frac{T^2}{2}&0\\T&0\\0&\frac{T^2}{2}\\0&T\end{bmatrix}\tag{6-74}$$

式中,T 为采样周期。

按照 CV 模型产生三个传感器的"原始观测数据",设定光电经纬仪的"原始观测数据"在 $k'\in[35,40]$ 和 $k''\in[175,180]$ 范围内对方位、俯仰、距离数据上分别加 10σ 的误差,形成该区域内的异常值。取 $k=200$,对于光电经纬仪进行局部滤波与多传感器全局滤波。图 6-8 ~ 图 6-10 分别显示了对方位、俯仰、距离上的误差滤波效果。

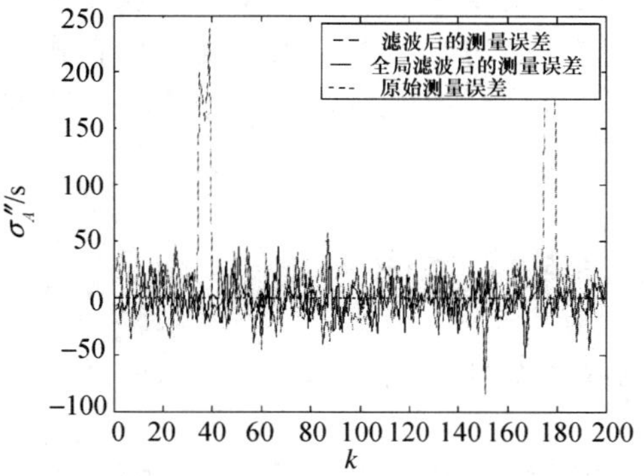

图 6-8　方位(Am)上的滤波结果

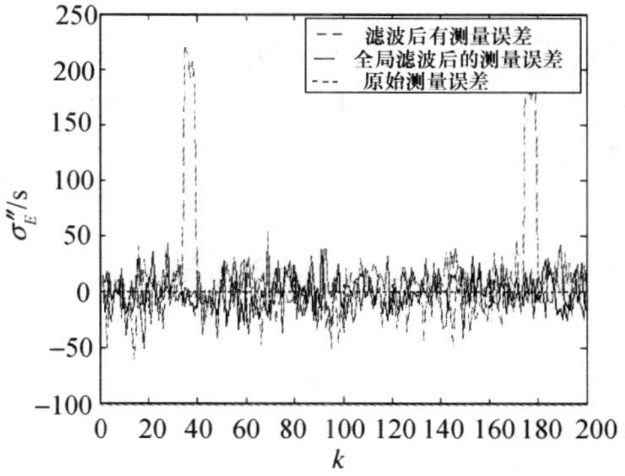

图 6-9　俯仰(El)上的滤波结果

从图 6-11 可以看出,光电经纬仪采用局部滤波算法的异常值剔除效果要比多传感器全局滤波算法差些,这是因为在多传感器系统中,各传感器同时出现异常值的概率很小,因此,采用融合中心预测观测向量与本地预测观测向量相结合的方法,能够对目标的真实运动进行客观的描述,而在传感器本地进行异常值剔除,所利用的信息只有 k 时刻以前的序列观测,不具备冗余性,与全局滤波算法相比较,其方差要大一些。但与不进行滤波的原始观测结果相比,其方差要小一些。这就证明了两种算法(局部和全局)的正确性和有效性。

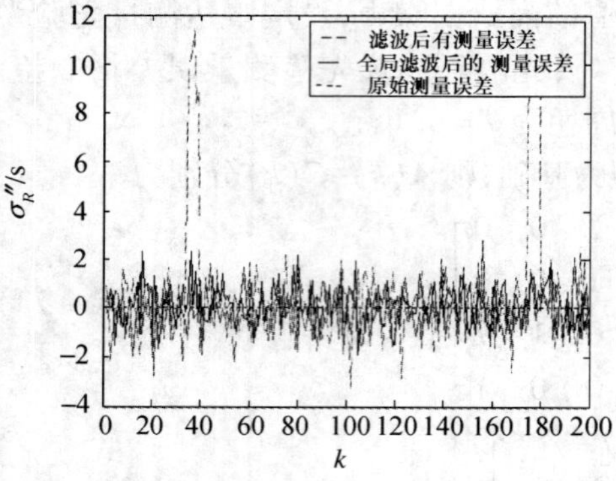

图 6-10　距离(R_a)方向上的滤波结果

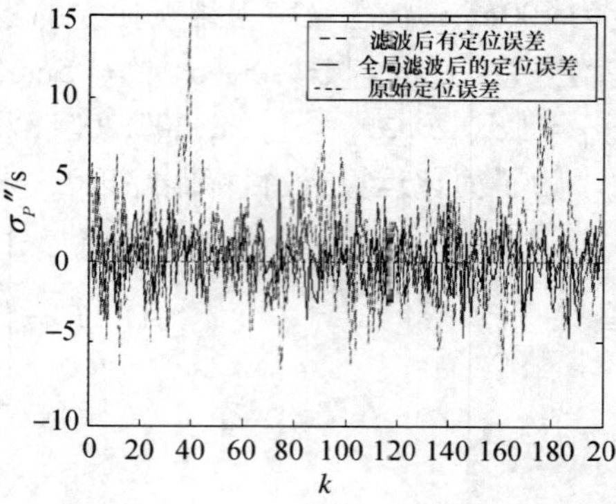

图 6-11　目标定位误差曲线

随着传感器技术、通信技术和计算机技术的迅速发展,异常值的剔除与修正可以实时完成。在分布式多传感器跟踪系统中,通过对各种传感器及其处理后数据的合理支配与使用,将各种传感器在空间和时间上的互补与冗余信息依据某种优化准则组合起来,产生对观测目标的一致性解释和描述,能够提高最终状态估计的精度。

本节所述算法结合了传感器本地观测预测和融合中心观测预测,依据多传感器数据形成的对目标状态参数的正确描述和测量数据集合主体的变化趋势,利用信息偏差进行自适应滤波,实时、准确地识别并剔除测量数据中的异常点,形成伪观测值,参与融合处理。其工作流程是融合中心进行各传感器预测观测向量和预测协方差矩阵的计算后,通过数据链传输至各传感器的本地处理器,与传感器本地预测观测向量加权组合。这一算法不仅考虑了传感器本地处理器对目标状态的描述,而且兼顾了融合中心对目标状态的正确描述。仿真计算结果表明在分布式多传感器目标跟踪的航迹融合处理中,可以快速、有效地解决异常值自适应滤波问题。

6.2　数据滤波与动态分组

经过观测异常值剔除与修正之后,观测数据依然存在随机误差。因此,还需要进行数据滤波。

本节首先回顾基于周期性随机过程的傅氏变换,然后引出了在离散情况下的 Karhunen-Loeve 变换(简称 K-L 变换)[16];同时介绍了 UKF 与 IMM 的随机误差滤波算法流程以及两者组合的滤波算法;最后,描述了多传感器跟踪测量中的传感器动态分组的方法。

6.2.1　K-L 模型

6.2.1.1　傅里叶级数变换

一个周期性的平稳随机过程 $x(t)$ 可以用傅里叶级数表示如下:

$$x(t) = \sum_{n=-\infty}^{\infty} x_n \exp(\mathrm{j}n\omega_0 t) \tag{6-75}$$

式中，$\omega_0 = \frac{2\pi}{T}$，其中，$T$ 为随机过程 $x(t)$ 的周期。

由于 $x(t)$ 为一个随机过程，因此，傅里叶展开式中的系数 x_n 是随机变量，且

$$x_n = \frac{1}{T}\int_0^T x(t)\exp(-jn\omega_0 t)\,\mathrm{d}t \tag{6-76}$$

可以证明：

$$x(t) = \lim_{N\to\infty}\sum_{k=-N}^{N} x_k \exp(jn\omega_0 t) \tag{6-77}$$

又

$$E[x_n x_m^*] = \frac{1}{T^2}E\left[\int_0^T\int_0^T x(t)x^*(s)\exp(-jn\omega_0 t)\exp(jm\omega_0 s)\,\mathrm{d}s\mathrm{d}t\right] \tag{6-78}$$

这里 * 是共轭运算符号。

根据随机过程的平稳性质，有

$$R(t-s) = E[x(t)x^*(s)] \tag{6-79}$$

由于 $x(t)$ 是周期性的，因此，$R(\tau) = R(t-s)$ 也是周期性的，故可以用傅里叶级数表示为

$$R(\tau) = \sum_{k=-\infty}^{\infty} b_k \exp(jk\omega_0 \tau) \tag{6-80}$$

将上式代入式(6-78)可得到：

$$\begin{aligned} E[x_n x_m^*] &= \frac{1}{T^2}\left[\int_0^T\int_0^T\sum_{k=-\infty}^{\infty} b_k \exp[jk\omega_0(t-s)]\exp[j\omega_0(ms-nt)]\,\mathrm{d}s\mathrm{d}t\right] = \\ &\frac{1}{T^2}\sum_{K=-\infty}^{\infty} b_k \int_0^T \exp[j\omega_0(m-k)s]\,\mathrm{d}s\int_0^T \exp[j\omega_0(k-n)t]\,\mathrm{d}t = \\ &\begin{cases} b_n, & \text{若 } n = m \\ 0, & \text{若 } n \neq m \end{cases} \end{aligned} \tag{6-81}$$

式(6-81)证明了当 $n \neq m$ 时，傅里叶系数 x_n 和 x_m 是互不相关的，且 $R(\tau)$ 的第 n 个傅里叶系数等于 $x(t)$ 的第 n 个随机傅里叶系数的方差。对于一个周期函数 $x(t)$，其相关函数 $R(\tau)$ 的第 n 个系数等于第 n 个傅里叶系数的平方。

若平稳过程是周期性的，那么当 $n \neq m$ 时，傅里叶系数 x_n 和 x_m 的随机量是互不相关的；反之，为了使 x_n 和 x_m 互不相关，随机过程必须是周期性的。若给定的随机过程是非周期性的，其相关函数就不能简单地用 $x(t)$ 的傅里叶系数的方差表示出来。

6.2.1.2 K-L 变换

一个非周期性随机过程不能用具有互不相关的随机傅里叶系数的傅里叶级数

表示，但是可以用具有互不相关系数的正交函数 $\phi_n(t)$ 的级数展开，这样一种展开方法称作为 K-L 变换。

假设一个非周期性随机过程 $x(t)$ 在区间 $[a,b]$ 中展开为

$$x(t) = \sum_{n=1}^{\infty} \gamma_n x_n \phi_n(t), a \leqslant t \leqslant b \tag{6-82}$$

且
$$\int_a^b \phi_n(t)\phi_m^*(t)dt = \begin{cases}1, 若\ n = m \\ 0, 若\ n \neq m\end{cases}$$

与
$$E[x_n x_m^*] = \begin{cases}1, 若\ n = m \\ 0, 若\ n \neq m\end{cases}$$

同傅里叶级数展开式比较，当 $E[x_n x_m^*]=1$ 时，要使 $n=m$，就需要引入实数或复数 γ_n 这一项。故相关函数 $R(t,s)$ 为

$$\begin{aligned} R(t,s) &= E[x(t)x^*(s)] = E[\sum_n \gamma_n x_n \phi_n(t) \sum_k \gamma_n x_n \phi_n^*(s)] \\ &= \sum_n |\gamma_n|^2 \phi_n(t)\phi_n^*(s) \end{aligned} \tag{6-83}$$

式中，$a \leqslant t \leqslant b$；$a \leqslant s \leqslant b$。

从式(6-83)可以得出积分方程式：

$$\begin{aligned} &\int_a^b R(t,s)\phi_k(s)\mathrm{d}s \\ &= \sum_n |\gamma_n|^2 \phi_n(t) \int_a^b \phi_k(s)\phi_n^*(s)\mathrm{d}s = |\gamma_k|^2 \phi_k(t) \end{aligned} \tag{6-84}$$

式中，$|\gamma_k|^2$ 为方程的本征值；$\phi_k(t)$ 为相应的本征函数。

解此积分方程式，可以求得本征值与本征函数。

对于一个具有连续相关函数的随机过程，在给定任一区间 $a \leqslant t \leqslant b$，可以根据式(6-82)进行正交展开。

若 $x(t)$ 为离散数据，则可以用向量表示：

$$\boldsymbol{x} = [x(t_1) \quad x(t_2) \quad \cdots \quad x(t_D)]^{\mathrm{T}}$$

其相应的相关函数是一个 $D \times D$ 阶矩阵，有 D 个线性独立的本征向量。因此，$\boldsymbol{x}$ 的展开式中只有 D 项，$i=1,2,\cdots,D$，即

$$\boldsymbol{x} = \sum_{j=1}^{D} c_j \phi_j \tag{6-85}$$

假设对向量集合 $\{\boldsymbol{x}_i\}$，$i=1,2,\cdots,D$ 中的每一个 $\boldsymbol{x}$ 用确定的完备正交归一向量系 $\boldsymbol{u}_j$ 展开，$j=1,2,\cdots,D$，可得

$$\boldsymbol{x} = \sum_{j=1}^{D} \boldsymbol{c}_j \boldsymbol{u}_j \tag{6-86}$$

一般而言，在最小均方差准则下，取有限项 $d > D$，进行估计 $\boldsymbol{x}$，即

$$\hat{\boldsymbol{x}} = \sum_{j=1}^{d} \boldsymbol{c}_j \boldsymbol{u}_j \tag{6-87}$$

由此引起的均方差为

$$\boldsymbol{\varepsilon} = E[(\boldsymbol{x}-\hat{\boldsymbol{x}})^{\mathrm{T}}(\boldsymbol{x}-\hat{\boldsymbol{x}})] \tag{6-88}$$

由于 $\boldsymbol{u}_i^{\mathrm{T}}\boldsymbol{u}_j=\begin{cases}1, j=i\\0, j\neq i\end{cases}$,因此有

$$\boldsymbol{\varepsilon} = E\left[\sum_{j=d+1}^{D}\boldsymbol{c}_j^2\right] \tag{6-89}$$

又由于 $\boldsymbol{c}_j=\boldsymbol{u}_j^{\mathrm{T}}\boldsymbol{x}$, 其中 $\boldsymbol{u}_j$ 是确定性向量,故有

$$\boldsymbol{\varepsilon} = E\left[\sum_{j=d+1}^{D}\boldsymbol{u}_j^{\mathrm{T}}\boldsymbol{x}\boldsymbol{x}^{\mathrm{T}}\boldsymbol{u}_j\right] = \sum_{j=d+1}^{D}\boldsymbol{u}_j^{\mathrm{T}}\boldsymbol{E}[\boldsymbol{x}\boldsymbol{x}^{\mathrm{T}}]\boldsymbol{u}_j \tag{6-90}$$

令 $\boldsymbol{R}_x=E[\boldsymbol{x}\boldsymbol{x}^{\mathrm{T}}]$,为自相关矩阵,则有

$$\boldsymbol{\varepsilon} = \sum_{j=d+1}^{D}\boldsymbol{u}_j^{\mathrm{T}}\boldsymbol{R}_x\boldsymbol{u}_j \tag{6-91}$$

利用拉格朗日乘数法,可以解求出在满足正交条件 $\boldsymbol{u}_i^{\mathrm{T}}\boldsymbol{u}_j=1$ 下 $\boldsymbol{\varepsilon}$ 取极值的坐标系统,即建立代价函数:

$$J = \sum_{j=d+1}^{D}\boldsymbol{u}_j^{\mathrm{T}}\boldsymbol{R}_x\boldsymbol{u}_j - \sum_{j=d+1}^{D}\lambda_j[\boldsymbol{u}_j^{\mathrm{T}}\boldsymbol{u}_j-1] \tag{6-92}$$

对 $\boldsymbol{u}_j$ 求导并令其为零,即

$$\frac{\partial}{\partial\boldsymbol{u}_j}\left(\sum_{j=d+1}^{D}\boldsymbol{u}_j^{\mathrm{T}}\boldsymbol{R}_x\boldsymbol{u}_j - \sum_{j=d+1}^{D}\lambda_j[\boldsymbol{u}_j^{\mathrm{T}}\boldsymbol{u}_j-1]\right)=0,\quad j=d+1,d+2,\cdots,D$$

因此有

$$(\boldsymbol{R}_x-\lambda_j\boldsymbol{I})\boldsymbol{u}_j=0 \tag{6-93}$$

上述讨论说明,当使用式(6-87)逼近随机信号向量 $\boldsymbol{x}$ 时,为了使逼近的均方差最小,应该选择拉格朗日乘数 λ_j 和代价函数中的坐标系 $\boldsymbol{u}_j$(即正交基向量)分别为数据自相关矩阵 $\boldsymbol{R}_x$ 后面的 $(D-d)$ 个特征值和特征向量。换言之,式(6-87)用作数据向量的坐标系应该是 $\boldsymbol{R}_x$ 的前 d 个特征向量。

令 $d=0$,以矩阵 $\boldsymbol{R}_x$ 的本征向量作为坐标轴展开 $\boldsymbol{x}$ 时,其截断均方误差具有极值性质,且当取 d 个 $\boldsymbol{u}_j, j=1,2,\cdots,d$ 来逼近 $\boldsymbol{x}$ 时,其均方误差为

$$\boldsymbol{\varepsilon} = \sum_{j=d+1}^{D}\lambda_j \tag{6-94}$$

式中,λ_j 为矩阵 $\boldsymbol{R}_x$ 的相应本征值。

可以证明,当取 d 个与矩阵 $\boldsymbol{R}_x$ 的 d 个最大本征值对应的本征向量来展开 $\boldsymbol{x}$ 时,其截断均方差和所有其它正交坐标系下用 d 个坐标展开 $\boldsymbol{x}$ 时所引起的均方差相比为最小。这 d 个本征向量所组成的正交坐标系称作 $\boldsymbol{x}$ 所在的 D 维空间的 d 维 K-L 变换坐标系,$\boldsymbol{x}$ 在 $K-L$ 坐标系上的展开系数向量称作 $\boldsymbol{x}$ 的 K-L 变换。

K-L 展开系数是互不相关的。将任意两个系数相乘后取期望值可得

$$E[\boldsymbol{c}_i\boldsymbol{c}_j] = E[\boldsymbol{u}_i^{\mathrm{T}}\boldsymbol{x}\boldsymbol{x}^{\mathrm{T}}\boldsymbol{u}_j] = \lambda_i\boldsymbol{u}_i^{\mathrm{T}}\boldsymbol{u}_j = \lambda_i\delta_{ij} \tag{6-95}$$

式中,δ_{ij}为 Kronecker 符号。

系数 $\boldsymbol{c}_i$ 的方差就是矩阵 $\boldsymbol{R}_x = E[\boldsymbol{x}\boldsymbol{x}^{\mathrm{T}}]$ 的第 i 个本征值,因此,系数向量 $\boldsymbol{c}$ 的二阶矩矩阵可写为

$$E[\boldsymbol{c}\boldsymbol{c}^{\mathrm{T}}] = \boldsymbol{U}^{\mathrm{T}}\boldsymbol{R}_x\boldsymbol{U} = \boldsymbol{\Lambda} \tag{6-96}$$

式中,$\boldsymbol{c} = [c_1 \quad c_2 \quad \cdots \quad c_D]^{\mathrm{T}}$;$\boldsymbol{U} = [U_1 \quad U_2 \quad \cdots \quad U_D]$;$\boldsymbol{\Lambda}$ 为矩阵 $\boldsymbol{R}_x$ 本征值对角矩阵,即

$$\boldsymbol{\Lambda} = \begin{bmatrix} \lambda_1 & & & 0 \\ & \lambda_2 & & \\ & & \ddots & \\ 0 & & & \lambda_D \end{bmatrix}$$

显然,K-L 坐标系消除了原有观测向量各分量之间的相关性。

通常,K-L 坐标系完全由数据的二阶统计量所确定,即由 $\boldsymbol{R}_x = E[\boldsymbol{x}\boldsymbol{x}^{\mathrm{T}}]$ 产生。但是,也可以将数据的协方差矩阵

$$\boldsymbol{\Sigma} = E[(\boldsymbol{x}-\boldsymbol{\mu})(\boldsymbol{x}-\boldsymbol{\mu})^{\mathrm{T}}] \tag{6-97}$$

作为 K-L 坐标系的产生矩阵。这里 $\boldsymbol{\mu}$ 是该组数据的总体均值向量。

6.2.1.3 K-L 变换与试验验证

对于具有某种模式或运动方程的序列观测数据 $\{x_j\}$,$j=1,2,\cdots D$,首先是将序列数据变换成 d 个系数 $\boldsymbol{c}_j$,这个过程称为数据压缩;而从这 d 个系数 $\boldsymbol{c}_j$ 重构 D 个观测数据的过程又称为数据恢复(也称数据滤波)。其过程如图 6-12 所示。

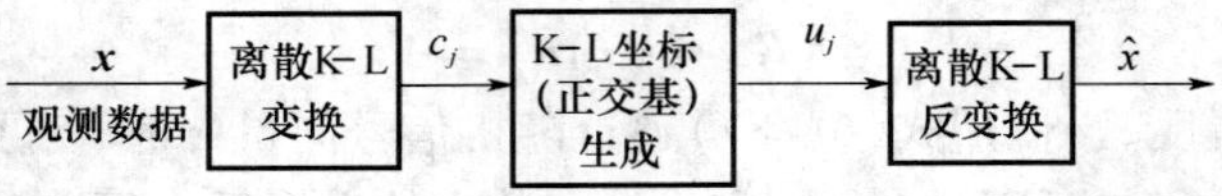

图 6-12 离散 K-L 变换原理

从上面的分析过程,可以得到基于 K-L 变换的数据滤波的过程如下:

(1) 由观测向量 $\boldsymbol{x}$ 的自相关矩阵 $\boldsymbol{R}_x$ 或观测向量 $\boldsymbol{x}$ 的协方差矩阵 $\boldsymbol{\Sigma}$ 产生坐标系(正交基)$\boldsymbol{u}_j$;

(2) 用正交基向量与观测向量计算离散系数 $\boldsymbol{c}_j$ 与矩阵 $\boldsymbol{R}_x$ 的相应本征值 λ_j;

(3) 用 d 个系数 $\boldsymbol{c}_j$ 与坐标系 $\boldsymbol{u}_j$ 计算每一观测数据的估计值 $\hat{\boldsymbol{x}}_i$($i=1,2,\cdots,D$);

(4) 根据截断误差计算方法估计截断均方差 ε。截断均方差 ε 的大小必须满足数据滤波的要求。阈值 δ 的选取,一般比较切合实际的方法是通过数据特性的分析或根据以往经验值进行确定。在对机动目标的跟踪测量中,由于影响观测数据正确性的因素很多,当剔除了粗大误差(异常值)之后,一般取测量仪器固有测量方差的 3σ 即可,即

$$\delta = 3\sigma$$

如果观测目标为静态目标,则阈值取测量仪器固有测量方差的 1 ~2 倍 σ ,即

$$\delta = (1 \sim 2)\sigma$$

当 $\varepsilon > \delta$ 时,满足要求;当 $\varepsilon > \delta$ 时,则需要重新选择有限项 $d > D$,直至满足要求为止。

采用某民机起飞过程所获得的 Y、Z 坐标测量数据,并对该数据进行 K－L 变换,其结果如图 6－13、图 6－14 所示。图中小圆圈表示原始测量数据,点表示经过变换后的数据。

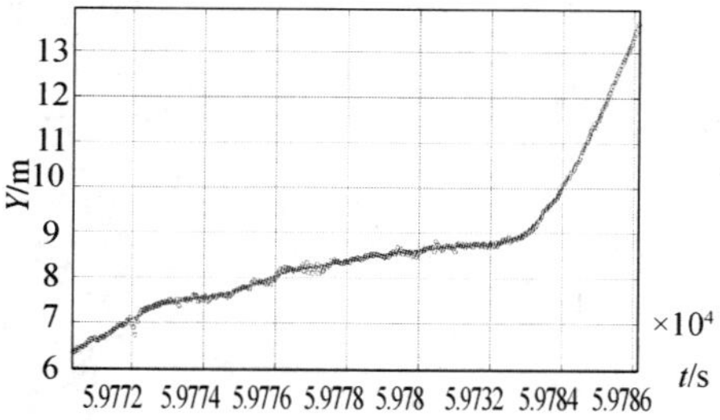

图 6－13　K－L 变换后的 Y 坐标曲线

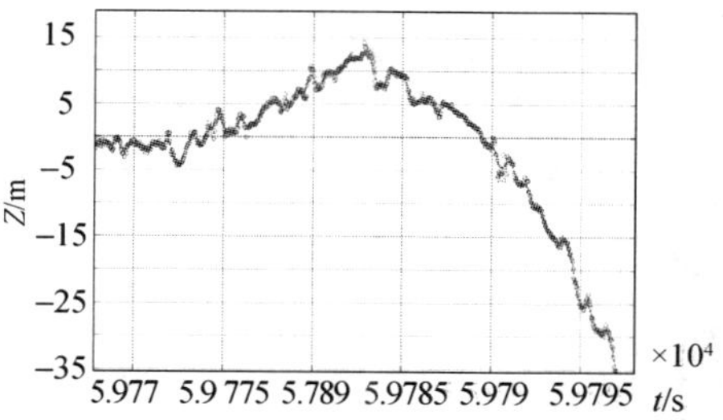

图 6－14　K－L 变换后的 Z 坐标曲线

从图 6－13 和图 6－14 可以看出,经过 K－L 变换后的数据具有更好的统计性质,并在飞行试验中验证了该算法的有效性。该滤波算法为进一步的数据分析奠定了基础。

6.2.2　IMM－UKF 滤波模型

下面介绍另一种适合机动目标非线性高速运动测量数据的实时滤波算法:交互多模型与卡尔曼滤波组合(IMM－UKF)算法。

6.2.2.1　模型描述

设离散状态方程与观测方程的线性化形式为

$$\boldsymbol{X}(k+1) = \boldsymbol{\Phi}(k+1,k)\boldsymbol{X}(k) + \boldsymbol{G}(k+1,k)\boldsymbol{W}(k) \tag{6－98}$$

$$\boldsymbol{Z}(k) = \boldsymbol{H}(k)\boldsymbol{X}(k) + \boldsymbol{V}(k) \tag{6－99}$$

式中,$\boldsymbol{X}(k)$ 为 k 时刻目标状态向量;$\boldsymbol{\Phi}(k+1,k)$ 为 k 时刻目标状态转移矩阵;$\boldsymbol{G}(k+1,k)$ 为噪声分布矩阵;$\boldsymbol{W}(k)$ 为过程噪声序列;$\boldsymbol{Z}(k)$ 为 k 时刻观测向量;$\boldsymbol{H}(k)$ 为 k 时刻观测矩阵;$\boldsymbol{V}(k)$ 为观测噪声序列。

由于 $\boldsymbol{W}(k)$ 与 $\boldsymbol{V}(k)$ 为白噪声序列,且相互独立,在一定的采样间隔内为常值,其统计特性如下:

$$E[\boldsymbol{W}(k)] = \boldsymbol{E}[\boldsymbol{V}(k)] = 0$$

$$E[\boldsymbol{W}(k)\boldsymbol{W}^{\mathrm{T}}(j)] = \boldsymbol{Q}_k\delta_{kj}$$

$$E[\boldsymbol{V}(k)\boldsymbol{V}^{\mathrm{T}}(j)] = \boldsymbol{R}_k\delta_{kj}$$

$$E[\boldsymbol{W}(k)\boldsymbol{V}^{\mathrm{T}}(j)] = 0$$

式中,$\boldsymbol{Q}_k$ 为对称的非负定矩阵,$\boldsymbol{R}_k$ 为对称的正定矩阵,两者均为协方差矩阵;δ_{kj} 为克罗迪克 δ 函数,即

$$\delta_{kj} = \begin{cases} 1, k = j \\ 0, k \neq j \end{cases} \tag{6 － 100}$$

对于航空飞行试验中机动目标跟踪,选择如下的状态方程与观测方程:

(1) 状态方程中:

$$\boldsymbol{X}(k+1)=\begin{bmatrix} x(k+1) \\ y(k+1) \\ z(k+1) \\ v_x(k+1) \\ v_y(k+1) \\ v_z(k+1) \\ a_x(k+1) \\ a_y(k+1) \\ a_z(k+1) \end{bmatrix} \tag{6-101}$$

$$\boldsymbol{\Phi}=\begin{bmatrix} 1 & 0 & 0 & T & 0 & 0 & \frac{T^2}{2} & 0 & 0 \\ 0 & 1 & 0 & 0 & T & 0 & 0 & \frac{T^2}{2} & 0 \\ 0 & 0 & 1 & 0 & 0 & T & 0 & 0 & \frac{T^2}{2} \\ 0 & 0 & 0 & 1 & 0 & 0 & T & 0 & 0 \\ 0 & 0 & 0 & 0 & 1 & 0 & 0 & T & 0 \\ 0 & 0 & 0 & 0 & 0 & 1 & 0 & 0 & T \\ 0 & 0 & 0 & 0 & 0 & 0 & 1 & 0 & 0 \\ 0 & 0 & 0 & 0 & 0 & 0 & 0 & 1 & 0 \\ 0 & 0 & 0 & 0 & 0 & 0 & 0 & 0 & 1 \end{bmatrix} \tag{6-102}$$

$$\boldsymbol{G}=\begin{bmatrix} \frac{T^3}{6} & 0 & 0 \\ 0 & \frac{T^3}{6} & 0 \\ 0 & 0 & \frac{T^3}{6} \\ \frac{T^2}{2} & 0 & 0 \\ 0 & \frac{T^2}{2} & 0 \\ 0 & 0 & \frac{T^2}{2} \\ T & 0 & 0 \\ 0 & T & 0 \\ 0 & 0 & T \end{bmatrix} \tag{6-103}$$

式中，T 为观测时刻。

（2）观测方程：

$$\boldsymbol{Z}(k+1)=\begin{bmatrix}1&0&0\\0&1&0\\0&0&1\end{bmatrix}\begin{bmatrix}A(k+1)\\E(k+1)\\R(k+1)\end{bmatrix}+\begin{bmatrix}V_A(k+1)\\V_E(k+1)\\V_R(k+1)\end{bmatrix} \tag{6-104}$$

其中

$$A(k+1)=\arctan\left(\frac{y(k+1/k)}{x(k+1/k)}\right) \tag{6-105}$$

$$E(k+1)=\arctan\left(\frac{z(k+1/k)}{(x(k+1/k)^2+y(k+1/k)^2)^{1/2}}\right) \tag{6-106}$$

$$R(k+1)=(x^2(k+1/k)+y^2(k+1/k)+z^2(k+1/k))^{1/2} \tag{6-107}$$

式中，$k+1/k$ 为从 k 时刻观测数据推算至 $k+1$ 时刻的数据。

式(6－104)为非线性形式，可进行泰勒展开，转化为线性形式：

$$\boldsymbol{Z}(k)=\boldsymbol{H}(k)\boldsymbol{X}(k)+\boldsymbol{V}(k) \tag{6-108}$$

6.2.2.2 UKF－IMM 算法模型

1. UKF 算法

对于如式(6－105)、式(6－106)、式(6－107)所表示的非线性形式，采用泰勒展开只取线性项时，则系统模型会产生较大建模误差。UKF(Unscented Kalman Filtering)是由 Julie 与 Uhlman 提出的一种有效方法，采用保留展开式前三项等方法，改善了扩展卡尔曼滤波(EKF)的性能。该方法首先进行 U 变换，然后使用 U 变换后的状态变量进行滤波估计，以减小估计误差。其滤波精度相当于三阶 EKF 的效果，对于多数非线性系统有较好的适用性，但是计算过程比较复杂。

设 n 维随机向量 $\boldsymbol{X}\sim N(\bar{X},P)$，$m$ 维随机向量 $\boldsymbol{Z}$ 为 $\boldsymbol{X}$ 的某一非线性函数：

$$\boldsymbol{Z}=f(\boldsymbol{X})$$

$\boldsymbol{X}$ 的统计特性是$(\bar{X},P_X)$，通过非线性函数$f(\cdot)$进行传播得到 $\boldsymbol{Z}$ 的统计特性$(\bar{Z},P_Z)$。U 变换就是根据$(\bar{X},P_X)$设计一系列的点 ξ_i(称其为 σ 点)，对设定的 σ 点计算其经过 $f(\cdot)$ 传播所得到的结果 ζ_i；然后基于 ζ_i 计算$(\bar{Z},P_Z)$。通常 σ 点的数量取为 $2n+1$，即 $L=2n$。

将 EKF 滤波中统计特性传播方式的线性化用 U 变换方法近似代替，即可得到 UKF 滤波。

每次 UKF 计算循环的具体步骤如下：

（1）计算状态的一步预测：

$$\hat{\boldsymbol{x}}(k/k-1)=\boldsymbol{\Phi}(k-1)\hat{\boldsymbol{x}}(k-1/k-1) \tag{6-109}$$

$$\boldsymbol{P}(k/k-1)=\boldsymbol{\Phi}(k-1)\boldsymbol{P}(k-1/k-1)\boldsymbol{\Phi}^{\mathrm{T}}(k-1)+\boldsymbol{G}(k-1)\boldsymbol{Q}(k-1)\boldsymbol{G}^{\mathrm{T}}(k-1) \tag{6-110}$$

用 U 变换求 σ 点 $\hat{\boldsymbol{x}}(k/k-1)$、$\boldsymbol{P}(k/k-1)$，是通过观测方程对 $\boldsymbol{x}(k)$ 的传播。令

$$\boldsymbol{\xi}_0(k)=\hat{\boldsymbol{x}}(k/k-1) \tag{6-111}$$

$$\boldsymbol{\xi}_i(k)=\hat{\boldsymbol{x}}(k/k-1)+\left(\sqrt{(n+\lambda)\boldsymbol{P}(k/k-1)}\right)_i,i=1,2,\cdots,n \tag{6-112}$$

$$\boldsymbol{\xi}_i(k)=\hat{\boldsymbol{x}}(k/k-1)-\left(\sqrt{(n+\lambda)\boldsymbol{P}(k/k-1)}\right)_i,i=n+1,n+2,\cdots,2n \tag{6-113}$$

式中，$\left(\sqrt{(n+\lambda)\boldsymbol{P}(k/k-1)}\right)_i$ 为第 i 列矩阵平方根(Cholesky 分解)；$\lambda=\alpha^2(n+k)-n$，其中，α 为 σ 点的离散度，通常取一小的正值(如 0.01)。

σ 点统计特性的权系数：

$\omega_0^{(m)}=\lambda/(n+\lambda)$

$\omega_0^{(c)}=\lambda/(n+\lambda)+(1-\alpha^2+\beta)$

$\omega_i^{(m)}=\omega_i^{(c)}=0.5/(n+\lambda),i=1,2,\cdots,2n$

式中，$\omega_i^{(m)}$ 为求一阶统计特性时的权系数；$\omega_i^{(c)}$ 为求二阶统计特性时的权系数；β 为描述 $\hat{\boldsymbol{x}}(k/k-1)$ 的分布信息(Gauss 情况，β 的最优值为 2)。

(2) 计算量测的一步预测：

$$\boldsymbol{\zeta}_i(k)=h(\boldsymbol{\xi}_i(k)),i=1,2,\cdots,2n \tag{6-114}$$

$$\hat{z}(k/k-1)=\sum_{i=0}^{2n}\omega_i^{(m)}\cdot\boldsymbol{\zeta}_i(k) \tag{6-115}$$

$$\boldsymbol{P}_{\hat{z}(k)}=\sum_{i=0}^{2n}\omega_i^{(c)}\cdot(\boldsymbol{\zeta}_i(k)-\hat{z}(k/k-1))\cdot(\boldsymbol{\zeta}_i(k)-\hat{z}(k/k-1))^{\mathrm{T}}+\boldsymbol{R}_k \tag{6-116}$$

$$\boldsymbol{P}_{\hat{x}(k)\hat{z}(k)}=\sum_{i=0}^{2n}\omega_i^{(c)}\cdot(\boldsymbol{\xi}_i(k)-\hat{\boldsymbol{x}}(k/k-1))\cdot(\boldsymbol{\zeta}_i(k)-\hat{z}(k/k-1))^{\mathrm{T}} \tag{6-117}$$

当获得新的观测 $z(k)$ 后，进行滤波更新：

$$\hat{\boldsymbol{x}}(k/k)=\hat{\boldsymbol{x}}(k/k-1)+\boldsymbol{K}(k)\cdot(z(k)-\hat{z}(k/k-1)) \tag{6-118}$$

$$\boldsymbol{K}(k)=\boldsymbol{P}_{\hat{X}(k)\hat{z}(k)}\cdot\boldsymbol{P}_{\hat{z}(k)}^{-1} \tag{6-119}$$

$$\boldsymbol{P}(k/k)=\boldsymbol{P}(k/k-1)-\boldsymbol{K}(k)\cdot\boldsymbol{P}_{\hat{z}(k)}\cdot\boldsymbol{K}(k)^{\mathrm{T}} \tag{6-120}$$

虽然 UKF 的计算精度较高，但是观测中的距离项和角度项的量值相差太大，观测协方差矩阵可能会出现严重的病态问题。解决此问题，通常需要采用序贯处理的方法，即在各个观测项之间互不相关的条件下，依次利用每个观测项对目标运

动状态估计值进行更新。机动目标三维观测项之间是互不相关的,可以用来改进UKF方法。但是UKF中需要对九维矩阵进行Cholesky分解,并且序贯处理,这样使得UKF的计算过程变得更加复杂。

2. IMM算法

交互多模型IMM(Interacting Multiple Models)跟踪算法是由Bolm和Bar-Shalom提出的,被认为是最有潜力的一种机动目标的跟踪算法。它利用状态转移求出n时刻模型分布下的目标状态分布,并应用M个滤波器并行滤波来实现IMM。这种算法具有很高的性价比,但当模型集不能包括所有对象的运动模式或者模型集太大时,该算法的性能会降低。解决这一问题的方法一般有两种:即变结构多模型算法[17] VMM(Variable Multiple Models)和自适应交互多模型算法[18] AIMM(Adaptive Interacting Multiple Models)。VMM算法的优点是对模型的结构形式没有限制,但仍依赖于模型集的设计,如果目标存在着模型集以外的运动模式,算法将失效;AIMM算法通过客观地评估模型参数,使模型集的取值范围覆盖了整个参数空间,从真正意义上突破了模型集大小的限制。但目前的AIMM的模型集只能选择同一结构,新的模型集如何继承旧的模型集的模型概率还缺乏理论根据。另外,还有的学者提出了基于小波分析的多分辨率多模型滤波[19] MMM(Multi - resolution Multiple Models)算法等。

交互式多模型IMM方法是应用效果良好的单次扫描状态估计器。在IMM算法中,假定有有限多个目标模型存在,每个模型对应于不同机动输入水平。在采用UKF滤波算法计算出各模型为正确时的后验概率之后,通过对各模型正确时的状态估计加权求和来给出最终的目标状态估计,加权因子为模型正确的后验概率。

一般机动目标运动模型并不复杂,以匀速模型、匀加速模型、匀速转弯模型三个模型进行分析。

(1) 匀速模型:

匀速运动模型的基本特征是目标的运动速度是近似恒定的,即$\boldsymbol{v} \approx \text{const}$。

$$\boldsymbol{\Phi}_{R,K}^{(1)} = \text{diag}(\Phi_1, \Phi_1, \Phi_1), \quad \boldsymbol{\Phi}_1 = \begin{bmatrix} 1 & T_R & 0 \\ 0 & 1 & 0 \\ 0 & 0 & 0 \end{bmatrix} \tag{6-121}$$

$$\boldsymbol{Q}_{R,K}^{(1)} = \text{diag}(Q_1, Q_1, Q_1), \quad \boldsymbol{Q}_1 = \begin{bmatrix} T_R^4/4 & T_R^3/2 & 0 \\ T_R^3/2 & T_R^2 & 0 \\ 0 & 0 & 0 \end{bmatrix} \tag{6-122}$$

(2) 匀加速模型:

匀加速运动模型的基本特征是目标运动的加速度是近似恒定的,即$\boldsymbol{a} \approx \text{const}$。

$$\boldsymbol{\Phi}_{R,K}^{(2)} = \text{diag}(\Phi_2, \Phi_2, \Phi_2), \quad \boldsymbol{\Phi}_2 = \begin{bmatrix} 1 & T_R & T_R^2/2 \\ 0 & 1 & T_R \\ 0 & 0 & 1 \end{bmatrix} \tag{6-123}$$

$$\boldsymbol{Q}_{R,K}^{(2)} = \text{diag}(Q_2, Q_2, Q_2), \quad \boldsymbol{Q}_2 = \begin{bmatrix} T_R^5/20 & T_R^4/8 & T_R^3/6 \\ T_R^4/8 & T_R^3/3 & T_R^2/2 \\ T_R^3/6 & T_R^2/2 & T_R \end{bmatrix} \quad (6-124)$$

(3) 匀速转弯模型:

该模型不同于前两个模型,它涉及到一个重要量:转弯角速率 ω。而 ω 是不可预知的,因此需要对其进行在线估计。如果将 ω 作为状态变量的一维,参与整体滤波估计,则会大大增加整体算法的计算量和复杂度,因此需对 ω 单独进行估计。

根据力学公式有

$$\boldsymbol{a} = \boldsymbol{\Omega} \times \boldsymbol{\nu} \quad (6-125)$$

式中,$\boldsymbol{a}$、$\boldsymbol{\nu}$、$\boldsymbol{\Omega}$ 分别为加速度向量、速度向量、角速度向量。

而转弯角速率 ω 为

$$\omega = \|\boldsymbol{\Omega}\| = \frac{\|\boldsymbol{a}\|}{\|\boldsymbol{\nu}\|} = \frac{\sqrt{a_x^2 + a_y^2 + a_z^2}}{\sqrt{\nu_x^2 + \nu_y^2 + \nu_z^2}} \quad (6-126)$$

则 CT 模型对应的状态转移矩阵为

$$\boldsymbol{\Phi}_{R,K}^{(3)} = \text{diag}(\boldsymbol{\Phi}_3, \boldsymbol{\Phi}_3, \boldsymbol{\Phi}_3), \quad \boldsymbol{\Phi}_3 = \begin{bmatrix} 1 & \dfrac{\sin\omega T_R}{\omega} & \dfrac{1-\cos\omega T_R}{\omega^2} \\ 0 & \cos\omega T_R & \dfrac{\sin\omega T_R}{\omega} \\ 0 & -\omega\sin\omega T_R & \cos\omega T_R \end{bmatrix}$$

$$(6-127)$$

过程噪声矩阵为

$$\boldsymbol{Q}_{R,K}^{(3)} = \text{diag}(Q_3, Q_3, Q_3),$$

$$\boldsymbol{Q}_3 = \begin{bmatrix} \dfrac{6\omega T_R - 8\sin\omega T_R + \sin 2\omega T_R}{4\omega^5} & \dfrac{2\sin^4(\omega T_R/2)}{\omega^4} & \dfrac{-2\omega T_R + 4\sin\omega T_R - \sin 2\omega T_R}{4\omega^3} \\ \dfrac{2\sin^4(\omega T_R/2)}{\omega^4} & \dfrac{2\omega T_R - \sin 2\omega T_R}{4\omega^3} & \dfrac{\sin^2\omega T_R}{2\omega^2} \\ \dfrac{-2\omega T_R + 4\sin\omega T_R - \sin 2\omega T_R}{4\omega^3} & \dfrac{\sin^2\omega T_R}{2\omega^2} & \dfrac{2\omega T_R + \sin 2\omega T_R}{4\omega} \end{bmatrix}$$

$$(6-128)$$

假定目标某时刻的运动定可以用 r 个假设模型中的一个进行描述,把模型集记为

$$M_r := \{M_1 \cdots M_r\} \quad (6-129)$$

若模型 i 是在采样区间(t_{k-1}, t_k)起作用的模型,则记为 $m_k^{(i)}$。假设第 i 个模型服从离散时间方程:

$$\begin{cases} \boldsymbol{X}(k+1) = \boldsymbol{\Phi}^{(i)}(k,k)\boldsymbol{X}(k) + \boldsymbol{G}^{(i)}(k,k)\boldsymbol{W}^{(i)}(k) \\ \boldsymbol{Z}(k) = \boldsymbol{H}^{(i)}(k)\boldsymbol{X}(k) + \boldsymbol{V}^{(i)}(k) \\ \boldsymbol{\pi}_{ij} = \boldsymbol{P}(m_k = M_j \mid m_{k-1} = M_i) \end{cases} \tag{6-130}$$

式中,$k \in N, i = 1,2,\cdots,r$;$\boldsymbol{W}^{(i)}(k) \sim N(\bar{W}(k), Q_k^{(i)})$和$\boldsymbol{V}^{(i)}(k) \sim N(\bar{V}(k), R_k^{(i)})$分别为相互独立的独立过程噪声和独立量测噪声。

针对任一个模型的 IMM 算法的估计步骤如下:

(1) 模型条件重新初始化:

设$k-1$时刻匹配的模型是$m_{k-1}^{(i)}$,而在k时刻匹配的模型是$m_k^{(j)}$,则以信息$\boldsymbol{Z}(k-1)$为条件的混合概率是

$$\begin{aligned} \boldsymbol{\mu}^{(i,j)}(k-1/k-1) &= \boldsymbol{P}(m_{k-1}^{(i)} \mid m_k^{(j)}, \boldsymbol{Z}(k-1)) \\ &= \frac{1}{\bar{c}_j}\boldsymbol{\pi}_{ij}\boldsymbol{\mu}^{(i)}(k-1) \end{aligned} \tag{6-131}$$

式中,$\bar{\boldsymbol{c}}_j = \sum_{i=1}^{r}\boldsymbol{\pi}_{ij}\boldsymbol{\mu}^{(i)}(k-1)$为归一化常数,$i,j = 1,2,\cdots r$。

根据由不同模型得到的$\hat{\boldsymbol{X}}^{(j)}(k-1/k-1)$和相应的协方差$\boldsymbol{P}^{(j)}(k-1/k-1)$计算:

$$\begin{aligned} \hat{\hat{\boldsymbol{X}}}^{(j)}(k-1/k-1) &= E(\boldsymbol{X}(k-1) \mid m_k^{(j)}, \boldsymbol{Z}(k-1)) \\ &= \sum_{i=1}^{r}\hat{\boldsymbol{X}}^{(i)}(k-1/k-1)\boldsymbol{\mu}^{(i,j)}(k-1/k-1) \end{aligned} \tag{6-132}$$

$$\begin{aligned} \hat{\boldsymbol{P}}^{(j)}(k-1/k-1) = \sum_{i=1}^{r}\big(&\boldsymbol{P}^{(i)}(k-1/k-1) + \\ &(\hat{\boldsymbol{X}}^{(i)}(k-1/k-1) - \hat{\hat{\boldsymbol{X}}}^{(j)}(k-1/k-1)) \cdot \\ &(\hat{\boldsymbol{X}}^{(i)}(k-1/k-1) - \hat{\hat{\boldsymbol{X}}}^{(j)}(k-1/k-1))^{\mathrm{T}}\big)\boldsymbol{\mu}^{(i,j)} \cdot \\ &(k-1/k-1) \end{aligned} \tag{6-133}$$

(2) 模型条件滤波:

模型条件滤波是在给定重新初始化的状态和协方差阵的前提下,在获得新的测量值$\boldsymbol{z}(k)$之后,进行状态估计更新。状态预测为

$$\begin{aligned} \hat{\boldsymbol{X}}^{(i)}(k-1/k-1) = &\boldsymbol{\Phi}^{(i)}(k-1)\hat{\hat{\boldsymbol{X}}}^{(i)}(k-1/k-1) + \\ &\boldsymbol{G}^{(i)}(k-1)\bar{\boldsymbol{W}}^{(i)}(k-1) \end{aligned} \tag{6-134}$$

$$\begin{aligned} \boldsymbol{P}^{(i)}(k/k-1) = &\boldsymbol{\Phi}^{(i)}(k-1)\hat{\boldsymbol{P}}^{(i)}(k-1/k-1)(\boldsymbol{\Phi}^{(i)}(k-1))^{\mathrm{T}} + \\ &\boldsymbol{G}^{(i)}(k-1)\boldsymbol{Q}^{(i)}(k-1)(\boldsymbol{G}^{(i)}(k-1))^{\mathrm{T}} \end{aligned} \tag{6-135}$$

测量值预测残差及其协方差计算为

$$\boldsymbol{Z}^{(i)}(k) = \boldsymbol{Z}(k) - \boldsymbol{H}^{(i)}(k)\hat{\boldsymbol{X}}^{(i)}(k/k-1) - \bar{\boldsymbol{V}}^{(i)}(k) \tag{6-136}$$

$$S^{(i)}(k) = H^{(i)}(k)P^{(i)}(k/k-1)(H^{(i)}(k))^{\mathrm{T}} + R_k^{(i)} \quad (6-137)$$

与 $m_k^{(i)}$ 匹配的似然函数为

$$\Lambda^{(i)}(k) = p(Z(k) \mid m_k^{(i)}, Z(k-1)) \approx p(Z(k) \mid m_k^{(i)},$$

$$\hat{\hat{X}}^{(i)}(k-1/k-1), S^{(i)}(k)(P^{(i)}(k-1/k-1))) \quad (6-138)$$

计算滤波更新、状态估计更新和状态估计更新误差协方差阵分别为

$$K^{(i)}(k) = P^{(i)}(k/k-1)(H^{(i)}(k))^{\mathrm{T}}(S^{(i)}(k))^{-1} \quad (6-139)$$

$$\hat{X}^{(i)}(k/k) = \hat{X}^{(i)}(k/k-1) + K^{(i)}(k)Z^{i}(k) \quad (6-140)$$

$$P^{(i)}(k/k) = P^{(i)}(k/k-1) - K^{(i)}(k)S^{(i)}(k)(K^{(i)}(k))^{\mathrm{T}} \quad (6-141)$$

(3) 模型概率更新:

$$\mu^{(i)}(k) = P(m_k^{(i)} \mid Z(k)) = \frac{1}{c}\Lambda^{(i)}(k)\bar{c}_i \quad (6-142)$$

式中，$\bar{c}_i = \sum_{j=1}^{r}\pi_{ij}\mu^{(j)}(k-1)$；$c = \sum_{j=1}^{r}\Lambda^{(i)}(k)\bar{c}_j$。

(4) 融合估计:

在融合估计中，给出总体估计和总体估计协方差阵:

$$\hat{X}(k/k) = \sum_{i=1}^{r}\hat{X}^{(i)}(k/k-1)\mu^{(i)}(k) \quad (6-143)$$

$$P(k/k) = \sum_{i=1}^{r}(P^{(i)}(k/k) + (\hat{X}(k/k) - \hat{\hat{X}}^{(i)}(k/k))\cdot$$

$$(\hat{X}(k/k) - \hat{\hat{X}}^{(i)}(k/k))^{\mathrm{T}})\mu^{(i)}(k) \quad (6-144)$$

虽然 IMM 已经被成功应用在许多领域中，但现在仍然缺乏对其有效的性能评估方法，尤其是对其稳定性判定的充分与必要条件。

IMM 与 UKF 算法流程如图 6-15 所示。

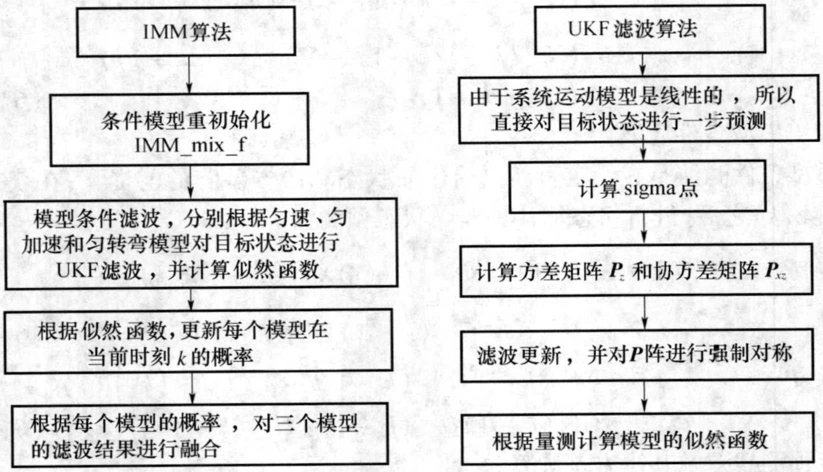

图 6-15　IMM 算法流程图和 UKF 算法流程图

3. UKF - IMM 算法

IMM 和 UKF 结合的滤波算法流程如图 6 - 16 所示。

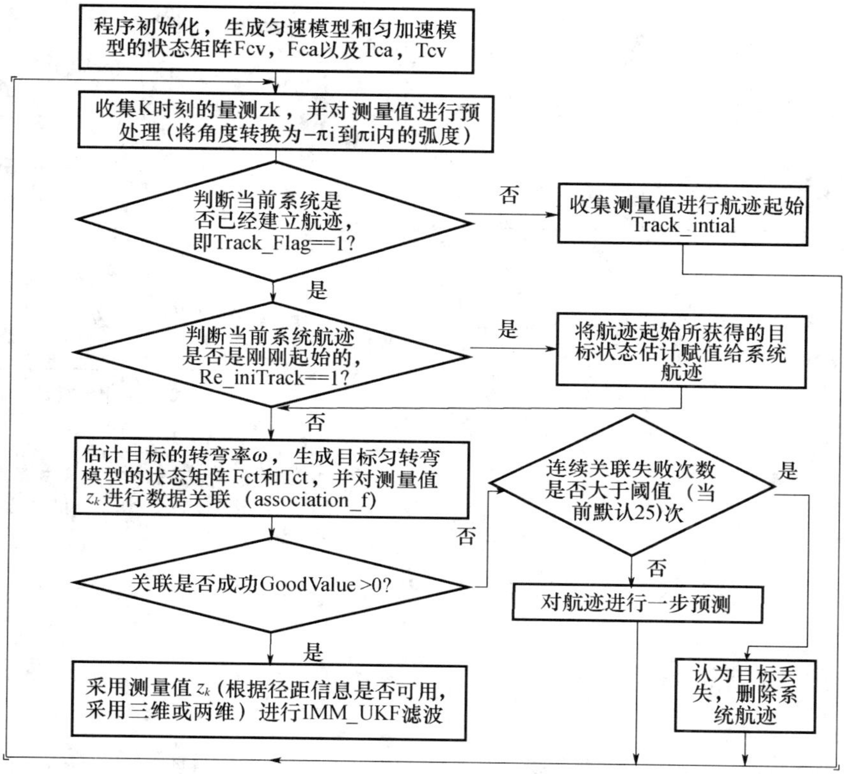

图 6 - 16　IMM 和 UKF 结合算法流程图

6.2.2.3　仿真与分析

设机动目标在跑道上空 100m 高度，沿跑道方向自西向东通场飞行；方位角和俯仰角不加任何噪声，对斜距 R 添加均值为 0、方差为 2 的高斯白噪声，同时添加一些异常点；IMM - UKF 滤波结果如图 6 - 17 ~ 图 6 - 22 所示。

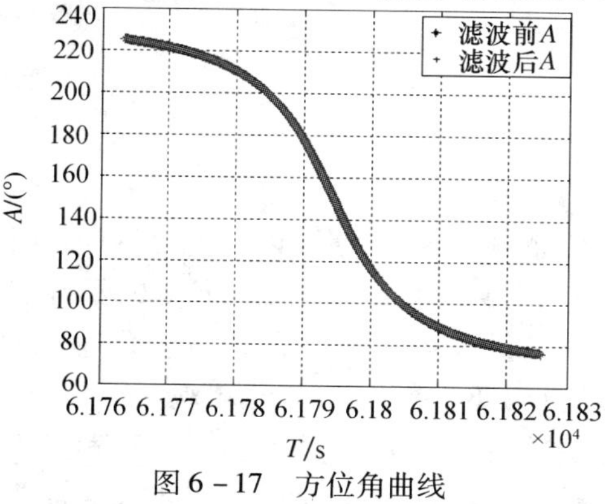

图 6 - 17　方位角曲线

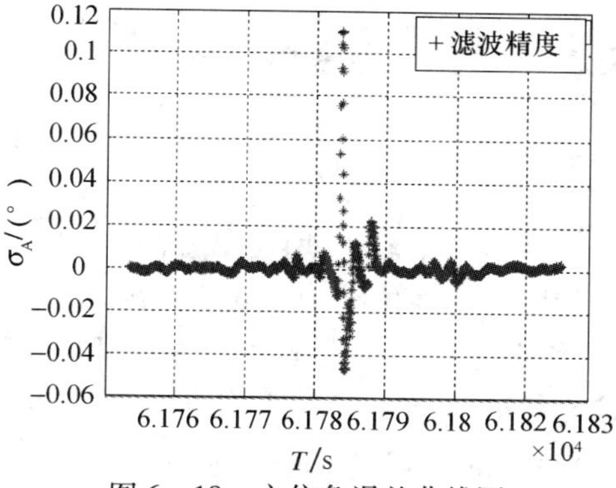

图 6 - 18　方位角误差曲线图

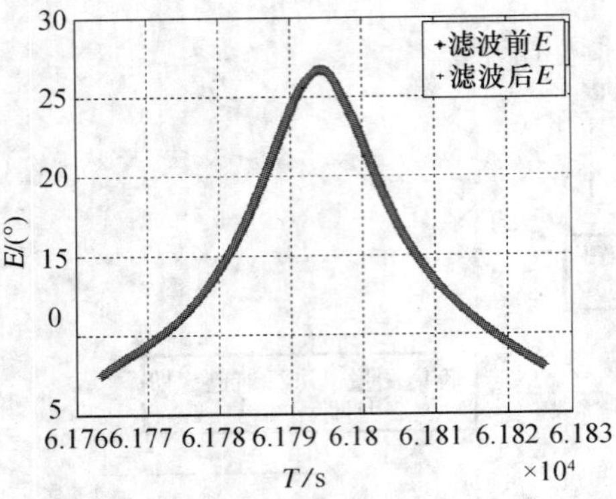

图 6－19　俯仰角滤波曲线

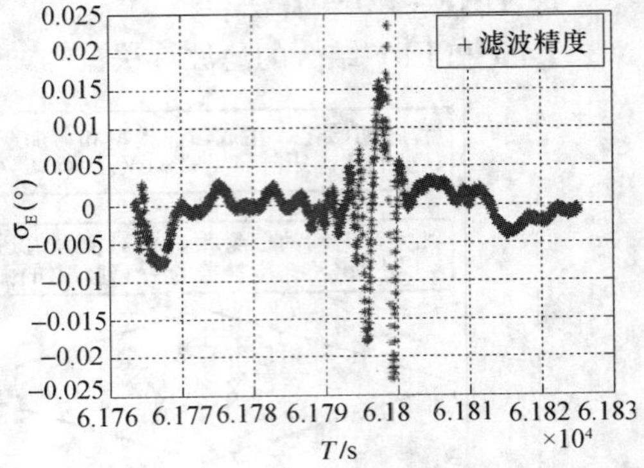

图 6－20　俯仰角误差曲线

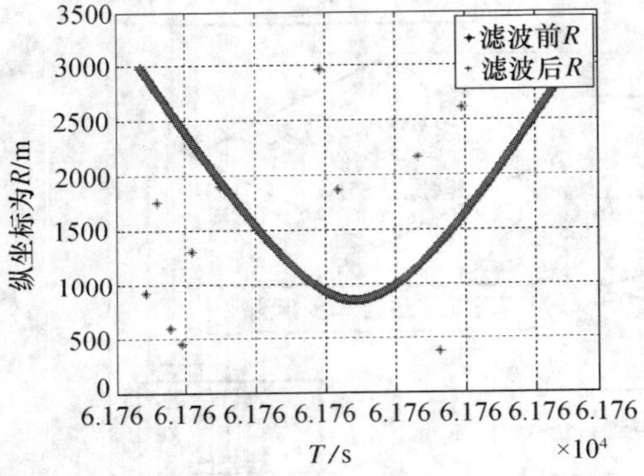

图 6－21　目标斜距滤波曲线

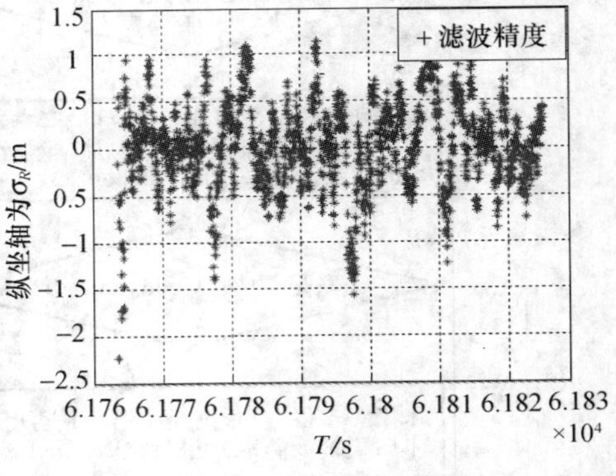

图 6－22　目标斜距误差曲线

在采用 IMM－UKF 算法进行非线性状态估计的非线性转换过程中，利用统计特性取代了 EKF 算法的局部特性，减小了估计误差，提高了测量精度；采用模型后验概率代替模型概率预测，提高了模型的识别与转换能力，实现了方差自适应调节功能，保证了跟踪的稳定性；真实试验应用结果表明，该算法能够有效降低光电经纬仪中方位角、俯仰角及激光测距值的误差，提高观测数据精度。

6.2.3　多传感器动态分组

6.2.3.1　概述

在多传感器机动目标跟踪系统中，由于传感器的类型、精度以及机动目标相对于传感器空间位置的不同等原因，会造成各传感器本地估计的状态向量的不确定性，因此导致在数据融合时往往不能得到状态向量最佳估计。比如雷达、光电经纬仪与机载 GPS 这三种不同类型的传感器，就具有不等精度和非同步观测等特点，在对目标跟踪的数据进行融合时，有时其估计方差不能达到最小。但在实际多传感器跟踪系统中，由于系统可观测性的局限性，在复杂空域环境下跟踪机动目标的精度变化很大。即使是同一传感器跟踪同一目标，在整个跟踪过程中，其位置精度也不一样，它将随着传感器原始观测值(R,A,E)的变化而变化；不同类型的传感器，其测量精度也不一样，如某型精密跟踪雷达其测量误差为 $\sigma=[\pm 5\mathrm{m}\quad \pm 42''\quad \pm 42'']$，而某型光电经纬仪测量误差为 $\sigma=[\pm 0.5\mathrm{m}\quad \pm 10''\quad \pm 10'']$。因此，在进行融合时应考虑将其分组。在 N 个传感器组合的系统中，T_j 时刻可能有 j 个传感器参与融合，而在 T_i 时刻只有 i 个传感器参与融合。因此，为了减少测量误差，提高测量精度，应对系统中的多传感器进行分组。分组融合的关键是对各个传感器所得数据的真实性进行判别，找出不同传感器数据之间的相互关系，从而决定对哪些传感器的数据进行融合。

在多类型传感器跟踪系统中，不同类型的传感器，其跟踪精度不同，也可能存在异步跟踪测量问题。一些学者[20]提出了传感器分组的概念，研究了传感器进行分组的方法，该方法对多传感器数据融合处理起到了较好的效果。还有一些学者把传感器的内部噪声与环境干扰作为一体来考虑，利用多元信息的互补性，对多传感器进行分组，基于极大似然法，推导出关于各组传感器测量的加权融合公式，并提出了一种分组方差估计学习算法 LAGVE (Learning Algorithm for Grouping Variance Estimation)，对各组传感器测量值的方差进行估计。

从模糊理论中的决策距离思想出发，分析各传感器之间的关系矩阵，进而给出一种新的分组数据融合方法。

6.2.3.2 非线性系统中估计模型

在多传感器跟踪系统中，通常使用光电传感器和雷达。光电传感器又可根据任务的需要有多种组合形式(如 TV、IR、Laser 等)，常常将这些传感器集成在光电经纬仪上，与光电跟踪转台上的两个角编码器组成三自由度跟踪测量系统。光电经纬仪系统有统一的时统，便于各测量数据确定在统一时间历程上。雷达系统中有的也配置光电传感器(如 TV、IR 等)，与两个角编码器、时统组成跟踪定位系统。光电经纬仪系统和雷达系统均可独立进行其传感器本地状态向量估计[21]，本地估计完成后，通过数据链传输至测控中心进行融合处理。

设目标离散状态方程为

$$\boldsymbol{X}(k+1)=\boldsymbol{\Phi}(k+1,k)\boldsymbol{X}(k)+\boldsymbol{G}(k)\boldsymbol{W}(k) \tag{6-145}$$

式中，$\boldsymbol{X}(k)$ 为目标状态矩阵，$\boldsymbol{X}(k)=[x(k),y(k),z(k),\dot{x}(k),\dot{y}(k),\dot{z}(k)]^{\mathrm{T}}$；$\boldsymbol{\Phi}(k+1,k)$ 为状态转移矩阵；$\boldsymbol{G}(k)$ 为噪声分布矩阵；$\boldsymbol{W}(k)$ 为零均值、白噪声高斯过程。观测方程为

$$\boldsymbol{Z}(k)=\boldsymbol{h}(\boldsymbol{X}(k))+\boldsymbol{V}(k) \tag{6-146}$$

式中，$\boldsymbol{Z}(k)$ 为 k 时刻测量向量；$\boldsymbol{h}(X(\boldsymbol{k}))$ 为非线性函数；$\boldsymbol{V}(k)$ 为零均值、方差为 R_k 的高斯白噪声过程，且相互独立，满足：

$$E(\boldsymbol{V}_K)=0,E[\boldsymbol{V}(i)\boldsymbol{V}(j)^{\mathrm{T}}]=R_k\delta_{i,j}$$

由于距离 R、方位角 A 和高低角 E 三个参数相互独立，故传感器 i 的误差方差矩

阵为

$$\boldsymbol{R}_{ki}=\begin{bmatrix}\sigma_{Ri}^2 & 0 & 0\\ 0 & \sigma_{Ai}^2 & 0\\ 0 & 0 & \sigma_{Ei}^2\end{bmatrix} \tag{6-147}$$

式中，σ_{Ri}^2、σ_{Ai}^2、σ_{Ei}^2分别为传感器 i 的距离 R、方位角 A 和高低角 E 的方差。

非线性函数 $\boldsymbol{h}(\boldsymbol{X}(K))$ 的表达式为

$$\boldsymbol{h}(\boldsymbol{X}(k))=\begin{bmatrix}R(k)\\ A(k)\\ E(k)\end{bmatrix}=\begin{bmatrix}(x(k)^2+y(k)^2+z(k)^2)^{1/2}\\ \arctan(x(k)/y(k))\\ \arctan(z(k)/R_d(k))\end{bmatrix} \tag{6-148}$$

式中，$R_d(k)=(x(k)^2+y(k)^2)^{1/2}$。

利用泰勒级数在 $X(k/k-1)$ 处展开，并取前两项，得

$$\boldsymbol{h}(\boldsymbol{X}(k))=\boldsymbol{h}(\boldsymbol{X}(k/k-1))+\boldsymbol{H}(k)[\boldsymbol{X}(k)-\boldsymbol{X}(k/k-1)] \tag{6-149}$$

式中

$$\boldsymbol{H}(k)=\left.\frac{\partial \boldsymbol{h}}{\partial \boldsymbol{X}}\right|_{X=X(k/k-1)}$$

令

$$\boldsymbol{Z}(k)=\boldsymbol{Z}(k)-\boldsymbol{h}(\boldsymbol{X}(k/k-1))+\boldsymbol{H}(k)\boldsymbol{X}(k/k-1) \tag{6-150}$$

则

$$\boldsymbol{Z}(k)=\boldsymbol{H}(k)\boldsymbol{X}(k)+\boldsymbol{V}(k) \tag{6-151}$$

上式为已经变成线性形式的观测方程，可以得到同步数据融合结果[15]：

$$\boldsymbol{X}(k/k)=\boldsymbol{X}(k/k-1)+\boldsymbol{P}(k/k)\cdot\left[\sum_{i=1}^{N}\boldsymbol{H}_i(k)\boldsymbol{R}_{ki}^{-1}(\boldsymbol{Z}_i(k)-\boldsymbol{h}_i(\boldsymbol{X}(k/k-1)))\right] \tag{6-152}$$

式中，$\boldsymbol{H}_i(k)$ 为传感器 i 的观测矩阵；$\boldsymbol{R}_{ki}$ 为传感器 i 的误差方差矩阵。

误差协方差矩阵的更新为

$$\boldsymbol{P}(k/k)=\boldsymbol{P}(k/k-1)\left[\boldsymbol{I}+\left(\sum_{i=1}^{N}(\boldsymbol{H}_i(k)^{\mathrm{T}})\boldsymbol{R}_{ki}^{-1}\boldsymbol{H}_i(k)\right)\cdot\boldsymbol{P}(k/k-1)\right]^{-1} \tag{6-153}$$

6.2.3.3 动态分组

各传感器在目标跟踪测量过程中，由于传感器测量误差以及环境干扰、人为因素和空间位置关系等因素，会造成各传感器本地状态向量估计精度的不确定性，导致在数据融合时往往不能得到最佳的状态向量估计，因此需要对所有传感器进行动态分组。按照 Luo 等[22]的一致性思路，根据模糊集合理论“决策距离”的思想，建立距离差矩阵和关系矩阵，以便寻找一致性好的传感器组进行融合。

1. 基本概念

当传感器本地处理器处理的状态向量估计送至融合处理中心后,融合处理中心将根据决策距离差矩阵来进行动态分组[23],对传感器在跟踪测量过程中精度一致性好的数据进行融合,并更新目标的状态。

通常,依据一定的准则将 n 个传感器分为两组,只有在同一组的状态向量才可以进行融合。两个或多个传感器的信息是否可以融合,取决于其一致性程度。下面给出一致性度量函数定义。

所谓一致性度量函数又称为容许函数,即来自于不同传感器的信息被融合的容许程度。显然,容许函数是信息距离的递减函数,可以选为距离空间上的偏小型函数。

定义 对于多个传感器信息融合时,其容许函数定义为 $R: X\times X\times\cdots\times X\rightarrow[0,1]$:

$$R(x_1,x_2,\cdots,x_n) = \min_{i,j}\{R(x_i,x_j)\}$$

根据容许度定义,容许度类似于信息融合结果的可信程度。当所有传感器输出数据较为集中时,容许度较大,融合结果的可信度较高;当某个或某几个传感器数据同大多数传感器数据的偏差较大时,则容许度较小,融合结果的可信度较低。

2. 关系矩阵与动态分组

1)基于经验阈值的动态分组

设传感器本地输出的状态向量集合为 $\{\boldsymbol{X}^i\}=\{X^1,X^2,\cdots,X^n\}$,又设其状态向量方差集合为 $\{\boldsymbol{R}^i\}=\{R^1,R^2,\cdots,R^n\}$,$i$ 表示传感器。在 t_k 时刻,有

$$\hat{\boldsymbol{X}}(k) = \boldsymbol{P}(k)\left[\sum_{i=1}^{n}\boldsymbol{X}^i(k)\boldsymbol{R}^i(k)\right] \tag{6-154}$$

式中,$\boldsymbol{P}(k)=\sum_{i=1}^{n}(\boldsymbol{R}^i(k))^{-1}$;$\boldsymbol{R}^i(k)$ 为传感器 i 在 t_k 时刻的状态向量方差。

对 $\boldsymbol{R}^i(k)$ 取误差均值,得

$$\bar{\boldsymbol{R}}(k) = E(\boldsymbol{R}^i(k)) = \boldsymbol{\mu}(k) \tag{6-155}$$

令 $\boldsymbol{D}=\boldsymbol{R}^i(k)-\bar{\boldsymbol{R}}(k)$ 为距离差矩阵,有

$$\boldsymbol{D} = \begin{bmatrix} d_{11} & 0 & \cdots & 0 \\ 0 & d_{22} & \cdots & 0 \\ \vdots & \vdots & \ddots & \vdots \\ 0 & 0 & \cdots & d_{nn} \end{bmatrix}_{n\times n} \tag{6-156}$$

距离差矩阵描述了各传感器的一致性程度。基于距离差矩阵 $\boldsymbol{D}$ 可以建立相应于 $\boldsymbol{D}$ 的关系矩阵 $\boldsymbol{L}$:

$$\boldsymbol{L} = \begin{bmatrix} l_{11} & 0 & \cdots & 0 \\ 0 & l_{22} & \cdots & 0 \\ \vdots & \vdots & \ddots & \vdots \\ 0 & 0 & \cdots & l_{nn} \end{bmatrix}_{n\times n} \tag{6-157}$$

$\boldsymbol{L}$ 中的元素由距离阈值 $\varepsilon(0<\varepsilon<1)$ 决定：

$$l_{ii}=\begin{cases}0 & d_{ii}>\varepsilon\\1 & d_{ii}\leqslant\varepsilon\end{cases} \tag{6-158}$$

式中 ε 的值可根据具体任务要求确定，也可采用以下经验公式确定 ε：

$$\varepsilon=\frac{2}{3}E[\boldsymbol{P}^i(k)] \tag{6-159}$$

式中，$\boldsymbol{P}^i(k)=(\boldsymbol{R}^i(k))^{-1}$。

当 $l_{ii}=1$ 时，表示一致性好，参与融合；反之则表示一致性差，不参与融合。由于机动目标跟踪过程中状态向量方差发生变化，因此传感器组合是动态的，而不是固定的。

2）基于概率阈值的动态分组

为了检验各传感器输出状态向量的一致性，采用置信距离来分析传感器输出的精度。假设传感器输出模型由高斯概率密度函数描述：

$$\boldsymbol{P}_i(X)=\frac{1}{\sqrt{2\pi}\sigma_i}\exp\left[-\frac{1}{2\sigma_i^2}(\boldsymbol{X}-\boldsymbol{X}_i)^2\right] \tag{6-160}$$

式中，$\boldsymbol{X}_i$ 为第 i 个传感器的测量值；$\boldsymbol{\sigma}_i^2$ 为其观测方差；其中 $i=1,2,\cdots,n$。

令概率距离 d_{ij} 和 d_{ji} 为传感器 i 与传感器 j 之间的一致性检验：

$$d_{ij}=2\left|\int_{X_i}^{X_j}\boldsymbol{P}_i(X/X_i)\boldsymbol{P}_i(X_i)\mathrm{d}X\right| \tag{6-161}$$

$$d_{ji}=2\left|\int_{X_j}^{X_i}\boldsymbol{P}_j(X/X_j)\boldsymbol{P}_j(X_j)\mathrm{d}X\right| \tag{6-162}$$

式中，$\boldsymbol{P}_i(X/X_i)$ 和 $\boldsymbol{P}_j(X/X_j)$ 为相应的条件概率。

对于各传感器跟踪同一机动目标时，各传感器之间的概率距离可由距离差矩阵 $\boldsymbol{D}$ 来描述：

$$\boldsymbol{D}=\begin{bmatrix}d_{11} & d_{12} & \cdots & d_{1n}\\d_{21} & d_{22} & \cdots & d_{2n}\\\vdots & \vdots & \ddots & \vdots\\d_{n1} & d_{n2} & \cdots & d_{nn}\end{bmatrix}_{n\times n} \tag{6-163}$$

距离差矩阵 $\boldsymbol{D}$ 描述了各传感器的一致性支持程度。基于距离差矩阵 $\boldsymbol{D}$ 也可以建立相应于 $\boldsymbol{D}$ 的关系矩阵 $\boldsymbol{L}$：

$$\boldsymbol{L}=\begin{bmatrix}l_{11} & l_{12} & \cdots & l_{1n}\\l_{21} & l_{22} & \cdots & l_{2n}\\\vdots & \vdots & \ddots & \vdots\\l_{n1} & l_{n2} & \cdots & l_{nn}\end{bmatrix}_{n\times n} \tag{6-164}$$

式中，l_{ij} 由概率阈值 ε 确定：

$$l_{ij}=\begin{cases}0 & d_{ij}>\varepsilon\\1 & d_{ij}\leqslant\varepsilon\end{cases} \tag{6-165}$$

对于传感器 i 与传感器 j，共有三种关系：

(1) 当 $l_{ij}=l_{ji}=0$ 时，表明传感器 i 与传感器 j 相互独立，互不支持；

(2) 当 $l_{ij}=1, l_{ji}=0$ 时，表明传感器 i 与传感器 j 相互弱支持；

(3) 当 $l_{ij}=l_{ji}=1$ 时，表明传感器 i 与传感器 j 相互强支持。

3) 基于决策距离的动态分组

模糊集合理论中的隶属程度 $u\in[0,1]$，可表示传感器的局部决策。对于多传感器的输出 $\{\boldsymbol{X}^i\}=\{X^1,X^2,\cdots,X^n\}$，可以用隶属函数 $u(\boldsymbol{X})$ 将其映射到另一区间 $[0,1]$ 中的一个数值 u，即隶属程度。

u 的大小反映了该传感器对某一假设的支持程度：

(1) 若 $u=1$，表明该传感器完全支持某一假设；

(2) 若 $u=0$，表明该传感器完全不支持某一假设；

(3) 若 $u=0.5$，表明该传感器对某一假设支持与否的模糊度最大，很难确定关于某一假设的任何信息。

同样，为了确定多传感器的一致性程度，可令一个新的距离 d_{ij} 和 d_{ji} 作为传感器 i 与传感器 j 之间的一致性检验，这个距离称为决策距离：

$$d_{ij}=2\left|\left(u_i-\frac{1}{2}\right)(u_j-u_i)\right| \tag{6-166}$$

$$d_{ji}=2\left|\left(u_j-\frac{1}{2}\right)(u_i-u_j)\right| \tag{6-167}$$

式中，u_i 和 u_j 分别为传感器 i 与传感器 j 的局部决策。

根据上两式可以得到传感器的决策矩阵 $\boldsymbol{D}$，其形式类似于式(6-163)，如下：

$$\boldsymbol{D}=\begin{bmatrix} d_{11} & d_{12} & \cdots & d_{1n} \\ d_{21} & d_{22} & \cdots & d_{2n} \\ \vdots & \vdots & \ddots & \vdots \\ d_{n1} & d_{n2} & \cdots & d_{nn} \end{bmatrix}_{n\times n} \tag{6-168}$$

但上式中元素 d_{ij} 和 d_{ji} 却不甚相同。根据上式可进一步得到类似式(6-14)的关系矩阵 $\boldsymbol{L}$：

$$\boldsymbol{L}=\begin{bmatrix} l_{11} & l_{12} & \cdots & l_{1n} \\ l_{21} & l_{22} & \cdots & l_{2n} \\ \vdots & \vdots & \ddots & \vdots \\ l_{n1} & l_{n2} & \cdots & l_{nn} \end{bmatrix}_{n\times n} \tag{6-169}$$

式中，l_{ij} 由经验阈值 ε 确定：

$$l_{ij}=\begin{cases} 0 & d_{ij}>\varepsilon \text{ 或 } i=j \\ 1 & d_{ij}\leqslant\varepsilon \end{cases} \tag{6-170}$$

数据分组融合的过程是：利用关系矩阵 $\boldsymbol{L}$ 计算出被融合的是哪些传感器，且只有这些传感器才参与最终状态估计。假设有两个传感器，当 $d_{ij}>\varepsilon$ 时，两传感器的本地估计不一致，如果不是其中某传感器出错，就是因为外部干扰或者内部噪声引起也可能是两传感器输出数据精度相差太大，就不参与融合；当 $d_{ij}<\varepsilon$ 时，说明两传感器一致性较好，融合后可使状态向量最终估计的不确定性和不可靠性减小到最低程度。对于多传感器系统而言，在 t_k 时刻，关系矩阵 $\boldsymbol{L}$ 中的元素为 1 的传感器可以参与融合（传感器 A 组），$\boldsymbol{L}$ 中的元素为 0 的传感器不参与融合（传感器 B 组）。这样，就将所有的传感器进行了分组。传感器进行分组后，依据各传感器送至融合处理中心的本地估计，进行融合，可获取目标状态最佳估计。

6.2.3.4 应用仿真

光电经纬仪与雷达在 t_k 时刻的测量值为

$$\boldsymbol{Z}^i(k)=[R^i(k)\quad A^i(k)\quad E^i(k)]^{\mathrm{T}} \tag{6-171}$$

式中，上标 $i=1,2,\cdots,n$ 表示传感器序号。

传感器 i 在 t_k 时刻的误差协方差矩阵 $\boldsymbol{R}^i(k)$ 是传感器 i 测量方差的非线性函数。它既与传感器 i 观测方差 $\boldsymbol{R}^i$（$\boldsymbol{R}^i=[\sigma_R^2\quad \sigma_A^2\quad \sigma_E^2]^{\mathrm{T}}$）有关，又与非线性函数的形式有关。因此根据协因素传播律，可以得到对于传感器 i 的协因素传播方程：

$$\boldsymbol{Q}_{\phi}^i=\boldsymbol{F}\boldsymbol{Q}_V^i\boldsymbol{F}^T \tag{6-172}$$

式中，$\boldsymbol{Q}_{\phi}$ 表示观测函数的权倒数；$\boldsymbol{F}$ 为测量方程系数矩阵。

根据协因素与协方差之间的数学关系，对于传感器 i 可以得到：

$$\boldsymbol{R}^i(k)=\boldsymbol{F}_i\boldsymbol{R}^i\boldsymbol{F}_i^{\mathrm{T}} \tag{6-173}$$

式中，i 为传感器序号。

当计算了 $\boldsymbol{R}^i(k)$ 后，可以按照动态分组方法进行分组。下面介绍这种算法的应用过程：

（1）对传感器 i 在 t_k 时刻的测量值，利用卡尔曼滤波器处理该测量值，可得到该时刻的本地状态估计；

（2）融合处理中心接受 n 个传感器的状态估计后，进行误差协方差转换，获取传感器的动态分组集，将一致性好的传感器本地估计进行融合；

（3）计算跟踪目标最终融合航迹和误差协方差矩阵。

设有相同光电经纬仪两台：$\boldsymbol{\sigma}_{1,2}=[0.5\quad 10\quad 10]^{\mathrm{T}}$；雷达两台：$\boldsymbol{\sigma}_{3,4}=[3\quad 20\quad 20]^{\mathrm{T}}$。其数据更新率分别为 25Hz 和 20Hz。每帧数据的形式为（$t_k,R^i(k),A^i(k),E^i(k)$）。

假设所有光电经纬仪与雷达布设在一条基线上，相互相距 10km，机动目标沿与基线 15°方向的直线飞行。将第一台光电经纬仪站点作为坐标原点，其它光电经纬仪和雷达站点的坐标统一到该坐标系。

假设观测值异常值和系统误差已经得到修正。从仿真结果看，当目标的距离发生变化时，传感器分组的状况也发生变化。表 6-1 显示了目标距离第一传感器 20km 以内时，只有在光电传感器之间进行融合；当目标距离第一传感器 50km 时，所有传感器数据均参与融合。其融合误差见图6－23～图6－25。

表6－1　传感器动态组合表

目标距离/km	传感器组合(A组)	传感器(B组)
10	1、2	3、4
20	1、2	3、4
40	1、2、3	4
50	1、2、3、4	
注:目标距离是指目标至第一传感器间的距离		

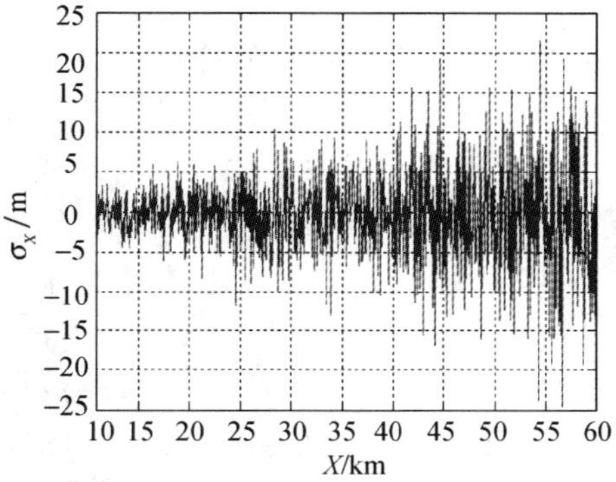

图6－23　X方向上的融合误差

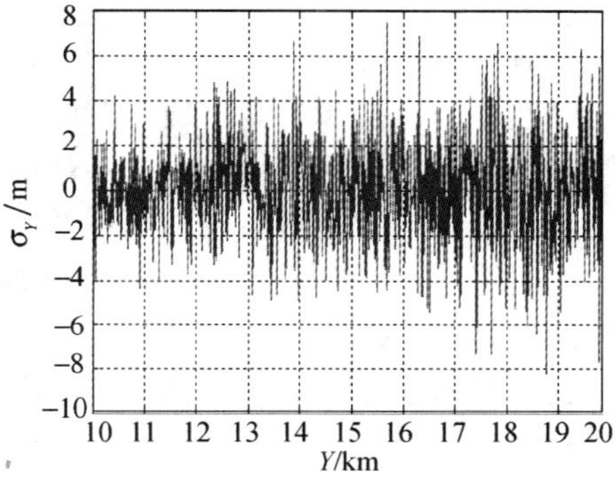

图6－24　Y方向上的融合误差

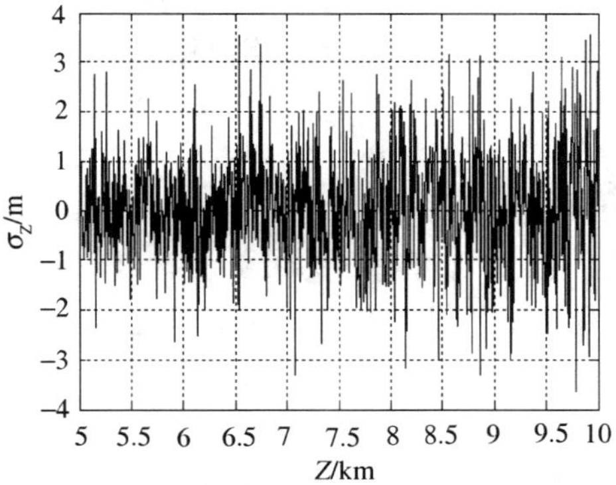

图6－25　Z方向上的融合误差

从图6－23可以看出:在X方向,30km以内的融合误差较小,这是因为光电经纬仪的测量精度精高;30km以外时,融合误差较大,尽管光电经纬仪也参与了融合,但随着测量距离增加,光电经纬仪的定位测量精度会降低,再加上雷达本身的定位测量精度较低,因此融合后其精度也低一些。图6－24是Y方向误差,由于目标航迹在地面上的投影近似平行于传感器站点连线,其误差的增大不如X方向那么大,随着逐步远离测量站点,其误差也随着增大。图6－25是Z方向误差,随着飞行目标高度的增加,其误差也随之增大。这说明该算法的仿真结果符合实际情况,同时也证明了该算法的正确性。

基于多传感器动态分组的多传感器跟踪，充分考虑了所有传感器在目标跟踪的过程中，当其跟踪测量精度发生变化时，融合处理中心将自动进行分组融合。也就是说，随着飞行目标与跟踪传感器之间几何关系的变化，处理中心将根据关系矩阵对传感器进行动态组合，以保证在跟踪全过程中获得最佳精度。在实际应用中，需研究在数据融合中，合理确定权的大小，以及权、阈值与融合精度之间的关系，简化过程，以保证实际应用的快速处理，满足工程应用的需要。

6.3 分布式多传感器数据融合

多传感器观测数据融合有两种基本方法：批处理模式与序贯处理模式。所谓批处理，就是假设所有观测数据获取以后，选择一个优化准则对所观测的全部数据同时进行处理，以获得未知向量的最优估计；序贯处理则是对每接收一个新的观测值，就需要对状态向量估计进行更新处理。前者适用于准实时或事后处理情况，其状态向量估计精度高；后者适用于要求实时处理的系统，其状态向量估计的速度快，能满足实时性要求。本节分别介绍了这两种模式各自有代表性的模型算法。加权算法是批处理模式的较好方法，在加权最小二乘准则下实现对所有观测数据的最佳估计，是最小方差无偏估计；离散卡尔曼滤波是应用最为成熟、最广泛的序贯处理算法。最后还介绍了多尺度卡尔曼滤波融合算法，它是利用小波变换将细尺度上的观测值、状态方程、观测方程等向粗尺度上进行分解，又基于卡尔曼滤波的基本方法进行状态估计，最终获得基于总体信息的最佳状态估计。

6.3.1 概述

多传感器数据融合有很长的历史。在1795年，Gauss 发明了最小平方方法，通过组合多种观测以获得小行星轨道参数的最佳估计；随后，在 1900 年，Fisher 建立了统计估计的基础，导出了极大似然方法；在 20 世纪 60 年代中期，Kalman 开发了离散数据序贯处理的卡尔曼滤波。直至现在，针对不同的应用对象产生了各种数据融合理论与方法。

多传感器机动目标航迹融合的基本思路是将来自于多个传感器观测数据（方位、俯仰、距离等），利用物理模型（如运动微分方程与测量模型）和对观测噪声的统计假设，把测量数据转换为状态向量（如三维空间坐标与速度、加速度等）。目标航迹融合算法能够在给定的准则下获得测量数据与状态向量的最佳拟合。

在机动目标跟踪的多传感器系统中，应用较多的是分布式多传感器融合结构，也称自主式结构。这类系统应用很广，尤其是在军事 C^4ISR 系统中应用最为广泛。它不仅具有局部独立跟踪能力，而且还有全局监视和评估特性的能力；同时分布式结构还可以用较低的费用获得较高的可靠性，并可减少数据总线的频宽和降低处理要求。当一个传感器降级，其观测结果不会损害整个多传感器数据融合的功能和性能，具有较高的系统生存能力，并且还能得到与集中式结构类似的精度。因此，在设计新系统时，分布式结构已成为优先选择的方案。在该结构中，每一传感器可进行各自的位置估计，并产生各自的状态向量。这些位置和速度的估计送至融合处理中心，融合处理中心根据各传感器的局部航迹数据，完成航迹关联和航迹融合，产生联合的状态向量估计。

在分布式多传感器跟踪测量系统中，航迹融合有很多方法。在多传感器数据融合处理中，许多学者先后对多传感器非同步融合问题进行了研究。传感器通常可分两大类：光电传感器和无线电雷达。它们的数据速率差异较大，当然也是非同步测量。W. D. Blair 和 T. R. Rice[24] 对这两种传感器数据融合方法进行了探讨。A. T. Alouani 和 T. R. Rice[25] 在文献中推导给出了非同步航迹融合的理论公式。但在该文献中未给出应用该理论所需的足够信息。T. R. Rice 和 A. T. Alouani[26] 在文献中又补充了应用该理论公式的信息，并给出了非同步和通信延迟时数据融合仿真结果。随着 GPS 技术的发展，机载型 GPS 已经作为一种航迹测量的传感器被广泛使用，并参与多传感器数据融合。

在数据融合理论中广泛应用于状态估计领域的加权融合算法，是较成熟的一种。许多研究结果已经证明该算法的最优性、无偏性、均方误差最小等特性，并给出了其在状态估计领域中的应用实例。加权融合算法的关键在于权系数的确定，而权系数又与各传感器的测量方差成反比，这一结论说明权系数的确定问题转化成了对各传感器测量方差的估计。

在非线性系统中，有关基于卡尔曼滤波的各种扩展算法很多，而且各具特点。Liu 和 Zhou 等提出了分布式扩展卡尔曼滤波算法[27,28]（Distributed Extended Kalman Filtering Algorithm，DEKFA）。Don 和 Bar－shalom 指出[29,30]：变换测量卡尔曼滤波器（CMKF）可在非线性系统中用于目标跟踪。当传感器精度不高时，CMKF 具有比 EKF 更高的跟踪精度。Yang 等[31] 从理论出发，导出了分布式变换测量卡尔曼滤波算法（DCMKFA）几乎能够重构集中式融合估计。

在多传感器信息融合领域，一些学者提出了一种新的算法，即基于小波的多尺度卡尔曼滤波融合算法。文成林等[32,33] 提出了基于小波变换的信号动态系统的多尺度方程，详细推导了动态系统在各个尺度上状态方程、观测方程、系统过程噪声与测量噪声的递推公式，并从理论上对其合理性和有效性进行了分析。

6.3.2 多传感器加权融合模型[34,35]

6.3.2.1 传感器本地融合模型

在多传感器跟踪过程中，各观测站数据在本地进行状态估计，再送至测控中心进行融合处理，最终获得最终飞行器航迹（T_i、$\hat{X}_i$、$\hat{Y}_i$、$\hat{Z}_i$，$i=1,2,\cdots,n$，其中，n 为传感器数目），也就是说，目标在某指定坐标系中的坐标（$X(t_k)$，$Y(t_k)$，$Z(t_k)$）是原始测量值 R_i、A_i、E_i（$i=1,2,\cdots,n$，n 表示传感器数量）的复合函数，测量噪声将随坐标转换而传播。

设机动目标三维坐标 X、Y、Z 分别是观测值 R、A、E 的非线性复合函数,即

$$\begin{bmatrix} X \\ Y \\ Z \end{bmatrix} = \begin{bmatrix} f_1(R,A,E) \\ f_2(R,A,E) \\ f_3(R,A,E) \end{bmatrix} \tag{6-174}$$

则可在点$(X(t_k),Y(t_k),Z(t_k))$邻域上用泰勒级数展开,t_k 为传感器观测时刻,即

$$\begin{aligned} \delta_X &= (\partial f_1/\partial R)\delta_R + (\partial f_1/\partial A)\delta_A/\rho + (\partial f_1/\partial E)\delta_E/\rho + S_1\cdots \\ \delta_Y &= (\partial f_2/\partial R)\delta_R + (\partial f_2/\partial A)\delta_A/\rho + (\partial f_2/\partial E)\delta_E/\rho + S_2\cdots \\ \delta_Z &= (\partial f_3/\partial R)\delta_R + (\partial f_3/\partial A)\delta_A/\rho + (\partial f_3/\partial E)\delta_E/\rho + S_3\cdots \end{aligned} \tag{6-175}$$

式中,$S_i(i=1,2,3)$为泰勒级数高次项;$\rho=206265$ 为常数;

$$\begin{bmatrix} \delta_X \\ \delta_Y \\ \delta_Z \end{bmatrix} = \begin{bmatrix} X - X(t_k) \\ Y - Y(t_k) \\ Z - Z(t_k) \end{bmatrix} \tag{6-176}$$

$$\begin{bmatrix} \delta_R \\ \delta_A \\ \delta_E \end{bmatrix} = \begin{bmatrix} R - R(t_k) \\ A - A(t_k) \\ E - E(t_k) \end{bmatrix} \tag{6-177}$$

则其均方差为

$$\begin{cases} \sigma_X{}^2 = \left(\dfrac{\partial f_1}{\partial R}\sigma_R\right)^2 + \left(\dfrac{\partial f_1}{\rho\partial A}\sigma_A\right)^2 + \left(\dfrac{\partial f_1}{\rho\partial E}\sigma_E\right)^2 + S'_1 + \cdots \\ \sigma_Y{}^2 = \left(\dfrac{\partial f_2}{\partial R}\sigma_R\right)^2 + \left(\dfrac{\partial f_2}{\rho\partial A}\sigma_A\right)^2 + \left(\dfrac{\partial f_2}{\rho\partial E}\sigma_E\right)^2 + S'_2 + \cdots \\ \sigma_Z{}^2 = \left(\dfrac{\partial f_3}{\partial R}\sigma_R\right)^2 + \left(\dfrac{\partial f_3}{\rho\partial A}\sigma_A\right)^2 + \left(\dfrac{\partial f_3}{\rho\partial E}\sigma_E\right)^2 + S'_3 + \cdots \end{cases} \tag{6-178}$$

式中,$S'_i(i=1,2,3)$为 R、A、E 之间的协方差。

当观测量 R、A、E 相互独立时,则可得独立变量 R、A、E 的方差:

$$\begin{cases} \sigma_X{}^2 = \left(\dfrac{\partial f_1}{\partial R}\sigma_R\right)^2 + \left(\dfrac{\partial f_1}{\rho\partial A}\sigma_A\right)^2 + \left(\dfrac{\partial f_1}{\rho\partial E}\sigma_E\right)^2 \\ \sigma_Y{}^2 = \left(\dfrac{\partial f_2}{\partial R}\sigma_R\right)^2 + \left(\dfrac{\partial f_2}{\rho\partial A}\sigma_A\right)^2 + \left(\dfrac{\partial f_2}{\rho\partial E}\sigma_E\right)^2 \\ \sigma_Z{}^2 = \left(\dfrac{\partial f_3}{\partial R}\sigma_R\right)^2 + \left(\dfrac{\partial f_3}{\rho\partial A}\sigma_A\right)^2 + \left(\dfrac{\partial f_3}{\rho\partial E}\sigma_E\right)^2 \end{cases} \tag{6-179}$$

为了更好地表征状态变量与观测量函数之间的方差传播,引入权倒数传播律。权倒数与方差的关系模型,即权倒数是传感器观测方差与单位权方差之比,有:

$$\boldsymbol{P}_i^{-1} = \boldsymbol{\sigma}_i^2/\boldsymbol{\sigma}_0^2 = \boldsymbol{Q}_i \tag{6-180}$$

式中,$\boldsymbol{\sigma}_i^2$ 为第 i 个变量的方差;$\boldsymbol{\sigma}_0^2$ 为单位权方差;$\boldsymbol{Q}_i$ 为第 i 个变量的协因素。

式(6-180)表明,传感器观测方差越大,其权就越小;反之,传感器观测方差

越小,其权就越大。

对于机动目标航迹(空中三维坐标)来说,有

$$\begin{bmatrix} P_X^{-1} \\ P_Y^{-1} \\ P_Z^{-1} \end{bmatrix} = \begin{bmatrix} \left(\frac{\partial f_1}{\partial R}\right)^2 & \left(\frac{\partial f_1}{\rho\partial A}\right)^2 & \left(\frac{\partial f_1}{\rho\partial E}\right)^2 \\ \left(\frac{\partial f_2}{\partial R}\right)^2 & \left(\frac{\partial f_2}{\rho\partial A}\right)^2 & \left(\frac{\partial f_2}{\rho\partial E}\right)^2 \\ \left(\frac{\partial f_3}{\partial R}\right)^2 & \left(\frac{\partial f_3}{\rho\partial A}\right)^2 & \left(\frac{\partial f_3}{\rho\partial E}\right)^2 \end{bmatrix} \begin{bmatrix} P_R^{-1} \\ P_A^{-1} \\ P_E^{-1} \end{bmatrix} \tag{6-181}$$

由于 $\boldsymbol{P}^{-1}=\boldsymbol{Q}$,故用协因素形式可表示为

$$\begin{bmatrix} Q_X \\ Q_Y \\ Q_Z \end{bmatrix} = \begin{bmatrix} \left(\frac{\partial f_1}{\partial R}\right)^2 & \left(\frac{\partial f_1}{\rho\partial A}\right)^2 & \left(\frac{\partial f_1}{\rho\partial E}\right)^2 \\ \left(\frac{\partial f_2}{\partial R}\right)^2 & \left(\frac{\partial f_2}{\rho\partial A}\right)^2 & \left(\frac{\partial f_2}{\rho\partial E}\right)^2 \\ \left(\frac{\partial f_3}{\partial R}\right)^2 & \left(\frac{\partial f_3}{\rho\partial A}\right)^2 & \left(\frac{\partial f_3}{\rho\partial E}\right)^2 \end{bmatrix} \begin{bmatrix} Q_R \\ Q_A \\ Q_E \end{bmatrix} \tag{6-182}$$

式(6-182)称为机动目标三维坐标的权倒数模型或协因素模型。可以改写成:

$$\boldsymbol{Q}_\varphi = \boldsymbol{P}_\phi^{-1} = \boldsymbol{F}\boldsymbol{Q}_V\boldsymbol{F}^{\mathrm{T}} \tag{6-183}$$

式中,

$$\boldsymbol{Q}_\phi = \begin{bmatrix} Q_X \\ Q_Y \\ Q_Z \end{bmatrix}, \boldsymbol{Q}_V = \begin{bmatrix} Q_R \\ Q_A \\ Q_E \end{bmatrix}$$

$$\boldsymbol{F} = \begin{bmatrix} \frac{\partial f_1}{\partial R} & \frac{\partial f_1}{\rho\partial A} & \frac{\partial f_1}{\rho\partial E} \\ \frac{\partial f_2}{\partial R} & \frac{\partial f_2}{\rho\partial A} & \frac{\partial f_2}{\rho\partial E} \\ \frac{\partial f_3}{\partial R} & \frac{\partial f_3}{\rho\partial A} & \frac{\partial f_3}{\rho\partial E} \end{bmatrix}$$

对于单站光电观测系统,其数学模型是非线性函数:

$$\begin{bmatrix} X \\ Y \\ Z \end{bmatrix} = \boldsymbol{R} \begin{bmatrix} \cos E\cos A \\ \cos E\sin A \\ \sin E \end{bmatrix} + \begin{bmatrix} X_0 \\ Y_0 \\ Z_0 \end{bmatrix} \tag{6-184}$$

式中,(X_0, Y_0, Z_0) 为本站在辅助坐标系中的坐标平移量。

要计算 Jacobin 矩阵 $\boldsymbol{F}$,只需对式(6-184)进行线性化,有

$$\boldsymbol{F} = \begin{bmatrix} \cos E\cos A & -R\sin E\cos A & -R\cos E\sin A \\ \cos E\sin A & -R\sin E\sin A & R\cos E\cos A \\ \sin E & R\cos E & 0 \end{bmatrix} \tag{6-185}$$

故有

$$
\boldsymbol{Q}_{\phi} = \begin{bmatrix} Q_X \\ Q_Y \\ Q_Z \end{bmatrix} = \boldsymbol{F}\boldsymbol{Q}_V\boldsymbol{F}^{\mathrm{T}}
$$

$$
= \begin{bmatrix} \cos^2 E\cos^2 A & R^2\sin^2 E\cos^2 A/\rho^2 & R^2\cos^2 E\sin^2 A/\rho^2 \\ \cos^2 E\sin^2 A & R^2\sin^2 E\sin^2 A/\rho^2 & R^2\cos^2 E\cos^2 A/\rho^2 \\ \sin^2 E & R^2\cos^2 E/\rho^2 & 0 \end{bmatrix}\begin{bmatrix} Q_R \\ Q_A \\ Q_E \end{bmatrix}
$$

$$
= \begin{bmatrix} P_X^{-1} \\ P_Y^{-1} \\ P_Z^{-1} \end{bmatrix} \tag{6-186}
$$

在每一个 t_k 时刻,都可得到在该时刻的权系数($P_X^{-1}(t_k)$,$P_Y^{-1}(t_k)$,$P_Z^{-1}(t_k)$)以及该时刻的空间三维坐标($X(t_k)$,$Y(t_k)$,$Z(t_k)$)。

至此,由式(6-184)与式(6-186)可求得机动目标三维空间坐标向量(X,Y,Z)以及相应的权倒数(P_X^{-1},P_Y^{-1},P_Z^{-1})或协因素(Q_X,Q_Y,Q_Z)。将此值送至测控中心进行多传感器数据融合处理。

6.3.2.2 多传感器跟踪融合模型

测控中心接受来自于 m 个传感器本地的状态向量与相应的权倒数矩阵,如下所示:

传感器1:t_k,$X(t_k)$,$Y(t_t)$,$Z(t_k)$,$Q_X(t_k)$,$Q_Y(t_k)$,$Q_Z(t_k)$,$t_k=t_1,t_2,\cdots,t_n$

传感器2:t_k,$X(t_k)$,$Y(t_t)$,$Z(t_k)$,$Q_X(t_k)$,$Q_Y(t_k)$,$Q_Z(t_k)$,$t_k=t_1,t_2,\cdots,t_n$

……

传感器 m:t_k,$X(t_k)$,$Y(t_t)$,$Z(t_k)$,$Q_X(t_k)$,$Q_Y(t_k)$,$Q_Z(t_k)$,$t_k=t_1,t_2,\cdots,t_n$

若这 m 个传感器不同步,或者观测速率不一致,则首先应进行数据内插、同步,然后,再加权融合。

数据内插可以选择一元非线性回归模型:

$$
X_k = a_0 + a_1x_k + a_2x_k^2 + \cdots + a_px_k^p + \varepsilon_k,\quad k = 1,2,\cdots,n \tag{6-187}
$$

分别对各个传感器的六个参数进行内插,以保证这 m 个传感器状态输出在时间上完全一致。

对于机动目标运动航迹曲线的回归,采用以下模型滑动回归:

$$
X_k = a_0 + a_1x_k + a_2x_k^2 + \varepsilon_k \tag{6-188}
$$

也可采用以下模型分段回归:

$$
X_k = a_0 + a_1x_k + a_2x_k^2 + a_3x_k^3 + \varepsilon_k \tag{6-189}
$$

采用滑动回归方法,其步距为1,不需要三次方项;考虑到目标的机动性,采用分段回归会更加准确些。回归方法详见相应章节,上两式也可转换为多元线性回归模型。

当求得在同一时刻 t_k 的状态参数后,可根据残余误差平方和最小准则获取机动目标的最佳运动航迹$(\boldsymbol{T},\hat{X},\hat{Y},\hat{Z})$,即

$$J = \sum_{i=1}^{m} \boldsymbol{P}_i \boldsymbol{V}_i^2 = \min \qquad (6-190)$$

式中,$\boldsymbol{P}_i$ 为相应的权值,$\boldsymbol{P}_i = \dfrac{\boldsymbol{\sigma}_0^2}{\boldsymbol{\sigma}_i^2}$,其中,$\boldsymbol{\sigma}_0^2$ 为单位权方差,$\boldsymbol{\sigma}_i^2$ 为在时刻 t_k 第 i 个传感器观测值的方差;$\boldsymbol{V}_i = \begin{bmatrix} X_i - \hat{X}_i \\ Y_i - \hat{Y}_i \\ Z_i - \hat{Z}_i \end{bmatrix}$,其中,$(X_i,Y_i,Z_i)$为传感器本地航迹,$(\hat{X}_i,\hat{Y}_i,\hat{Z}_i)$为目标最佳估计。

利用极值求解的方法可得最佳估计向量:

$$\hat{\boldsymbol{X}} = \frac{\sum_{i=1}^{m} P_{Xi} X_i}{\sum_{i=1}^{m} P_{Xi}}, \quad \hat{\boldsymbol{Y}} = \frac{\sum_{i=1}^{m} P_{Yi} Y_i}{\sum_{i=1}^{m} P_{Yi}}, \quad \hat{\boldsymbol{Z}} = \frac{\sum_{i=1}^{m} P_{Zi} Z_i}{\sum_{i=1}^{m} P_{Zi}} \qquad (6-191)$$

式中,下标 i 为第 i 传感器$(i=1,2,\cdots,m)$。

由于

$$E(\hat{X}) = E\left[\frac{\sum_{i=1}^{m} P_{Xi} X_i}{\sum_{i=1}^{m} P_{Xi}}\right] = E(X) \qquad (6-192)$$

同样 $E(\hat{Y}) = E(Y)$,$E(\hat{Z}) = E(Z)$,故 $\hat{X}$、$\hat{Y}$、$\hat{Z}$ 是无偏估计。$\hat{X}$、$\hat{Y}$、$\hat{Z}$ 的方差可利用 Bessel 公式计算得到:

$$\hat{\boldsymbol{\sigma}}_i^2 = \frac{1}{m-1} \sum_{i=1}^{m} \boldsymbol{P}_i \boldsymbol{V}_i^2 \qquad (6-193)$$

容易证明 $\hat{X}$、$\hat{Y}$、$\hat{Z}$ 的方差 $\hat{\boldsymbol{\sigma}}_i^2$ 是 $\boldsymbol{\sigma}_0^2$ 的无偏估计。由于 $\hat{X}$、$\hat{Y}$、$\hat{Z}$ 的估计是在使残余误差平方和为最小的条件下推算的,因此其估计值的方差也就是 $\boldsymbol{\sigma}_0^2$ 的最小方差无偏估计。

最小优化准则除加权最小平方准则外,还有最小平方准则、Bayes 加权最小平方准则以及极大似然优化准则等,其准则如下:

（1）最小平方准则：

$$J = \sum_{i=1}^{m} V_i^2 = \min \tag{6-194}$$

（2）Bayes 加权最小平方准则：

$$J = \sum_{i=1}^{m} P_i V_i^2 + \sum_{i=1}^{m} \sum_{j=1}^{n} p_{ij} (z_{ij} - \hat{z}_i)^2 = \min \tag{6-195}$$

（3）极大似然优化准则：

$$J = \prod_{i=1}^{m} l(z_i \mid X) = \min \tag{6-196}$$

读者若有兴趣，可参阅有关资料，自行推导计算模型。

6.3.2.3 应用及仿真

1. 算法应用过程

加权融合算法是传感器本地处理和融合处理中心处理相结合的方式。具体地说，原始测量数据归一化处理、滤波、极坐标到直角坐标的转换是在传感器本地进行，而融合处理则在融合处理中心进行。如图 6-26 所示。

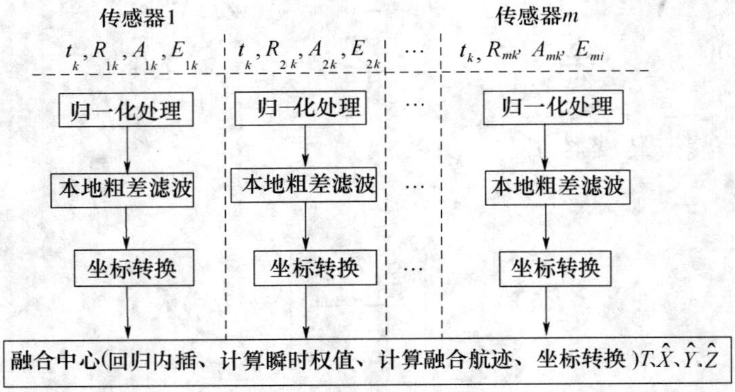

图 6-26 基于加权融合的模型与结构

归纳起来，该方法可按如下步骤进行：

（1）测量数据准备（即初始化）。建立辅助直角坐标系，一般以某一传感器站点为辅助直角坐标系原点，通过大地测量，获取各传感器站点在辅助直角坐标系的坐标 $S_i(X_{0i}, Y_{0i}, Z_{0i})$，$i=1,2,\cdots,m$。将此坐标值输入传感器本地处理器，并对测量数据进行归一化处理、异常值剔除与修正；

（2）在传感器本地按式（6-184）进行极坐标到直角坐标的坐标转换计算；

（3）根据式（6-185）计算 Jacobin 矩阵 $\boldsymbol{F}$，以及 $\boldsymbol{Q}_\phi$；

（4）对各传感器站的计算数据按照式（6-188）或式（6-189）进行回归内插，再按照式（6-191）和式（6-193）计算最佳融合航迹 T、$\hat{X}$、$\hat{Y}$、$\hat{Z}$ 和估计方差。最后将航迹从辅助直角坐标系转换到大地坐标系 WGS-84 或者其它指定坐标系。

2. 仿真计算及分析

为了验证该算法的有效性以及估计经处理后的误差大小,进行了仿真计算。仿真条件如下:

设有三个跟踪测量传感器:两套光电跟踪测量系统和一部跟踪测量雷达。它们各自布设在等边三角形的顶点(边长 10km),分别按各自跟踪传感器的测量频率(25 帧/s、20 帧/s)模拟目标的航迹数据序列,作为标准数据。

根据空间交会原理,反算出三个传感器的测量数据,并在测量数据中随机地叠加小于 2σ 的误差,这些随机误差服从正态分布 $N(0,\sigma)$,形成一套模拟的测量原始数据。

仿真计算过程按照前述的步骤(1)~(4)进行。将标准数据的融合估计 T、$\hat{X}$、$\hat{Y}$、$\hat{Z}$ 与标准数据进行比较,并算出总的均方根误差:

$$\sigma = \left[\frac{1}{m}\sum_{i=1}^{m}\boldsymbol{P}_i\boldsymbol{V}_i^2\right]^{1/2} \qquad (6-197)$$

式中,$\boldsymbol{V}_i$ 为标准数据与融合估计数据之差,即

$$\boldsymbol{V}_i = ((X_i-\hat{X})^2+(Y_i-\hat{Y})^2+(Z_i-\hat{Z})^2)^{1/2}$$

图 6-27 ~ 图 6-30 分别是光电跟踪系统和雷达跟踪系统模拟的标准数据与融合数据在 X、Y、Z 方向的比较图和误差大小分布曲线图。

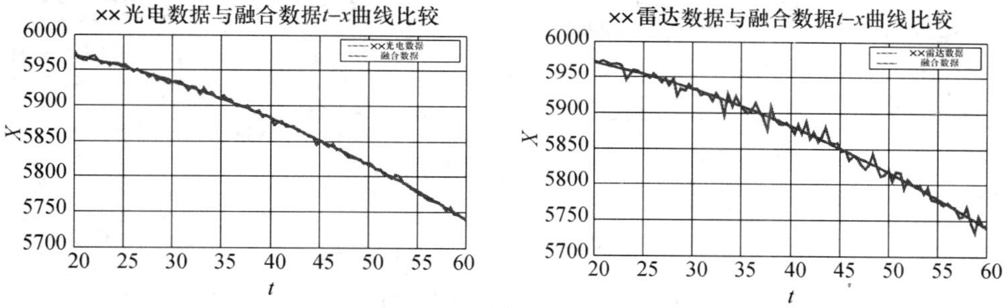

图 6-27　光电跟踪系统数据和雷达跟踪系统数据与融合数据在 X 方向的比较

(a) 光电跟踪系统;(b) 雷达跟踪系统。

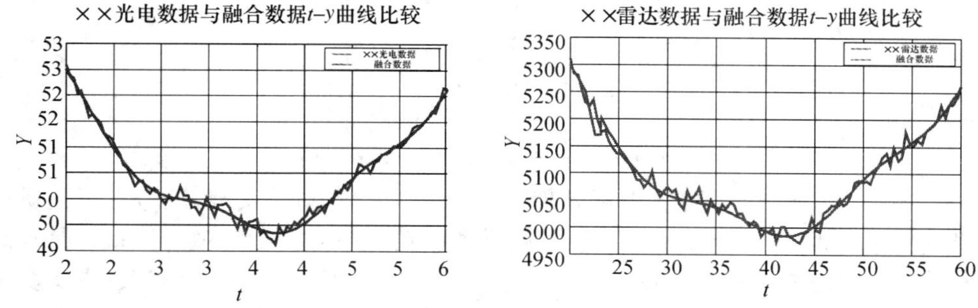

图 6-28　光电跟踪系统和雷达跟踪系统与融合数据在 Y 方向的比较

(a) 光电跟踪系统;(b) 雷达跟踪系统。

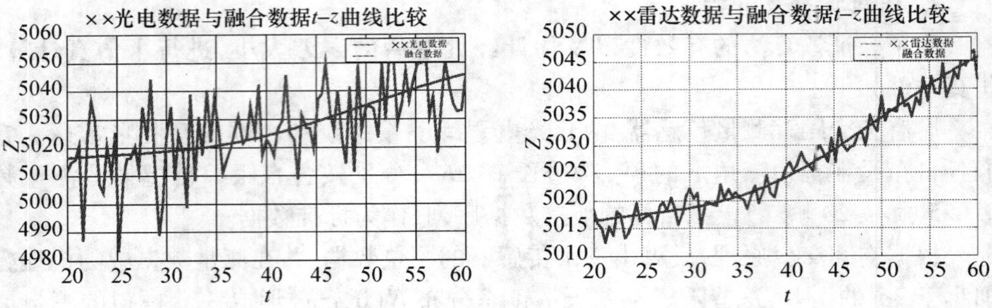

图 6－29　光电跟踪系统和雷达跟踪系统与融合数据在 Z 方向的比较

(a) 光电跟踪系统；(b) 雷达跟踪系统。

从上述曲线可以看出，经融合以后的航迹估计精度均好于单传感器的跟踪精度。图 6－30 是表示融合数据与雷达数据分别在 X、Y、Z 方向上的误差分布曲线，经融合后，三个方向上的精度均得到了改善。

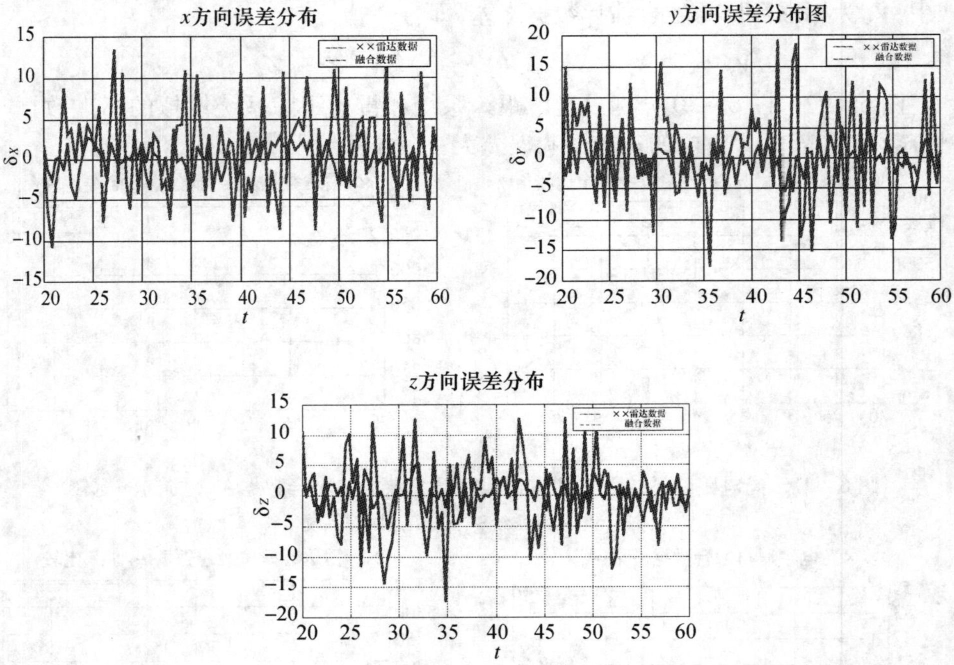

图 6－30　雷达数据与融合数据在 X、Y、Z 方向的误差分布曲线

该算法在非实时系统（事后处理）中应用广泛，且易于实现，既考虑了随机误差的传播特性，又考虑了每个传感器测量数据在每一时刻的权值。该权值是动态权值，它不仅与传感器测量精度有关，也与传感器距离目标的远近有关，真实反映了每一时刻目标航迹估计的重要程度，适用于事后对机动目标的精确测量，其融合后的航迹精度得到了提高。若观测数据比较离散，可以先进行随机误差滤波，再进行数据融合，效果更佳。

6.3.3 离散卡尔曼滤波模型

所谓状态估计，是从带有各种误差（随机误差、系统误差）的测量数据中估计出模型的某些参数或某些状态变量。比如，飞行器在飞行试验中，要从一系列的测量数据中估计出飞行器的位置、速度与加速度，甚至空中姿态等运动状态量，就是估计问题。离散卡尔曼滤波模型是解决分布式多传感器目标跟踪系统的状态估计问题时最常用、有效的算法。

6.3.3.1 基本方程及其特性

1960 年，美国学者卡尔曼（R. E. Kalman）和布西（R. S. Bucy）提出了最优递推滤波方法，称为 Kalman 滤波。这一方法考虑了被估计量与观测量的统计特性，既可以用于平稳随机过程，又可用于非平稳过程。因此，Kalman 滤波方法在许多领域都得到了广泛应用。对于航空飞行试验来说，是要从带有随机误差的测量数据中估计出飞行器的三维空间坐标、速度与加速度等运动状态变量。关于 Kalman 滤波应用的论文很多[36-39]，因此其离散系统的状态方程与观测方程一般描述为如下形式：

$$\boldsymbol{X}(k+1) = \boldsymbol{\Phi}(k+1,k)\boldsymbol{X}(k) + \boldsymbol{G}(k+1,k)\boldsymbol{W}(k) \tag{6-198}$$

$$\boldsymbol{Z}(k) = \boldsymbol{H}(k)\boldsymbol{X}(k) + \boldsymbol{V}(k) \tag{6-199}$$

式中，$\boldsymbol{X}(k)$ 为 k 时刻目标状态向量；$\boldsymbol{\Phi}(k+1,k)$ 为 k 时刻目标状态转移矩阵；$\boldsymbol{G}(k+1,k)$ 为噪声分布矩阵；$\boldsymbol{W}(k)$ 为过程噪声序列；$\boldsymbol{Z}(k)$ 为 k 时刻观测向量；$\boldsymbol{H}(k)$ 为 k 时刻观测矩阵；$\boldsymbol{V}(k)$ 为观测噪声序列。

由于 $\boldsymbol{W}(k)$ 与 $\boldsymbol{V}(k)$ 为白噪声序列，且相互独立，在一定的采样间隔内为常值，其统计特性如下：

$$E[\boldsymbol{W}(k)] = E[\boldsymbol{V}(k)] = 0 \tag{6-200}$$

$$E[\boldsymbol{W}(k)\boldsymbol{W}^{\mathrm{T}}(j)] = \boldsymbol{Q}_k\delta_{kj} \tag{6-201}$$

$$E[\boldsymbol{V}(k)\boldsymbol{V}^{\mathrm{T}}(j)] = \boldsymbol{R}_k\delta_{kj} \tag{6-202}$$

$$E[\boldsymbol{W}(k)\boldsymbol{V}^{\mathrm{T}}(j)] = 0 \tag{6-203}$$

式中，$\boldsymbol{Q}_k$ 为对称的非负定矩阵；$\boldsymbol{R}_k$ 为对称的正定矩阵，两者均为协方差矩阵。而 δ_{kj} 为克罗迪克 δ 函数为

$$\delta_{kj} = \begin{cases} 1, & k = j \\ 0, & k \neq j \end{cases} \tag{6-204}$$

状态向量的初始值 $\boldsymbol{X}(0)$ 的统计特性为

$$E[\boldsymbol{X}(0)] = \boldsymbol{m}_0 \tag{6-205}$$

$$E[(\boldsymbol{X}(0) - \boldsymbol{m}_0)(\boldsymbol{X}(0) - \boldsymbol{m}_0)^{\mathrm{T}}] = \boldsymbol{P}_0 \tag{6-206}$$

机动目标跟踪观测方程与状态方程中的矩阵分别如下：

$$\boldsymbol{X}(k+1)=\begin{bmatrix} x(k+1) \\ y(k+1) \\ z(k+1) \\ v_x(k+1) \\ v_y(k+1) \\ v_z(k+1) \\ a_x(k+1) \\ a_y(k+1) \\ a_z(k+1) \end{bmatrix},\quad \boldsymbol{\Phi}=\begin{bmatrix} 1 & 0 & 0 & T & 0 & 0 & \frac{T^2}{2} & 0 & 0 \\ 0 & 1 & 0 & 0 & T & 0 & 0 & \frac{T^2}{2} & 0 \\ 0 & 0 & 1 & 0 & 0 & T & 0 & 0 & \frac{T^2}{2} \\ 0 & 0 & 0 & 1 & 0 & 0 & T & 0 & 0 \\ 0 & 0 & 0 & 0 & 1 & 0 & 0 & T & 0 \\ 0 & 0 & 0 & 0 & 0 & 1 & 0 & 0 & T \\ 0 & 0 & 0 & 0 & 0 & 0 & 1 & 0 & 0 \\ 0 & 0 & 0 & 0 & 0 & 0 & 0 & 1 & 0 \\ 0 & 0 & 0 & 0 & 0 & 0 & 0 & 0 & 1 \end{bmatrix}$$

$$\boldsymbol{G}=\begin{bmatrix} \frac{T^3}{6} & 0 & 0 \\ 0 & \frac{T^3}{6} & 0 \\ 0 & 0 & \frac{T^3}{6} \\ \frac{T^2}{2} & 0 & 0 \\ 0 & \frac{T^2}{2} & 0 \\ 0 & 0 & \frac{T^2}{2} \\ T & 0 & 0 \\ 0 & T & 0 \\ 0 & 0 & T \end{bmatrix},\quad \boldsymbol{Z}(k+1)=\begin{bmatrix} A(k+1) \\ E(k+1) \\ R(k+1) \end{bmatrix} \tag{6-207}$$

式中，

$$A(k+1)=\arctan\left(\frac{y(k+1/k)}{x(k+1/k)}\right)$$

$$E(k+1)=\arctan\left(\frac{z(k+1/k)}{(x(k+1/k)^2+y(k+1/k)^2)^{1/2}}\right)$$

$$R(k+1)=(x(k+1/k)^2+y(k+1/k)^2+z(k+1/k)^2)^{1/2}$$

其中，$k+1/k$ 表示从 k 时刻观测数据推算至 $k+1$ 时刻的数据。

已知观测序列 $\boldsymbol{Z}(0),\boldsymbol{Z}(1),\cdots,\boldsymbol{Z}(k)$，要求解算 $\boldsymbol{X}(k+1)$ 的最优线性估计 $\hat{\boldsymbol{X}}(k+1/k)$，使得估计误差 $\tilde{\boldsymbol{X}}(k+1/k)=\boldsymbol{X}(k+1/k)-\hat{\boldsymbol{X}}(k+1/k)$ 的方差为最小，即

$$E[\tilde{\boldsymbol{X}}(k+1/k)\tilde{\boldsymbol{X}}^{\mathrm{T}}(k+1/k)]=\min \tag{6-208}$$

这里 $\hat{\boldsymbol{X}}(k+1/k)$ 是观测值 $\boldsymbol{Z}(0),\boldsymbol{Z}(1),\cdots,\boldsymbol{Z}(k)$ 的线性函数，又是无偏的，即

$$E[\hat{\boldsymbol{X}}(k+1/k)] = E[\boldsymbol{X}(k+1)] \tag{6-209}$$

$\boldsymbol{X}(k+1)$ 的最优线性估计 $\hat{\boldsymbol{X}}(k+1/k)$ 的递推式为

$$\begin{aligned}\hat{\boldsymbol{X}}(k+1/k) &= \boldsymbol{\Phi}(k+1,k)\hat{\boldsymbol{X}}(k/k-1) + \boldsymbol{K}(k)\boldsymbol{Z}(k/k-1)\\ &= \boldsymbol{\Phi}(k+1,k)\hat{\boldsymbol{X}}(k/k-1) + \boldsymbol{K}(k)[\boldsymbol{Z}(k) - \hat{\boldsymbol{Z}}(k/k-1)]\\ &= \boldsymbol{\Phi}(k+1,k)\hat{\boldsymbol{X}}(k/k-1) + \boldsymbol{K}(k)[\boldsymbol{Z}(k) - \boldsymbol{H}(k)\hat{\boldsymbol{X}}(k/k-1)]\end{aligned} \tag{6-210}$$

式中，$\boldsymbol{K}(k)$ 为增益矩阵。

6.3.3.2 正交定理

在进行方程推导时，要多次用到正交定理。

正交定理 线性最小方差估计误差正交于观测值。

证明：(1) 必要性

在对 X 进行线性最小方差估计时，用观测值 Z 的线性函数 $aZ+b$ 作为其估计量，即

$$\hat{X} = aZ + b \tag{6-211}$$

利用方差最小准则：

$$J = E[(X-\hat{X})(X-\hat{X})^{\mathrm{T}}] = \min \tag{6-212}$$

来确定系数 a、b。即求

$$\frac{\partial J}{\partial a} = -2E[(X-(aZ+b))Z] = 0 \tag{6-213}$$

式(6-213)中的 $X-(aZ+b)=\tilde{X}$ 为估计误差，因此，有

$$E[(X-(aZ+b))Z] = E[\tilde{X}Z] = 0 \tag{6-214}$$

(2) 充分性

为了推导方便，设 X、Z 均为一维变量，对于任意常数 A、B，有

$$\begin{aligned}E[(X-AZ-B)^2] &= E[((X-\hat{X})+(a-A)Z+(b-B))^2]\\ &= E[(X-\hat{X})^2] + E[((a-A)Z+(b-B))^2] +\\ &\quad 2(a-A)E[(X-\hat{X})Z] + 2(b-B)E[X-\hat{X}]\end{aligned} \tag{6-215}$$

式(6-215)中第三、第四项为零，第二项非负。因此有

$$E[(X-AZ-B)^2] \geqslant E[(X-\hat{X})^2] = E[(X-(aZ+b))^2] \tag{6-216}$$

证毕。

上述结论可以推广到 X、Z 多维情况。

6.3.3.3 卡尔曼最优滤波方程

所谓最优滤波，就是对已得到的观测值 $\boldsymbol{Z}(0),\boldsymbol{Z}(1),\cdots,\boldsymbol{Z}(k+1)$，求出 $\boldsymbol{X}(k+1)$ 的最优线性估计 $\hat{\boldsymbol{X}}(k+1/k+1)$，使得估计误差 $\tilde{\boldsymbol{X}}(k+1/k+1)$ 的方差为最小，并且其估计是无偏的，即

$$E[\tilde{\boldsymbol{X}}(k+1/k+1)\tilde{\boldsymbol{X}}^{\mathrm{T}}(k+1/k+1)] = \min \tag{6-217}$$

式中，$\tilde{\boldsymbol{X}}(k+1/k+1)=\boldsymbol{X}(k+1)-\hat{\boldsymbol{X}}(k+1/k+1)$

下面将利用正交定理推导其滤波公式。

当已有观测值序列 $\boldsymbol{Z}(0),\boldsymbol{Z}(1),\cdots,\boldsymbol{Z}(k)$ 之后，状态向量 $\boldsymbol{X}(k+1)$ 的最佳线性估计可以用 $\hat{\boldsymbol{X}}(k+1/k+1)$ 表示，因此，当 $\boldsymbol{Z}(k+1)$ 到来时，可以通过下式得到观测值 $\boldsymbol{Z}(k+1)$ 的预测值：

$$\hat{\boldsymbol{Z}}(k+1/k) = \boldsymbol{H}(k+1)\hat{\boldsymbol{X}}(k+1/k) \tag{6-218}$$

获得 $\boldsymbol{Z}(k+1)$ 的预测值以后，就需要对 $\hat{\boldsymbol{X}}(k+1/k)$ 进行修正，以便得到 $\boldsymbol{X}(k+1)$ 的估计 $\hat{\boldsymbol{X}}(k+1/k+1)$。设

$$\hat{\boldsymbol{X}}(k+1/k+1) = \hat{\boldsymbol{X}}(k+1/k) + \boldsymbol{K}(k+1)\boldsymbol{Z}(k+1/k) \tag{6-219}$$

由于

$$\begin{aligned}\boldsymbol{Z}(k+1/k) &= \boldsymbol{Z}(k+1) - \hat{Z}(k+1/k)\\ &= \boldsymbol{H}(k+1)\boldsymbol{X}(k+1) + \boldsymbol{V}(k+1) - \boldsymbol{H}(k+1)\hat{\boldsymbol{X}}(k+1/k)\\ &= \boldsymbol{H}(k+1)\tilde{\boldsymbol{X}}(k+1/k) + \boldsymbol{V}(k+1)\end{aligned} \tag{6-220}$$

故有

$$\begin{aligned}\hat{\boldsymbol{X}}(k+1/k+1) &= \hat{\boldsymbol{X}}(k+1/k) + \boldsymbol{K}(k+1)[\boldsymbol{H}(k+1)\tilde{\boldsymbol{X}}(k+1/k) + \boldsymbol{V}(k+1)]\\ &= \hat{\boldsymbol{X}}(k+1/k) + \boldsymbol{K}(k+1)[\boldsymbol{Z}(k+1) - \boldsymbol{H}(k+1)\hat{\boldsymbol{X}}(k+1/k)]\end{aligned} \tag{6-221}$$

式中，$\boldsymbol{K}(k+1)$ 为增益矩阵。

利用正交定理确定最优增益矩阵 $\boldsymbol{K}(k+1)$。由于状态向量滤波误差为

$$\begin{aligned}\tilde{\boldsymbol{X}}(k+1/k+1) &= \boldsymbol{X}(k+1) - \hat{\boldsymbol{X}}(k+1/k+1)\\ &= \boldsymbol{X}(k+1) - [\hat{\boldsymbol{X}}(k+1/k) + \boldsymbol{K}(k+1)(\boldsymbol{H}(k+1)\tilde{\boldsymbol{X}}(k+1/k) + \boldsymbol{V}(k+1))]\\ &= \boldsymbol{X}(k+1) - \hat{\boldsymbol{X}}(k+1/k) - \boldsymbol{K}(k+1)(\boldsymbol{H}(k+1)\tilde{\boldsymbol{X}}(k+1/k) + \boldsymbol{V}(k+1))\\ &= \boldsymbol{X}(k+1/k) - \boldsymbol{K}(k+1)(\boldsymbol{H}(k+1)\tilde{\boldsymbol{X}}(k+1/k) + \boldsymbol{V}(k+1))\end{aligned} \tag{6-222}$$

根据正交原理,有

$$E[\tilde{\boldsymbol{X}}(k+1/k+1)\boldsymbol{Z}^{\mathrm{T}}(k+1)]=0 \tag{6-223}$$

则有

$$\begin{aligned}
&E[\tilde{\boldsymbol{X}}(k+1/k+1)\boldsymbol{Z}^{\mathrm{T}}(k+1)]\\
&=E[(\tilde{\boldsymbol{X}}(k+1/k)-\boldsymbol{K}(k+1)(\boldsymbol{H}(k+1)\tilde{\boldsymbol{X}}(k+1/k)+\boldsymbol{V}(k+1)))\cdot\\
&\quad(\boldsymbol{H}(k+1)\hat{\boldsymbol{X}}(k+1/k)+\boldsymbol{H}(k+1)\tilde{\boldsymbol{X}}(k+1/k)+\boldsymbol{V}(k+1))^{\mathrm{T}}]\\
&=E[\tilde{\boldsymbol{X}}(k+1/k)\tilde{\boldsymbol{X}}^{\mathrm{T}}(k+1/k)]\boldsymbol{H}^{\mathrm{T}}(k+1)-\\
&\quad\boldsymbol{K}(k+1)\boldsymbol{H}(k+1)E[\tilde{\boldsymbol{X}}(k+1/k)\tilde{\boldsymbol{X}}^{\mathrm{T}}(k+1/k)]\boldsymbol{H}^{\mathrm{T}}(k+1)-\\
&\quad\boldsymbol{K}(k+1)E[\boldsymbol{V}(k+1)\boldsymbol{V}^{\mathrm{T}}(k+1)]\\
&=\boldsymbol{P}(k+1/k)\boldsymbol{H}^{\mathrm{T}}(k+1)-\boldsymbol{K}(k+1)[\boldsymbol{H}(k+1)\boldsymbol{P}(k+1/k)\boldsymbol{H}^{\mathrm{T}}(k+1)+\boldsymbol{R}_{k+1}]=0
\end{aligned} \tag{6-224}$$

所以有

$$\begin{aligned}
\boldsymbol{K}(k+1)=&\boldsymbol{P}(k+1/k)\boldsymbol{H}^{\mathrm{T}}(k+1)[\boldsymbol{H}(k+1)\cdot\\
&\boldsymbol{P}(k+1/k)\boldsymbol{H}^{\mathrm{T}}(k+1)+\boldsymbol{R}_{k+1}]^{-1}
\end{aligned} \tag{6-225}$$

又由于

$$\hat{\boldsymbol{X}}(k+1/k)=\boldsymbol{\Phi}(k+1,k)\hat{\boldsymbol{X}}(k/k) \tag{6-226}$$

故 $\boldsymbol{X}(k+1)$ 的最优预测估计误差为

$$\begin{aligned}
\tilde{\boldsymbol{X}}(k+1/k)&=\boldsymbol{X}(k+1)-\hat{\boldsymbol{X}}(k+1/k)\\
&=\boldsymbol{\Phi}(k+1,k)\boldsymbol{X}(k)+\boldsymbol{G}(k+1,k)\boldsymbol{W}(k)-\\
&\quad\boldsymbol{\Phi}(k+1,k)\hat{\boldsymbol{X}}(k/k)\\
&=\boldsymbol{\Phi}(k+1,k)\tilde{\boldsymbol{X}}(k/k)+\boldsymbol{G}(k+1,k)\boldsymbol{W}(k)
\end{aligned} \tag{6-227}$$

$$\begin{aligned}
\boldsymbol{P}(k+1/k)&=E[\boldsymbol{X}(k+1/k)\tilde{\boldsymbol{X}}^{\mathrm{T}}(k+1/k)]\\
&=E[(\boldsymbol{\Phi}(k+1,k)\tilde{\boldsymbol{X}}(k/k)+\boldsymbol{G}(k+1,k)\boldsymbol{W}(k))\cdot\\
&\quad(\boldsymbol{\Phi}(k+1,k)\tilde{\boldsymbol{X}}(k/k)+\boldsymbol{G}(k+1,k)\boldsymbol{W}(k))^{\mathrm{T}}]\\
&=\boldsymbol{\Phi}(k+1,k)\boldsymbol{P}(k/k)\boldsymbol{\Phi}^{\mathrm{T}}(k+1,k)+\\
&\quad\boldsymbol{G}(k+1,k)\boldsymbol{Q}_k\boldsymbol{G}^{\mathrm{T}}(k+1,k)
\end{aligned} \tag{6-228}$$

又由式(6-222)知：

$$
\begin{aligned}
\tilde{\boldsymbol{X}}(k+1/k+1) &= \boldsymbol{X}(k+1) - \hat{\boldsymbol{X}}(k+1/k+1) \\
&= \tilde{\boldsymbol{X}}(k+1/k) - \boldsymbol{K}(k+1)(\boldsymbol{H}(k+1)\tilde{\boldsymbol{X}}(k+1/k) + \boldsymbol{V}(k+1)) \\
&= [\boldsymbol{I} - \boldsymbol{K}(k+1)\boldsymbol{H}(k+1)]\tilde{\boldsymbol{X}}(k+1/k) - \boldsymbol{K}(k+1)\boldsymbol{V}(k+1) \\
&= [\boldsymbol{I} - \boldsymbol{K}(k+1)\boldsymbol{H}(k+1)][\boldsymbol{\Phi}(k+1,k)\tilde{\boldsymbol{X}}(k/k) + \boldsymbol{G}(k+1,k)\boldsymbol{W}(k)] \\
&\quad - \boldsymbol{K}(k+1)\boldsymbol{V}(k+1)
\end{aligned} \tag{6-229}
$$

故有

$$
\begin{aligned}
& E[\tilde{\boldsymbol{X}}(k+1/k+1)] \\
&= [\boldsymbol{I} - \boldsymbol{K}(k+1)\boldsymbol{H}(k+1)][\boldsymbol{\Phi}(k+1,k)\tilde{\boldsymbol{X}}(k/k) + \\
&\quad \boldsymbol{G}(k+1,k)\boldsymbol{W}(k)] - \boldsymbol{K}(k+1)\boldsymbol{V}(k+1) \\
&= [\boldsymbol{I} - \boldsymbol{K}(k+1)\boldsymbol{H}(k+1)]\boldsymbol{\Phi}(k+1,k)E[\tilde{\boldsymbol{X}}(k/k)] + \\
&\quad [\boldsymbol{I} - \boldsymbol{K}(k+1)\boldsymbol{H}(k+1)]\boldsymbol{G}(k+1,k)E[\boldsymbol{W}(k)] - \\
&\quad \boldsymbol{K}(k+1)E[\boldsymbol{V}(k+1)] \\
&= [\boldsymbol{I} - \boldsymbol{K}(k+1)\boldsymbol{H}(k+1)]\boldsymbol{\Phi}(k+1,k)E[\tilde{\boldsymbol{X}}(k/k)]
\end{aligned} \tag{6-230}
$$

从式(6-230)可以看出，只要初值 $E[\tilde{\boldsymbol{X}}(0/0)]=0$，则对于任何时刻 k，都有 $E[\tilde{\boldsymbol{X}}(k/k)]=0$ 成立。所以有

$$
\begin{aligned}
E[\hat{\boldsymbol{X}}(k+1/k+1)] &= E[\boldsymbol{X}(k+1)] - E[\tilde{\boldsymbol{X}}(k+1/k-1)] \\
&= E[\boldsymbol{X}(k+1)]
\end{aligned} \tag{6-231}
$$

故有 $\hat{\boldsymbol{X}}(k+1/k+1)$ 是 $\boldsymbol{X}(k+1)$ 的无偏估计，也是最优线性估计。

根据 $\hat{\boldsymbol{X}}(k+1/k)$、$\tilde{\boldsymbol{X}}(k+1/k)$ 与 $\boldsymbol{V}(k+1)$ 之间的正交性，计算估计误差协方差矩阵 $\boldsymbol{P}(k+1/k+1)$ 的递推关系式为

$$
\begin{aligned}
\boldsymbol{P}(k+1/k+1) &= E[\tilde{\boldsymbol{X}}(k+1/k+1)\tilde{\boldsymbol{X}}^{\mathrm{T}}(k+1/k+1)] \\
&= E[(\tilde{\boldsymbol{X}}(k+1/k) - \boldsymbol{K}(k+1)(\boldsymbol{H}(k+1)\tilde{\boldsymbol{X}}(k+1/k) + \boldsymbol{V}(k+1)))\cdot \\
&\quad (\tilde{\boldsymbol{X}}(k+1/k) - \boldsymbol{K}(k+1)(\boldsymbol{H}(k+1)\tilde{\boldsymbol{X}}(k+1/k) + \boldsymbol{V}(k+1)))^{\mathrm{T}}] \\
&= \boldsymbol{P}(k+1/k) - \boldsymbol{P}(k+1/k)\boldsymbol{H}^{\mathrm{T}}(k+1)\cdot \\
&\quad [\boldsymbol{H}(k+1)\boldsymbol{P}(k+1/k)\boldsymbol{H}^{\mathrm{T}}(k+1) + \boldsymbol{R}_{k+1}]^{-1}\cdot \\
&\quad \boldsymbol{H}(k+1)\boldsymbol{P}(k+1/k)
\end{aligned} \tag{6-232}
$$

还可由式(6－229)得

$$
\begin{aligned}
\boldsymbol{P}(k+1/k+1) &= E[\tilde{\boldsymbol{X}}(k+1/k+1)\tilde{\boldsymbol{X}}^{\mathrm{T}}(k+1/k+1)] \\
&= E[([\boldsymbol{I}-\boldsymbol{K}(k+1)\boldsymbol{H}(k+1)] \\
&\quad [\boldsymbol{\Phi}(k+1,k)\tilde{\boldsymbol{X}}(k/k)+\boldsymbol{G}(k+1,k)\boldsymbol{W}(k)]-\boldsymbol{K}(k+1)\boldsymbol{V}(k+1))\cdot \\
&\quad ([\boldsymbol{I}-\boldsymbol{K}(k+1)\boldsymbol{H}(k+1)][\boldsymbol{\Phi}(k+1,k)\tilde{\boldsymbol{X}}(k/k)+ \\
&\quad \boldsymbol{G}(k+1,k)\boldsymbol{W}(k)]-\boldsymbol{K}(k+1)\boldsymbol{V}(k+1))^{\mathrm{T}}] \\
&= [\boldsymbol{I}-\boldsymbol{K}(k+1)H(k+1)]\boldsymbol{\Phi}(k+1,k)\boldsymbol{P}(k/k)\boldsymbol{\Phi}^{\mathrm{T}}(k+1,k)\cdot \\
&\quad [\boldsymbol{I}-\boldsymbol{K}(k+1)\boldsymbol{H}(k+1)]^{\mathrm{T}}+ \\
&\quad \boldsymbol{G}(k+1,k)\boldsymbol{Q}_k\boldsymbol{G}^{\mathrm{T}}(k+1,k)+\boldsymbol{K}(k+1)\boldsymbol{R}_{k+1}\boldsymbol{K}^{\mathrm{T}}(k+1)
\end{aligned}
\tag{6-233}
$$

定义残差新息为

$$\boldsymbol{d}(k)=\boldsymbol{Z}(k)-\boldsymbol{H}(k)\hat{\boldsymbol{X}}(k/k-1) \tag{6-234}$$

则残差新息协方差矩阵为

$$\boldsymbol{S}(k)=\boldsymbol{H}(k)\boldsymbol{P}(k/k-1)\boldsymbol{H}^{\mathrm{T}}(k)+\boldsymbol{R}_k \tag{6-235}$$

至此,由以下方程构成了卡尔曼最优滤波方程组:

$$
\begin{cases}
\hat{\boldsymbol{X}}(k+1/k+1)=\hat{\boldsymbol{X}}(k+1/k)+\boldsymbol{K}(k+1)[\boldsymbol{Z}(k+1)-\boldsymbol{H}(k+1)\hat{\boldsymbol{X}}(k+1/k)] \\
\boldsymbol{K}(k+1)=\boldsymbol{P}(k+1/k)\boldsymbol{H}^{\mathrm{T}}(k+1)[\boldsymbol{H}(k+1)\boldsymbol{P}(k+1/k)\boldsymbol{H}^{\mathrm{T}}(k+1)+\boldsymbol{R}_{k+1}]^{-1} \\
\hat{\boldsymbol{X}}(k+1/k)=\boldsymbol{\Phi}(k+1,k)\hat{\boldsymbol{X}}(k/k) \\
\boldsymbol{P}(k+1/k+1)=\boldsymbol{P}(k+1/k)-\boldsymbol{P}(k+1/k)\boldsymbol{H}^{\mathrm{T}}(k+1)\cdot \\
\qquad [\boldsymbol{H}(k+1)\boldsymbol{P}(k+1/k)\boldsymbol{H}^{\mathrm{T}}(k+1)+\boldsymbol{R}_{k+1}]^{-1}\cdot \\
\qquad \boldsymbol{H}(k+1)\boldsymbol{P}(k+1/k) \\
\boldsymbol{P}(k+1/k)=\boldsymbol{\Phi}(k+1,k)\boldsymbol{P}(k/k)\boldsymbol{\Phi}^{\mathrm{T}}(k+1,k)+\boldsymbol{G}(k+1,k)\boldsymbol{Q}_k\boldsymbol{G}^{\mathrm{T}}(k+1,k) \\
\boldsymbol{P}(k+1/k+1)= \\
[\boldsymbol{I}-\boldsymbol{K}(k+1)\boldsymbol{H}(k+1)]\boldsymbol{\Phi}(k+1,k)\boldsymbol{P}(k/k)\boldsymbol{\Phi}^{\mathrm{T}}(k+1,k)[\boldsymbol{I}-\boldsymbol{K}(k+1)\boldsymbol{H}(k+1)]^{\mathrm{T}}+ \\
\quad \boldsymbol{G}(k+1,k)\boldsymbol{Q}_k\boldsymbol{G}^{\mathrm{T}}(k+1,k)+\boldsymbol{K}(k+1)\boldsymbol{R}_{k+1}\boldsymbol{K}^{\mathrm{T}}(k+1) \\
\boldsymbol{S}(k+1)=\boldsymbol{H}(k+1)\boldsymbol{P}(k+1/k)\boldsymbol{H}^{\mathrm{T}}(k+1)+\boldsymbol{R}_{k+1}
\end{cases}
$$

设定计算的初始条件,即初始时刻的统计特性:

$$\hat{\boldsymbol{X}}(0/0)=E[\boldsymbol{X}(0)]=\boldsymbol{m}_0$$

$$\boldsymbol{P}(0/0)=E[(\boldsymbol{X}(0)-\hat{\boldsymbol{X}}(0/0))(\boldsymbol{X}(0)-\hat{\boldsymbol{X}}(0/0))^{\mathrm{T}}]$$

就可以计算任意时刻 $k+1$ 的状态变量的最优估计值 $\hat{\boldsymbol{X}}(k+1/k+1)$ 以及估计值误差协方差矩阵 $\boldsymbol{P}(k+1/k+1)$,以及新息残差协方差矩阵 $\boldsymbol{S}(k+1)$。

当测量误差与观测误差不相关时,增益矩阵与误差协方差矩阵有相对简单形式[33]:

$$P^{-1}(k+1/k+1)=H^{T}(k+1)R_{k+1}^{-1}H(k+1)+P^{-1}(k+1/k) \quad (6-236)$$

$$K(k+1)=P(k+1/k+1)H^{T}(k+1)R_{k+1}^{-1} \quad (6-237)$$

6.3.3.4 多传感器总体状态融合

各个测量系统按照上一节卡尔曼最优滤波方程组分别计算出了任意 $k+1$ 时刻的状态变量的最优估计值 $\hat{X}(k+1/k+1)$ 以及估计值误差协方差矩阵 $P(k+1/k+1)$、$K(k+1)$、$\hat{X}(k+1/k)$、$P(k+1/k)$、$P(k+1/k+1)$ 以及新息 $d(k+1)$、残差协方差矩阵 $S(k+1)$。这些经卡尔曼滤波后的估计值经通信链路送至融合中心进行集中处理,可得到多传感器的最佳运动状态估计。

融合中心得到了每一个传感器 i 关于 $k+1$ 时刻的下列数据:

$\hat{X}_i(k+1/k+1)$、$P_i(k+1/k+1)$、$K_i(k+1)$、$\hat{X}_i(k+1/k)$、$P_i(k+1/k)$、$P_i(k+1/k+1)$、$d_i(k+1)$、$S_i(k+1)$、$k=0,1,\cdots,n$

对于新息 $d_i(k+1)$ 的协方差矩阵 $S_i(k+1)$,求出其距离函数 $D_i(k+1)$:

$$D_i(k+1)=d_i^{T}(k+1)S_i^{-1}(k+1)d_i(k+1) \quad (6-238)$$

由新息序列的统计性质可知,$D_i(k+1)$ 服从于自由度为 m 的 χ^2 分布。如果传感器 i 测量数据发生异常则新息 $d_i(k+1)$ 不再服从高斯分布,$D_i(k+1)$ 将会变大。当 $D_i(k+1)$ 大于某一阈值 δ,则将此传感器 i 的本次数据不参与 $k+1$ 时刻融合。

对于每一个传感器 i 关于 $k+1$ 时刻有以下滤波方程:

$$P_i^{-1}(k+1/k+1)=H_i^{T}(k+1)R_i^{-1}(k+1)H_i(k+1)+P_i^{-1}(k+1/k)$$

$$\hat{X}_i(k+1/k+1)=\hat{X}_i(k+1/k)+K_i(k+1)[Z_i(k+1)-H_i(k+1)\hat{X}_i(k+1/k)]$$

$$\hat{X}_i(k+1/k)=\Phi(k+1,k)\hat{X}_i(k/k)$$

$$K_i(k+1)=P_i(k+1/k+1)H_i^{T}(k+1)R_i^{-1}(k+1)$$

$$P_i(k+1/k)=\Phi(k+1,k)P_i(k/k)\Phi^{T}(k+1,k)+G(k+1,k)Q_i(k)G^{T}(k+1,k)$$

$$d_i(k+1)=Z_i(k+1)-H_i(k+1)\hat{X}_i(k+1/k)$$

$$P_i(k+1/k+1)=[I-K_i(k+1)H_i(k+1)]P_i(k+1/k)$$

对于由多传感器组成的分布式系统,仍然有以下状态方程与观测方程形式:

$$X(k+1)=\Phi(k+1,k)X(k)+W(k)$$

$$Z(k)=H(k)X(k)+V(k)$$

由于

$$\begin{aligned}P(k+1/k+1)&=[I-K(k+1)H(k+1)]P(k+1/k)\\&=P(k+1/k)-K(k+1)H(k+1)P(k+1/k)\end{aligned}$$

则有

$$\begin{aligned}P^{-1}(k+1/k+1)&=P^{-1}(k+1/k)+H^{T}(k+1)R^{-1}(k+1)H(k+1)\\&=P^{-1}(k+1/k)+\sum_{i=1}^{m}H_i^{T}(k+1)R_i^{-1}(k+1)H_i(k+1)\end{aligned} \quad (6-239)$$

对于传感器 i，有

$$\boldsymbol{P}_i^{-1}(k+1/k+1)=\boldsymbol{P}_i^{-1}(k+1/k)+\boldsymbol{H}_i^{\mathrm{T}}(k+1)\boldsymbol{R}_i^{-1}(k+1)\boldsymbol{H}_i(k+1) \tag{6-240}$$

而

$$\begin{aligned}&\boldsymbol{P}_i^{-1}(k+1/k+1)\hat{\boldsymbol{X}}_i(k+1/k+1)\\&=\boldsymbol{P}_i^{-1}(k+1/k)\hat{\boldsymbol{X}}_i(k+1/k)+\boldsymbol{H}_i^{\mathrm{T}}(k+1)\boldsymbol{R}_i^{-1}(k+1)\boldsymbol{Z}_i(k+1)\end{aligned} \tag{6-241}$$

则

$$\begin{aligned}&\boldsymbol{H}_i^{\mathrm{T}}(k+1)\boldsymbol{R}_i^{-1}(k+1)\boldsymbol{Z}_i(k+1)\\&=\boldsymbol{P}_i^{-1}(k+1/k+1)\hat{\boldsymbol{X}}_i(k+1/k+1)-\\&\quad\boldsymbol{P}_i^{-1}(k+1/k)\hat{\boldsymbol{X}}_i(k+1/k)\end{aligned} \tag{6-242}$$

故有

$$\begin{aligned}&\boldsymbol{P}^{-1}(k+1/k+1)\hat{\boldsymbol{X}}(k+1/k+1)\\&=\boldsymbol{P}^{-1}(k+1/k)\hat{\boldsymbol{X}}(k+1/k)+\sum_{i=1}^{m}\boldsymbol{H}_i^{\mathrm{T}}(k+1)\boldsymbol{R}_i^{-1}(k+1)\boldsymbol{Z}_i(k+1)\\&=\boldsymbol{P}^{-1}(k+1/k)\hat{\boldsymbol{X}}(k+1/k)+\\&\quad\sum_{i=1}^{m}[\boldsymbol{P}_i^{-1}(k+1/k+1)\hat{\boldsymbol{X}}_i(k+1/k+1)-\boldsymbol{P}_i^{-1}(k+1/k)\hat{\boldsymbol{X}}_i(k+1/k)]\end{aligned} \tag{6-243}$$

又因为

$$\boldsymbol{P}(k+1/k)=\boldsymbol{P}_i(k+1/k),\hat{\boldsymbol{X}}(k+1/k)=\hat{\boldsymbol{X}}_i(k+1/k)$$

则得

$$\begin{aligned}&\boldsymbol{P}^{-1}(k+1/k+1)\hat{\boldsymbol{X}}(k+1/k+1)\\&=\sum_{i=1}^{m}\boldsymbol{P}_i^{-1}(k+1/k+1)\hat{\boldsymbol{X}}_i(k+1/k+1)-(m-1)\boldsymbol{P}^{-1}(k+1/k)\hat{\boldsymbol{X}}(k+1/k)\end{aligned} \tag{6-244}$$

对式(6－247)右乘 $\boldsymbol{P}(k+1/k+1)$，则有

$$\begin{aligned}&\hat{\boldsymbol{X}}(k+1/k+1)=\\&\quad\boldsymbol{P}(k+1/k+1)[\sum_{i=1}^{m}P_i^{-1}(k+1/k+1)\hat{\boldsymbol{X}}_i(k+1/k+1)-\\&\quad(m-1)\boldsymbol{P}^{-1}(k+1/k)\hat{\boldsymbol{X}}(k+1/k)]\end{aligned} \tag{6-245}$$

$$\begin{aligned}\boldsymbol{P}^{-1}(k+1/k+1)&=\boldsymbol{P}^{-1}(k+1/k)+\sum_{i=1}^{m}\boldsymbol{H}_i^{\mathrm{T}}(k+1)\boldsymbol{R}_i^{-1}(k+1)\boldsymbol{H}_i(k+1)\\&=\boldsymbol{P}^{-1}(k+1/k)+\sum_{i=1}^{m}[\boldsymbol{P}_i^{-1}(k+1/k+1)-\boldsymbol{P}^{-1}(k+1/k)]\end{aligned} \tag{6-246}$$

式中,$\hat{X}(k+1/k)$与$P(k+1/k)$分别为$X(k+1)$的基于总体信息一步预测估计值与相应的预测协方差矩阵;$\hat{X}_i(k+1/k)$与$P_i(k+1/k)$分别为基于传感器i本地预测估计值与相应预测误差协方差矩阵;$\hat{X}_i(k+1/k+1)$与$P_i(k+1/k+1)$分别为状态$X(k+1)$基于传感器i本地估计值与相应估计误差协方差矩阵;m为参与融合的传感器数量。

对于多传感器单模型而言,其基于总体信息状态$X(k+1)$的一步预测估计值为

$$\hat{X}(k+1/k) = \Phi(k+1,k)\hat{X}(k/k) \tag{6-247}$$

相应的一步预测误差协方差矩阵为

$$\begin{aligned}P(k+1/k) = &\Phi(k+1,k)P(k/k)\Phi^{\mathrm{T}}(k+1,k) + \\ &G(k+1,k)Q_k G^{\mathrm{T}}(k+1,k)\end{aligned} \tag{6-248}$$

初始计算条件为

$$\hat{X}(0/0) = \sum_{i=1}^{m}(P_i^{-1}(0/0)(\hat{X}_i(0/0)))$$

$$P(0/0) = \sum_{i=1}^{m}P_i(0/0)$$

在实际测量应用中,多传感器的采样率可能不一样。在$(k+1)$时刻,一部分传感器的状态估计可能是在$(t_{k+1}+\Delta t)$时刻的估计值。因此,当各传感器上传的本地估计量在时间上没有统一时,要进行回归内插,否则,多传感器的融合估计便没有任何意义,因为这种没有同步的融合估计会带来更大的误差。

标准卡尔曼滤波方程在分布式多传感器系统中,仍然非常有效。因为多传感器系统有着良好的容错功能。另外,在机动目标跟踪中,状态转移矩阵$\Phi(\cdot)$与观测矩阵$H(\cdot)$在一次观测过程中是不随时间变化的,故应用标准卡尔曼滤波方程更加简便,实时性更好。

6.3.4 多尺度卡尔曼滤波模型

在分布式多传感器系统中,采用标准卡尔曼滤波方法对完全同步采样的传感器系统有着最优性能的估计。当采样率不一致时,需利用回归方法进行内插,使各传感器发至融合处理中心的估计值有相同的时间标志,然后再进行总体融合计算,并评估其性能。随着小波理论问世,以其对信号特有的多尺度近似表示方法,在多个领域内均得到了广泛的应用。国内外学者[32]在目标跟踪领域应用小波理论在多尺度系统模型方面做出了有成效的研究性工作,使具有不同尺度的多传感器动态系统进行融合估计,以获得在估计方差最小意义下的状态估计量。

6.3.4.1 多尺度系统模型[33]

对分布式多传感器多尺度单模型动态系统建立的状态方程与观测方程如下:

$$X(N,k+1)=\boldsymbol{\Phi}(N,k)X(N,k)+W(N,k) \tag{6-249}$$

$$Z(i,k)=H(i,k)X(i,k)+V(i,k) \tag{6-250}$$

$$k\geqslant 0, i=N,N-1,\cdots,2,1$$

式中,$X(N,k)\in R^{n\times 1}$为目标 k 时刻状态向量;$\boldsymbol{\Phi}(N,k)\in R^{n\times n}$为 k 时刻目标状态转移矩阵;$W(N,k)\in R^{n\times 1}$为系统噪声;$Z(i,k)\in R^{p_i\times 1}$为尺度 i 上 k 时刻观测向量;$H(i,k)\in R^{p_i\times n}$为 k 时刻观测矩阵;$V(i,k)\in R^{p_i\times 1}$为观测噪声序列。

系统噪声是一随机序列,满足:

$$E[W(N,k)]=0 \tag{6-251}$$

$$E[W(N,k)W^{T}(N,l)]=Q(N,k)\delta_{kl}, k,l\geqslant 0 \tag{6-252}$$

式中,δ_{kl}为克罗迪克 δ 函数(下同)。在 N 个不同的尺度上,有不同的传感器以不同的采样率对目标进行观测,其值为 $Z(i,k)$,观测噪声也为一随机序列 $V(i,k)$,满足:

$$E[V(i,k)]=0 \tag{6-253}$$

$$E[V(i,k)V^{T}(j,l)]=R(i,k)\delta_{ij}\delta_{kl} \tag{6-254}$$

由于 $W(i,k)$ 与 $V(i,k)$ 为白噪声序列,且相互独立,其统计特性如下:

$$E[V(i,k)W^{T}(N,l)]=0,\quad k,l\geqslant 0 \tag{6-255}$$

状态变量初始值 $X(N,0)$ 为一维随机变量,且有

$$E[X(N,0)]=X_0 \tag{6-256}$$

$$E[(X(N,0)-X_0)(X(N,0)-X_0)^{T}]=P_0 \tag{6-257}$$

6.3.4.2 多尺度卡尔曼滤波融合模型

假设系统矩阵与观测矩阵均为常矩阵,即

$\boldsymbol{\Phi}(N,k)=\boldsymbol{\Phi}(N), Q(N,k)=Q(N), H(i,k)=H(i), R(i,k)=R(i)$

将尺度 N 上的状态方程和各个尺度上的观测方程在粗尺度上进行分解,在尺度 $i(1\leqslant i\leqslant N-1)$ 上得到:

$$X(i,k+1)=\boldsymbol{\Phi}(i)X(i,k)+W(i,k) \tag{6-258}$$

$$E[W(i,k)]=0 \tag{6-259}$$

$$E[W(i,k)W^{T}(i,k)]=Q(i) \tag{6-260}$$

$$Z^{j}(i,k+1)=H^{j}(i,k)X(i,k)+V^{j}(i,k)j=N,N-1,\cdots,i \tag{6-261}$$

式中,$V^{j}(i,k)\sim N(0,R^{j}(i))$,且 $E[V^{j}(i,k)W^{T}(i,l)]=0$。

$$E[V^{j_1}(i,k)(V^{j_2}(i,l))^{T}]=R^{j_1}(i)\delta_{j_1j_2}\delta_{kl},\quad k,l\geqslant 0,\quad j_1,j_2=N,N-1,\cdots,i$$

根据系统多尺度分析思想,状态矩阵与观测矩阵如下:

$$\boldsymbol{\Phi}(i)=\boldsymbol{\Phi}(i+1)\boldsymbol{\Phi}(i+1), i=1,2,\cdots,N-1 \tag{6-262}$$

$$H_j(i)=H_j(i+1),\quad j=N,N-1,\cdots,i; i=1,2,\cdots,N-1 \tag{6-263}$$

$$Q(i)=\frac{1}{2}[\boldsymbol{\Phi}(i+1)Q(i+1)\boldsymbol{\Phi}^{T}(i+1)+Q(i+1)],\quad i=1,2,\cdots,N-1 \tag{6-264}$$

$$R^{j}(i)=\frac{1}{2}R^{j}(i+1) \tag{6-265}$$

为了统一记号,去掉上标,令

$$\boldsymbol{H}^j(i)=\boldsymbol{H}(i),\boldsymbol{R}^j(i)=\boldsymbol{R}(i)$$

这样就得到了在尺度 i 上,状态方程与 $N-i+1$ 个观测方程如下:

$$\boldsymbol{X}(i,k+1)=\boldsymbol{\Phi}(i)\boldsymbol{X}(i,k)+\boldsymbol{W}(i,k) \tag{6-266}$$

$$\boldsymbol{Z}_j(i,k+1)=\boldsymbol{H}_j(i,k)\boldsymbol{X}(i,k)+\boldsymbol{V}_j(i,k)\ ,j=N,N-1,\cdots,i \tag{6-267}$$

利用融合公式,$k+1$ 时刻的多传感器融合公式为

$$\begin{aligned}&\hat{\boldsymbol{X}}(i,k+1/k+1)\\&=\hat{\boldsymbol{X}}(i,k+1/k)+\boldsymbol{P}(i,k+1/k+1)\sum_{j=1}^{N}(\boldsymbol{P}_j^{-1}(i,k+1/k+1)\cdot\\&(\hat{\boldsymbol{X}}_j(i,k+1/k+1)-\hat{\boldsymbol{X}}(i,k+1/k)))-\boldsymbol{P}(i,k+1/k+1)\\&\sum_{j=1}^{N}(\boldsymbol{P}_j^{-1}(i,k+1/k)(\hat{\boldsymbol{X}}_j(i,k+1/k)-\hat{\boldsymbol{X}}(i,k+1/k)))\end{aligned} \tag{6-268}$$

$$\begin{aligned}\boldsymbol{P}^{-1}(i,k+1/k+1)=\boldsymbol{P}^{-1}(i,k+1/k)+\sum_{j=1}^{N}(\boldsymbol{P}_j^{-1}(i,k+1/k+1)-\\\boldsymbol{P}_j^{-1}(i,k+1/k))\end{aligned} \tag{6-269}$$

式中,$\hat{\boldsymbol{X}}(i,k+1/k)$ 与 $\boldsymbol{P}(i,k+1/k)$ 分别为基于总体信息一步预测估计值与相应的预测协方差矩阵:

$$\hat{\boldsymbol{X}}(i,k+1/k)=\boldsymbol{\Phi}(i)\hat{\boldsymbol{X}}(i,k/k) \tag{6-270}$$

$$\boldsymbol{P}(i,k+1/k)=\boldsymbol{\Phi}(i)\boldsymbol{P}(i,k/k)\boldsymbol{\Phi}^{\mathrm{T}}(i)+\boldsymbol{Q}(i,k) \tag{6-271}$$

$\hat{\boldsymbol{X}}_j(i,k+1/k+1)$ 为基于尺度 i 上传感器 j 处理后数据的估计值,有

$$\hat{\boldsymbol{X}}_j(i,k+1/k+1)=\hat{\boldsymbol{X}}_j(i,k+1/k)+\boldsymbol{K}_j(i,k+1)\boldsymbol{d}_j(i,k+1) \tag{6-272}$$

其中,$\hat{\boldsymbol{X}}_j(i,k+1/k)=\boldsymbol{\Phi}(i)\hat{\boldsymbol{X}}_j(i,k/k)$,$\boldsymbol{d}_j(i,k+1)=\boldsymbol{Z}_j(i,k+1)-\boldsymbol{H}_j(i,k+1)\hat{\boldsymbol{X}}_j(i,k+1/k)$

$$\begin{aligned}\boldsymbol{K}_j(i,k+1)=&\boldsymbol{P}_j(i,k+1/k)\boldsymbol{H}_j^{\mathrm{T}}(i,k+1)\\&[\boldsymbol{H}_j(i,k+1)\boldsymbol{P}_j(i,k+1/k)\boldsymbol{H}_j^{\mathrm{T}}(i,k+1)+\boldsymbol{R}_j(i,k+1)]^{-1}\end{aligned}$$

$$\boldsymbol{P}_j(i,k+1/k)=\boldsymbol{\Phi}(i)\boldsymbol{P}_j(i,k/k)\boldsymbol{\Phi}^{\mathrm{T}}(i)+\boldsymbol{Q}(i,k)$$

$$\boldsymbol{P}_j(i,k+1/k+1)=[\boldsymbol{I}-\boldsymbol{K}_j(i,k+1)\boldsymbol{H}_j(i,k+1)]\boldsymbol{P}_j(i,k+1/k)$$

6.3.4.3 分布式多尺度融合模型

在分布式多传感器系统中,将状态向量和观测向量分割成长度为 $M_i=2^{i-1}$($i=N,N-1,\cdots,1$,记 $M=2^{N-1}$)的数据块:

$$X_m(i) = \begin{bmatrix} x(i, mM_i + 1) \\ x(i, mM_i + 2) \\ \vdots \\ x(i, mM_i + M_i) \end{bmatrix}$$

$$Z_m(i) = \begin{bmatrix} z(i, mM_i + 1) \\ z(i, mM_i + 2) \\ \vdots \\ z(i, mM_i + M_i) \end{bmatrix}$$

则状态方程式(6 - 198)可以改写成：

$$X_{m+1}(N) = \Phi_m(N) X_m(N) + B_m(N) W_m(N) \tag{6 - 273}$$

式中，

$$X_{m+1}(N) = \begin{bmatrix} x(N, (m+1)M + 1) \\ x(N, (m+1)M + 2) \\ \vdots \\ x(N, (m+1)M + M) \end{bmatrix}$$

$$X_m(N) = \begin{bmatrix} x(N, mM + 1) \\ x(N, mM + 2) \\ \vdots \\ x(N, mM + M) \end{bmatrix}$$

$$\Phi_m(N) = \begin{bmatrix} \prod_{r=M}^{1} \Phi(N, mM + r) & \mathbf{0} & \cdots & \mathbf{0} & \mathbf{0} \\ \mathbf{0} & \prod_{r=M+1}^{2} \Phi(N, mM + r) & \cdots & \mathbf{0} & \mathbf{0} \\ \vdots & \vdots & \ddots & \vdots & \vdots \\ \mathbf{0} & \mathbf{0} & \cdots & \prod_{r=2M-2}^{M-1} \Phi(N, mM + r) & \mathbf{0} \\ \mathbf{0} & \mathbf{0} & \cdots & \mathbf{0} & \prod_{r=2M-1}^{M} \Phi(N, mM + r) \end{bmatrix}$$

$$B_m(N) = \begin{bmatrix} \prod_{r=M}^{2} \Phi(mM + r) & \prod_{r=M}^{3} \Phi(mM + r) & \cdots & I & \cdots & \mathbf{0} \\ \mathbf{0} & \prod_{r=M+1}^{3} \Phi(mM + r) & \cdots & \Phi(mM + M + 1) & \cdots & \mathbf{0} \\ \vdots & \vdots & \ddots & \vdots & & \vdots \\ \mathbf{0} & \mathbf{0} & \cdots & \prod_{r=2M-1}^{M+1} \Phi(mM + r) & \cdots & I \end{bmatrix}$$

$$\boldsymbol{W}_m(N) = \begin{bmatrix} \boldsymbol{w}(N, mM+1) \\ \boldsymbol{w}(N, mM+2) \\ \vdots \\ \boldsymbol{w}(N, mM+M) \\ \vdots \\ \boldsymbol{w}(N, mM+2M-1) \end{bmatrix}$$

且满足

$$E[\boldsymbol{W}_m(N)] = \boldsymbol{0}$$
$$E[\boldsymbol{W}_m(N)\boldsymbol{W}_m^{\mathrm{T}}(N)] = \boldsymbol{Q}_m(N)$$

其中

$$\boldsymbol{Q}_m(N) = \begin{bmatrix} \boldsymbol{Q}(N,mM+1) & \boldsymbol{0} & \boldsymbol{0} & \cdots & \boldsymbol{0} \\ \boldsymbol{0} & \boldsymbol{Q}(N,mM+2) & \boldsymbol{0} & \cdots & \boldsymbol{0} \\ \boldsymbol{0} & \boldsymbol{0} & \boldsymbol{Q}(N,mM+3) & \cdots & \boldsymbol{0} \\ \vdots & \vdots & \vdots & \ddots & \vdots \\ \boldsymbol{0} & \boldsymbol{0} & \boldsymbol{0} & \cdots & \boldsymbol{Q}(N,mM+2M-1) \end{bmatrix}$$

$$\boldsymbol{0} \in \boldsymbol{R}^{n \times n}$$

在尺度 i 上,式(6-199)观测方程可以写成:

$$\boldsymbol{Z}_m(i) = \boldsymbol{H}_m(i)\boldsymbol{X}_m(i) + \boldsymbol{V}_m(i) \tag{6-274}$$

式中,

$$\boldsymbol{H}_m(i) = \begin{bmatrix} \boldsymbol{H}(i, mM_i+1) & \boldsymbol{0} & \cdots & \boldsymbol{0} \\ \boldsymbol{0} & \boldsymbol{H}(i, mM_i+2) & \cdots & \boldsymbol{0} \\ \vdots & \vdots & \ddots & \vdots \\ \boldsymbol{0} & \boldsymbol{0} & \cdots & \boldsymbol{H}(i, mM_i+M_i) \end{bmatrix}, \boldsymbol{0} \in \boldsymbol{R}^{p_i \times n}$$

$$\boldsymbol{V}_m(i) = \begin{bmatrix} \boldsymbol{v}(i, mM_i+1) \\ \boldsymbol{v}(i, mM_i+2) \\ \vdots \\ \boldsymbol{v}(i, mM_i+M_i) \end{bmatrix}$$

且满足

$$E[\boldsymbol{V}_m(i)] = \boldsymbol{0}$$
$$E[\boldsymbol{V}_m(i)\boldsymbol{V}_m^{\mathrm{T}}(i)] = \boldsymbol{R}_m(i)$$

其中

$$\boldsymbol{R}_m(i) = \begin{bmatrix} \boldsymbol{R}(i,mM_i+1) & \boldsymbol{0} & \boldsymbol{0} & \cdots & \boldsymbol{0} \\ \boldsymbol{0} & \boldsymbol{R}(i,mM_i+2) & \boldsymbol{0} & \cdots & \boldsymbol{0} \\ \boldsymbol{0} & \boldsymbol{0} & \boldsymbol{R}(i,mM_i+3) & \cdots & \boldsymbol{0} \\ \vdots & \vdots & \vdots & \ddots & \vdots \\ \boldsymbol{0} & \boldsymbol{0} & \boldsymbol{0} & \cdots & \boldsymbol{R}(i,mM_i+M_i) \end{bmatrix}$$

$$\mathbf{0} \in \boldsymbol{R}^{p_i \times p_i}$$

计算时，首先计算其初始值，初始值的 $\hat{\boldsymbol{X}}_{0/0}(N)$ 与 $\boldsymbol{P}_{0/0}(N)$ 计算公式如下：

$$\hat{\boldsymbol{X}}_{0/0}(N) = \begin{bmatrix} \hat{\boldsymbol{X}}(N,1) \\ \hat{\boldsymbol{X}}(N,2) \\ \vdots \\ \hat{\boldsymbol{X}}(N,M) \end{bmatrix} = \begin{bmatrix} \boldsymbol{\Phi}(N,0) \\ \boldsymbol{\Phi}(N,1)\boldsymbol{\Phi}(N,0) \\ \vdots \\ \prod_{j=0}^{M-1} \boldsymbol{\Phi}(N,j) \end{bmatrix} \boldsymbol{x}_0 \tag{6-275}$$

$$\boldsymbol{P}_{0/0}(N) = \begin{bmatrix} \boldsymbol{\Phi}(N,0) \\ \boldsymbol{\Phi}(N,1)\boldsymbol{\Phi}(N,0) \\ \vdots \\ \prod_{j=0}^{M-1} \boldsymbol{\Phi}(N,j) \end{bmatrix} P_0 \begin{bmatrix} \boldsymbol{\Phi}(N,0) \\ \boldsymbol{\Phi}(N,1)\boldsymbol{\Phi}(N,0) \\ \vdots \\ \prod_{j=0}^{M-1} \boldsymbol{\Phi}(N,j) \end{bmatrix}^{\mathrm{T}} + \boldsymbol{B}_0(N)\boldsymbol{Q}_0(N)\boldsymbol{B}_0^{\mathrm{T}}(N) \tag{6-276}$$

其中

$$\boldsymbol{B}_0(N) = \begin{bmatrix} \boldsymbol{I} & \mathbf{0} & \mathbf{0} & \cdots & \mathbf{0} & \mathbf{0} \\ \boldsymbol{\Phi}(N,1) & \boldsymbol{I} & \mathbf{0} & \cdots & \mathbf{0} & \mathbf{0} \\ \vdots & \vdots & \vdots & \ddots & \vdots & \vdots \\ \prod_{j=1}^{M-1} \boldsymbol{\Phi}(N,j) & \prod_{j=2}^{M-1} \boldsymbol{\Phi}(N,j) & \prod_{j=3}^{M-1} \boldsymbol{\Phi}(N,j) & \cdots & \boldsymbol{\Phi}(M-1) & \boldsymbol{I} \end{bmatrix}$$

$$\boldsymbol{Q}_0(N) = E[\boldsymbol{W}_0(N)\boldsymbol{W}_0^{\mathrm{T}}(N)]$$

$$\boldsymbol{Q}_0(N) = \begin{bmatrix} \boldsymbol{Q}(N,0) & \mathbf{0} & \cdots & \mathbf{0} \\ \mathbf{0} & \boldsymbol{Q}(N,1) & \cdots & \mathbf{0} \\ \vdots & \vdots & \ddots & \vdots \\ \mathbf{0} & \mathbf{0}\{ & \cdots & \boldsymbol{Q}(N,M-1) \end{bmatrix}$$

$$\boldsymbol{W}_0(N) = \begin{bmatrix} \boldsymbol{w}(N,0) \\ \boldsymbol{w}(N,1) \\ \vdots \\ \boldsymbol{w}(N,M-1) \end{bmatrix}$$

首先对状态块 $\boldsymbol{X}_{m+1}(N)$ 进行预测，有

$$\hat{\boldsymbol{X}}_{m+1/m}(N) = \boldsymbol{\Phi}_m(N)\hat{\boldsymbol{X}}_{m/m}(N) \tag{6-277}$$

其预测误差协方差矩阵为

$$\boldsymbol{P}_{m+1/m}(N) = \boldsymbol{\Phi}_m(N)\boldsymbol{P}_{m/m}(N)\boldsymbol{\Phi}_m^{\mathrm{T}}(N) + \boldsymbol{B}_m(N)\boldsymbol{Q}_m(N)\boldsymbol{B}_m^{\mathrm{T}}(N) \tag{6-278}$$

用小波变换将 $\hat{\boldsymbol{X}}_{m+1/m}(N)$ 向尺度 $i(1 \leqslant i \leqslant N-1)$ 上分解，生成平滑信号：

$$\hat{\boldsymbol{X}}_{V,m+1/m}(i) = \bar{\boldsymbol{H}}_i \hat{\boldsymbol{X}}_{V,m+1/m}(i+1) = \prod_{r=i}^{N-1} \bar{\boldsymbol{H}}_r \hat{\boldsymbol{X}}_{m+1/m}(N) \tag{6-279}$$

与各尺度 $l(i \leqslant l \leqslant N-1)$ 上相应的细节信号：

$$\hat{\boldsymbol{X}}_{D,m+1/m}(l) = \bar{\boldsymbol{G}}_l \hat{\boldsymbol{X}}_{V,m+1/m}(l+1) = \bar{\boldsymbol{G}}_l \prod_{r=l+i}^{N-1} \bar{\boldsymbol{H}}_r \hat{\boldsymbol{X}}_{m+1/m}(N) \tag{6-280}$$

若记尺度 N 上的一步预测误差为

$$\tilde{\boldsymbol{X}}_{m+1/m}(N) = \boldsymbol{X}_{m+1}(N) - \hat{\boldsymbol{X}}_{m+1/m}(N) \tag{6-281}$$

则有

$$\tilde{\boldsymbol{X}}_{V,m+1/m}(i) = \bar{\boldsymbol{H}}_i \tilde{\boldsymbol{X}}_{V,m+1/m}(i+1) = \prod_{r=i}^{N-1} \bar{\boldsymbol{H}}_r \tilde{\boldsymbol{X}}_{m+1/m}(N) \tag{6-282}$$

$$\tilde{\boldsymbol{X}}_{D,m+1/m}(l) = \bar{\boldsymbol{G}}_l \hat{\boldsymbol{X}}_{V,m+1/m}(l+1) = \bar{\boldsymbol{G}}_l \prod_{r=l+i}^{N-1} \bar{\boldsymbol{H}}_r \tilde{\boldsymbol{X}}_{m+1/m}(N) \tag{6-283}$$

令

$$\tilde{\boldsymbol{X}}_{m+1/m}(i) = \begin{bmatrix} \tilde{\boldsymbol{X}}_{V,m+1/m}(i) \\ \tilde{\boldsymbol{X}}_{D,m+1/m}(i) \\ \tilde{\boldsymbol{X}}_{D,m+1/m}(i+1) \\ \vdots \\ \tilde{\boldsymbol{X}}_{D,m+1/m}(N-1) \end{bmatrix} \tag{6-284}$$

和

$$\bar{\boldsymbol{T}}(i) = \begin{bmatrix} \prod_{r=i}^{N-1} \bar{\boldsymbol{H}}_r \\ \bar{\boldsymbol{G}}_i \prod_{r=i}^{N-1} \bar{\boldsymbol{H}}_r \\ \vdots \\ \bar{\boldsymbol{G}}_{N-2} \bar{\boldsymbol{H}}_{N-2} \\ \bar{\boldsymbol{G}}_{N-1} \end{bmatrix} \tag{6-285}$$

则有

$$\begin{aligned} \boldsymbol{P}_{m+1/m}(i) &= E[\tilde{\boldsymbol{X}}_{m+1/m}(i) \tilde{\boldsymbol{X}}^{\mathrm{T}}_{m+1/m}(i)] = \begin{bmatrix} \boldsymbol{P}_{VV,m+1/m}(i) & \boldsymbol{P}_{VD,m+1/m}(i) \\ \boldsymbol{P}_{DV,m+1/m}(i) & \boldsymbol{P}_{DD\ m+1/m}(i) \end{bmatrix} \\ &= \bar{\boldsymbol{T}}(i) \boldsymbol{P}_{m+1/m}(N) \bar{\boldsymbol{T}}^{\mathrm{T}}(i) \end{aligned} \tag{6-286}$$

式中，

$$\boldsymbol{P}_{VV,m+1/m}(i) = E[\tilde{\boldsymbol{X}}_{V,m+1/m}(i) \tilde{\boldsymbol{X}}^{T}_{V,m+1/m}(i)] = \prod_{r=i}^{N-1} \bar{\boldsymbol{H}}_r \boldsymbol{P}_{VV,m+1/m}(N) \prod_{r=N-1}^{i} \bar{\boldsymbol{H}}^{\mathrm{T}}_r$$

$$\boldsymbol{P}_{VD,m+1/m}(i) = [\boldsymbol{P}_{VD,m+1/m}(i,i) \quad \cdots \quad \boldsymbol{P}_{VD,m+1/m}(i,N-1)]$$

$$\boldsymbol{P}_{DV,m+1/m}(i) = \begin{bmatrix} \boldsymbol{P}_{DV,m+1/m}(i,i) \\ \vdots \\ \boldsymbol{P}_{DV,m+1/m}(N-1,i) \end{bmatrix}$$

$$\boldsymbol{P}_{DD,m+1/m}(i) = [\boldsymbol{P}_{DD,m+1/m}(l,j)]_{l,j}, l,j = i,i+1,\cdots,N-1$$

$$\boldsymbol{P}_{VD,m+1/m}(i,l) = E[\tilde{\boldsymbol{X}}_{V,m+1/m}(i)\tilde{\boldsymbol{X}}_{D,m+1/m}^{T}(l)] = \prod_{r=i}^{N-1}\bar{\boldsymbol{H}}_r \boldsymbol{P}_{VV,m+1/m}(N)\prod_{r=N-1}^{l+1}\bar{\boldsymbol{H}}_r^{\mathrm{T}}\bar{\boldsymbol{G}}_l$$

$$\boldsymbol{P}_{DV,m+1/m}(l,i) = E[\tilde{\boldsymbol{X}}_{D,m+1/m}(l)\tilde{\boldsymbol{X}}_{V,m+1/m}^{\mathrm{T}}(i)] = \bar{\boldsymbol{G}}_l\prod_{r=l+1}^{N-1}\bar{H}_r P_{VV,m+1/m}(N)\prod_{r=N-1}^{i}\bar{\boldsymbol{H}}_r^{\mathrm{T}}$$

$$\boldsymbol{P}_{DD,m+1/m}(l,j) = E[\tilde{\boldsymbol{X}}_{D,m+1/m}(l)\tilde{\boldsymbol{X}}_{V,m+1/m}^{\mathrm{T}}(j)] = \bar{\boldsymbol{G}}_l\prod_{r=l+1}^{N-1}\bar{\boldsymbol{H}}_r \boldsymbol{P}_{VV,m+1/m}(N)\prod_{r=N-1}^{j+1}\bar{\boldsymbol{H}}_r^{\mathrm{T}}\bar{\boldsymbol{G}}_j^{\mathrm{T}}$$

$\hat{\boldsymbol{X}}_{D,m+1/m}(i),\hat{\boldsymbol{X}}_{D,m+1/m}(i+1),\cdots,\hat{\boldsymbol{X}}_{D,m+1/m}(N-1)$是各个尺度上的细节信号,与$\hat{\boldsymbol{X}}_{V,m+1/m}(i)$之间的关系是$\boldsymbol{P}_{VD,m+1/m}(i)$和$\boldsymbol{P}_{DV,m+1/m}(i)$,同时也是从尺度$i$上到尺度$N$上重构过程中的细节信号,因此,这种分解是一种无能量损失的分解过程。

在尺度i上,当第$m+1$块测量数据未收到之前,可用状态预测估计值来估计观测值:

$$\hat{\boldsymbol{Z}}_{m+1/m}(i) = \boldsymbol{H}_{m+1}(i)\hat{\boldsymbol{X}}_{V,m+1/m}(i) \tag{6-287}$$

当获得了尺度i上第$m+1$数据块的预测值$\hat{\boldsymbol{X}}_{V,m+1/m}(i)$和预测误差协方差矩阵$\boldsymbol{P}_{VV,m+1/m}(i)$,且各个尺度$i$上的实际观测值$\boldsymbol{Z}_{m+1}(i)$收到后,就可以利用卡尔曼滤波对其更新:

$$\hat{\boldsymbol{X}}_{V,m+1/m+1}(i) = \hat{\boldsymbol{X}}_{V,m+1/m}(i) + \boldsymbol{K}_{m+1}(i)[\boldsymbol{Z}_{m+1}(i) - \boldsymbol{H}_{m+1}(i)\hat{\boldsymbol{X}}_{V,m+1/m}(i)] \tag{6-288}$$

$$\boldsymbol{P}_{VV,m+1/m+1}(i) = [\boldsymbol{I} - \boldsymbol{K}_{m+1}(i)\boldsymbol{H}_{m+1}(i)]\boldsymbol{P}_{VV,m+1/m}(i) \tag{6-289}$$

式中,

$$\boldsymbol{K}_{m+1}(i) = \boldsymbol{P}_{VV,m+1/m}(i)\boldsymbol{H}_{m+1}^{\mathrm{T}}(i)[\boldsymbol{H}_{m+1}(i)\boldsymbol{P}_{VV,m+1/m}(i)\boldsymbol{H}_{m+1}^{\mathrm{T}}(i) + \boldsymbol{R}_{m+1}(i)]^{-1}$$

而细节信号$\hat{\boldsymbol{X}}_{D,m+1/m}(r)(r=N-1,\cdots,i)$未被更新。因为$\hat{\boldsymbol{X}}_{D,m+1/m}(i),\hat{\boldsymbol{X}}_{D,m+1/m}(i+1),\hat{\boldsymbol{X}}_{D,m+1/m}(i+2),\cdots,\hat{\boldsymbol{X}}_{D,m+1/m}(N-1)$与$\hat{\boldsymbol{X}}_{V,m+1/m}(i)$之间相互关联,所以误差协方差为

$$\boldsymbol{P}_{VD,m+1/m+1}(i) = [\boldsymbol{I} - \boldsymbol{K}_{m+1}(i)\boldsymbol{H}_{m+1}(i)]\boldsymbol{P}_{VD,m+1/m}(i) \tag{6-290}$$

$$\boldsymbol{P}_{DV,m+1/m+1}(i) = (\boldsymbol{P}_{VD,m+1/m+1}(i))^{\mathrm{T}} \tag{6-291}$$

$$\boldsymbol{P}_{DD,m+1/m+1}(i) = \boldsymbol{P}_{DD,m+1/m}(i)$$

从尺度i开始,将更新过的数据$\hat{\boldsymbol{X}}_{V,m+1/m+1}(i)$和细节信号$\hat{\boldsymbol{X}}_{D,m+1/m+1}(i)$,$\hat{\boldsymbol{X}}_{D,m+1/m+1}(i+1),\cdots,\hat{\boldsymbol{X}}_{D,m+1/m+1}(N-1)$进行综合,在尺度$N$上得到状态$\boldsymbol{X}_{m+1}(N)$基于尺度$i$上传感器$\boldsymbol{H}(i)$的估计值$\hat{\boldsymbol{X}}_{m+1/m+1}^{i}(N)$:

$$\hat{\boldsymbol{X}}_{m+1/m+1}^{i}(N) = \bar{\boldsymbol{T}}^{\mathrm{T}}(i)\begin{bmatrix}\hat{\boldsymbol{X}}_{V,m+1/m+1}(i)\\ \hat{\boldsymbol{X}}_{D,m+1/m+1}(i)\\ \vdots \\ \hat{\boldsymbol{X}}_{D,m+1/m+1}(N-1)\end{bmatrix} \tag{6-292}$$

同样，$\boldsymbol{P}^N_{VV,m+1/m+1}(i)$、$\boldsymbol{P}^N_{VD,m+1/m+1}(i)$、$\boldsymbol{P}^N_{DV,m+1/m+1}(i)$、$\boldsymbol{P}^N_{DD,m+1/m+1}(i)$也被综合到尺度 i 上，生成估计误差协方差 $\boldsymbol{P}^i_{m+1/m+1}(N)$：

$$\boldsymbol{P}^i_{m+1/m+1}(N) = \bar{\boldsymbol{T}}^{\mathrm{T}}(i)\boldsymbol{P}_{m+1/m+1}(i)\bar{\boldsymbol{T}}(i) \tag{6-293}$$

式中，

$$\boldsymbol{P}_{m+1/m+1}(i) = \begin{bmatrix} \boldsymbol{P}_{VV,m+1/m+1}(i) & \boldsymbol{P}_{VD,m+1/m+1}(i) \\ \boldsymbol{P}_{DV,m+1/m+1}(i) & \boldsymbol{P}_{DD,m+1/m+1}(i) \end{bmatrix}$$

在尺度 N 上，我们得到了状态 $\boldsymbol{X}_{m+1}(N)$ 基于不同尺度上测量信息的估计值 $\hat{\boldsymbol{X}}^i_{m+1/m+1}(N)$ 和相应的估计误差协方差 $\boldsymbol{P}^i_{m+1/m+1}(N)$，其中 $i=N,N-1,\cdots,2,1$。

当已经得到状态方程的第 m 块 $\boldsymbol{X}_m(N)$ 的估计值 $\hat{\boldsymbol{X}}_{m/m}(N)$ 和相应的估计误差协方差 $\boldsymbol{P}_{m/m}(N)$，按照上一节多传感器分布式状态融合估计公式，可得到基于总体信息的第 $m+1$ 块的最优状态估计与误差协方差矩阵：

$$\hat{\boldsymbol{X}}_{m+1/m+1}(N) = \boldsymbol{P}_{m+1/m+1}(N) \left[\sum_{i=1}^{N}(\boldsymbol{P}^i_{m+1/m+1}(N))^{-1}\hat{\boldsymbol{X}}^i_{m+1/m+1}(N) - (N-1)\boldsymbol{P}^{-1}_{m+1/m}(N)\hat{\boldsymbol{X}}_{m+1/m}(N)\right] \tag{6-294}$$

$$\boldsymbol{P}^{-1}_{m+1/m+1}(N) = \boldsymbol{P}^{-1}_{m+1/m}(N) + \sum_{i=1}^{N}\left[(\boldsymbol{P}^i_{m+1/m+1}(N))^{-1} - (\boldsymbol{P}_{m+1/m}(N))^{-1}\right] \tag{6-295}$$

6.4 多元回归分析

回归分析是处理变量统计相关关系的一种数理统计方法。多元回归分析是研究多个变量(如因变量 z 和 p 个自变量 $x_1,x_2,\cdots,x_p$)之间的定量关系的分析方法。虽然自变量和因变量之间没有严格的、确定的函数关系，但可以设法找出最能代表它们之间关系的数学表达式。在航空飞行试验测量数据的处理中，经常会遇到基于最小二乘原理的多元回归问题，如：航空器性能、动力装置、航电系统等的试验测试数据处理和多传感器跟踪系统数据的融合处理、航迹相关和跟踪引导时延处理、主因素分析等。本节着重讨论多元线性回归和多元非线性回归问题、偏最小二乘回归方法。

6.4.1 多元线性回归模型[40]

6.4.1.1 高斯—马尔科夫假定

在航空飞行试验中，被测参数往往有三个或三个以上的变量。记 z 为因变量，当有 p 个自变量 $x_1,x_2,\cdots,x_p$ 时，多元线性回归的理论模型为

$$z = a_0 + a_1x_1 + a_2x_2 + \cdots + a_px_p + \varepsilon \tag{6-296}$$

式中，$\boldsymbol{\varepsilon}$ 为随机误差，$E(\boldsymbol{\varepsilon})=0$。

如果对 z 和 $x_1,x_2,\cdots,x_p$ 分别进行 n 次独立观测，取得样本$(z_i,x_{1i},x_{2i},\cdots,x_{pi})$后，可得到如下有限样本模型：

$$z_i = a_0 + a_1x_{1i} + a_2x_{2i} + \cdots + a_px_{pi} + \varepsilon_i \qquad (6-297)$$
$$i = 1,2,\cdots,n$$

式中，$a_1,a_2,\cdots,a_p$ 为总体回归参数。

将其模型写成矩阵形式，有

$$\boldsymbol{Z}=\begin{bmatrix} z_1\\ z_2\\ \vdots\\ z_n \end{bmatrix},\quad \boldsymbol{X}=\begin{bmatrix} 1 & x_{11} & \cdots & x_{p1}\\ 1 & x_{12} & \cdots & x_{p2}\\ \vdots & \vdots & \ddots & \vdots\\ 1 & x_{1n} & \cdots & x_{pn} \end{bmatrix},\quad \boldsymbol{A}=\begin{bmatrix} a_0\\ a_1\\ \vdots\\ a_p \end{bmatrix},\quad \boldsymbol{\varepsilon}=\begin{bmatrix} \varepsilon_1\\ \varepsilon_2\\ \vdots\\ \varepsilon_n \end{bmatrix}$$

故多元回归模型的矩阵形式为

$$\boldsymbol{Z} = \boldsymbol{XA} + \boldsymbol{\varepsilon} \qquad (6-298)$$

式中，$\boldsymbol{Z}$ 为观测值向量；$\boldsymbol{X}$ 为常数矩阵；$\boldsymbol{A}$ 为参数向量；$\boldsymbol{\varepsilon}$ 为随机误差向量。

在多元回归模型中，假设 $\boldsymbol{\varepsilon}$ 是独立正态分布随机变量组成的向量，则

$$E(\boldsymbol{\varepsilon}) = 0 \qquad (6-299)$$

$$E(\boldsymbol{\varepsilon\varepsilon}^{\mathrm{T}}) = \boldsymbol{\sigma}^2\boldsymbol{I}\mathrm{cov}(\boldsymbol{\varepsilon}) \qquad (6-300)$$

式中，$\boldsymbol{\varepsilon} \sim N(0,\sigma^2\boldsymbol{I})$

上述假定称作高斯—马尔科夫假定。在这一假定下，随机向量 $\boldsymbol{Z}$ 条件期望值为

$$E(\boldsymbol{Z} \mid \boldsymbol{X}) = \boldsymbol{XA} \qquad (6-301)$$

随机向量 $\boldsymbol{Z}$ 的方差—协方差矩阵为

$$\mathrm{cov}(\boldsymbol{Z}) = \boldsymbol{\sigma}^2\boldsymbol{I} \qquad (6-302)$$

在多元线性回归分析中，只有当总体模型服从高斯—马尔科夫假定时，参数估计才会有效，并且 $\boldsymbol{X}$ 中的元素是确定型变量，不含随机成分，同时，它们之间不可存在强相关性。

从统计意义上评价最小二乘估计量 $\hat{a}_0$、$\hat{a}_1$，它们有很多很好的性质，其中最主要的性质是由高斯—马尔科夫（Gauss－Markov）定理所指明的。

高斯—马尔科夫定理：在一元线性、正态误差的总体回归模型中，最小二乘估计量 $\hat{a}_0$、$\hat{a}_1$ 是总体参数 a_0，a_1 的线性的、最小方差无偏估计量。

高斯—马尔科夫定理说明了应用最小二乘原理进行回归建模的估计量是最小方差无偏估计量。

6.4.1.2 最小二乘估计量

先对总体参数 $\boldsymbol{A}$ 进行估计，得到 $\boldsymbol{A}$ 的估计 $\hat{\boldsymbol{A}}$，然后根据最小二乘估计方法，得出 $\boldsymbol{Z}$ 的估计量 $\hat{\boldsymbol{Z}}$。

$$\hat{Z} = X\hat{A} \tag{6-303}$$

最小二乘估计方法要求估计量 $\hat{Z}$ 与原观测值之差达到最小,令

$$e = Z - \hat{Z} \tag{6-304}$$

并使得

$$\| e \|^2 = (Z - \hat{Z})^T(Z - \hat{Z}) \to \min \tag{6-305}$$

由于

$$\begin{aligned} \| e \|^2 = (Z - \hat{Z})^T(Z - \hat{Z}) &= (Z - X\hat{A})^T(Z - X\hat{A}) \\ &= Z^TZ - 2\hat{A}^TX^TZ + \hat{A}^TX^TXA \end{aligned} \tag{6-306}$$

对式(6－306)求偏导,有

$$\frac{\partial \| e \|^2}{\partial A} = -2X^TZ + 2X^TXA = 0 \tag{6-307}$$

从而得到正规方程如下:

$$X^TZ = X^TXA \tag{6-308}$$

由于假设 $x_1, x_2, \cdots, x_p$ 不存在完全相关性(即 X 为满秩),故 X^TX 为可逆矩阵。因此,总体参数的最小二乘估计量为

$$\hat{A} = (X^TX)^{-1}X^TZ \tag{6-309}$$

同时得到 Z 的最小二乘估计量为

$$\hat{Z} = X(X^TX)^{-1}X^TZ \tag{6-310}$$

最小二乘估计量 $\hat{A}$ 同样有如下的性质:

(1) $\hat{A}$ 是关于 $z_1, z_2, \cdots, z_n$ 的线性估计量;

(2) $\hat{A}$ 是关于总体参数 A 的无偏估计量:

$$\begin{aligned} E(\hat{A}) &= E((X^TX)^{-1}X^TZ) \\ &= (X^TX)^{-1}X^TE(Z) = (X^TX)^{-1}X^TXA = A \end{aligned} \tag{6-311}$$

(3) $\hat{A}$ 的协方差矩阵为 $\text{cov}(\hat{A})$,则有

$$\begin{aligned} \text{cov}(\hat{A}) &= E((\hat{A} - A)(\hat{A} - A)^T) \\ &= E(((X^TX)^{-1}X^TZ - A)((X^TX)^{-1}X^TZ - A)^T) \\ &= E((X^TX)^{-1}X^T\varepsilon\varepsilon^TX(X^TX)^{-1}) \\ &= (X^TX)^{-1}X^TE(\varepsilon\varepsilon^T)X(X^TX)^{-1} \\ &= \sigma^2(X^TX)^{-1} \end{aligned} \tag{6-312}$$

(4) 对于式(6－298)所示的多元线性回归模型,在所有线性无偏估计中,最小二乘估计 $\hat{A}$ 具有最小的方差。

6.4.1.3 *残差方差*

任何估计方法,总会存在残差。记残差 $e = Z - \hat{Z}$,定义残差的样本方差为

$$\hat{\sigma}^2 = \frac{\boldsymbol{e}^{\mathrm{T}}\boldsymbol{e}}{n-p-1} = \frac{(\boldsymbol{Z}-\boldsymbol{X}\hat{\boldsymbol{A}})^{\mathrm{T}}(\boldsymbol{Z}-\boldsymbol{X}\hat{\boldsymbol{A}})}{n-p-1} = \frac{\boldsymbol{Z}^{\mathrm{T}}(\boldsymbol{I}-\boldsymbol{X}(\boldsymbol{X}^{\mathrm{T}}\boldsymbol{X})^{-1}\boldsymbol{X}^{\mathrm{T}})\boldsymbol{Z}}{n-p-1} \tag{6-313}$$

式中，$n-p-1$ 为残差最小方差估计的自由度。

在 n 项数据中有 $(p+1)$ 个估计参数 $\hat{a}_0,\hat{a}_1,\hat{a}_2,\cdots,\hat{a}_p$。可以证明残差最小方差估计是 σ^2 的无偏估计量。

6.4.1.4 回归分析的显著性检验

在多元线性回归分析中，事先并不能断定因变量 $\boldsymbol{Z}$ 与自变量 $x_1,x_2,\cdots,x_p$ 之间是否存在线性关系，因此在求线性回归之前，首先假设其符合线性回归模型。当求出线性回归方程之后，对其进行统计检验，在显著性水平 α 下，线性回归模型是否有意义。模型的检验方法常采用 F 检验。

用观测值 z_k 与其算术平均值 $\bar{z}$ 的偏差平方和来表示 n 次观测值之间的差值，称为总偏差平方和 S_T，记作：

$$S_T = \sum_k (z_k - \bar{z})^2 \tag{6-314}$$

由于

$$S_T = \sum_k (z_k - \bar{z})^2 = \sum_k [(z_k - \hat{z}_k) + (\hat{z}_k - \bar{z})]^2$$

$$= \sum_k (\hat{z}_k - \bar{z})^2 + \sum_k (z_k - \hat{z}_k)^2 + 2\sum_k (z_k - \hat{z}_k)(\hat{z}_k - \bar{z})$$

而上式中的第三项

$$\sum_k (z_k - \hat{z}_k)(\hat{z}_k - \bar{z}) = \sum_k (z_k - \hat{z}_k)(\hat{a}_0 + \hat{a}_1 x_{1k} + \hat{a}_2 x_{2k} + \cdots \hat{a}_p x_{pk} - \bar{z})$$

$$= (\hat{a}_0 - \bar{z})\sum_k (z_k - \hat{z}_k) + \hat{a}_1 \sum_k (z_k - \hat{z}_k)x_{1k} + \cdots + \hat{a}_p \sum_k (z_k - \hat{z}_k)x_{pk} = 0$$

故总偏差平方和 S_T 的分解公式为

$$\sum_k (z_k - \bar{z})^2 = \sum_k (\hat{z}_k - \bar{z})^2 + \sum_k (z_k - \hat{z}_k)^2 \tag{6-315}$$

或者可以写成：

$$S_T = S_R + S_F \tag{6-316}$$

式中，S_R 为剩余残差平方和，$S_R = \sum_k(\hat{z}_k - \bar{z})^2$；$S_F$ 为回归平方和，$S_F = \sum_k(z_k - \hat{z}_k)^2$。

剩余残差平方和 S_R，其自由度为 $n-p-1$，是由试验误差以及未加控制的因素引起的，反映了试验误差以及未加控制的因素对试验结果的影响。回归平方和 S_F，其自由度为 p，是由自变量 x 的变化而引起的，它的大小反映了自变量的重要程度。

如果因变量 z 与自变量 $x_1,x_2,\cdots,x_p$ 之间线性无关,则式(6-297)中的一次项系数 $\hat{a}_1,\hat{a}_2,\cdots,\hat{a}_p$ 应该均为零。所以需要检验变量 z 与自变量 $x_1,x_2,\cdots,x_p$ 之间是否存在线性关系。也就是要检验假设

$$H_0: a_1 = a_2 = \cdots = a_p = 0 \tag{6-317}$$

是否成立,可以通过比较剩余残差平方和 S_R 与回归平方和 S_F 来实现。

可以证明:在满足矩阵 $\boldsymbol{X}$ 为满秩和假设 H_0 成立的条件下,

$$\frac{S_F}{\sigma^2} \sim \chi^2(p) \tag{6-318}$$

$$\frac{S_R}{\sigma^2} \sim \chi^2(N-p-1) \tag{6-319}$$

由于 S_R 与 S_F 相互独立,从而有

$$F = \frac{S_F/p}{S_R/(n-p-1)} \sim F(p,n-p-1) \tag{6-320}$$

这样,就可以用上式的检验统计量 F 来检验 H_0 成立与否,若对于给定的一组数据计算得到:

$$F > F_\alpha(p,n-p-1) \tag{6-321}$$

那么,就可以认为在显著性水平 α 下,上述线性回归模型是有意义的;反之,则认为线性回归模型没有显著意义。如果没有显著性意义,就需要进一步查明原因,根据情况具体处理。

在多元回归模型中,虽然线性回归方程是显著的,但并不代表每个自变量 x_1, $x_2,\cdots,x_p$ 对因变量 z 的影响都是重要的。换句话说,每个自变量的影响程度并不一样。因此,可以从回归方程中删去那些次要的变量,使得回归模型更加简洁。

设某个变量对因变量的作用不显著,那么,在多元回归模型中,它的系数就可以取值为零。也就是检验假设

$$H_0: a_j = 0 \tag{6-322}$$

由于最小二乘估计量 $\hat{a}_j$ 是服从正态分布的随机变量 $z_1,z_2,\cdots,z_n$ 的线性函数,所以,$\hat{a}_j$ 也是服从正态分布的随机变量,并且有

$$E(\hat{a}_j) = a_j \tag{6-323}$$

$$\mathrm{var}(\hat{a}_j) = \sigma^2 c_{jj} \tag{6-324}$$

式中,c_{jj} 为相关矩阵 $\boldsymbol{C}=(\boldsymbol{X}^{\mathrm{T}}\boldsymbol{X})^{-1}$ 中的对角线上第 j 个元素。于是有

$$\frac{\hat{a}_j - a_j}{\sqrt{\sigma^2 c_{jj}}} \sim N(0,1)$$

由于随机变量 $\hat{a}_j$ 与 S_R 相互独立,故有

$$F = \frac{(\hat{a}_j - a_j)^2/c_{jj}}{S_R/(n-p-1)} \sim F(1,n-p-1) \tag{6-325}$$

或者

$$t = \frac{(\hat{a}_j - a_j)/\sqrt{c_{jj}}}{\sqrt{S_R/(n-p-1)}} \sim t(n-p-1) \tag{6-326}$$

顾及检验假设式(6－322),可采用下列统计量

$$F = \frac{\hat{a}_j^2/c_{jj}}{S_R/(n-p-1)} \tag{6-327}$$

或者

$$t = \frac{\hat{a}_j/\sqrt{c_{jj}}}{\sqrt{S_R/(n-p-1)}} = \frac{\hat{a}_j}{\hat{\sigma}\sqrt{c_{jj}}} \tag{6-328}$$

来检验回归系数是否显著。

应该说明的是:如果从回归方程中删去一个变量,就需要利用剩余的变量,重新估计回归系数,并求出新的回归方程:

$$\hat{\boldsymbol{Z}}' = \boldsymbol{X}'\hat{\boldsymbol{A}}' \tag{6-329}$$

式(6－329)中的回归系数会发生较大变化,尤其是与所删去的变量密切相关的变量。因此,每删除一个变量,就要计算回归系数,再进行检验,直到新的回归系数都显著为止。

6.4.2 非线性回归模型[41,42]

6.4.2.1 一元非线性回归

一元非线性回归又称一元多项式回归。在一元回归问题中,如果变量 z 和 x 的关系可以假定为 p 次多项式,而且,在 x_k 处对 z 观测的随机误差 $\varepsilon_k(k=1,2,\cdots,n)$ 服从正态分布 $N(0,\sigma)$,那么,就可以得到多项式回归模型:

$$z_k = a_0 + a_1x_k + a_2x_k^2 + \cdots + a_px_k^p + \varepsilon_k, k = 1,2,\cdots,n \tag{6-330}$$

这种一元非线性回归问题通常可以化为多元线性回归问题来解决。令

$$x_{k1} = x_k, x_{k2} = x_k^2, \cdots, x_{kp} = x_k^p \tag{6-331}$$

并把在 x_k 处的观测值 z_k 看作是在 $x_{k1},x_{k2},\cdots,x_{kp}$ 处对 z 的观测值,因此,一元非线性回归模型就转化为以下一般多元线性回归模型形式:

$$z_k = a_0 + a_1x_{k1} + a_2x_{k2} + \cdots + a_px_{kp} + \varepsilon_k, \quad k = 1,2,\cdots,n \tag{6-332}$$

这里要说明的一点是,在检验多项式回归中 $\hat{a}_j$ 是否显著,实质上就是判定 x 的 k 次项 x^k 对 z 是否有显著影响。

在一元非线性回归模型中,其矩阵形式如下:

$$\boldsymbol{Z} = \boldsymbol{X}^*\boldsymbol{A} + \boldsymbol{\varepsilon} \tag{6-333}$$

式中，

$$Z = \begin{bmatrix} z_1 \\ z_2 \\ \vdots \\ z_n \end{bmatrix}, \quad X^* = \begin{bmatrix} 1 & x_1 & x_1^2 & \cdots & x_1^p \\ 1 & x_2 & x_2^2 & \cdots & x_2^p \\ \vdots & \vdots & \vdots & \ddots & \vdots \\ 1 & x_n & x_n^2 & \cdots & x_n^p \end{bmatrix}, \quad A = \begin{bmatrix} a_0 \\ a_1 \\ \vdots \\ a_p \end{bmatrix}, \quad \varepsilon = \begin{bmatrix} \varepsilon_1 \\ \varepsilon_2 \\ \vdots \\ \varepsilon_n \end{bmatrix}$$

当对 X^* 进行转换之后，式(6－333)就转变成多元线性回归模型，其表达形式如同式(6－298)一样，有

$$Z = XA + \varepsilon \tag{6-334}$$

式中，

$$X = \begin{bmatrix} 1 & x_{11} & \cdots & x_{1p} \\ 1 & x_{21} & \cdots & x_{2p} \\ \vdots & \vdots & \ddots & \vdots \\ 1 & x_{n1} & \cdots & x_{np} \end{bmatrix}$$

同样，先对总体参数 A 进行估计，得到 A 的估计 $\hat{A}$，然后根据最小二乘估计方法，得出 Z 的估计量 $\hat{Z}$。因此，总体参数 A 的最小二乘估计量与 Z 的最小二乘估计量为

$$\hat{a} = (X^{\mathrm{T}}X)^{-1}X^{\mathrm{T}}Z \tag{6-335}$$

$$\hat{Z} = X(X^{\mathrm{T}}X)^{-1}X^{\mathrm{T}}Z \tag{6-336}$$

6.4.2.2 多元非线性回归

多元非线性回归也称多元多项式回归。其回归问题的处理思路基本同一元非线性回归一样，就是将多元非线性回归问题转化为多元线性回归问题。

设多元非线性回归模型为

$$z_k = a_0 + a_1 y_{k1} + a_2 y_{k2} + a_3 y_{k1}^2 + a_4 y_{k2}^2 + a_5 y_{k1} y_{k2} + \cdots + \varepsilon_k, k = 1,2,\cdots,n \tag{6-337}$$

将上式中的变量进行置换，令

$$x_{k1} = y_{k1}, \quad x_{k2} = y_{k2}, \quad x_{k3} = y_{k1}^2, \quad x_{k4} = y_{k2}^2, \quad x_{k5} = y_{k1} y_{k2}, \cdots, \quad k = 1,2,\cdots,n \tag{6-338}$$

就可以将式(6－337)转化为多元线性回归模型：

$$Z = XA + \varepsilon \tag{6-339}$$

多元多项式回归可以处理多数的非线性回归问题，而这种非线性回归问题在飞行试验中会经常遇到。在测量数据处理的过程中，有时需要根据其试验数据的特性将函数进行分段处理。特别要注意的是，对两段函数连接处的处理，采取中值化处理方法比较合理。这样，才能获得具有最小误差的参数估计。

6.4.2.3 正交多项式回归

多元线性回归是一种经常用到的统计方法，但是其计算相对复杂。随着自变量个数的增加，其计算量也会迅速增加；其次，回归系数之间可能存在相关性。当经检验而删除了一个变量后，回归系数还需重新计算。为了简化计算，并消除回归系数之间的相关性，常采用正交多项式消除这些影响，达到简化计算的目的。

多项式回归计算，其复杂性主要表现在系数矩阵和其逆矩阵计算上。正交矩阵的设计思想是使系数矩阵为对角阵，这样不仅简化了计算，而且消去了回归系数的相关性。尽管现在计算已不成问题，但是，正交多项式设计还是有其优越性。下面简要介绍其思路，并以一个相对简单的二元回归问题加以说明，读者若有需要可参阅相关资料。

设有一个二元非线性回归问题，其模型为

$$z_\alpha = a_0 + a_1 x_\alpha + a_2 x_\alpha^2 + \varepsilon_\alpha, \quad \alpha = 1,2,\cdots,n \tag{6-340}$$

令

$$X_1(x) = x + k_{10}$$
$$X_2(x) = x^2 + k_{21}x + k_{20}$$

分别代替上式(6-340)中的 x 和 x^2，则有

$$z_\alpha = a'_0 + a'_1 X_1(x_\alpha) + a'_2 X_2(x_\alpha) + \varepsilon_\alpha, \quad \alpha = 1,2,\cdots,n \tag{6-341}$$

显然，式(6-341)仍然是一个二次多项式，与式(6-340)并无本质的区别。其矩阵形式为

$$\boldsymbol{Z} = \boldsymbol{X}(x)\boldsymbol{A} + \boldsymbol{\varepsilon} \tag{6-342}$$

在计算过程中，需要计算 $\boldsymbol{X}(x)^{\mathrm{T}}\boldsymbol{X}(x)$ 矩阵，需对三个系数 k_{10}、k_{21}、k_{20} 进行调节，使得

$$\begin{cases} \sum_\alpha X_1(x_\alpha) = 0 \\ \sum_\alpha X_2(x_\alpha) = 0 \\ \sum_\alpha X_1(x_\alpha) X_2(x_\alpha) = 0 \end{cases} \tag{6-343}$$

则该矩阵变成对角矩阵，满足式(6-343)的一组多项式 $X_1(x)$、$X_2(x)$ 就称为正交多项式。

把 $X_1(x)$、$X_2(x)$ 的表达式代入式(6-343)，并假定 $x_1, x_2, \cdots, x_n$ 是等间隔的，就可得到三个系数 k_{10}、k_{21}、k_{20} 的解：

$$\begin{cases} k_{10} = -\bar{x} \\ k_{21} = -2\bar{x} \\ k_{20} = \bar{x}^2 - \dfrac{1}{n}\sum_\alpha (x_\alpha - \bar{x})^2 \end{cases} \tag{6-344}$$

式中，$\bar{x} = \frac{1}{n}\sum_{\alpha} x_{\alpha}$ 为均值。

所以，当自变量 x 取等间隔时，只要选取

$$X_1(x) = x - \bar{x} \tag{6-345}$$

$$X_2(x) = (x - \bar{x})^2 - \frac{1}{n}\sum_{\alpha} (x_{\alpha} - \bar{x})^2 \tag{6-346}$$

则 $\boldsymbol{X}(x)^{\mathrm{T}}\boldsymbol{X}(x)$ 矩阵就变成了对角矩阵，计算和显著性检验也就变得简单了。我们也称式(6-341)为正交模型。

为了找到正交多项式有效方法，通常假定自变量 x 的取值如下：

$$x_{\alpha} = \alpha + \alpha h, \quad \alpha = 1, 2, \cdots, n \tag{6-347}$$

则

$$\bar{x} = \frac{1}{n}\sum_{\alpha} (\alpha + \alpha h) = \alpha + \frac{n+1}{2}h \tag{6-348}$$

$$\begin{aligned}\sum_{\alpha} (x_{\alpha} - \bar{x})^2 &= \sum_{\alpha} \left[(\alpha + \alpha h) - \frac{1}{n}\sum_{\alpha}(\alpha + \alpha h)\right]^2 \\ &= h^2 \sum_{\alpha} \left(\alpha - \frac{n+1}{2}\right)^2 = \frac{n(n^2-1)}{12}h^2\end{aligned} \tag{6-349}$$

它的一次与二次正交多项式有如下形式：

$$X_1(x) = x - \bar{x} \tag{6-350}$$

$$X_2(x) = (x - \bar{x})^2 - h^2\frac{n^2-1}{12} \tag{6-351}$$

从式(6-350)和式(6-351)可以看出，正交多项式与自变量取值的起点 α 无关，而仅与间隔 h 有关。

对任意 $x_{\alpha} = \alpha + \alpha h$，根据式(6-350)和式(6-351)可得

$$\varphi_1(x_{\alpha}) = (\alpha + \alpha h) - \left(\alpha + \frac{n+1}{2}h\right) = \left(\alpha - \frac{n+1}{2}\right)h \tag{6-352}$$

$$\varphi_2(x_{\alpha}) = h^2\left(\alpha - \frac{n+1}{2}\right)^2 - \frac{n^2-1}{12}h^2 \tag{6-353}$$

对于各次正交多项式的推导方法这里就不一一叙述了。正交多项式的优点在于它们的取值与自变量 x 的起点无关，所以通用性强。

当正交多项式的取值在 x 取等间隔时不一定都为整数，这就需要选择适当的系数 $\lambda_j(j=1,2)$ 分别与式(6-350)和式(6-351)相乘，得到整数值。

6.4.3 偏最小二乘回归模型[43]

偏最小二乘回归(Partial Least-squares Regression)又称第二代回归分析方法，是由 S. Wold 与 C. Albano 等人首先于 1983 年提出的新型多元统计数据分析方法。其特点有：

(1) 偏最小二乘回归是一种多因变量对多自变量的回归建模方法;

(2) 偏最小二乘回归可以较好地解决自变量之间的多重相关性问题;

(3) 偏最小二乘回归可以实现多元线性回归分析、典型相关分析和主成分综合分析应用。

6.4.3.1 问题的提出

在一般的多元线性回归模型中,如果有一组因变量 $z_1, z_2, \cdots, z_q$ 和一组自变量 $x_1, x_2, \cdots, x_p$,当数据总体能够满足高斯—马尔科夫假设条件时,根据最小二乘原理,得到非常有效的最小二乘估计量:

$$\hat{\boldsymbol{Z}} = \boldsymbol{X}(\boldsymbol{X}^{\mathrm{T}}\boldsymbol{X})^{-1}\boldsymbol{X}^{\mathrm{T}}\boldsymbol{Z} \tag{6-354}$$

条件是$(\boldsymbol{X}^{\mathrm{T}}\boldsymbol{X})^{-1}$必须是可逆矩阵。所以,当 $\boldsymbol{X}$ 中的变量存在严重的多重相关性时,或者在 $\boldsymbol{X}$ 中的样本点数与变量个数相比偏少时,$(\boldsymbol{X}^{\mathrm{T}}\boldsymbol{X})^{-1}$中就会含有严重的舍入误差,而回归系数就容易受较大舍入误差的影响而使得这个最小二乘估计量失效。解决此问题的关键是要能够找到 $\boldsymbol{X}$ 中最能表示原始信息的综合变量,或者是找到(提取出)主成分变量 $\boldsymbol{F}_1$,$\boldsymbol{F}_1$ 是 $x_1, x_2, \cdots, x_p$ 的线性组合,使得 $\boldsymbol{F}_1$ 中所包含的原始数据信息量达到最大;再从变量 $\boldsymbol{Z}$ 中找到(提取出)主成分变量 $\boldsymbol{G}_1$,$\boldsymbol{G}_1$ 也是 $z_1, z_2, \cdots, z_q$ 的线性组合。在提取过程中,要求 $\boldsymbol{F}_1$、$\boldsymbol{G}_1$ 的相关程度达到最大。这时,$\boldsymbol{F}_1$、$\boldsymbol{G}_1$ 的相关程度就可以大致反映出 $\boldsymbol{X}$ 与 $\boldsymbol{Z}$ 的相关关系。当提取了 $\boldsymbol{F}_1$ 和 $\boldsymbol{G}_1$,它们应满足:

$$\max \quad r(\boldsymbol{F}_1, \boldsymbol{G}_1) \tag{6-355}$$

$$\text{s.t} \quad \boldsymbol{F}_1^{\mathrm{T}}\boldsymbol{F}_1 = 1 \tag{6-356}$$

$$\boldsymbol{G}_1^{\mathrm{T}}\boldsymbol{G}_1 = 1 \tag{6-357}$$

设有 q 个因变量 $z_1, z_2, \cdots, z_q$ 和 p 个自变量 $x_1, x_2, \cdots, x_p$,观测了 n 组样本,分别在自变量和因变量中提取了成分 $\boldsymbol{t}_1$ 和 $\boldsymbol{u}_1$,其中 $\boldsymbol{t}_1$ 是 $x_1, x_2, \cdots, x_p$ 的线性组合,设有

$$\boldsymbol{t}_1 = \boldsymbol{X}\boldsymbol{a}_1, \quad \|\boldsymbol{a}_1\| = 1 \tag{6-358}$$

所以 $\boldsymbol{t}_1$ 的方差为

$$\mathrm{var}(\boldsymbol{t}_1) = \frac{1}{n}\|\boldsymbol{t}_1\|^2 = \frac{1}{n}\boldsymbol{a}_1^{\mathrm{T}}\boldsymbol{X}^{\mathrm{T}}\boldsymbol{X}\boldsymbol{a}_1 \tag{6-359}$$

$\boldsymbol{u}_1$ 是 $z_1, z_2, \cdots, z_q$ 的线性组合,设有

$$\boldsymbol{u}_1 = \boldsymbol{Z}\boldsymbol{b}_1, \quad \|\boldsymbol{b}_1\| = 1 \tag{6-360}$$

所以 $\boldsymbol{u}_1$ 的方差为

$$\mathrm{var}(\boldsymbol{u}_1) = \frac{1}{n}\|\boldsymbol{u}_1\|^2 = \frac{1}{n}\boldsymbol{b}_1^{\mathrm{T}}\boldsymbol{Z}^{\mathrm{T}}\boldsymbol{Z}\boldsymbol{b}_1 \tag{6-361}$$

$\boldsymbol{t}_1$ 和 $\boldsymbol{u}_1$ 的相关度为

$$r(\boldsymbol{t}_1, \boldsymbol{u}_1) = \frac{\mathrm{cov}(\boldsymbol{t}_1, \boldsymbol{u}_1)}{\sqrt{\mathrm{var}(\boldsymbol{t}_1)\mathrm{var}(\boldsymbol{u}_2)}} \tag{6-362}$$

$\boldsymbol{t}_1$ 和 $\boldsymbol{u}_1$ 还需满足以下两个条件:

(1) $\boldsymbol{t}_1$ 和 $\boldsymbol{u}_1$ 应该尽可能地包含更多的信息量;

(2) $\boldsymbol{t}_1$ 和 $\boldsymbol{u}_1$ 的相关程度能够达到最大。

具体实现思路是:在第一组成分 $\boldsymbol{t}_1$ 和 $\boldsymbol{u}_1$ 被提取后,偏最小二乘回归分别进行 $\boldsymbol{X}$ 对 $\boldsymbol{t}_1$ 的回归,$\boldsymbol{Z}$ 对 $\boldsymbol{t}_1$ 的回归。如果回归模型达到了满意的精度,则算法终止;否则,将利用 $\boldsymbol{X}$ 对 $\boldsymbol{t}_1$ 解释后的残差信息以及 $\boldsymbol{Z}$ 对 $\boldsymbol{t}_1$ 解释后的残余信息进行第二轮的成分提取。如此往复,直到能够达到一个较满意的精度为止。若最终对 $\boldsymbol{X}$ 共提取了 m 个成分 $\boldsymbol{t}_1,\boldsymbol{t}_2,\cdots,\boldsymbol{t}_m$,偏最小二乘回归将通过进行 z_k 对 $t_1,t_2,\cdots t_m$ 的回归,然后再表示 z_k 关于原变量 $x_1,x_2,\cdots,x_p$ 的回归模型,$k=1,2,\cdots,q$。

6.4.3.2 偏最小二乘回归方法

首先对数据 $\boldsymbol{X}$ 与 $\boldsymbol{Z}$ 进行标准化处理。数据的标准化处理是指平移变换和压缩,其目的是使样本点集合的重心与坐标原点重合,并且可以消除因量纲不同而引起的虚假信息量。标准化处理后,即有

$$x_{ij}^* = \frac{x_{ij} - \bar{x}_j}{\sqrt{\mathrm{var}(x_j)}}, \quad i = 1,2,\cdots,n, \quad j = 1,2,\cdots,p \tag{6-363}$$

$$z_{ij}^* = \frac{z_{ij} - \bar{z}_j}{\sqrt{\mathrm{var}(z_j)}}, \quad i = 1,2,\cdots,n, \quad j = 1,2,\cdots,q \tag{6-364}$$

式中,$\bar{x}_j = \dfrac{1}{n}\sum_{i=1}^{n} x_{ij}$;$\bar{z}_j = \dfrac{1}{n}\sum_{i=1}^{n} z_{ij}$。

为了方便数学推导,令数据 $\boldsymbol{X}$ 与 $\boldsymbol{Z}$ 进行标准化处理后的数据矩阵分别为 $\boldsymbol{E}_0 = (E_{01},E_{02},\cdots,E_{0p})_{n\times p}$ 和 $\boldsymbol{F}_0 = (F_{01},F_{02},\cdots,F_{0q})_{n\times q}$。

记 $\boldsymbol{t}_1$ 是 $\boldsymbol{E}_0$ 的第一个提取成分,$\boldsymbol{t}_1 = \boldsymbol{E}_0\boldsymbol{w}_1$,$\boldsymbol{w}_1$ 是 $\boldsymbol{E}_0$ 的第一个轴,并且有 $\|\boldsymbol{w}_1\| = 1$。记 $\boldsymbol{u}_1$ 也是 $\boldsymbol{F}_0$ 的第一个提取成分,$\boldsymbol{u}_1 = \boldsymbol{F}_0\boldsymbol{c}_1$,$\boldsymbol{c}_1$ 是 $\boldsymbol{F}_0$ 的第一个轴,并且 $\|\boldsymbol{c}_1\| = 1$。

如果 $\boldsymbol{t}_1$ 和 $\boldsymbol{u}_1$ 能够很好地表示 $\boldsymbol{X}$ 与 $\boldsymbol{Z}$ 中的信息量,则根据主成分分析原理,应该有

$$\mathrm{var}(\boldsymbol{t}_1) \to \max$$
$$\mathrm{var}(\boldsymbol{u}_1) \to \max$$

如果 $\boldsymbol{t}_1$ 对 $\boldsymbol{u}_1$ 有最大的解释能力,则 $\boldsymbol{t}_1$ 和 $\boldsymbol{u}_1$ 的相关度应达到最大值,即

$$r(\boldsymbol{t}_1,\boldsymbol{u}_1) = \frac{\mathrm{cov}(\boldsymbol{t}_1,\boldsymbol{u}_1)}{\sqrt{\mathrm{var}(\boldsymbol{t}_1)\mathrm{var}(\boldsymbol{u}_1)}} \to \max \tag{6-365}$$

也就是要求 $\boldsymbol{t}_1$ 和 $\boldsymbol{u}_1$ 的协方差达到最大,即

$$\mathrm{cov}(\boldsymbol{t}_1,\boldsymbol{u}_1) = \sqrt{\mathrm{var}(\boldsymbol{t}_1)\mathrm{var}(\boldsymbol{u}_1)}\, r(\boldsymbol{t}_1,\boldsymbol{u}_1) \to \max \tag{6-366}$$

上面数学描述就可以转化为数值优化问题,即

$$\max_{w_1,c_1}\langle \boldsymbol{E}_0\boldsymbol{w}_1, \boldsymbol{F}_0\boldsymbol{c}_1\rangle$$

$$\text{s. t}\begin{cases} \boldsymbol{w}_1^{\mathrm{T}}\boldsymbol{w}_1 = 1 \\ \boldsymbol{c}_1^{\mathrm{T}}\boldsymbol{c}_1 = 1 \end{cases} \tag{6-367}$$

这表明,是在 $\|\boldsymbol{w}_1\|^2=1$ 和 $\|\boldsymbol{c}_1\|^2=1$ 约束条件下,求 $\boldsymbol{t}_1$ 和 $\boldsymbol{u}_1$ 的协方差最大值。

$$\mathrm{cov}(\boldsymbol{t}_1,\boldsymbol{u}_1) = \langle \boldsymbol{E}_0\boldsymbol{w}_1,\boldsymbol{F}_0\boldsymbol{c}_1 \rangle = \frac{1}{n}\boldsymbol{w}_1^{\mathrm{T}}\boldsymbol{E}_0^{\mathrm{T}}\boldsymbol{F}_0\boldsymbol{c}_1 \tag{6-368}$$

设辅助函数 s,令

$$s = \boldsymbol{w}_1^{\mathrm{T}}\boldsymbol{E}_0^{\mathrm{T}}\boldsymbol{F}_0\boldsymbol{c}_1 - \lambda_1(\boldsymbol{w}_1^{\mathrm{T}}\boldsymbol{w}_1 - 1) - \lambda_2(\boldsymbol{c}_1^{\mathrm{T}}\boldsymbol{c}_1 - 1)$$

对辅助函数 s 分别求关于 $\boldsymbol{w}_1$、$\boldsymbol{c}_1$、$\boldsymbol{\lambda}_1$、$\boldsymbol{\lambda}_2$ 的偏导数,并令其为零

$$\frac{\partial s}{\partial \boldsymbol{w}_1} = \boldsymbol{E}_0^{\mathrm{T}}\boldsymbol{F}_0\boldsymbol{c}_1 - 2\lambda_1\boldsymbol{w}_1 = 0 \tag{6-369}$$

$$\frac{\partial s}{\partial \boldsymbol{c}_1} = \boldsymbol{F}_0^{\mathrm{T}}\boldsymbol{E}_0\boldsymbol{w}_1 - 2\lambda_2\boldsymbol{c}_1 = 0 \tag{6-370}$$

$$\frac{\partial s}{\partial \boldsymbol{\lambda}_1} = -(\boldsymbol{w}_1^{\mathrm{T}}\boldsymbol{w}_1 - 1) = 0 \tag{6-371}$$

$$\frac{\partial s}{\partial \boldsymbol{\lambda}_2} = -(\boldsymbol{c}_1^{\mathrm{T}}\boldsymbol{c}_1 - 1) = 0 \tag{6-372}$$

由式(6-369)~式(6-372)可以推出:

$$2\lambda_1 = 2\lambda_2 = \boldsymbol{w}_1^{\mathrm{T}}\boldsymbol{E}_0^{\mathrm{T}}\boldsymbol{F}_0\boldsymbol{c}_1 \tag{6-373}$$

记 $\theta_1=2\lambda_1=2\lambda_2=\boldsymbol{w}_1^{\mathrm{T}}\boldsymbol{E}_0^{\mathrm{T}}\boldsymbol{F}_0\boldsymbol{c}_1$,所以,$\theta_1$ 正是式(6-367)优化问题的目标函数值。

把式(6-369)和式(6-370)写成:

$$\boldsymbol{E}_0^{\mathrm{T}}\boldsymbol{F}_0\boldsymbol{c}_1 = \theta_1\boldsymbol{w}_1 \tag{6-374}$$

$$\boldsymbol{F}_0^{\mathrm{T}}\boldsymbol{E}_0\boldsymbol{w}_1 = \theta_1\boldsymbol{c}_1 \tag{6-375}$$

将式(6-375)代入式(6-374),有

$$\boldsymbol{E}_0^{\mathrm{T}}\boldsymbol{F}_0\boldsymbol{F}_0^{\mathrm{T}}\boldsymbol{E}_0\boldsymbol{w}_1 = \theta_1^2\boldsymbol{w}_1 \tag{6-376}$$

同样,将式(6-374)代入(6-375),有

$$\boldsymbol{F}_0^{\mathrm{T}}\boldsymbol{E}_0\boldsymbol{E}_0^{\mathrm{T}}\boldsymbol{F}_0\boldsymbol{c}_1 = \theta_1^2\boldsymbol{c}_1 \tag{6-377}$$

由式(6-376)与式(6-377)可以看出,$\boldsymbol{w}_1$ 是矩阵 $\boldsymbol{E}_0^{\mathrm{T}}\boldsymbol{F}_0\boldsymbol{F}_0^{\mathrm{T}}\boldsymbol{E}_0$ 的特征向量,对应的特征值为 θ_1^2,θ_1 是目标函数值,它要求取最大值,所以,$\boldsymbol{w}_1$ 是对应于矩阵 $\boldsymbol{E}_0^{\mathrm{T}}\boldsymbol{F}_0\boldsymbol{F}_0^{\mathrm{T}}\boldsymbol{E}_0$ 最大特征值的单位特征向量。同理,$\boldsymbol{c}_1$ 也是对应于矩阵 $\boldsymbol{F}_0^{\mathrm{T}}\boldsymbol{E}_0\boldsymbol{E}_0^{\mathrm{T}}\boldsymbol{F}_0$ 最大特征值 θ_1^2 的单位特征向量。

当求取 $\boldsymbol{w}_1$ 和 $\boldsymbol{c}_1$ 两轴后,即可得到主成分:

$$\boldsymbol{t}_1 = \boldsymbol{E}_0\boldsymbol{w}_1 \tag{6-378}$$

$$\boldsymbol{u}_1 = \boldsymbol{F}_0\boldsymbol{c}_1 \tag{6-379}$$

然后,分别得到 $\boldsymbol{E}_0$ 和 $\boldsymbol{F}_0$ 对 $\boldsymbol{t}_1$ 和 $\boldsymbol{u}_1$ 的三个回归方程:

$$\boldsymbol{E}_0 = \boldsymbol{t}_1\boldsymbol{p}_1^{\mathrm{T}} + \boldsymbol{E}_1 \tag{6-380}$$

$$\boldsymbol{F}_0 = \boldsymbol{u}_1\boldsymbol{q}_1^{\mathrm{T}} + \boldsymbol{F}_1^* \tag{6-381}$$

$$\boldsymbol{F}_0 = \boldsymbol{t}_1\boldsymbol{r}_1^{\mathrm{T}} + \boldsymbol{F}_1 \tag{6-382}$$

式中，$\boldsymbol{E}_1$、$\boldsymbol{F}_1^*$、$\boldsymbol{F}_1$ 分别为三个回归方程的残差矩阵。

式(6－380)～式(6－382)中的回归系数向量为

$$\boldsymbol{p}_1 = \frac{\boldsymbol{E}_0^{\mathrm{T}}\boldsymbol{t}_1}{\|\boldsymbol{t}_1\|^2} \tag{6-383}$$

$$\boldsymbol{q}_1 = \frac{\boldsymbol{F}_0^{\mathrm{T}}\boldsymbol{u}_1}{\|\boldsymbol{u}_1\|^2} \tag{6-384}$$

$$\boldsymbol{r}_1 = \frac{\boldsymbol{F}_0^{\mathrm{T}}\boldsymbol{t}_1}{\|\boldsymbol{t}_1\|^2} \tag{6-385}$$

完成第一步主成分分析之后，再用残差矩阵 $\boldsymbol{E}_1$、$\boldsymbol{F}_1$ 取代 $\boldsymbol{E}_0$、$\boldsymbol{F}_0$，再求第二个轴 $\boldsymbol{w}_2$ 和 $\boldsymbol{c}_2$ 以及第二个成分 $\boldsymbol{t}_2$ 和 $\boldsymbol{u}_2$，则有

$$\boldsymbol{t}_2 = \boldsymbol{E}_1\boldsymbol{w}_2 \tag{6-386}$$

$$\boldsymbol{u}_2 = \boldsymbol{F}_1\boldsymbol{c}_2 \tag{6-387}$$

$$\theta_2 = \langle \boldsymbol{t}_2, \boldsymbol{u}_2 \rangle = \boldsymbol{w}_2\boldsymbol{E}_1^{\mathrm{T}}\boldsymbol{F}_1\boldsymbol{c}_2 \tag{6-388}$$

同理，$\boldsymbol{w}_2$ 和 $\boldsymbol{c}_2$ 分别为对应于矩阵 $\boldsymbol{E}_1^{\mathrm{T}}\boldsymbol{F}_1\boldsymbol{F}_1^{\mathrm{T}}\boldsymbol{E}_1$ 和 $\boldsymbol{F}_1^{\mathrm{T}}\boldsymbol{E}_1\boldsymbol{E}_1^{\mathrm{T}}\boldsymbol{F}_1$ 最大特征值 θ_2^2 的单位特征向量。计算回归方程的系数如下：

$$\boldsymbol{p}_2 = \frac{\boldsymbol{E}_1^{\mathrm{T}}\boldsymbol{t}_2}{\|\boldsymbol{t}_2\|^2} \tag{6-389}$$

$$\boldsymbol{r}_2 = \frac{\boldsymbol{F}_1^{\mathrm{T}}\boldsymbol{t}_2}{\|\boldsymbol{t}_2\|^2} \tag{6-390}$$

因此，有回归方程：

$$\boldsymbol{E}_1 = \boldsymbol{t}_2\boldsymbol{p}_2^{\mathrm{T}} + \boldsymbol{E}_2 \tag{6-391}$$

$$\boldsymbol{F}_1 = \boldsymbol{t}_2\boldsymbol{r}_2^{\mathrm{T}} + \boldsymbol{F}_2 \tag{6-392}$$

解算上述回归方程，可得到回归系数向量和残差矩阵。如此计算下去，如果 $\boldsymbol{X}$ 的秩是 m，则有

$$\boldsymbol{E}_0 = \boldsymbol{t}_1\boldsymbol{p}_1^{\mathrm{T}} + \boldsymbol{t}_2\boldsymbol{p}_2^{\mathrm{T}} + \cdots + \boldsymbol{t}_m\boldsymbol{p}_m^{\mathrm{T}} \tag{6-393}$$

$$\boldsymbol{F}_0 = \boldsymbol{t}_1\boldsymbol{r}_1^{\mathrm{T}} + \boldsymbol{t}_2\boldsymbol{r}_2^{\mathrm{T}} + \cdots + \boldsymbol{t}_m\boldsymbol{r}_m^{\mathrm{T}} + \boldsymbol{F}_m \tag{6-394}$$

由于 $\boldsymbol{t}_1,\cdots,\boldsymbol{t}_m$ 均可表示为 $\boldsymbol{E}_0=(E_{01},E_{02},\cdots,E_{0p})$ 的线性组合，因此，式(6－394)还可以还原成 $z_k^*=F_{0k}$ 关于 $x_j^*=E_{0j}$ 的回归方程形式，即有

$$z_k^* = a_{k1}x_1^* + a_{k2}x_2^* + \cdots + a_{kp}x_p^* + F_{mk}, \quad k = 1,2,\cdots,q \tag{6-395}$$

式中，F_{mk} 为残差矩阵 $\boldsymbol{F}_m$ 的第 k 项。

在偏最小二乘回归建模中，究竟选择 m 为多大，即进行多少次成分提取才合适。原则是，新增加一个成分后，需根据对模型预测能力改进的多少而定。通常采用的方法是：验证测试方法。也就是从样本数据中抽出一个样本点 i，该样本点不参与回归，但用来代入回归模型进行检验验证。如果回归模型的稳健性不好，误差会很大，其原因是误差对样本的变动十分敏感，表明还需进一步提取成分 $\boldsymbol{t}$。反之，则到此为止。

一般采用预测误差平方和与误差平方和的比值系数进行评估。

定义 $\boldsymbol{Z}$ 的预测误差平方和与误差平方和分别为

$$e_P = \sum_{j=1}^{p} \sum_{i=1}^{n} (z_{ij} - \hat{z}_{hj(-i)})^2, \quad e_T = \sum_{j=1}^{p} \sum_{i=1}^{n} (z_{ij} - \hat{z}_{hji})^2 \qquad (6-396)$$

式中,$\hat{z}_{hj(-i)}$ 为 z_j 在样本点 i 上的拟合值。

令稳健系数为 $r_e = \dfrac{e_P}{e_T}$,给定阈值 θ_e,如果 $r_e = \dfrac{e_P}{e_T} < \theta_e$,则提取成分结束,否则继续提取。

6.4.3.3 偏最小二乘回归品质特性

前面介绍了解决此类问题的原理与方法,关键是要能够找到 $\boldsymbol{X}$ 中最能表示原始信息的综合变量,或者是找到(提取出)主成分变量 $\boldsymbol{F}_1$,$\boldsymbol{F}_1$ 是 $x_1,x_2,\cdots,x_p$ 的线性组合,使得 $\boldsymbol{F}_1$ 中所包含的原始数据信息量达到最大;再从变量 $\boldsymbol{Z}$ 中找到(提取出)主成分变量 $\boldsymbol{G}_1$,$\boldsymbol{G}_1$ 是 $z_1,z_2,\cdots,z_q$ 的线性组合。在提取过程中,要求 $\boldsymbol{F}_1$、$\boldsymbol{G}_1$ 的相关程度达到最大。这时,$\boldsymbol{F}_1$、$\boldsymbol{G}_1$ 的相关程度就可以大致反映出 $\boldsymbol{X}$ 与 $\boldsymbol{Z}$ 的相关关系。这里的 $\boldsymbol{F}_1$、$\boldsymbol{G}_1$ 对应于前面所述的 $\boldsymbol{t}_1$ 和 $\boldsymbol{u}_1$。

若经过标准化处理的数据矩阵为 $\boldsymbol{X}$ 与 $\boldsymbol{Z}$,F_h、G_h 分别表示 $\boldsymbol{X}$ 与 $\boldsymbol{Z}$ 的第 h 主成分,则 $\boldsymbol{X}$ 与 $\boldsymbol{Z}$ 由 F_h、G_h 表示的新息精度分别为

$$Q_h(X) = \frac{\operatorname{var}(F_h)}{p} = \frac{1}{p}\sum_{j=1}^{p} r^2(x_j, F_h) \qquad (6-397)$$

$$Q_h(Z) = \frac{\operatorname{var}(G_h)}{q} = \frac{1}{q}\sum_{j=1}^{q} r^2(z_j, G_h) \qquad (6-398)$$

式中,$r(x_j,F_h)$ 为 $\boldsymbol{X}$ 矩阵中第 j 个分量与第 h 主成分 F_h 的相关系数;$r(z_j,G_h)$ 是 $\boldsymbol{Z}$ 矩阵中第 j 个分量与第 h 主成分 G_h 的相关系数。

式(6-397)与式(6-398)所表示的含义是:在研究 $\boldsymbol{X}$ 与 $\boldsymbol{Z}$ 的相关关系时,所提取的主要成分 F_h、G_h 分别代表了 $\boldsymbol{X}$ 与 $\boldsymbol{Z}$ 中有多少新息量被用于回归分析过程。换句话说,就是 $\boldsymbol{X}$ 与 $\boldsymbol{Z}$ 被 F_h、G_h 所解释的新息。这也是一种表示新息精度的方法。

如果在 $\boldsymbol{X}$ 与 $\boldsymbol{Z}$ 中分别提取了一组 $F_1,F_2,\cdots,F_m$、$G_1,G_2,\cdots,G_m$,也就是说,用 $F_1,F_2,\cdots,F_m$、$G_1,G_2,\cdots,G_m$ 分别表示 $\boldsymbol{X}$ 与 $\boldsymbol{Z}$ 中的全部新息量,则其累计新息量精度为

$$Q(\boldsymbol{X}, F_1, \cdots F_m) = \frac{1}{p}\sum_{h=1}^{m}\sum_{j=1}^{p} r^2(x_j, F_h) \qquad (6-399)$$

$$Q(\boldsymbol{Z}, G_1, \cdots, G_m) = \frac{1}{q}\sum_{h=1}^{m}\sum_{j=1}^{q} r^2(z_j, G_h) \qquad (6-400)$$

如果 $\boldsymbol{X}$ 与 $\boldsymbol{Z}$ 各自组内被解释新息,则 x_j、z_j 分别被提取成分 $F_1,F_2,\cdots,F_m$、G_1,

$G_2,\cdots,G_m$ 所解释的新息量为

$$Q(x_j,F_1,\cdots F_m) = \sum_{h=1}^{m} r^2(x_j,F_h) \tag{6-401}$$

$$Q(z_j,G_1,\cdots,G_m) = \sum_{h=1}^{m} r^2(z_j,G_h) \tag{6-402}$$

式(6-401)与式(6-402)所表示的含义是:如果某个变量 x_j 在组内被解释的精度很低,则表明它在回归过程中所起的作用就很小。这是因为 $F_1,F_2,\cdots,F_m$ 代表了 $\boldsymbol{X}$ 中的最新信息量最大的那部分信息。同样,如果某个变量 z_j 在组内被解释的精度很低,则表明它在回归过程中所起的作用就很小。

6.4.4 多元回归模型仿真

6.4.4.1 机动目标三维建模

设机动目标的三维空间坐标是多元非线性多项式,其坐标的模型表示如下:

$$\begin{cases} x(t_1) = a_0 + a_1t_1 + a_2{t_1}^2 + \varepsilon_x \\ y(t_2) = b_0 + b_1t_2 + b_2{t_2}^2 + \varepsilon_y \\ z(t_3) = c_0 + c_1t_3 + c_2{t_3}^2 + \varepsilon_z \end{cases} \tag{6-403}$$

式(6-403)中,ε 是随机误差向量,$E(\varepsilon)=0$。为了表示一般意义,t 可以相同也可以不同。

由于式(6-403)可以分开来进行回归,故以式(6-406)中的第一式为例,其余类推。

令

$$x_1 = t_1, x_2 = t_1^2$$

这样就可以将式(6-403)变成多元线性模型,有如下形式:

$$x(t_1) = a_0 + a_1x_1 + a_2x_2 + \varepsilon_x \tag{6-404}$$

如果分别有 n 次独立观测值,并取得样本集,以 $x(t_1)$ 为例,有 $(x(t_1)_i, x_{1i}, x_{2i})$,可得到如下有限样本模型:

$$x(t_1)_i = a_0 + a_1x_{1i} + a_2x_{2i} + \varepsilon_i,\quad i = 1,2,\cdots,n \tag{6-405}$$

式中,a_0、a_1、a_2 为总体回归参数。

将其模型写成矩阵形式,有

$$\boldsymbol{Z} = \begin{bmatrix} x(t_1)_1 \\ x(t_1)_2 \\ \vdots \\ x(t_1)_n \end{bmatrix} = \begin{bmatrix} z_1 \\ z_2 \\ \vdots \\ z_n \end{bmatrix},\quad \boldsymbol{X} = \begin{bmatrix} 1 & x_{11} & x_{21} \\ 1 & x_{12} & x_{22} \\ \vdots & \vdots & \vdots \\ 1 & x_{1n} & x_{2n} \end{bmatrix},\quad \boldsymbol{A} = \begin{bmatrix} a_0 \\ a_1 \\ a_2 \end{bmatrix},\quad \boldsymbol{\varepsilon} = \begin{bmatrix} \varepsilon_1 \\ \varepsilon_2 \\ \vdots \\ \varepsilon_n \end{bmatrix}$$

故多元回归模型的矩阵形式也可写为

$$\boldsymbol{Z} = \boldsymbol{XA} + \boldsymbol{\varepsilon}$$

式中,$\boldsymbol{Z}$ 为观测值向量;$\boldsymbol{X}$ 为常数矩阵;$\boldsymbol{A}$ 为参数向量;$\boldsymbol{\varepsilon}$ 为随机误差向量。

设 ε 是独立正态分布随机变量组成的向量,符合高斯－马尔科夫假定。则

$$E(\boldsymbol{\varepsilon}) = 0, \quad E(\boldsymbol{\varepsilon}\boldsymbol{\varepsilon}^{\mathrm{T}}) = \sigma^2\boldsymbol{I}\mathrm{cov}(\boldsymbol{\varepsilon}), \quad \boldsymbol{\varepsilon} \sim N(0,\sigma^2\boldsymbol{I})$$

故坐标向量 $\boldsymbol{Z}$ 条件期望值为

$$E(\boldsymbol{Z} \mid \boldsymbol{X}) = \boldsymbol{XA} \tag{6-406}$$

坐标向量 $\boldsymbol{Z}$ 的方差—协方差矩阵为

$$\mathrm{cov}(\boldsymbol{Z}) = \sigma^2\boldsymbol{I} \tag{6-407}$$

根据前面所述最小二乘估计方法,要求估计量 $\hat{\boldsymbol{Z}}$ 与原观测值之差最小,即要求

$$\| \boldsymbol{e} \|^2 = (\boldsymbol{Z} - \hat{\boldsymbol{Z}})^{\mathrm{T}}(\boldsymbol{Z} - \hat{\boldsymbol{Z}}) \rightarrow \min \tag{6-408}$$

对上式求偏导,并令其为零,从而得到正规方程如下:

$$\boldsymbol{X}^{\mathrm{T}}\boldsymbol{Z} = \boldsymbol{X}^{\mathrm{T}}\boldsymbol{XA} \tag{6-409}$$

由于假设 x_1、x_2 互不相关,所以,$\boldsymbol{X}^{\mathrm{T}}\boldsymbol{X}$ 为可逆矩阵。因此,参数的最小二乘估计量与 $\boldsymbol{Z}$ 的最小二乘估计量为

$$\hat{\boldsymbol{A}} = (\boldsymbol{X}^{\mathrm{T}}\boldsymbol{X})^{-1}\boldsymbol{X}^{\mathrm{T}}\boldsymbol{Z} \tag{6-410}$$

$$\hat{\boldsymbol{Z}} = \boldsymbol{X}(\boldsymbol{X}^{\mathrm{T}}\boldsymbol{X})^{-1}\boldsymbol{X}^{\mathrm{T}}\boldsymbol{Z} \tag{6-411}$$

$\hat{\boldsymbol{A}}$ 的协方差矩阵为

$$\mathrm{cov}(\hat{\boldsymbol{A}}) = E((\hat{\boldsymbol{A}} - \boldsymbol{A})(\hat{\boldsymbol{A}} - \boldsymbol{A})^{\mathrm{T}}) = \sigma^2(\boldsymbol{X}^{\mathrm{T}}\boldsymbol{X})^{-1} \tag{6-412}$$

6.4.4.2 回归方程及数据检验

仿真数据根据以下原则产生:假定某飞机观测数据为从离地起飞开始产生,其坐标系设在跑道上,原点在跑道起始端中心线上,X 轴方向为跑道中心线起飞方向,Z 轴方向为高度方向,Y 轴方向符合右手螺旋定则。取 15s 时间段内并按 1 帧/s 产生的数据。按此原则产生了一组观测数据样本 $x(t_1)_i, x_{1i}, x_{2i}$,观测样本数为 $n=15$,同样又产生了一组关于目标高度的观测样本数据 $z(t_1)_i, x_{1i}, x_{2i}$。由于目标在爬升过程中几乎没有偏离航线(跑道中心线),因此 Y 坐标的数据接近于零,故未进行产生 Y 坐标观测数据样本的计算。

根据上面所介绍方法对观测数据进行回归计算,计算结果如下:

(1) 关于 X 坐标回归方程及回归曲线(见图 6-31):

$$\hat{x}(t) = 100 + 7.3t + 5.1t^2 \tag{6-413}$$

(2) 关于 Z 坐标回归方程及回归曲线(见图 6-32):

$$\hat{z}(t) = 1.1t + 2.12t^2 \tag{6-414}$$

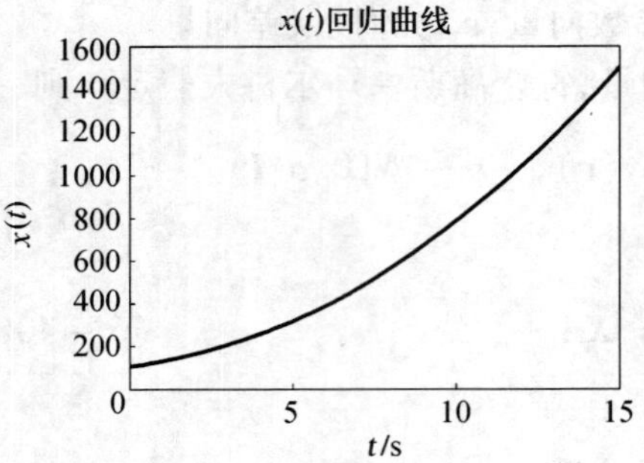

图 6 - 31　$x(t)$ 回归曲线

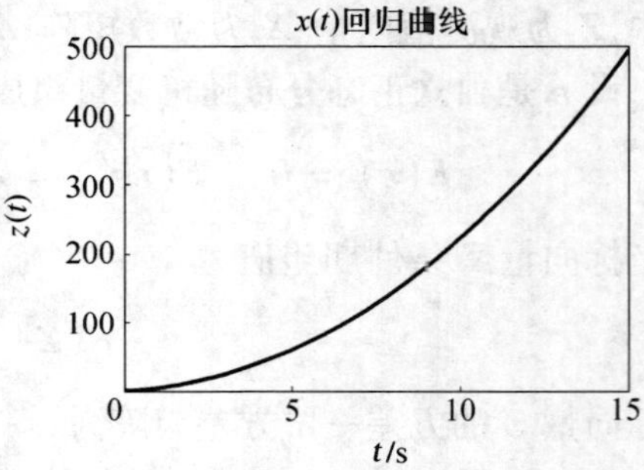

图 6 - 32　$z(t)$ 回归曲线

根据 15 次观测值之间的差值,可以求得观测值 z_k 与其算术平均值 $\bar{z}$ 的总偏差平方和 S_T:

$$S_T = \sum_{i=1}^{15} (z_i - \bar{z})^2 \tag{6-415}$$

计算剩余残差平方和 S_R 和回归平方和 S_F:

$$S_R = \sum_{i=1}^{15} (\hat{z}_i - \bar{z})^2 \tag{6-416}$$

$$S_F = \sum_{i=1}^{15} (z_i - \hat{z}_i)^2 \tag{6-417}$$

剩余残差平方和 S_R,其自由度为 $n-p-1=12$;回归平方和 S_F,其自由度为 $p=2$,由于 S_R 与 S_F 相互独立,从而有

$$F = \frac{S_F/p}{S_R/(n-p-1)} \sim F(2,12) \tag{6-418}$$

这样,就可以用上式的检验统计量 F 来检验 H_0,根据计算得到的数据有下列不等式成立:

$$F > F_\alpha(2,12) \tag{6-419}$$

那么,就可以认为在显著性水平 $\alpha=0.01$ 下,两个变量都是高度显著的,因此上述线性回归模型是有意义的。

参考文献

[1] 胡绍林,孙国基. 靶场外测数据野值点的统计诊断技术. 宇航学报,1999,20(2):68-74.

[2] 胡峰等. 航天靶场外测数据野值点的准实时诊断方法研究. 飞行器测控技术,1998,17(4):25-32.

[3] 王正明,等. 异常观测数据的逐点剔除法. 数学的实践与认识,1997,27(3):266-274.

[4] 童丽,等. 异常点剔除及其并行实现. 数值计算与计算机应用,2000(3):171-177.

[5] 贺明科,王正明,朱炬波. 多传感器目标跟踪的实时剔野方法. 宇航学报,2002,23(6):34-37.

[6] 周宏仁,敬忠良. 机动目标跟踪. 北京:国防工业出版社,1991.

[7] 吴翊,朱炬波. 弹道跟踪数据的融合算法. 中国科学 E 辑,1998,28(6):505-512.

[8] 朱炬波. 不完全弹道测量的数据融合技术. 科学通报,2000,45(20):2236-2240.

[9] 孙华燕,等. 基于数据融合的靶场光测数据的实时剔野方法. 指挥技术学院学报, 1999, 10(4): 48 -52.
[10] 任朴舟,何红丽,等. 滑动容错辨识算法在航迹数据处理中的应用. 现代防御技术,2007,35(1): 37 -40.
[11] 何照才,胡保安. 光学测量系统. 北京:国防工业出版社,2002.
[12] 胡绍林,孙国基. 靶场外测数据的容错平滑与容错微分平滑. 工程学报,1999.
[13] Mehra R K. Approach to Adaptive Filtering. IEEE Trans. on Aerospace and Electronic Systems, 1972, 17 (10):693 -698.
[14] Efe M, Bather J A. An Adaptive Kalman Filter with Sequential Rescaling of Process Noise. Proceedings of American Control Conference,1999,3913 -3917.
[15] 杨廷梧,党怀义,苏明. 基于信息偏差观测异常值自适应滤波算法. 测控技术. 2010,29(10):16 -19.
[16] 边肇祺,张学工. 模式识别. 北京:清华大学出版社,2000.
[17] Li X R, Bar-shalom Y. Multiple-Model Estimation with Variable Structure. IEEE Trans. on Automatic Control,1996,41(4):478 -493.
[18] Munir A. Atherton D P. Adaptive Interacting Multiple Model Algorithm for Tracking a Maneuvering Target. IEE Proceedings: Radar, Sonar, Navigation, 1995, 142(1):11 -17.
[19] 郑容,文成林,等. 多分辨率多模型机动目标跟踪. 电子学报,1998,26(12): 115 -117.
[20] DongKeon Kong, Joohwan Chun. A Fast DOA Tracking Algorithm Based on the Extended Kalman Filter. IEEE 2000: 235 -238.
[21] Don Lerro, Yaakov Bar-shalom. Tracking with Debased Consistent Converted Measurements versus EKF. IEEE Transom AES,1993,29(3):1015 -1022.
[22] Luo R C, Lin M, Scherp R S. Dynamic Multi-Sensor Data Fusion System for Intelligent Rokots. IEEE Journal of Robofics and Automation,1988,4(4):386 -396.
[23] 杨廷梧,苏明,党怀义. 基于决策距离的分布式多传感器动态分组算法. 计算机测量与控制. 2010,18 (18):1950 -1952.
[24] Blair W D, Rice T R. Asynchronous Data Fusion for Target Tracking with A Multi-Tasking Radar and Optical Sensor. SPIE Vol. 1482, Acquisition, Tracking, and Pointing V (1991):234 -245.
[25] Alouani A T, Rice T R. Asynchronous Fusion of Correlated Tracks. Proceedings of the SPIE Conference on Acquisition, Tracking, and Pointing Ⅻ, Orlando, FL. ,1998.
[26] Rice T R, Alouani A T. Single Model, Asynchronous Fusion of Correlated Tracks. SPIE Vol. 3692, Acquisition, Tracking, and Pointing XIII ,1999:146 -176.
[27] Lin P T, Bongiovanni P L. Combination of Local Estimates As Applied to the Tracking Problem. 17th Asilomar Conference on Circuits, Systems and Computers, 1983:378 -382.
[28] Zhou Yiyu, Distributed Estimation and its Application in Tracking and Fusion. Systems Engineering and Electronics,1993,(6):58 -70.
[29] Don Lerro, Yaakov Bar-shalom. Tracking with Debiased Consistent Converted Measurements Versus EKF. IEEE Trans. on AES,1993,29(3):1015 -1022.
[30] Yaakov Bar-Shalom. A Tutorial on Multitarget-Multisensor Tracking and Fusion. 1997 IEEE National Radar Conference,15 May,1997,Syyracuse,NY.
[31] Chunling Yang, Quanzhan Zheng. Research on Fusion algorithm for Multisensor Target Tracking in Nonlinear Systems. the SPIE Conference on Acquisition, Tracking and Pointing XIII ,1999, SPIE. 3692:279 -287.
[32] 文成林. 多传感器单模型动态系统多尺度数据融合. 电子学报,2001,29(3):341 -345.
[33] 文成林,周东华. 多尺度估计理论及其应用. 北京:清华大学出版社,2002.
[34] Tingwu Yang, Shangqian Liu, Yingle Li. Single Model, Position Fusion Algorithm Based on Weight Recipro-

cal Propagation. Optical Engineering(OE),2003,42,(11):3290 - 3294.
[35] 杨廷梧. 非线性系统中多传感器目标跟踪融合算法. 飞行试验,2003,(3).
[36] 何友,王国宏,等. 多传感器信息融合及应用. 北京:电子工业出版社,2000.
[37] 毛士艺,等. 多传感器数据融合. 中国电子学会第五届全国信号处理学术论文集. 武汉:1994.
[38] 孙红岩,毛士艺,等. 多传感器数据分层融合性质. 电子学报. 1996,24(16):55 - 61.
[39] 杨廷梧,刘上乾. 基于模糊技术的非线性系统目标跟踪融合算法. 光子学报,2004,33(6):725 - 727.
[40] 周复恭,黄运成. 应用线性回归分析. 北京:中国人民出版社,1983.
[41] 任若恩,王惠文. 多元统计数据分析——理论、方法、实例. 北京:国防工业出版社,1997.
[42] 刘党辉,蔡远文. 系统辨识方法及应用. 北京:国防工业出版社,2010.
[43] 王惠文. 偏最小二乘回归方法及其应用. 北京:国防工业出版社,2000.

第7章　分布式多传感器光电跟踪测量系统设计

分布式多传感器跟踪系统作为多传感器跟踪系统的一种结构模式,不仅在航空、航天飞行器试验和常规武器试验中不可或缺,而且在军事装备领域中的应用也非常普遍,如从陆、海、空、天及水下的战略跟踪监视、预警、防御、突防,到武器的火力控制、威胁估计、态势评估,直至为各级指挥控制系统的决策提供基本信息的战略和战场情报收集等。分布式多传感器跟踪系统可以以较低的成本获得较高的可靠性,易于对系统进行扩展和升级。

分布式多传感器跟踪系统的设计,总的来说是根据具体对象的应用要求,进行需求分析,依据系统工程原理进行设计。本章对分布式多传感器跟踪系统实现的一些主要功能要素进行了讨论:从结构上分析了分布式传感器跟踪系统的主要实现因素以及相应的功能流程;讨论了分布式传感器系统融合估计技术以及算法选择;简要介绍了分布式传感器跟踪系统的性能评估方法。

7.1　分布式多传感器跟踪系统结构分析

机动目标跟踪的基本流程如图7－1所示。首先是利用处在不同位置的多种传感器对目标进行搜索、捕获、检测/识别、跟踪,获取观测信息,然后对观测信息进行处理。观测信息处理是属于目标位置/状态估计层次的数据融合问题,其本质是一个混合系统的状态估计问题,即利用多传感器获取的信息来估计目标运动的连续状态。其过程大致包括跟踪坐标系的选择、目标机动模型的建模、目标识别和检测、滤波算法与航迹融合/估计、决策等。

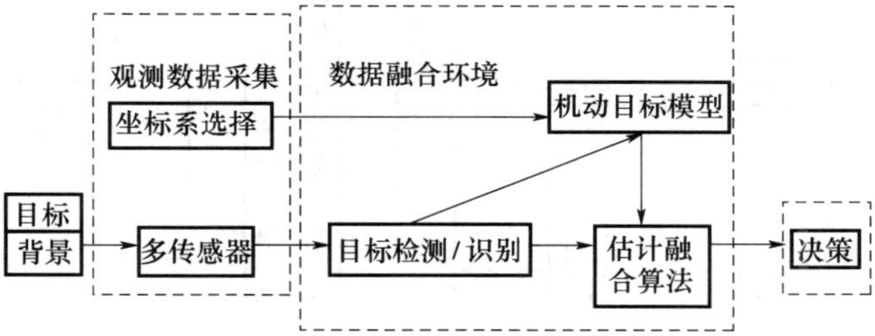

图7－1　目标跟踪基本流程框图

多传感器跟踪系统的迅速发展,来自于军事需求的牵引。美国在20世纪80年代就将信息融合技术列入国防关键技术之一,并大力开展研究。世界上许多发达国家也相继投入大量人力和物力进行研究,已取得许多研究成果,并应用到国防上的许多系统之中。如:OSIS 海上监视系统、P－3UPDATE 空海监视系统、F/AATD 空－空目标跟踪系统以及 C^3CM 对抗估计系统、C^4ISR 等。特别令人关注的是由美国国防部建设的 GIG(全球信息栅格)项目,它是集美军处于天基、空基、陆基、海基的所有传感器信息系统形成的陆、海、空共用的全球网,将世界各地的美军指挥系统连接起来,以实时方式将各种目标的相关数据信息、图表信息和图像信息等提供给指战员,为联合作战使用,实现"在恰当的时间、将恰当的信息、以恰当的方式传送给恰当的使用者",以信息优势、决策优势和作战行动优势,支持网络中心战。在我国,为了加速国民经济建设和国防建设,也在积极地开展应用研究和未来发展研究,并取得了丰富的成果。

在众多的多传感器跟踪系统中,其结构一般有两种主要表现形式:集中式结构[1]和分布式结构[2,3]。也有的学者认为可分为三种结构,即除前两种外,还有混合式结构[4]。在传统的多传感器系统中,以集中式结构居多。随着传感器技术、计算机技术和通信网络技术的飞速发展,分布式多传感器系统结构几乎在大中型跟踪系统中占有绝对地位,究其原因,主要是基于分布式多传感器系统结构具有更大的优势。

多传感器目标跟踪系统的信息融合结构主要可分为集中式、分布式(自主式)与混合式三种。

集中式融合结构如图 7－2 所示,它是将各传感器获取的原始数据传送至数据融合中心,由融合中心统一进行数据处理,如空间和时间对准、点迹相关、数据互联、滤波与预测跟踪等。这种结构的最大特点是:系统信息损失最小,但数据互联复杂,对通信带宽要求较高,可靠性较差;同时要求系统具备大容量存储和很强的计算能力,且融合中心一旦出现故障或受到攻击,整个系统会完全崩溃,因此系统生存能力比较差。

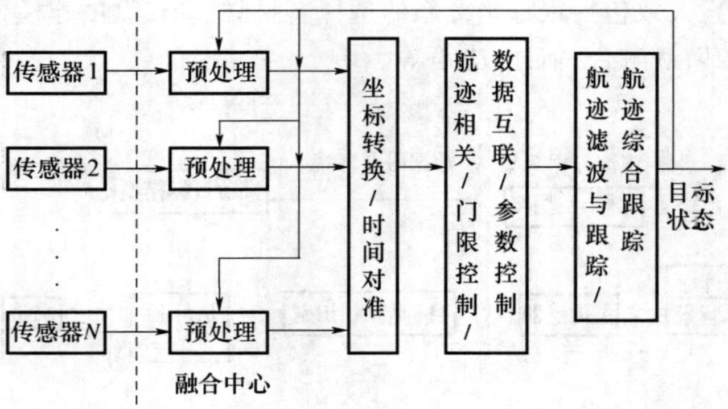

图 7－2　集中式融合结构

分布式融合结构,也称自主式融合结构,如图7－3所示。在该结构中,每一传感器进行各自的位置估计,并产生各自的状态向量。这些状态向量估计送至融合

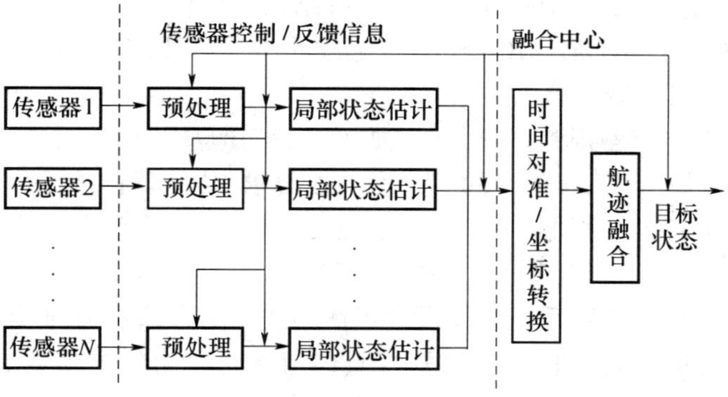

图 7-3 分布式融合跟踪系统功能结构

中心。融合中心再根据各传感器的状态向量等航迹数据，完成航迹关联和航迹融合，产生联合状态向量估计。这类系统应用很广，尤其是在 C^4ISR 系统中应用最为广泛。它不仅具有局部独立跟踪能力，而且还具有全局监视和特征评估的能力；同时分布式结构可以较低的费用获得较高的可靠性，可减小数据总线的频宽和降低处理要求；它不仅覆盖范围大，具有较高的系统生存能力，并且具有与集中式结构相当的精度。当系统中一个或几个传感器失效时，其观测结果对整个传感器系统信息融合性能和最终状态估计的影响较小。随着技术的发展和需求的增加，可以比较方便地进行性能和功能的扩展。而且能得到与集中式结构相同或相近的精度[5,6]。正因为分布式结构具有如此多的优点，因此，在设计多传感器跟踪系统时，分布式结构就成为首选方案。在对现有的各个分散跟踪系统进行改造或扩展时，分布式结构也是一种自然的选择。另外，当多个分散系统进行重组时，分布式结构还是最合理和经济的选择。

混合式结构，如图 7-4 所示。它是集中式和分布式两种结构的组合。它集合了数据级融合和状态向量融合两种形式，可同时传输传感器获取的数据和经局部节点处理后的航迹信息。在特定要求下（如需要更高的精度或在密集跟踪环境中），可进行数据级融合。至于选择数据级融合还是状态向量融合应根据需要而

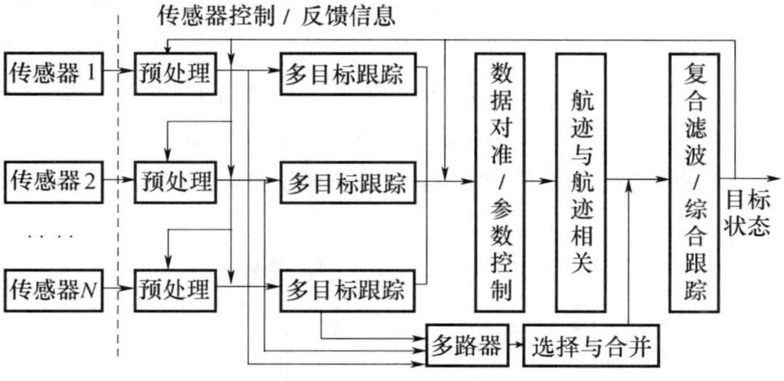

图 7-4 混合式融合结构

定。混合式结构保留了集中式和分布式两种结构的优点，比较灵活，适合于不同类型的传感器（如由雷达、IFF、IR、ESM 等）组成的传感器群，但在通信带宽、计算量、存储量等方面一般要求较高。

设计一个多传感器跟踪系统，首先要解决的问题是结构的选取。选取什么样的结构，主要取决于该系统的目的、用途、功能要求、传感器性能、系统的作用范围以及观测数据处理的流程等。通常，当系统较大时，一般采用分布式结构。这种结构可增加覆盖范围，可减轻处理中心的计算负担、减轻通信系统的数据传输压力。特别是在分布式结构跟踪系统中又设计了活动式单站跟踪系统，使用则更加方便、灵活，但在数据通信时需进一步考虑，视具体情况选择有线通信或无线通信。图 7－5是一个典型的航空飞行试验多传感器跟踪测量系统示意图。相应于图 7－5 多传感器系统的网络结构如图 7－6 所示。

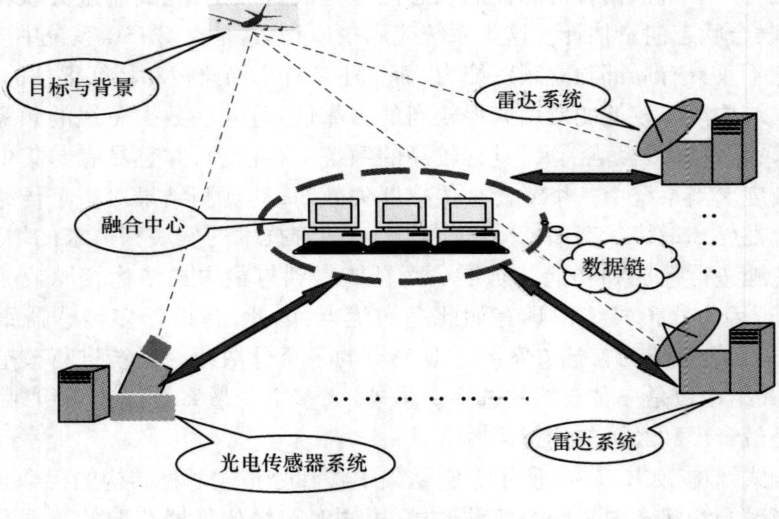

图 7－5　一种典型的多传感器跟踪系统

在图 7－6 所示的系统中，雷达与光电经纬仪均有本地处理器对局部状态进行估计的能力，其局部状态估计通过通信数据链（有线或无线方式）传送至融合处理中心进行全局估计。

在系统中，多传感器的站点坐标一般都是经过预先测量而得到其站点坐标的，设传感器 i 的站点坐标为 $[X_0^i \quad Y_0^i \quad Z_0^i]^{\mathrm{T}}$，则各传感器的站点坐标必须统一到同一坐标系中。如果各站点坐标不是在同一坐标系中的坐标值，则需要经过以下模型的转换：

$$\begin{bmatrix} X'^i_0 \\ Y'^i_0 \\ Z'^i_0 \end{bmatrix} = \lambda' \boldsymbol{R} \begin{bmatrix} a'_1 & a'_2 & a'_3 \\ b'_1 & b'_2 & b'_3 \\ c'_1 & c'_2 & c'_3 \end{bmatrix} \begin{bmatrix} X_0^i \\ Y_0^i \\ Z_0^i \end{bmatrix} + \begin{bmatrix} X_0 \\ Y_0 \\ Z_0 \end{bmatrix} \tag{7-1}$$

式中，λ'、$\boldsymbol{R}'$ 为从 $[X_0^i \quad Y_0^i \quad Z_0^i]^{\mathrm{T}}$ 所在的 $S-XYZ$ 坐标系到 $S'-X'Y'Z'$ 坐标系的比

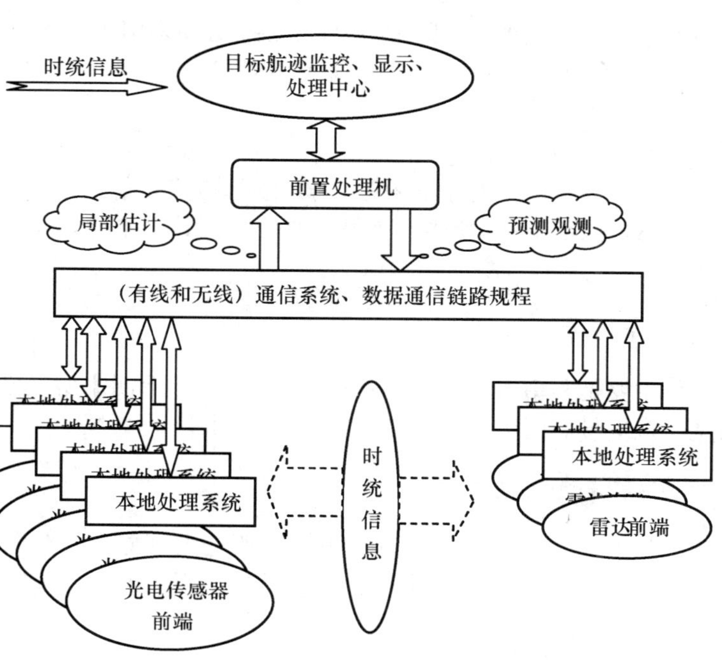

图 7－6　航迹测量系统结构示意图

例因子、旋转矩阵，$[X_0 \quad Y_0 \quad Z_0]^T$ 为两坐标原点之距离。

分布式多传感器跟踪系统主要分为三大部分：原始观测单元、传感器本地处理单元和融合中心处理单元。

7.1.1　原始观测信号

原始观测信号一般分为数字信号和模拟信号，模拟信号可经过 A/D 转换变为数字信号。由于传感器类型的不同，其输出的信号形式不同，故原始观测信号又可以分为图像信号和数字信号、声音信号。

7.1.1.1　图像信号

图像信号一般包括可见光图像、红外图像（短波红外、中波红外与长波红外）激光图像、紫外光图像以及 SAR 图像。在多传感器跟踪系统中，常见的有可见光和红外图像。由于光学图像传感器受天气影响较大，因此其作用距离一般比较短，在标准能见度情况下，可见光的空间作用距离可达 60km，而红外跟踪距离可到 70km～80km（晴朗的夜晚）。因此对于飞机及导弹类的机动目标的探测与跟踪一般都选择红外跟踪器。

随着红外器件制造技术的飞速发展，红外焦平面探测器（IRFPA）成为主流产品，在不久的将来高分辨率的红外焦平面探测器将越来越多地应用在跟踪系统中。众所周知，红外图像与目标与背景的温度有关，实际上红外图像是一种高背景、低对比度的图像信号。因此当红外图像信号获取后,必须采用弱目标信号检测技术,关于弱目标信号检测方法很多[7-9],这里不作介绍。

7.1.1.2 数据信号

数据信号主要来自传感器输出的距离、方位角和俯仰角原始观测信号。由于外界条件和传感器内部噪声的影响,使得在原始观测数据中叠加了系统误差和随机误差,有时还有粗差。

7.1.1.3 声音信号

声音信号主要是利用声纳传感器获取的,通常用于探测水中运动目标。声音信号一般是模拟信号。同样,在声音信号中也叠加了背景噪声。

7.1.2 传感器本地处理单元

在分布式传感器系统中,传感器本地具有较强的处理能力。在本地处理器中,要进行以下工作:预处理、局部状态估计、坐标转换等工作。

7.1.2.1 静态参数的输入

各传感器站点大地坐标是系统计算的参考基准参数,应事先测量。站点坐标一般是利用大地测量型 GPS 进行测量,可以是国家 80 坐标系的坐标,也可以是 WGS - 84 坐标系的坐标或者其它新建立公布坐标系的坐标。每个传感器本地输出的状态向量均需转换成上述坐标系中的一个,与时间信号一起,向融合中心发送。

7.1.2.2 预处理

预处理过程是对原始观测数据进行量纲统一以及系统误差修工。系统误差修正过程如图 7 - 7 所示。

系统误差的修正模型可在有关资料中获取[10]。尤其是当各个传感器分布范围较大时,必须进行系统误差修正,否则在融合中心进行融合时产生较大的误差。

7.1.2.3 局部估计

局部估计是通过本地处理器对观测数据、应用一定的算法对状态进行估计的全过程。

经过系统误差修正后的观测数据,虽然还含有系统残差,但主要是随机误差和粗差(也可能没有)。在飞行试验测量数据处理中,需要先对观测异常值进行修正,再进行局部状态估计,也可以将观测异常值修正与局部估计一起进行。两种技术路线如图 7 - 8 所示。

7.1.2.4 坐标转换

坐标转换是分布式跟踪系统必不可少的一项工作,一般大中型系统都具有分

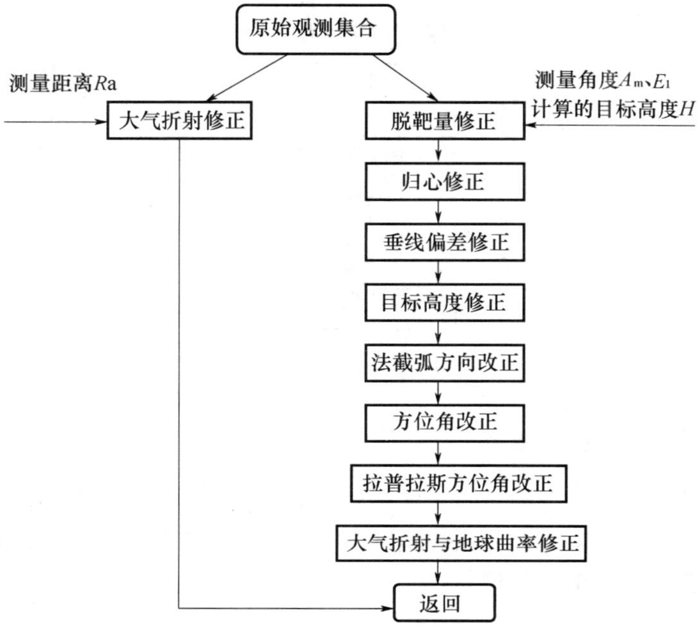

图 7－7　系统误差修正流程图

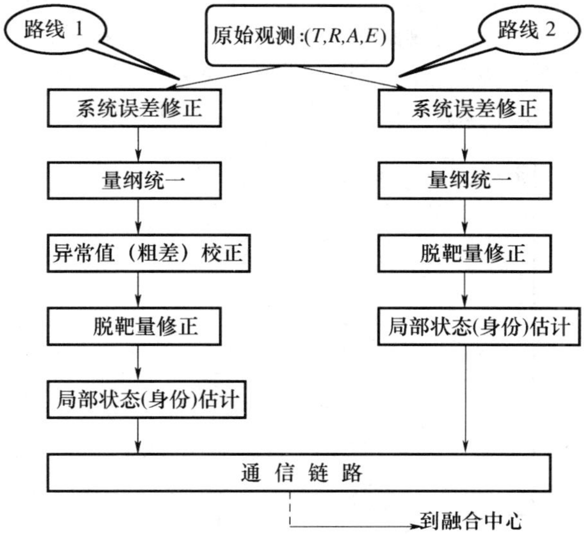

图 7－8　局部估计流程图

布范围大的特点,因此,需要将各传感器的局部估计转换在同一坐标系中,以便于在融合中心进行全局估计。坐标转换包括坐标的旋转与平移。其中指定坐标系可以是局部坐标系(如机场坐标系),也可以是全局坐标系(如国家大地坐标系或全球坐标系)。其转换关系图如图 7－9 所示。

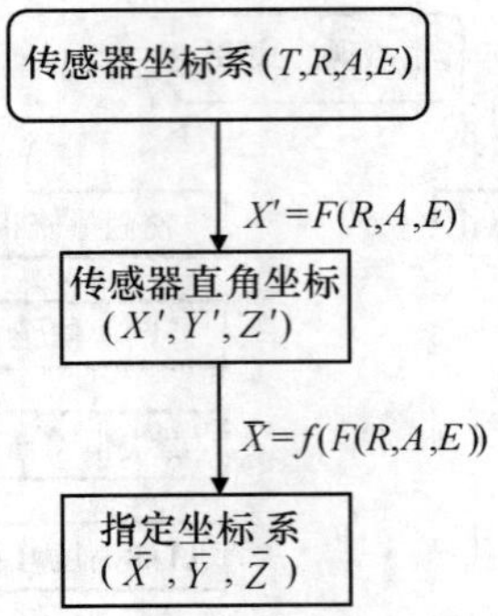

图 7-9　坐标转换流程图

7.1.3　融合中心处理单元

当各传感器局部估计通过通信链传输至融合中心，在融合中心需要完成时间校正(对准)、航迹关联(相关)、航迹融合或身份融合，实现机动目标航迹估计间的空间融合或机动目标的身份确认。

7.1.3.1　时间校正(对准)

时间校正问题是融合中心首要考虑的问题。由于各传感器不一定能同步工作，或者不同类型的传感器其数据率并不一样，因此，大多是一个异步数据融合问题。有许多学者均在异步融合问题上做了很多研究[11-13]，通常采用的时间校正流程如图 7-10 所示，现代传感器系统均具有统一的时间系统。

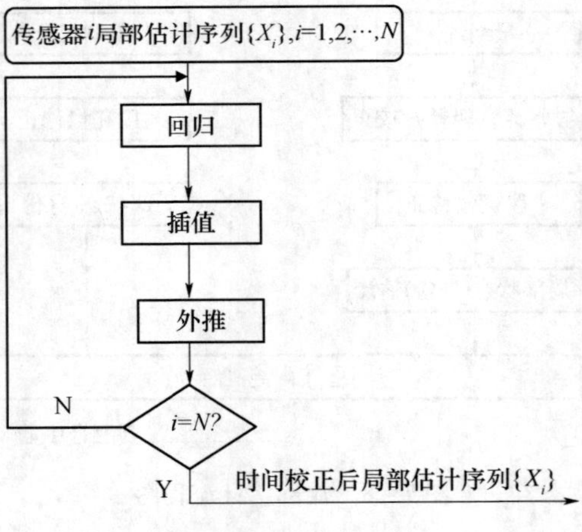

图 7-10　时间校正流程图

7.1.3.2　航迹关联

在多目标跟踪过程中，不仅有多个目标信息，往往还有杂波信号。要有效地确定出是杂波还是来自哪个目标的航迹,必须进行航迹关联(相关)处理。

当坐标变换和时间校正完成以后,需要对传感器局部航迹进行关联。航迹关联是多目标跟踪的核心问题之一。目前已出现了许多实现航迹关联的算法。有些较早的雷达或某些光电传感器没有统一的时间系统,在融合中心需要采用一些特殊的算法进行航迹相关,如采用多个传感器观测曲线的相交性来进行关联。因为从概率上可以证明传感器观测曲线交点最可能就是目标点,其流程如图 7 - 11 所示。

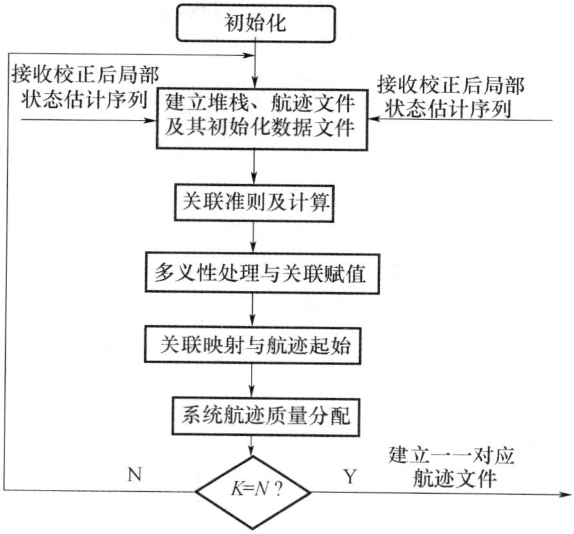

图 7 - 11　航迹关联流程图

7.1.3.3　航迹融合或身份融合

航迹关联完成后,将来自于不同传感器的局部航迹进行归类,建立了与机动目标一一对应的航迹文件。对于有 M 个传感器同时观测同一个目标的局部估计,分成一组,根据一定的融合准则对该组数据进行处理。融合处理过程中,首先对传感器进行一致性检验,这是因为传感器具有不同的观测性能,将一致性好的传感器进行融合处理,其流程如图 7 - 12 所示。

经融合后得到目标的全局估计,如考虑有反馈的分布式跟踪系统,还需将估计值传输给各传感器处理器,可用作观测异常值的自适应校正和对传感器的实时引导。引导设计的关键在于动态衔接设计。动态衔接设计就是要解决被测量目标在高速运行时目标引导跟踪成功率的问题。

一般地,对于静态目标或慢速目标的引导,经过静态衔接设计并实施后,单点引导成功率较高。但是,当目标高速运动时,如利用当前目标状态估计引导传感器,则会产生时间延迟。如果时间延迟大到足以使得目标不在光电传感器的视场范围内或雷达的波速范围内,引导就会失去作用。因此,在预测过程中,必须对通

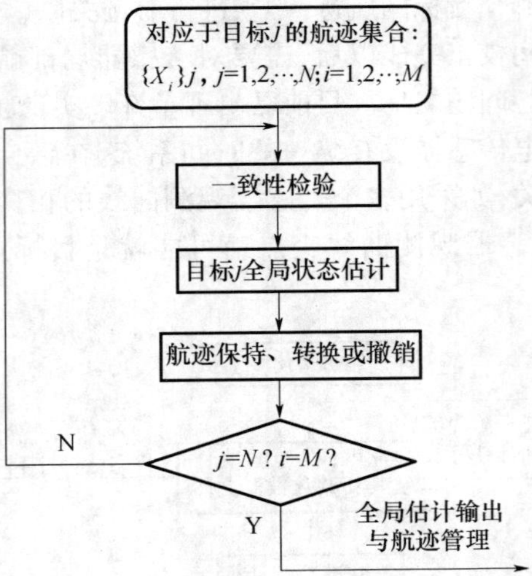

图 7-12　航迹融合流程图

信链路往返的时间延迟进行计算，确定时间延迟的具体量值。在预测时确定预测的时刻，时间长了预测的偏差较大，时间短了引导数据不起作用。预测向量的时间延迟，主要由图 7-13 所示过程时间段的长短来决定，通过对数据传输节点分析，$\Delta t = \Delta t_1 + \Delta t_2 + \Delta t_3 + \Delta t_3 + \Delta t_4$。

测量时间延迟 Δt 的方法有事先测量方法、统一时统方法。

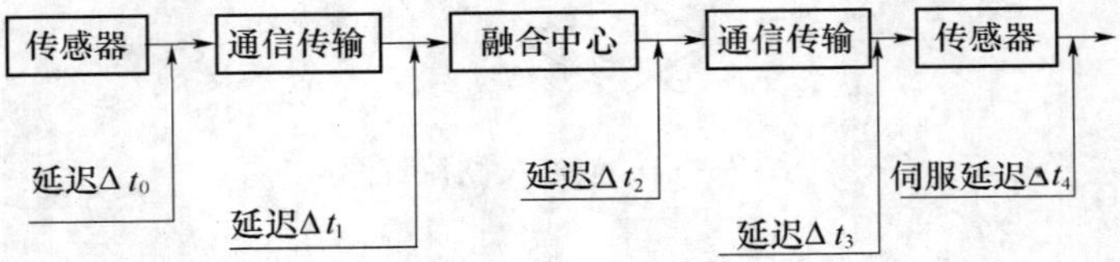

图 7-13　时间延迟示意图

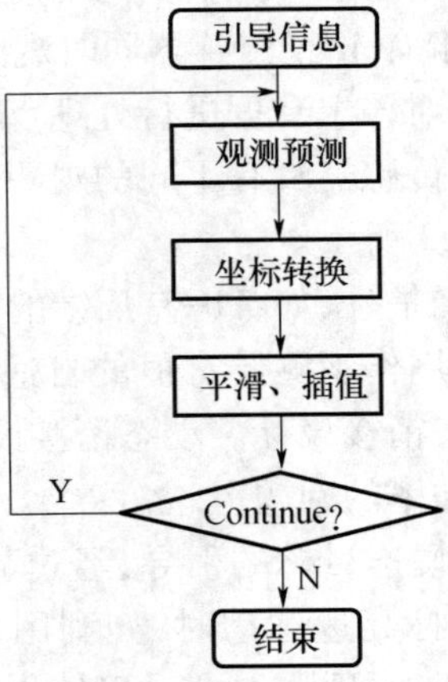

图 7-14　引导计算流程图

引导信息由图 7－14 所示流程计算。按照图 7－13 计算时间延迟 Δt 后,才能确定预测的时间长度。其流程图中坐标转换表示的是从全局估计到传感器 i 的坐标转换。

7.2　分布式多传感器融合估计

分布式多传感器融合估计内容主要包括:系统模型、优化准则、融合算法。融合估计问题必须建立确定性的状态向量、观测方程、运动方程(动态估计问题)和其它如数据编辑、收敛准则以及确定估计问题的坐标系等,如图 7－15 所示。

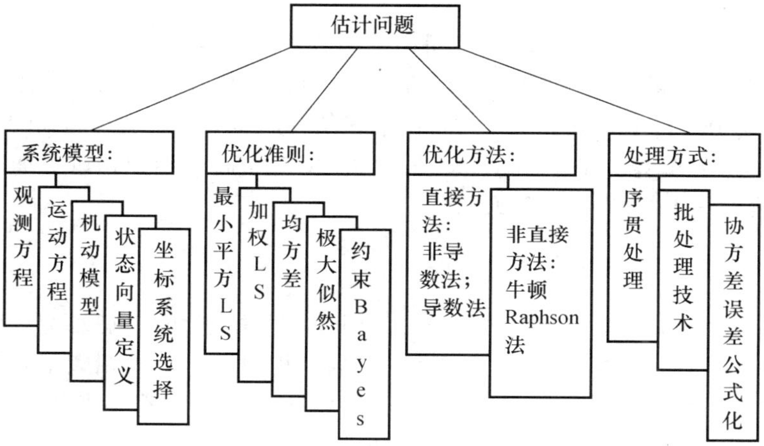

图 7－15　估计问题选择

7.2.1　系统模型

在建立系统模型方面,许多学者做了大量研究性的工作,提出了许多有效的方法。机动目标跟踪在选择运动方程时应综合考虑物理实现和精度,以及计算资源和所预测区间,Waltz 与 Llinas[14] 和 Blackman[15] 讨论了运动方程的选择问题。

建立系统模型的一般原则是:所建的模型既要符合机动目标的实际情况,又要比较容易实现。相关文献中介绍的模型主要有:微分多项式模型,CV、CA 模型和 Sklansky 模型,一阶时间相关 Singer 模型,半马尔可夫模型,机动目标"当前"统计模型等。系统模型需要根据具体情况加以选择。对于以上模型,需要明确各种模型应用的具体范畴。选择模型的形式很重要,有时是非常关键的。下面对各种模型进行简要分析。

7.2.1.1　微分多项式模型

该模型对目标运动轨迹有很好的近似性,适合运动轨迹曲线的拟合和平滑。但对于机动目标跟踪时,其滤波与预测存在多项式阶次较高和不适应随机干扰出现的情况,因此,微分多项式模型不适合作为机动目标跟踪模型。

7.2.1.2 CV、CA 模型

在目标没有机动,且仅作匀速直线运动时可采用 CV 模型;在目标没有机动,且仅作匀加速直线运动时可采用 CA 模型。与微分多项式模型相比,这两种模型可以看作是考虑了随机干扰的微分多项式模型的一种特殊情况。当机动发生时,需要对变加速度 $a(t)$ 进行很好的描述。该模型适用于导弹类的飞行器跟踪,不适合飞机这类机动性强的目标跟踪。

7.2.1.3 一阶时间相关 Singer 模型

该模型将机动目标加速度的时间相关函数写成指数衰减形式,其机动频率 α 需要经过先验测量得到,机动加速度方差 σ_{α}^{2} 可通过假设机动加速度概率密度函数服从均匀分布计算得到。该模型可以描述从等速运动到等加速运动的不同运动状态,比前两种模型具有较大的机动适应性。但对于高机动即超过等加速范围的运动,该模型会引起较大的模型误差。

7.2.1.4 半马尔可夫模型

时间相关 Singer 模型为零均值的一阶时间相关模型,而半马尔可夫模型是具有非零均值加速度的相关高斯噪声模型,该模型把机动看作为相应于半马尔可夫过程描述的一系列有限指令,该指令由马尔可夫过程的转移概率来确定,转移时间为随机变量,非零均值加速度更符合机动的情况。

7.2.1.5 机动目标"当前"统计模型

该模型本质上是非零均值的一阶时间相关模型,其机动加速度的"当前"概率密度用修正瑞利分布描述,均值用"当前"加速度预测值,随机机动加速度在时间历程上仍符合一阶时间相关过程。该模型采用非零均值和修正瑞利分布表征机动加速度特性,比较符合机动的实际情况。

总之,系统模型可分为两大类:全局统计模型和"当前"统计模型。全局模型适合机动较小或者比较平稳的状态;而"当前"模型能比较好地反映目标的机动特性。随着研究工作的深入与不断实践,对上述模型的改进或新模型的提出,会更加适合于强机动性目标的跟踪。

7.2.2 优化准则

在建立了与状态向量相关的观测方程和对动态问题建立了运动方程之后,关键问题是确定最佳拟合。使状态向量最佳拟合于观测数据的方法有许多,如最小二乘法、加权最小二乘法、均方差(MSE)、Bayes 加权最小二乘法(BWLS)、极大似然估计法等。

每种方法都包含一个残差函数:

$$\boldsymbol{v}_i = \boldsymbol{Y}_i(t_i) - \boldsymbol{Z}_i(t_i) \tag{7-2}$$

式中，$\boldsymbol{v}_i$ 为在时间 t_i 的第 i 个观测 $\boldsymbol{Y}_i(t_i)$ 与预测的观测 $\boldsymbol{Z}_i(t_i)$ 之间的向量差；预测的观测 $\boldsymbol{Z}_i(t_i)$ 是状态向量 $\boldsymbol{X}(t_i)$ 的函数，因此，$\boldsymbol{v}_i$ 也是状态向量 $\boldsymbol{X}(t_i)$ 的函数，有时也称为损失函数。

优化准则就是使损失函数达到极小，故估计问题就变成了一个最优化问题，最佳拟合中应用最多的是最小二乘法和加权最小二乘法。加权最小二乘法的向量形式如下：

$$\boldsymbol{L}(\boldsymbol{X}) = \boldsymbol{VPV}^{\mathrm{T}} \tag{7-3}$$

上述各个优化准则的选择依赖于观测过程的先验知识。显然，MLE 准则是假设观测噪声的概率分布是已知的、MSE 准则需要假设条件概率函数、而 Bayes 加权最小二乘法要假设状态向量的先验方差。如果在下述限制条件下，使用这些准则可以得到相同的解[16]：

（1）观测误差是具有零均值的高斯分布；

（2）在不同时间的误差是随机独立的；

（3）加权最小平方准则的权是 $\boldsymbol{X}$ 的逆协方差矩阵。

7.2.3 最优化方法

最优化方法一般分为两大类：直接法和间接法。直接法又分为非导数法和导数法。非导数法包括单纯形法[17]、方向交替法（共轭方向法、Powell 法）[18,19]。导数法包括共轭梯度法（Fletcher – Reeve 法、Polak – Ribiere 法）[18,20]、变量因子法（Davidson – Hecher – Powell 法等）[18]。非直接法有 Newton – Raphson 法。总之，直接法是寻求满足优化准则的 $\boldsymbol{X}$ 值（寻求的 $\boldsymbol{X}$ 值使损失函数达到极小或极大），其中，导数法需要损失函数对 $\boldsymbol{X}$ 的导数知识，而非导数法仅需要能够计算损失函数即可；非直接法是寻求包含损失函数对状态向量 $\boldsymbol{X}$ 的偏导数等式系统，即 $\boldsymbol{X}$ 的偏导数等于零的等式的根，Newton – Raphson 法是成功的方法[18]。

7.2.4 算法分析

多传感器数据处理一般存在两种可选方法：批处理和序贯处理[21-23]。批处理是将所有数据同时考虑，即对于 N 个观测，选择一个优化准则进行处理，以寻求与 N 个观测最佳拟合的 $\boldsymbol{X}$ 值。序贯处理是随着新观测值的接收而对状态向量估计进行更新处理。Kalman 滤波及其改进算法就是序贯估计通常使用的方法。

批估计和序贯估计技术是对带有冗余观测集合来估计其状态向量，获得状态向量的最优值。但有时我们并不关心 $\boldsymbol{X}$ 的具体数值，而是关心结果的不确定性，在这种情况下，通常使用协方差误差分析技术。Hall 和 Kumer[24] 利用 Landsat 卫星数据进行轨道/姿态的协方差误差分析研究。同时，协方差误差分析技术对传感器设计和任务规划能提供有价值的参考。

融合算法非常多，这主要是由于不同领域的研究者根据各自研究对象的特性提出了适合其具体对象的融合算法。下面主要分析航迹关联算法、分布式融合估计算法。

7.2.4.1 航迹关联算法

定义航迹关联是指多个传感器点迹 $Z_i(i=1,2,\cdots,N)$ 与 j 个已知或确认的事件进行匹配，使得这些点迹分别属于 j 个事件的集合，即每个事件的集合均来自于同一实体，每个实体表示以下三个假设之一：

(1) 已有航迹的后续点迹；

(2) 新航迹；

(3) 虚警。

在多目标跟踪系统中，由于杂波的干扰和传感器的内部噪声会导致各传感器对同一个目标的观测值不完全相同，又由于在多目标交叉和新目标不断出现的情况下，难于判断新的观测值究竟属于哪一个目标，因此必须进行数据关联。实际上，航迹关联就是利用传感器观测值的相似特征，来判定各传感器送来的局部航迹是否属于同一目标。在分布式传感器系统中，由本地传感器输出的多目标航迹，必须要经过"航迹－航迹"关联过程，以便在融合中心判定来自于同一目标的局部航迹。

关于关联算法的研究已有很大进展，对于"航迹－航迹"关联算法，主要可分两类：基于统计的方法和基于模糊理论的方法。现将对其中几种具有代表性的经典算法进行分析。

1. 加权和修正航迹关联算法

加权和修正航迹关联算法是一种经典关联算法，比较成熟。加权航迹关联算法是假设各局部节点对同一目标的状态估计误差是统计独立的，其原理是构造检验统计量，如该统计量低于使用 χ^2 分布获得的某一门限，则接受假设 H_0，即判决航迹相关；否则，接受假设 H_1。修正航迹关联算法针对状态估计误差不一定是统计独立的这一观点，对加权法进行修正。当过程噪声较大时，修正航迹关联算法的性能有所改善。该算法具有计算量小、通信量低和易实现的特点．但在目标密集，特别是又处于航迹交叉和分叉较多的环境下，关联性能降低，会出现较多的错误关联。因此，不少学者在此基础上又发展出了独立和序贯航迹关联算法、独立和统计双门限航迹关联算法，其关联性能得到了较大的提高。

2. 最近邻域(NN)和K近邻域(K—NN)航迹关联算法

最近邻域(NN)和K近邻域(K—NN)航迹关联算法也是比较成熟的算法。最近邻域(NN)法采用状态估计误差向量与阈值向量进行比较的方法来确定航迹相关。但这种方法用在密集目标的环境下，同样存在错、漏关联问题。K近邻域(K—NN)航迹关联算法与最近邻域(NN)法相比，其性能有了较大改善，但计算比较复杂，不易工程实现。因此，在此基础上发展了修正的K近邻域(MK—NN)航迹关联算法,在算法结构上较为简单,易于实现。

为了清楚说明这几种算法的优缺点,专门列出表 7-1 进行比较。从表 7-1 中可以看出:前三种关联算法适合于稀少目标,而 K 近邻域(K—NN)航迹关联算法适合于密集目标。

表 7-1 几种基于统计的航迹关联经典算法比较

算法	计算量	通信量	适应环境	对局部跟踪器要求	参数设置要求
最近邻域法	小	低	稀少目标	无	无
加权法	小	中	稀少目标	有	无
修正法	中	高	稀少目标	有	无
K—NN 法	中	低	密集目标	无	有

当雷达或某些光电传感器没有统一的时间系统时,在融合中心需要采用一些特殊的算法进行航迹相关,如采用多个传感器观测曲线的相交性来进行关联。解决这类问题常用的方法有最小距离法[25]、MSJPDA(Multi - sensor Joint Probabilistic Data Association)[26]和极大似然法(ML)、多模型交互算法(IMM)[27]等。

3. 模糊航迹关联算法

航迹关联算法必须适应在实际多目标跟踪环境中的航迹关联问题。由于在实际环境中,传感器内外噪声的影响导致了航迹关联判别的模糊性,而这种模糊性可以用模糊理论的隶属度函数来表示,也就是用隶属度概念来描述航迹间的相似程度。在模糊航迹关联中,需要确定模糊因素集和隶属度函数以及模糊权集的动态分配。

模糊航迹关联算法适合于机动目标密集的环境以及具有较大误差的系统,处理速度快、通信量低、关联性能好,但其缺点是系统参数设置复杂,如隶属度函数中的一些参数要通过大量仿真来确定,而这些参数又与门限有关。尽管如此,模糊航迹关联算法仍然是一类具有良好应用前景的航迹关联算法。

7.2.4.2 分布式融合估计算法

在融合中心,当完成航迹关联后,就要根据某种准则对传感器局部状态向量进行全局估计,以获得最佳状态估计。对于分布式多传感器跟踪系统,可以采用的融合算法很多,大致可以分为四类:基于 Kalman 滤波类的算法、基于加权融合的算法、基于信息图的方法以及基于人工智能的算法。其中基于 Kalman 滤波类的算法和基于加权融合的算法比较成熟,后两者是很有前景的方法。以下简单介绍三类算法。

1. 基于 Kalman 滤波类的算法

基于 Kalman 滤波类的算法也有很多。如 Keshu 提出了两种基于 BLUE(Best

Linear Unbiased Estimation)融合估计算法,该算法对存储量的要求很低。Rao 等将多传感器卡尔曼滤波算法分散化,给出了一种无需事先使各传感器节点同步,且结点间的通信量最小的算法。Bar - Shalom 等给出了一种分层融合方法,该方法的缺点是系统复杂且运算量较大。在非线性系统中, Liu 于 1984 年提出了分布式扩展卡尔曼滤波算法 DEKFA(Distributed Extended Kalman Filtering Algorithm)。Yang 等从理论出发,导出了分布式变换测量卡尔曼滤波算法(DCMKFA),该算法几乎能重构集中式融合估计,具有几乎相同的精度。

2. 基于加权融合的算法

在数据融合理论中广泛应用于状态估计的加权融合算法,是较为成熟的一种。许多研究结果已经证明该算法的最优性、无偏性、均方误差最小等特性。加权融合算法的关键在于权系数的确定,而权系数又与各传感器的测量方差成反比,这一结论说明权系数的确定问题转化成了对各传感器测量方差的估计。但目前测量方差大多是通过传感器自身的方差参数指定或经验确定,而未考虑环境干扰等因素。仲崇权等[28]把传感器的内部噪声与环境干扰作为一体考虑,利用多元信息的互补性,将多传感器分组,推导出关于各组传感器测量的加权融合公式,并提出了一种分组方差估计学习算法 LAGVE (Learning Algorithm for Grouping Variance Estimation),对各组传感器测量值的方差进行估计。杨廷梧[29]等提出了一种基于协因素传播律的融合算法,不但考虑了传感器的内部和外部噪声,而且考虑了坐标转换时的误差传播影响。同时提出了将传感器进行动态分组的准则及模型,是一种实用的工程模型。

3. 基于人工智能的算法

神经网络、模糊逻辑、遗传算法等人工智能方法在解决目标跟踪问题上有其独到的优势。这些方法具有通用性、自适应性、鲁棒性、灵活性,可以利用神经网络的映射能力对传统滤波方法进行调整。敬忠良提出了基于全状态残差的特征向量,利用 BP 网络提取目标的机动信息,实现了对"当前"统计模型方差的调整;同时可利用模糊逻辑的内在并行能力提出新的跟踪算法,如 McGinnity 等提出了四种模糊卡尔曼滤波器,用局部的线性模型实现了非线性系统的滤波;还可利用遗传算法提高系统的优化能力,如 Burne 等利用遗传算法进行跟踪传感器组的选择。人工智能技术方兴未艾,随着研究的不断深入,一定会有更多工程实用的算法应用于跟踪系统中。

7.2.5 算法选择过程分析

如上所述,涉及算法很多。由于其各有特点和局限性,就需要根据具体应用对象对算法进行选择。其过程一般有:分析系统需求、用户操作需求、确定初步算法、进行仿真分析,以验证该算法所需资源以及面向对象的有效性、算法的详细设计以及改进过程,如图 7-16 所示。

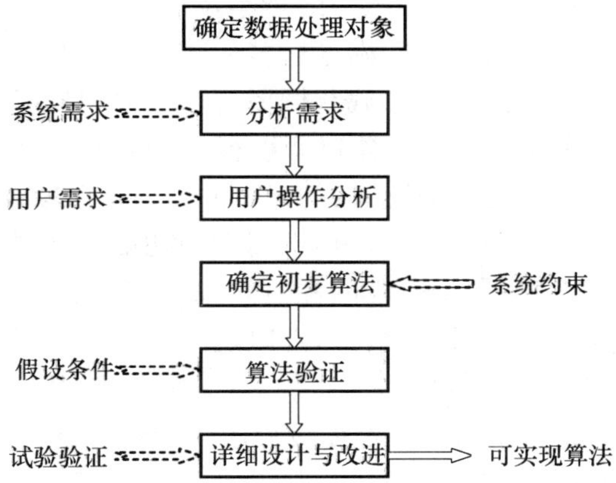

图 7-16　算法选择过程

7.3　系统支持功能

分布式多传感器跟踪系统设计中要考虑的问题很多,按照系统工程设计要求,首先应明确系统设计研制的目的、用途和任务要求,这可能是一些比较定性的、总体性的要求;然后根据这些总体要求,需要做详细、认真的需求分析。需求分析必须包括系统的目的和用途、总体性的功能以及分系统的功能要求、跟踪对象的特点、特性以及物理、几何特征、使用环境及条件、人员条件、I/O、工作流程、实现的条件、需要采用的策略等等。明确需求分析后,需要进行可行性和技术成熟度分析。在此阶段,至少能找到一种以上的技术路线来实现,尤其重要的是对系统的关键技术进行分析,并提出解决途径;确定初步方案,一般应有一种以上的方案供参考比较,选择在性能、成本、周期三个方面综合效果最佳的方案;详细设计过程是建模与实现之间的重要过程,必须按照或参考国家或行业标准以及质量、工艺要求进行设计。

多传感器跟踪系统设计,一个很重要的过程是制定本系统的信息通信规范,它包括各分系统之间的软硬件接口要求、信息传输的格式与内容规定等。如果将这一规范的制定放在详细设计或分系统集成之后,往往是事倍功半,结果是各分系统设计或调试好后,一旦总系统联试时出现问题,则会为分系统之间的通信花费很长时间,有的部分甚至要重做。因此,在确定初步方案时应同时制定系统或分系统通信链路规范。尽管国军标对军用系统制定了相应的规范要求,但还是要在此基础上,根据本系统的具体情况详细制定,并且要求所有参研部门或单位必须严格按此执行,总设计师系统还须随时检查,做到问题及时发现,及时沟通,及时解决。

7.3.1　传感器系统管理

用于传感器系统管理的是传感器管理系统(SMGS)[30,31]。它的任务就是依据一定的最优准则，确定目标，选择传感器的类型及传感器的搜索模式和工作参数。其目的就是利用有限的传感器资源，满足对多个目标和扫描空间的要求，以得到各具体特性的最优度量值（检测概率、截获概率、传感器自身的发射能力、航迹精度或丢失概率等），以最优准则对传感器资源进行合理分配。其核心问题就是依据最优准则，管理分配传感器，选择传感器的工作方式和工作参数。传感器管理范围包括空间管理、模式管理和时间管理。传感器管理功能包括目标排列、事件预测、传感器预测、传感器对目标的分配、空间和时间范围控制、配置和控制策略等。传感器管理依赖于管理员输入、数据融合信息以及外部请求。可见，SMGS虽然只是数据融合的一个子系统，但它仍是一个复杂、完整的系统，其设计要综合考虑各方面因素。刘先省等[32]通过引入目标优先级排序函数和传感器（组合）与目标配对函数，定义传感器 i 对目标 j 的效能函数，从而求出系统所有传感器对全部目标的综合效能函数，再加上最大跟踪能力约束和对目标覆盖约束，就可实现对传感器资源的合理分配。

在实际传感器的组合过程中，主要考虑机动目标所具有的特性、探测器性能、跟踪精度、传感器最小消耗和通信量的最小消耗等因素。在目标跟踪过程中，传感器管理原则是以最小的消耗来获取最优的效果。关于传感器的管理一般将从以下几个方面综合考虑：

1）目标特性

要掌握被跟踪目标的运动特性及范围、几何尺寸、颜色、可见光特性、红外辐射特性、电磁特性等因素。这是选择传感器的主要因素。由于现代飞行器均采用了隐身技术，如果传感器选择不合适，则无法检测到目标。对于高机动性的目标，选择传感器和进行传感器组合时，还要考虑对目标的快速捕获及目标丢失后快速引导能力。

2）传感器探测性能

每一类传感器都有不同的探测性能，如红外传感器能捕获目标的红外辐射特征、雷达能探测到机动目标反射的电磁回波信号[33]。传感器的作用范围和距离也不尽相同，为了利用有限的传感器，使传感器网络达到最优的性能，就必须了解和掌握传感器的基本性能以及怎样组合才能满足其使用需求。

3）跟踪精度

不同的传感器具有不同的跟踪精度，对于一种给定的传感器来说，其跟踪精度除了取决于传感器及跟踪系统本身的功能和性能外，还取决于采用算法的精度，不同的算法会带来不同的估计精度。如前所述的各种算法，各有优缺点，且对目标的适应性也不一样，因此在选择算法的过程中，必须根据多传感器系统结构与性能特点及目标特性进行选择，才能获得最佳的跟踪精度。一般要考虑的是传感器系统的波谱、几何结构、空间作用距离和范围、性能特点、目标特性和算法的适应性，即使在跟踪同一种目标的过程中，也不能仅采用单一系统或同一种算法。杨春玲等[34]研究出了转换坐标卡尔曼滤波算法（CMKFA），并在算法中分析了在非线性系统中多传感器与目标的相对位置及远距离目标对跟踪精度的影响。

4）传感器能量最小消耗

众所周知，传感器数量越多，跟踪精度相对越高，能量消耗也越大。因此，必须寻找在满足跟踪精度的条件下，所使用的传感器能量消耗最小的最优方案[35]。

5）通信量最小原则

系统的通信消耗与不同的信息传输模式和通信协议有关[36]，也与结构有关。通常采用网络自组织的方法，一般要求网络自组织的时间越短越好。

7.3.2 航迹管理

航迹管理包括航迹起始、航迹维持、航迹终结三大部分。其中，航迹维持是在数据关联以后，利用自适应滤波的方法，对已知目标的状态进行更新。航迹起始和航迹终结是目标跟踪中的两个重要环节。航迹起始是指产生新的目标航迹在系统中建立的过程，而航迹终结是指某目标航迹的结束。目前，目标跟踪起始理论有两大类：一类是面向测量的批处理算法，另一类是面向目标的递推算法。前一种算法可以同时处理航迹初始化和航迹确定问题，但在密集回波环境下计算量比较大；后一种算法把航迹的初始化和航迹的确定分开，并以递推的形式出现，在工程上容易实现，但辨别目标和虚警的能力较差。目前，多目标跟踪起始与终结的方法主要有：序列概率比检验法[37]、Bayes 航迹确定法[38]和 N 维分配法等。虽然这些方法仅适用于稀疏目标环境，但利用 Bayes 法则，很容易被推广到密集目标的环境，N 维分配法计算量比较大，但可以采用“聚”分析技术来减少计算量。由于目标终结是目标起始的逆问题，因此，有关目标起始的理论同样适用于目标终结，在文献中[37-39]对此也做了相应的介绍。

在 MHT 类算法中，已经包括了航迹起始和航迹终结的内容，其中描述了虚假航迹和目标消失后航迹的删除等。在联合概率数据关联 JPDA（Joint Probabilistic Data Association）算法[40]中，虽然没有包含航迹起始和航迹终结的关联算法，但可采用序列似然比检验法或者概率决策分析法来完成这一功能。

7.3.3 数据库管理

数据库管理是管理融合处理中所使用或计算的模型参数、传感器参数、外部数据库信息、环境信息、测量相关信息以及所需的先验数据等。数据库功能通常包括数据输入、存储、路径指示、检索、归档等，其特点如下：

（1）数据类型复杂，包括标量、向量、图像、矩阵、地图数据、规划数据等。

（2）支持数据库快速更新，以接受传感器即时发送的数据并自动融合处理实现数据库更新。

（3）支持数据库快速查询，界面友好，具有布尔请求、报告生成、关系查询等特点。

（4）能够接受与处理人工输入、报文输入与外部文本数据库的固定格式输入和自由格式文本数据等。

7.4 分布式多传感器跟踪系统性能评估

分布式多传感器跟踪系统的性能评估采用定性与定量相结合的方法。由于以下原因,使得对分布式多传感器跟踪系统的性能评估具有较大难度:

(1) 组成跟踪系统的传感器种类多、传感器组合模式多、使用范围大、技术复杂、涉及专业面广、多功能、多指标、高动态、高精度。

(2) 需要评估的内容多。

(3) 真实的使用环境、人为设置的对抗环境和跟踪的对象复杂多变等。

(4) 涉及单位多,投资大,周期长。

(5) 尽管跟踪系统的性能评估有国军标(如 GJB 1904.2—96)作为依据,但随着现代制导武器技术和跟踪技术的发展,这些国军标已不能满足其要求,还需要进一步发展和相对完善。

从使用角度来讲,系统的总体性能体现在四个方面:系统的跟踪性能、可靠性、适应性和可扩展性。这四个方面也是系统设计中必须要考虑的重要问题,它涉及到系统的总体性能和系统能否正常工作以及系统的扩展性。影响跟踪性能的主要因素按信息流程可分三个阶段:

(1) 传感器观测与本地处理过程:传感器类别、传感器工作波段、工作环境传感器探测性能、目标运动特性、目标物理特性、背景噪声干扰、人为干扰、多传感器几何分布、观测—航迹关联算法等。

(2) 信息传输过程:通信速率与误码率等。

(3) 融合中心处理过程:系统误差修正精度、坐标转换精度、目标检测算法、目标跟踪算法、航迹关联算法、状态融合算法、引导性能等。

多传感器跟踪系统的最终目标是能够向使用者提供有效、真实的目标航迹,并具有最优精度。目标丢失或错误关联都会导致有效航迹的减少。

单个跟踪系统性能评估过程可分为部件、子系统、系统级的评估,也可分成出厂(所)前的评估、在模拟环境下的综合评估、在真实使用环境下的外场验收评估和使用评估等。还需要对系统的用途、功能、技术性能指标等方面进行评估。具体可从以下几个主要方面进行。

7.4.1 系统的跟踪性能

系统的跟踪性能评估,一般有两种方法:单一指标评价法和系统级评价法。Manson 等[41]提出的数据关联是多目标跟踪的关键因素。数据关联的正确率可作为系统跟踪性能的评估指标,因为错误的关联使得估计器失真而产生新的误差,导致假航迹出现。还有一些文献[42,43]研究了其它一些指标,如航迹关联的正确与不正确的概率、假航迹的概率、跟踪丢失的概率(跟踪可靠性)、重新扑获目标能力等。康耀红[44]提出了一种系统评估方法，在航迹分类基础上，推导出一个综合评价指标并建立一般的评价模型。Reid[45]提出了被跟踪目标的百分比、假目标的百分比概念作为系统跟踪性能的度量。系统的跟踪性能又包括各传感器的运动性能和探测性能。

7.4.1.1 传感器运动性能

观测前端(本地传感器系统)的角速度、角加速度、过渡过程时间是观测传感器系统最重要的运动性能指标。通常，这些指标可以在室内检测场检测，最重要的是在真实条件下的使用验证。通过足够多次的试验，统计其保精度的运动性能指标。

7.4.1.2 传感器探测性能

传感器的探测灵敏度、作用距离、观测范围、观测精度(或者观测不确定度)是观测传感器系统最重要的探测性能指标。这些指标可以通过试验检测得到，也可作为某些处理模型的先验知识。

7.4.2 系统综合性能

系统的总体功能、可靠性、跟踪成功概率、丢失目标的概率、引导捕获和重新捕获目标的能力、错误航迹的概率、融合后状态估计误差等是系统性能的重要考虑因素。可靠性可通过理论计算或者实际试验统计得到其 MTBF；跟踪成功概率、丢失目标的概率、错误航迹的概率可以通过经验模型进行计算或试验得到；融合后状态估计可以通过事后分析得到更准确的估计。

对一个复杂多传感器系统的跟踪性能进行准确评估仍有难度。虽然理论上的仿真分析较简单些，但误差较大；试验方法比较准确，但周期比较长，成本较高。一般采用两者结合的方法，既采用仿真试验，同时也要用少数的飞行试验来检验系统的跟踪性能。实践证明，该方法能够比较正确地反映系统的整体性能。

7.4.3 跟踪成功率分析

跟踪成功率是多传感器跟踪系统的一个非常重要的技术指标。各观测站与系统的跟踪成功率计算可采用下列方法进行。

7.4.3.1 各观测站跟踪成功率

各观测站跟踪成功率以时间作为基准进行统计，若跟踪时间为 T_c，总时间为 T，则对于观测站 j 的成功率 C_j 为

$$C_j = \frac{1}{T}\sum_{i=1}^{n} T_c^i,\ i = 1,2,\cdots,n \tag{7-4}$$

式中，n 为跟踪成功时间段数。

7.4.3.2 系统跟踪成功率

对于系统中所有观测站，统计其各自跟踪成功率后，计算系统成功率 C：

$$C = \left[\frac{1}{m}\sum_{j=1}^{m} C_j^2\right]^{1/2}, j = 1,2,\cdots,m \tag{7-5}$$

式中，m 为观测站个数。

7.5 分布式多传感器跟踪系统的发展

随着现代科学技术的迅速发展及其在军事领域中的应用，现代武器装备技术含量和复杂性大幅提高，对武器装备的试验与鉴定提出了更高更新的要求，也更强调了试验与测量工作的有效性和效率。目前国内外飞行试验面临的主要问题有：

(1) 各靶场、试验机构相互独立；

(2) 试验设施缺乏、手段单一；

(3) 信息化程度低、试验成本高；

(4) 复杂试验能力差、缺少大型试验流程等。

为了应对新型复杂武器系统的系统级试验，国外已经开展了试验场(靶场)信息化研究、试验体系结构研究，并将实验设施全面联网。光电测量系统已经不再自成体系，而是纳入了整个武器试验系统之中。这样，能够大幅提高武器试验场的综合试验能力和资源利用效益，增强试验场的试验能力。

美军在 20 世纪 90 年代中后期开始，以空天地一体网络化试验与鉴定为主线，制订并实施了一系列试验与鉴定计划。其中典型的计划有：基础倡议 2010(简称 FI2010)、CIA 试验集成架构(CTEIP Integrated Architecture)。

在美国各试验靶场如陆军夸贾林导弹靶场、空军东(西)靶场、奎亚那航天中心等各类试验场，建设各种虚拟试验场环境和仿真手段以满足如下试验要求：

(1) 虚拟电子试验环境；

(2) 导弹等武器的飞行试验环境；

(3) 光电试验环境；

(4) 战术演练环境；

(5) 化学威胁环境；

(6) 火控试验环境等。

FI2010 工程是美国国防部的 CTEIP 项目之一。其用途是促进美国各靶场、试验设施与仿真资源之间的互操作、可重用和可组合，以实现全国范围内“逻辑靶场”功能，最终支持“2020 联合构想”(JV2010)。其内容包括：

(1) 试验与训练使能体系架构(TENA)；

(2) 通用显示分析与处理系统(CDAPS)；

(3) 虚拟试验与训练靶场(VTTR)；

(4) 地域性靶场综合设施(JRRC);

(5) 联合先进分布式仿真(JADS)。

在FI2010工程中,TENA的目的是为试验和训练靶场低成本的互操作性和连接试验场、训练场、实验室和各种建模与仿真资源提供一种机制,如图7-17所示。TENA包括:

(1) 核心工具集;

(2) 靶场内通信能力;

(3) 与已有靶场资源的接口;

(4) 与武器系统的接口;

(5) 相应的标准/协议;

(6) 试验与训练程序。

以TENA技术为基础,实现全国范围内试验靶场、试飞机构、半物理仿真实验室以及试验理论与方法研究中心有效联接,建立所谓"逻辑靶场",重点开展大武器系统在复杂环境下的试验与测试方法研究。目前,国际上开展的主要研究方向有TENA技术与标准研究、先进分布式仿真试验与鉴定技术研究和大系统、多靶场试验与鉴定技术研究。

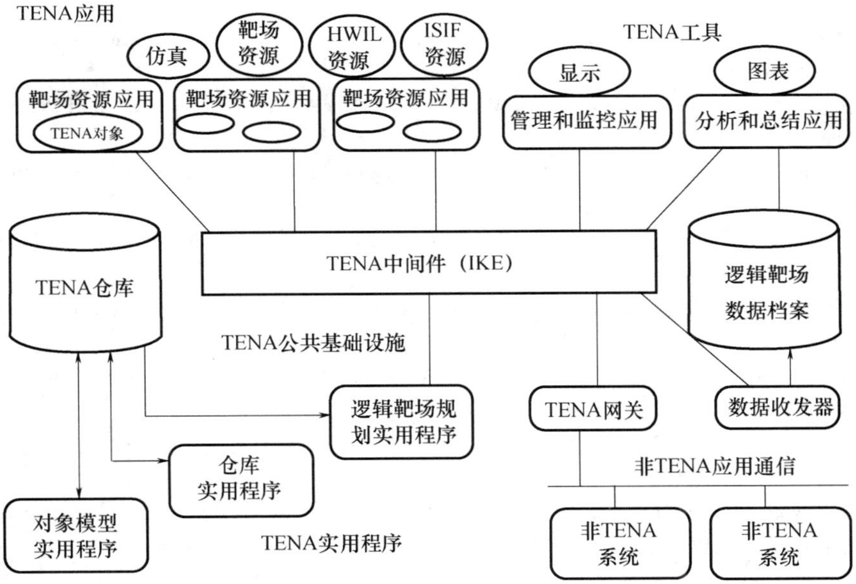

图7-17 TENA应用结构

TENA对象模型:所有靶场资源和工具之间通信的公共语言;

HWIL:半实物仿真; ISTF:装机系统试验设施。

7.5.1 开展TENA技术与标准研究

各靶场、试验机构的信息化改造;统一标准/协议、兼容通用;制定靶场资源与武器系统接口规范；研制 TENA 中间件原型(IKE)；制定新试验与鉴定程序。

7.5.2 开展先进分布式仿真试验与鉴定技术研究

研究建立高层体系结构(HLA)；研究试验仿真、接口、网络技术；研究试验控制、软件、融合、分析技术；研究试验程序：规划、计划、实施；研究试验成本分析：合成环境、逼真度要求。

7.5.3 开展大武器系统、多靶场试验与鉴定技术研究

开展虚拟试验场(VPG)技术研究；开展逻辑试验靶场(LTField)集成技术研究；开展武器系统复杂环境下组合试验与测试(T&M)方法技术研究。

为了满足先进武器装备试验日益增长的需求，必须快速提高飞行试验与测试能力，逐步实现以数字化、网络化为主体的试验场(靶场)现代化目标。统筹规划、统一标准、一体化建设，实现虚拟试验场和逻辑靶场的有效联接，达到“资源共享、信息共享”，以最低的成本，获取最佳试验效果。

参 考 文 献

[1] Citrin M I. Integrated Automatic Detection and Tracking in Distributed Processors. Proceedings of the 1987 Tri - Service Data Fusion Symposium, 1987: 100 - 107.

[2] M. Yeddanapudi, Y. Bar - Shalom, et al. MATSurv Multisensor Air Traffic Surveillance, ADA 292253, 1995, USA.

[3] Saha R K, Chang K C. Multisensor Track - to - Track Fusion for Airborne Surveillance Systems. RL - TR - 96 - 123, 1996, USA.

[4] Fritz R. P - 3 Update IV Multi - Sensor Correlation. Proceedings of the 1989 Tri - Service Data Fusion Symposium, 1989, 433 - 439.

[5] Saha R K, Chang K C, Saha R K, et al. On Optimal Track - to - Track Fusion. IEEE Trans. on AES, 1997, 33 (4): 1271 - 1276.

[6] Roecker J A, Mcgillem C D. Comparison of Two - Sensor Tracking Methods Based on State Vector Fusion and Measurement Fusion. IEEE T - AES - 24, 4, 1998: 447 - 449.

[7] 李秋华，李吉成，沈振康. 一种基于多传感器时间 - 空间信息融合的红外小目标识别方法. 红外与毫米波学报. 2002, 21(3): 219 - 212.

[8] 盛文，邓斌，柳健. 一种基于多尺度距离像的红外小目标检测方法. 电子学报. 2002, (1): 42 - 45.

[9] 肖利平，陶文兵，田金文. 一种基于粗糙度估计的红外小目标检测算法. 华中科技大学学报(自然科学版). 2002, 30(10): 65 - 68.

[10] 武汉测绘学院大地测量系编写组. 大地测量学. 北京：中国测绘出版社，1991.

[11] Blair W D, Rice T R, Alouani A T. et al. Asynchronous Data Fusion for Target Tracking with A Multi - Tasking Radar And Optical Sensor. SPIE Vol. 1482, Acquisition, Tracking, and Pointing V, 1991: 234 - 245.

[12] Alouani A T, Rice T R. Asynchronous Fusion of Correlated Tracks. Proceedings of the SPIE Conference on Acquisition, Tracking, and Pointing XII, Orlando, FL., 1998.

[13] Rice T R, Alouani A T. Single Model, Asynchronous Fusion of Correlated Tracks. SPIE Vol. 3692, Acquisition, Tracking, and Pointing XIII, 1999: 146 - 176.

[14] Waltz E, Llinas J. Multisensor Data Fusion. Boston: ArtechHouse,1990.

[15] Blackman S. Multiple - Target Tracking with Radar Application. Artech House, Norwood, Massachusetts, 1986.

[16] 赵宗贵编译. 数据融合方法概论. 电子工业部二十八研究所情报室,1998.

[17] John Nelder, Rager Mead. A implex method for function minimigation. Computer Journed, 1965, volume T: 308 - 313.

[18] Press W H. Numerical Recipes: The Art of Scientific Computing. Cambridge University Press, New York, 1986.

[19] Brent R P. Algorithms for Minimization Without Derivatives, Chapter 7. Prentice - Hall Englewood Cliffs, New Jersey, 1973.

[20] Polak E. Computational Methods in Optimization. Academic Press, New York, 1971.

[21] Swerling P. First Order Error Propagation in Stagewise Smoothing Procedure for Satellite Observation. J. Astronautical Sci. ,1959,6:46 - 52.

[22] Kalman R E. A New Approach to Linear Filtering and Prediction Problems. J. Basic Eng. ,1960:35 - 46.

[23] Kalman R E, Bucy R S. New Results in Linear Filtering and Prediction Theory. J. Basic Eng. , March 1961:95 - 108.

[24] Hall D, Kumer N V. Error Analysis Studies on Orbit/Attitude Determination Using Landsat - 1 and - 2 Landmark Data. Report CSC/TM - 79/6067, Computer Sciences Corporation, 1979.

[25] Bar - Shalom Y. On the Track - to - Track Correlation Problem. IEEE Trans. on Automatic Control, 1981, 26(2): 571 - 572.

[26] Roecker J A, Mcgillem C D. Comparison of Two - Sensor Tracking Methods Based on State Vector Fusion and Measurement Fusion. IEEE T - AES - 24, 1998, 4:447 - 449.

[27] Blom H A P, Bar - Shalom Y. The Interacting Multiple Model Algorithm for Systems with Markovian Switching Coefficients. IEEE Trans. on Automatic Control, 1988, 33(8):780 - 783.

[28] 仲崇权,张立勇,等. 多传感器分组加权融合算法研究. 大连理工大学学报,2002,42(2).

[29] 杨廷梧,刘上乾. 多传感器单目标位置融合算法. 光子学报,2002,31(3):377 - 380.

[30] Nash J M. Optimal Allocation of Tracking Resource. Proc. IEEE Conf. on Decision Control, 1997:189 - 195

[31] Schmaedeke W. Information Based Sensor Management. SPIE Proc. , 1995, 1:156 - 164.

[32] 刘先省,等. 基于效能函数的多传感器管理算法研究. 控制与决策,1999,14(增刊).

[33] Parmar N C, Kokar M M. Target Detection in Fused X - Band Radar and IR Images Using the Functional Minimization Approach to Data Association. In Proc. of 1994 IEEE International Symposium on Intelligent Control[C]. Columbus, Ohio, USA, 1994: 51 - 56.

[34] 杨春玲,孙泓波,等. 多传感器远距离目标跟踪精度分析. 南京理工大学学报,1999,23(3).

[35] Burne R A, Buczak A L, Jin Y C. A Self - Organizing, Cooperative Sensor Network for Remote Surveillance: Current Results. SPIE 3713, 1999:238 - 248.

[36] Pottie G J, Clare L P. Wireless Integrated Network Sensors: Towards Low Cost and Robust Self - Organizing Security Networks. SPIE 3577, 1998:86 - 95.

[37] Holmes J E. Development of Algorithms for the Formation and Updating of Tracks. Proceedings of IEE International Radar Conference, London: 1977:81 - 85.

[38] Bath W G. False Alarm Control in Automated Radar Surveillance Systems. Proceedings of the IEE 1982International Radar Conference, London: 1982:71 - 75.

[39] Chan C B, Tabaczynskj J A. Application of State Estimation to Target Tracking. IEEE Transactions on Automatic Control, 1984, 29(2):98 - 109.

[40] Ahmeda S S, Keche M. Adaptive Joint Probabilistic Data Association Algorithm for Tracking Multiple Targets

in Cluttered Environment. IEE Proc. Of Radar, Sonar Navigation,1997,144(6).

[41] Manson K, O'kane P A. Taxonomic Performance Evaluation for Multitarget Tracking Systems. IEEE Trans. AES, 1992, 28(3): 775 - 787.

[42] Blackman S. Multiple - target Tracking with Radar Application. Dedham, Artech House,1996.

[43] Sea R G. Optimal Correlation of Sensor Data with Tracks in Surveillance Systems. In Proceeding of the Sixth Conference on System Science. Honolulu, 1973:424 - 426.

[44] 康耀红. 数据融合理论与应用. 西安:西安电子科技大学出版社. 1997.

[45] Reid D B. An algorithm for Tracking Multiple Targets. IEEE Trans. Automatic Control, 1979, 23:843 - 854.

第 8 章　光电测量不确定度分析

在航空飞行试验中，测量是试验技术发展的关键之一，而测量数据品质特性的分析则是测量的基础。试验中，测量结果必须符合客观事物本身的内在规律。只有通过测量才能找出规律、发现问题、分析原因并加以解决。测量最为重要的目的之一就是为了获取被测量对象的量值。测量不确定度表示测量结果的不确定或者不肯定的程度[1,2]，也是测量结果可信程度的最重要依据，用以表征被测量数值的分散性，因此，测量结果的表述，必须同时包含赋予被测量对象的量值及与该量相关联的测量不确定范围才是完整和有意义的。本章主要介绍测量不确定度在航空飞行试验光电测量中的应用，并利用测量不确定度传播律对单站空间定位与空间交会测量模型的不确定度计算方法进行了推导。在航空飞行试验光电测量中，由于计算被测量的估计值和测量不确定度的基本依据是各观测分量的误差（标准差）数值，因此在测量不确定度分析中主要采用不确定度的 A 类评定方法。

8.1　测量不确定度的应用[3-5]

对于测量系统不确定度应用的分析有两种途径，一是基于误差源分析的方法，二是基于量值特性分析的方法。基于误差源分析的方法，需要测量工作者了解和掌握测量系统及误差产生的机理，分别对各误差分量进行分量不确定度评定，进而评定合成不确定度。但在采用该方法时，对一般的测量人员来讲不容易做到；而基于量值特性分析的方法相对容易些，不管是什么系统，都可使用量值特性来分析，具有普遍意义。对于飞行试验光电测量系统来说，一般还是采用基于误差源分析的方法，虽然复杂和难度大些，但是有利于发现和解决测量中的问题，有利于测试设备（系统）的改进和发展以及测试环节误差的控制。根据不同任务的测试精度要求，灵活地采用修正、限制、减小或者放宽误差等措施和方法，从而尽可能地做到节省人力、物力、财力和提高工作效率。该法首先通过精度的定义将测量设备（系统）的精度与测量误差联系在一起，确定出各种误差（标准差）的大小也就确定出了测量设备（系统）的精度。

8.1.1　合成标准不确定度

当测量结果受多种因素影响形成了若干个不确定度分量时，测量结果的标准不确定度用各标准不确定度分量合成后所得的合成标准不确定度 u_c 表示。计算合成标准不确定度 u_c 的大致步骤如下：

(1) 根据计算被测量量(参数)的函数关系式 $Y=f(X_1,X_2,\cdots,X_n)$,分析各种影响因素与测量结果的关系,并准确评定各不确定度分量 u_{xi}。

(2) 由 n 个其它量的测得值$(X_1,X_2,\cdots,X_n)$的函数求得被测量量 Y 的估计值 $\hat{Y}$。

(3) 计算影响被测量量估计值的传递系数$\partial f/\partial X_i$,则由 X_i 引起被测量量 Y 的标准不确定度分量 u_i 为

$$u_i = \left|\frac{\partial f}{\partial X_i}\right| u_{xi} \tag{8-1}$$

(4) 计算被测量量 Y 的标准不确定度。测量结果 $\hat{Y}$ 的不确定度应是所有不确定度分量的合成,用合成标准不确定度 u_c 来表征,计算公式为

$$u_c = \sqrt{\sum_{i=1}^{n}\left(\frac{\partial f}{\partial X_i}\right)^2 (u_{xi})^2 + 2\sum_{1\leqslant i\leqslant j}^{n}\frac{\partial f}{\partial X_i}\frac{\partial f}{\partial X_j}\rho_{ij}u_{xi}u_{xj}} \tag{8-2}$$

式中,ρ_{ij}为任意两个直接测量值 X_i 与 X_j 不确定度的相关系数。

若 X_i 与 X_j 的不确定度相互独立,即 $\rho_{ij}=0$,则合成标准不确定度计算公式可表示为

$$u_c = \sqrt{\sum_{i=1}^{n}\left(\frac{\partial f}{\partial X_i}\right)^2 (u_{xi})^2} \tag{8-3}$$

当 $\rho_{ij}=1$,且$\partial f/\partial X_i$ 与$\partial f/\partial X_j$ 同号;或 $\rho_{ij}=-1$,且$\partial f/\partial X_i$ 与$\partial f/\partial X_j$ 异号,则合成标准不确定度计算公式可表示为

$$u_i = \sum_{i=1}^{n}\left|\frac{\partial f}{\partial X_i}\right| u_{xi} \tag{8-4}$$

若引起不确定度分量的各种因素与测量结果没有确定的函数关系,则应根据具体情况按 A 类评定或 B 类评定方法来确定各个不确定度分量的 u_i 值,然后按上述不确定度合成方法求得合成标准不确定度为

$$u_c = \sqrt{\sum_{i=1}^{n} u_i{}^2 + 2\sum_{1\leqslant i\leqslant j}^{n}\rho_{ij}u_i u_j} \tag{8-5}$$

用合成标准不确定度作为被测量量 Y 的估计值 $\hat{Y}$ 的测量不确定度,其测量结果可表示为

$$Y = \hat{Y} \pm u_c \tag{8-6}$$

为了正确给出测量结果的不确定度,还应全面分析影响测量结果的各种因素,从而列出测量结果的所有不确定度来源。因为遗漏会使测量结果的合成不确定度减小,重复则会使测量结果的合成不确定度增大,这样都会影响不确定度的评定质量。

8.1.2 扩展不确定度

合成标准不确定度可用来表示测量结果的不确定度,但它仅使用标准差来表

示，因此由其所表示的测量结果 $\hat{Y} \pm u_c$，只能说明被测量量 Y 的真值的概率仅为 68%。然而在一些实际工作中，如高精度比对，一些与安全生产以及与身体健康有关的测量，要求给出的测量结果区间包含被测量真值的置信概率较大，即给出一个测量结果的区间，使被测量的值大部分位于其中，为此需采用扩展不确定度（也称为展伸不确定度）表示测量结果。

根据扩展不确定度定义，扩展不确定度由合成标准不确定度 u_c 乘以包含因子 k 得到，记为 U，即

$$U = ku_c \tag{8-7}$$

用扩展不确定度作为测量不确定度，则测量结果可表示为

$$Y = \hat{Y} \pm U \tag{8-8}$$

包含因子 k 由 t 分布的临界值 $t_p(v)$ 给出，即

$$k = t_p(v) \tag{8-9}$$

式中，v 为合成标准不确定度的自由度。

根据给定的置信概率 P 与自由度 v，查 t 分布表得到 $t_p(v)$ 的值。当各不确定度分量 u_i 相互独立时，合成标准不确定度 u_c 的自由度 v 由下式计算：

$$\nu = u_c^4 / \sum_{i=1}^{n} \frac{u_i^4}{\nu_i} \tag{8-10}$$

式中，ν_i 为各标准不确定度分量 u_i 的自由度。

当各不确定度分量的自由度 ν_i 均为已知时，才能由式(8-10)计算合成不确定度的自由度 v。但往往由于缺少资料难以确定每一个分量的 ν_i，则自由度 v 无法按式(8-10)计算，也不能按式(8-9)来确定包含因子 k 的值。为了求得扩展不确定度，一般情况下可取包含因子 $k=2 \sim 3$。

8.1.3 不确定度的报告

对测量不确定度进行分析与评定后，应给出测量不确定度的最后报告。

1. 报告的基本内容

当测量不确定度用合成标准不确定度表示时，应给出合成标准不确定度 u_c 及其自由度 v；当测量不确定度用展伸不确定度表示时，除给出扩展不确定度 U 外，还应该说明它计算时所依据的合成标准不确定度 u_c、自由度 v、置信概率 P 和包含因子 k。

为了提高测量结果的使用价值，在不确定度报告中，应尽可能提供更详细的信息。如给出原始观测数据；描述被测量量的估计值及其不确定度评定的方法；列出所有的不确定度分量、自由度及相关系数，并说明它们是如何获得的。

2. 测量结果的不确定度表示

测量结果的不确定度表示有多种情况。如不确定度可以用合成标准不确定度 u_c、扩展不确定度 U 或相对不确定度三种形式表示，均应按其规定执行。

3. 测量不确定度计算步骤

评定与表示测量不确定度的步骤可归纳为：

（1）分析测量不确定度的来源，列出对测量结果影响显著的不确定度分量；

（2）评定标准不确定度分量，并给出其数值 u_i 和自由度 ν_i；

（3）分析所有不确定度分量的相关性，确定各相关系数 ρ_{ij}；

（4）求出测量结果的合成标准不确定度 u_c 及自由度 v；

（5）若需要给出扩展不确定度，则将合成标准不确定度乘以包含因子 k，得扩展不确定度 U；

（6）给出不确定度的最后报告，以规定的方式报告被测量的估计值 $\hat{Y}$ 及合成标准不确定度 u_c 或扩展不确定度 U。

8.1.4 测量设备精度表示方法

精度是指测量值与真值的接近程度。它往往与测量误差联系在一起。一般用“标准差”、“均方根误差”、“极限误差”和“相对误差”来表示。若用测量不确定度、相对不确定度等表示方法来代替传统的误差表示方法，它将涉及各种设备、系统不确定度的检校以及静态和动态不确定度的确定等。

在测量中，常常要涉及测量设备精度指标的含义、提法等问题。在明确了误差的定义、种类、精密度、准确度和精确度等概念后，在一般情况下，测量设备的精度指标可有如下几种提法：

（1）对系统误差和偶然误差分别提出要求。即要求系统误差 μ_δ 的绝对值不超过给定的常数 C_1，偶然误差 σ 不超过给定的常数 C_2，即

$$|\mu_\delta| \leqslant C_1, \sigma \leqslant C_2 \tag{8-11}$$

仪器指标的这种提法其含义非常明确，既能全面准确地反映测量设备的精度特性，又便于求出极限误差。此外，在有些测量设备中，系统误差往往可以在每次使用前通过检校予以消除或修正到可以忽略不计的程度，此时，对系统误差的要求也可以不用提出。

（2）对极限误差提出要求。即给出极限误差值 C_0（一个确定的值），要求测量误差 δ 满足关系式：

$$P\{|\delta| \leqslant C_0\} \geqslant 1-\alpha \tag{8-12}$$

也就是要求单次测量的最大误差不超过 C_0。但是在实际产品的技术资料中很少用式(8-12)的方法来表示，而是直接要求

$$|\delta| \leqslant C_0 \tag{8-13}$$

式(8-13)这种表示方法直观、简单、方便，便于被工程技术人员接受。但它的确切含义应该是式(8-12)的表示方法。当用式(8-13)的表示方法时，应把它理解为与式(8-12)等价，而且在没有给出置信水平 $1-\alpha$ 的具体要求时，应把 $1-\alpha$ 理解为 $1-\alpha \geqslant 99.0\%$ 或 $1-\alpha \geqslant 99.73\%$。

（3）对均方根误差提出要求。即给出均方根误差阈值 K_0，要求 $\sigma \leqslant K_0$。

(4) 对测量值 X 提出允许范围。即给出测量值 X 的允许范围 K_L、K_U，要求测量值 X 满足关系式：

$$K_L \leqslant X \leqslant K_U \tag{8-14}$$

式(8-14)的确切含义是，测量值 X 应满足下述关系式：

$$P\{K_L \leqslant X \leqslant K_U\} \geqslant 1-\alpha \tag{8-15}$$

应该指出的是，在上述几种提法中，应该是消除了系统误差，最多只包含系统误差的残差和偶然误差。还应该指出的是，在准确提出设备精度指标要求的同时，对设备精度指标的考核也是有限定条件的。设备在实际使用中，首先应满足设备指标考核时的限定条件，如果不能满足设备指标考核时的限定条件，那么，在进行测量精度估算时就不能采用该指标，而应当进行具体的误差分析，确定这些误差因素对设备精度指标究竟带来多大影响。而且还应采用多余观测或其它检测设备以及可靠的数学统计方法等来判定测量结果是否正确和可靠。这样才能做到数据结论准确。

8.1.5 测量数据处理

测量的目的就是要获得被测量(参数)的真值，但是要通过测量来获得真值是无法实现的，只能获得真值的估计值。

测量可以用两种方法进行：一种是在同一条件下进行测量，各次测量相互独立，重复测量 n 次，测量结果记为$(X_1, X_2, \cdots, X_n)$；另一种方法是在不同的条件(如不同仪器或不同环境或不同操作的人)下独立测量的结果 X_i，$i=1,2,\cdots,n$。很显然，前一种各次的测量结果具有相同的准确度和精密度，因而称为等精度测量；后一种各次的测量结果不可能有相同的准确度和精密度，因而称为不等精度测量。

在进行测量数据处理前需进行预处理，即消除系统误差和剔除粗大误差。

8.1.5.1 等精度测量数据的处理

假定等精度多次重复测量的结果为$(X_1, X_2, \cdots, X_n)$，则 X 的估值 $\hat{X}$ 为测量结果的算术平均值 $\bar{X}$。即

$$\hat{X} = \bar{X} = \frac{1}{n}\sum_{i=1}^{n} X_i \tag{8-16}$$

估值 $\hat{X}$ 的标准差为

$$\sigma_{\hat{X}} = \sigma_{\bar{X}} = \frac{\sigma}{\sqrt{n}} \tag{8-17}$$

式中，σ 为单次测量的偶然误差；n 为重复测量的次数。

8.1.5.2 不等精度测量数据的处理

假定对被测的量进行不等精度测量的结果为$(X_1, X_2, \cdots, X_n)$及对应的偶然误

差的标准差为$(\sigma_1,\sigma_2,\cdots,\sigma_n)$,此时对被测量进行估计,有

$$\hat{X} = \bar{X} = \sum_{i=1}^{n} P_i X_i / \sum_{i-1}^{n} P_i \qquad (8-18)$$

式中,$P_i = \dfrac{1}{\sigma_i^2}$为第 i 个观测值的“权”,这里假定了单位权方差为 1。

根据第 2 章中的测量不确定度传播律,则 $\hat{X}$ 的标准差为

$$\sigma_{\hat{X}} = \sigma_{\bar{X}} = \sqrt{\sum_{i=1}^{n} P_i^2 \sigma_i^2 / \sum_{i-1}^{n} P_i} \qquad (8-19)$$

8.1.6 测量设备系统误差估计与评定

在进行测量误差估计与评定之前,异常值应予以剔除,否则,会影响或严重影响测量结果的质量,也会影响或严重影响误差的估计与评定质量。异常值剔除的方法很多,第 6 章有所介绍,这里不再提及。

8.1.6.1 系统误差估计

确定测量设备测量值的系统误差 μ_δ 的步骤为:

(1) 应用更高精度的测量设备对被测的量进行重复测量,将其所测结果的算术平均值作为被测量真值的估计值 $\hat{X}$。要求重复测量相互独立,且在可能和易行的情况下重复次数较多为好,可根据精度要求进行选取。

(2) 在同一条件下,用给定的测量设备,按规定的操作方法对被测的量进行独立重复测量 n 次,测量结果分别记为$(X_1,X_2,\cdots,X_n)$。

(3) 求测量误差的样本值$(\delta_1,\delta_2,\cdots,\delta_n)$,其中,$\delta_i = X_i - \hat{X}$, $i=1,2,\cdots,n$。

(4) 求系统误差的估值:

$$\hat{\mu}_\delta = \bar{\delta} = \frac{1}{n}\sum_{i-1}^{n} \delta \qquad (8-20)$$

8.1.6.2 系统误差的评定

系统误差评定的目的是在给定的显著水平 α 下,确定系统误差是否符合指标 C_0 的要求:

$$|\hat{\mu}_\delta| \leqslant C_0 \qquad (8-21)$$

其方法为:

(1) 计算系统误差的样本标准差 s:

$$s = \hat{\mu}_\delta = \sqrt{\frac{1}{n-1}\sum_{i=1}^{n} (\delta_i - \bar{\delta})^2} \qquad (8-22)$$

(2) 根据给出的显著水平 α,以 $n-1$ 为自由度查表得 $t_{\alpha/2}$。

(3) 计算:

$$\delta^* = t_{\alpha/2}\frac{s}{\sqrt{n}},\quad \hat{C}_0 = \bar{\delta} + \delta^* \tag{8-23}$$

（4）评定：若$|\hat{\mu}_\delta| \leqslant C_0$，则该测量设备测量值的系统误差符合指标要求；若$|\hat{C}_0| > C_0$，则可以认为该测量设备测量值的系统误差不符合指标要求。

8.1.7 测量设备偶然误差估计与评定

8.1.7.1 偶然误差估计

其方法为：

（1）用已得到的测量误差的样本值$(e_1, e_2, \cdots, e_n)$，求得误差样本均值：

$$\bar{e} = \frac{1}{n}\sum_{i-1}^{n} e_i \tag{8-24}$$

（2）用下式求偶然误差的估值：

$$\hat{\sigma} = s = \sqrt{\frac{1}{n}\sum_{i=1}^{n}(e_i - \bar{e})^2} \tag{8-25}$$

8.1.7.2 偶然误差评定

其目的是在给定的显著性水平α下，确定某测量设备测量值偶然误差σ是否符合指标要求，即

$$\sigma \leqslant C_2, \text{（}C_2\text{ 为已知常数）}$$

其方法为：

（1）按式(8-25)求出偶然误差的估值$\hat{\sigma}$；

（2）给出显著性水平α，以$n-1$为自由度，查表可以得$\chi^2_{1-\alpha/2}(n-1)$；

（3）计算：

$$\hat{C}_2 = \hat{\sigma}\sqrt{\frac{n-1}{\chi^2_{1-\alpha/2}(n-1)}} \tag{8-26}$$

（4）判断：若$\hat{C}_2 \leqslant C_2$，则该测量设备测量值的偶然误差符合指标要求；反之，则可以认为该测量设备测量值的偶然误差不符合指标要求。

8.1.8 极限误差估计与评定

8.1.8.1 极限误差的估计

（1）系统误差μ_δ和偶然误差σ已知时

确定某一测量设备测量值的极限误差$\delta_{\max}$的方法是先给出置信水平$1-\alpha$，查相应的表可得到$u_{\alpha/2}$；然后求极限误差：

$$\delta_{\max} = \mu_\delta + u_{\alpha/2}\sigma \tag{8-27}$$

在实际工作中往往没有明确指定出 $1-\alpha$ 的具体值,此时可取 $1-\alpha=99.0\%$ 或 99.73% 或者其它数值,也可根据以往经验确定。

(2) 测量设备系统误差 μ_δ 和偶然误差 σ 未知时,确定某一测量设备测量值的极限误差 $\delta_{\max}$ 的方法是先给出置信水平 $1-\alpha$,查表得可得 $t_{\alpha/2}$,计算系统误差的估值 $\hat{\mu}_\delta$;然后求偶然误差 $\hat{\sigma}$,最后用下式求极限误差:

$$\delta_{\max}=\hat{\mu}_\delta+t_{\alpha/2}\frac{\hat{\sigma}}{\sqrt{n}}=\bar{\delta}+t_{\alpha/2}\frac{s}{\sqrt{n}} \tag{8-28}$$

8.1.8.2 极限误差评定

在给定的显著性水平 α 下,确定极限误差 $\delta_{\max}$ 是否符合 $\delta\leqslant\pm C_0$(C_0 为已知常数)的指标要求,其方法是:首先计算出极限误差 $\delta_{\max}$;再判断:若 $\delta_{\max}\leqslant\pm C_0$,则该测量设备的极限误差符合指标要求;若 $\delta_{\max}>\pm C_0$,则可以认为该测量设备的极限误差不符合指标要求。

8.1.9 测量设备标准差估计与评定

8.1.9.1 标准差的估计

确定某一测量设备测量误差的标准差 σ^* 的方法,是先求出测量误差的样本值($e_1,e_2,\cdots,e_n$),再用下式求标准差的估值:

$$\hat{\sigma}^*=\sqrt{\frac{\sum_{i=1}^{n}e_i^2}{n}} \tag{8-29}$$

8.1.9.2 标准差评定

在给定的显著性水平 α 下,确定某一测量设备测量值的标准差是否符合 $\sigma^*\leqslant\pm K_0$(K_0 为已知常数)的指标要求。

其方法是先用式(8-29)求出该测量设备测量值的标准差的估值,再给出显著性水平 $1-\alpha$,以 n 为自由度查 χ^2 分布分位数表得 $\chi^2_{1-\alpha/2}(n)$,并计算出 $\hat{K}_0$:

$$\hat{K}_0=\hat{\sigma}^*\sqrt{\frac{n}{\chi^2_{1-\alpha/2}(n)}} \tag{8-30}$$

最后判断:若 $\hat{K}_0\leqslant\pm K_0$,则该测量设备测量值的标准差符合指标要求;若 $\hat{K}_0>\pm K_0$,则认为该测量设备测量值的标准差不符合指标要求。

8.2 典型测量模型的不确定度分析

依据测量不确定度传播律,可以得到一个结论:通过函数求得测量结果的不确定度将随着计算模型进行传播。换句话说，不确定度随着数学模型的变换而变化。进行不确定度分析，首先要建立不确定度传递函数，并计算传递系数，从而求得变量的不确定度，然后按照不确定度分析方法对变量进行分析。

计算传递系数，通常有三种方法：一是采用对函数求偏导数的方法；二是用数值解算法；三是在不能确定各量的函数关系时，采用试验法近似求解。下面着重讨论光电航迹跟踪测量中常用的两种典型测量模型：即单站测量模型与两站空间交会测量模型求偏导数方法来计算传递系数，从而进行不确定度分析。

8.2.1 单站空间极坐标测量模型不确定度分析

8.2.1.1 单站空间极坐标测量模型

单站空间极坐标测量模型为

$$\begin{bmatrix} X \\ Y \\ Z \end{bmatrix} = R\begin{bmatrix} \cos E\cos A \\ \cos E\sin A \\ \sin E \end{bmatrix} \tag{8-31}$$

式中，(X,Y,Z)为以测站为原点在某时刻机动目标的空间坐标；(R,A,E)分别为目标在某时刻的距离、方位、俯仰观测值。

8.2.1.2 传递系数计算

式(8－31)微分方程如下：

$$\begin{bmatrix} \mathrm{d}X \\ \mathrm{d}Y \\ \mathrm{d}Z \end{bmatrix} \doteq \begin{bmatrix} \cos E\cos A & -R\sin E\cos A & -R\cos E\sin A \\ \cos E\sin A & -R\sin E\sin A & R\cos E\cos A \\ \sin E & R\cos E & 0 \end{bmatrix}\begin{bmatrix} \mathrm{d}R \\ \mathrm{d}E \\ \mathrm{d}A \end{bmatrix} \tag{8-32}$$

式中，右端第一个矩阵为传递系数矩阵，将某一时刻 t 的观测值(R_0,A_0,E_0)代入后，可得具体的传递系数矩阵 $\boldsymbol{C}$，即

$$\boldsymbol{C} = \begin{bmatrix} \frac{\partial X}{\partial R} & \frac{\partial X}{\partial E} & \frac{\partial X}{\partial A} \\ \frac{\partial Y}{\partial R} & \frac{\partial Y}{\partial E} & \frac{\partial Y}{\partial A} \\ \frac{\partial Z}{\partial R} & \frac{\partial Z}{\partial E} & \frac{\partial Z}{\partial A} \end{bmatrix}_{(R_0,E_0,A_0)} =$$

$$\begin{bmatrix} \cos E_0\cos A_0 & -R_0\sin E_0\cos A_0 & -R_0\cos E_0\sin A_0 \\ \cos E_0\sin A_0 & -R_0\sin E_0\sin A_0 & R_0\cos E_0\cos A_0 \\ \sin E_0 & R_0\cos E_0 & 0 \end{bmatrix} \tag{8-33}$$

8.2.1.3 确定观测设备误差指标

观测设备在使用前，应先通过检校与标定（其方法可参见第 8.1 节），以确定

其各项测量误差。这些观测误差一般为如下几种形式：

（1）斜距测量的极限误差 δ_R，测角的极限误差 δ_A 和 δ_E；

（2）斜距测量的系统误差 $\bar{\delta}_R$，测角的系统误差 $\bar{\delta}_A$ 和 $\bar{\delta}_E$；

（3）斜距测量的偶然误差 σ_R，测角的偶然误差 σ_A 和 σ_E。

确定光电跟踪测量设备（系统）的各项测量误差的具体方法可参见 GJB 2233—1994《导弹、航天器试验外测设备的精度评定—光电经纬仪》、GJB 3153—1998《精密测量雷达标定与校正》。

8.2.1.4 计算合成标准不确定度 u_c

按照第 2 章测量不确定度传播律，又由于观测值 R、A、E 互不相关，即 $r(\hat{X}_i,\hat{X}_j)$ 为 0，则有空间直角坐标 (X,Y,Z) 的合成标准不确定度的平方和分别为 $u_c^2(\hat{X})$、$u_c^2(\hat{Y})$、$u_c^2(\hat{Z})$：

$$u_c^2(\hat{X}) = (\cos E_0\cos A_0)^2\sigma_R^2 + (R_0\sin E_0\cos A_0)^2\sigma_E^2 + (R_0\cos E_0\sin A_0)^2\sigma_A^2 \quad (8-34)$$

$$u_c^2(\hat{Y}) = (\cos E_0\sin A_0)^2\sigma_R^2 + (R_0\sin E_0\sin A_0)^2\sigma_E^2 + (R_0\cos E_0\cos A_0)^2\sigma_A^2 \quad (8-35)$$

$$u_c^2(\hat{Z}) = (\sin E_0)^2\sigma_R^2 + (R_0\cos E_0)^2\sigma_E^2 \quad (8-36)$$

则目标在 X、Y、Z 方向上的合成标准不确定度为

$$\begin{aligned} u_c(\hat{X}) &= \sigma_{\hat{X}} \\ &= \sqrt{(\cos E_0\cos A_0)^2\sigma_R^2 + (R_0\sin E_0\cos A_0)^2\sigma_E^2 + (R_0\cos E_0\sin A_0)^2\sigma_A^2} \end{aligned} \quad (8-37)$$

$$\begin{aligned} u_c(\hat{Y}) &= \sigma_{\hat{Y}} \\ &= \sqrt{(\cos E_0\sin A_0)^2\sigma_R^2 + (R_0\sin E_0\sin A_0)^2\sigma_E^2 + (R_0\cos E_0\cos A_0)^2\sigma_A^2} \end{aligned} \quad (8-38)$$

$$u_c(\hat{Z}) = \sigma_{\hat{Z}} = \sqrt{(\sin E_0)^2\sigma_R^2 + (R_0\cos E_0)^2\sigma_E^2} \quad (8-39)$$

机动目标平面位置的合成标准不确定度为

$$u_c(\hat{X},\hat{Y}) = \sqrt{u_c^2(\hat{X}) + u_c^2(\hat{Y})} = \sqrt{\sigma_{\hat{X}}^2 + \sigma_{\hat{Y}}^2} \quad (8-40)$$

机动目标空间位置的合成标准不确定度为

$$u_c(\hat{X},\hat{Y},\hat{Z}) = \sqrt{u_c^2(\hat{X}) + u_c^2(\hat{Y}) + u_c^2(\hat{Z})} = \sqrt{\sigma_{\hat{X}}^2 + \sigma_{\hat{Y}}^2 + \sigma_{\hat{Z}}^2} \quad (8-41)$$

则根据式（8-6），测量结果可表示为

$$\begin{bmatrix} X \\ Y \\ Z \end{bmatrix} = \begin{bmatrix} \hat{X} \\ \hat{Y} \\ \hat{Z} \end{bmatrix} \pm \begin{bmatrix} u_c(\hat{X}) \\ u_c(\hat{Y}) \\ u_c(\hat{Z}) \end{bmatrix} \quad (8-42)$$

8.2.1.5 计算极限误差

设空间三维坐标 (X,Y,Z) 的极限误差分别为 δ_X、δ_Y、δ_Z，且观测极限误差为测

距极限误差 δ_R、测角极限误差 δ_A 和 δ_E，则空间坐标极限误差传递计算公式为

$$\begin{bmatrix}\delta_X\\ \delta_Y\\ \delta_Z\end{bmatrix}=\begin{bmatrix}\cos E\cos A & -R\sin E\cos A & -R\cos E\sin A\\ \cos E\sin A & -R\sin E\sin A & R\cos E\cos A\\ \sin E & R\cos E & 0\end{bmatrix}\begin{bmatrix}\delta_R\\ \delta_E\\ \delta_A\end{bmatrix} \tag{8-43}$$

极限误差不仅与观测分量的极限误差有关，而且与传递系数有关，因此，在给定极坐标位置（R_0，A_0，E_0）后，代入式（8-43）就可以计算空间三维坐标的极限误差。对于给定的（阈值）常数 C，若 $\delta\leqslant C$，为满足测量要求，反之，就不满足要求。

极限误差的另一种用途是，确定观测设备的测量范围。通常是在给定了三维坐标的极限误差（δ_X，δ_Y，δ_Z）和观测设备的极限误差（δ_R，δ_E，δ_A）后，就可以求出观测设备的最大允许测量范围（R，A，E），从而可以指导测量方案的设计。

8.2.1.6 计算系统误差

设空间三维坐标（X，Y，Z）的系统误差分别为 $\bar{\delta}_X$、$\bar{\delta}_Y$、$\bar{\delta}_Z$，且观测系统误差为测距系统误差 $\bar{\delta}_R$、测角系统误差 $\bar{\delta}_A$ 和 $\bar{\delta}_E$，则空间坐标（X，Y，Z）系统误差传递计算公式为

$$\begin{bmatrix}\bar{\delta}_X\\ \bar{\delta}_Y\\ \bar{\delta}_Z\end{bmatrix}=\begin{bmatrix}\cos E\cos A & -R\sin E\cos A & -R\cos E\sin A\\ \cos E\sin A & -R\sin E\sin A & R\cos E\cos A\\ \sin E & R\cos E & 0\end{bmatrix}\begin{bmatrix}\bar{\delta}_R\\ \bar{\delta}_E\\ \bar{\delta}_A\end{bmatrix} \tag{8-44}$$

计算系统误差的作用主要是评估观测量系统误差经过传递系数的放大，在空间位置能够产生多大的系统误差，对于给定的（阈值）常数 C_0，若 $\bar{\delta}\leqslant C_0$，则满足测量要求，反之，不满足要求。不满足要求时，解决途径：第一，采取系统误差校正模型进行修正；第二，在测量结果中一并分析说明。

8.2.2 空间交会测量不确定度分析

空间交会测量的计算公式有多种，有投影在不同平面上进行计算的《L》、《K》和《m》公式，有进行异面交会的余弦法公式，以及还有采用多台交会最小二乘估计计算公式等。下面以两测量站的连线为 X 轴的任意（独立）测量坐标系下进行空间交会测量模型介绍合成标准不确定度的求解方法。

8.2.2.1 空间交会测量模型

已知两站的方位角 A_1、A_2，俯仰角 E_1、E_2 以及基线长度 B，并假设脱靶量已进行修正。若没有距离数据，则目标三维坐标求解的数学模型如下：

$$\begin{bmatrix} X \\ Y \\ Z \end{bmatrix} = \frac{B}{\lambda}\begin{bmatrix} \cos A_1 \sin A_2 \\ \sin A_1 \sin A_2 \\ (\sin A_2 \tan E_1 + \sin A_1 \tan E_2)/2 \end{bmatrix} \tag{8-45}$$

式中，$\lambda = \sin(A_1 + A_2)$。

8.2.2.2 计算传递系数

对式(8－45)进行微分，且令 $A = A_1 + A_2$，则有

$$\frac{\partial \begin{bmatrix} X \\ Y \\ Z \end{bmatrix}}{\partial B} = \frac{1}{\lambda}\begin{bmatrix} \cos A_1 \sin A_2 \\ \sin A_1 \sin A_2 \\ (\sin A_2 \tan E_1 + \sin A_1 \tan E_2)/2 \end{bmatrix} \tag{8-46}$$

$$\frac{\partial \begin{bmatrix} X \\ Y \\ Z \end{bmatrix}}{\partial A_1} = \frac{B}{\lambda^2}\begin{bmatrix} -\sin A_1 \sin A_2 \sin A - \sin A_2 \cos A_1 \cos A \\ \cos A_1 \sin A_2 \sin A - \sin A_1 \sin A_2 \cos A \\ (\sin A_2 \tan E_1 \cos A + \sin A \cos A_1 \tan E_2 - \sin A_1 \tan E_2 \cos A)/2 \end{bmatrix} \tag{8-47}$$

$$\frac{\partial \begin{bmatrix} X \\ Y \\ Z \end{bmatrix}}{\partial A_2} = \frac{B}{\lambda^2}\begin{bmatrix} \cos A_1 \cos A_2 \sin A - \sin A_2 \cos A_1 \cos A \\ \cos A_2 \sin A_1 \sin A - \sin A_1 \sin A_2 \cos A \\ (\cos A_2 \tan E_1 \sin A - \cos A \sin A_2 \tan E_1 + \sin A_1 \tan E_2 \cos A)/2 \end{bmatrix} \tag{8-48}$$

$$\frac{\partial \begin{bmatrix} X \\ Y \\ Z \end{bmatrix}}{\partial E_1} = \frac{B}{\lambda}\begin{bmatrix} 0 \\ 0 \\ \dfrac{\sin A_2}{\cos^2 E_1} \end{bmatrix}, \quad \frac{\partial \begin{bmatrix} X \\ Y \\ Z \end{bmatrix}}{\partial E_2} = \frac{B}{\lambda}\begin{bmatrix} 0 \\ 0 \\ \dfrac{\sin A_1}{\cos^2 E_2} \end{bmatrix} \tag{8-49}$$

8.2.2.3 确定观测设备误差指标

通过对所使用测量设备的检校，可以确定其设备的精度指标为：

(1) 测角的极限误差：δ_A、δ_E；

(2) 测角的系统误差：μ_A、μ_E；

(3) 测角的偶然误差：σ_A、σ_E；

(4) 测量基线的极限误差：δ_B；

(5) 测量基线的系统误差：μ_B；

(6) 测量基线的偶然误差：σ_B。

8.2.2.4 计算合成标准不确定度 u_c

同样，按照第2章合成不确定度传播律，又由于观测值 B、A_1、E_1、A_1、E_2 互不相

关，即 $r(\hat{X}_i,\hat{X}_j)$ 为 0，则空间直角坐标 (X,Y,Z) 的合成标准不确定度平方和分别为 $u_c^2(\hat{X})$，$u_c^2(\hat{Y})$，$u_c^2(\hat{Z})$，计算式如下：

$$u_c^2(\hat{X}) = (\cos A_1 \sin A_2)^2 \sigma_B^2/\lambda^2 + B^2 (\sin A_1 \sin A_2 \sin A + \sin A_2 \cos A_1 \cos A)^2 \sigma_{A_1}^2/\lambda^4 + B^2 (\cos A_1 \cos A_2 \sin A - \sin A_2 \cos A_1 \cos A)^2 \sigma_{A_2}^2/\lambda^4 \tag{8-50}$$

$$u_c^2(\hat{Y}) = (\sin A_1 \sin A_2)^2 \sigma_B^2/\lambda^2 + B^2 (\cos A_1 \sin A_2 \sin A - \sin A_1 \sin A_2 \cos A)^2 \sigma_{A_1}^2/\lambda^4 + B^2 (\sin A_1 \cos A_2 \sin A - \sin A_1 \sin A_2 \cos A)^2 \sigma_{A_2}^2/\lambda^4 \tag{8-51}$$

$$u_c^2(\hat{Z}) = (\sin A_2 \tan E_1 + \sin A_1 \tan E_2)^2 \sigma_B^2/(2\lambda)^2 + B^2 (\sin A_2 \tan E_1 \cos A + \sin A \cos A_1 \tan E_2 - \sin A_1 \tan E_2 \cos A)^2 \sigma_{A_1}^2/4\lambda^4 + B^2 (\cos A_2 \tan E_1 \sin A - \cos A \sin A_2 \tan E_1 + \sin A_1 \tan E_2 \cos A)^2 \sigma_{A_2}^2/4\lambda^4 + \left(\frac{B\sin A_2}{\lambda \cos^2 E_1}\right)^2 \sigma_{E_1}^2 + \left(\frac{B\sin A_1}{\lambda \cos^2 E_2}\right)^2 \sigma_{E_2}^2 \tag{8-52}$$

则空间交会测量时，机动目标平面位置的合成标准不确定度与空间位置的合成标准不确定度分别为

$$u_c(\hat{X},\hat{Y}) = \sqrt{u_c^2(\hat{X}) + u_c^2(\hat{Y})} = \sqrt{\sigma_{\hat{X}}^2 + \sigma_{\hat{Y}}^2} \tag{8-53}$$

$$u_c(\hat{X},\hat{Y},\hat{Z}) = \sqrt{u_c^2(\hat{X}) + u_c^2(\hat{Y}) + u_c^2(\hat{Z})} = \sqrt{\sigma_{\hat{X}}^2 + \sigma_{\hat{Y}}^2 + \sigma_{\hat{Z}}^2} \tag{8-54}$$

则测量结果可表示为

$$\begin{bmatrix} X \\ Y \\ Z \end{bmatrix} = \begin{bmatrix} \hat{X} \\ \hat{Y} \\ \hat{Z} \end{bmatrix} \pm \begin{bmatrix} u_c(\hat{X}) \\ u_c(\hat{Y}) \\ u_c(\hat{Z}) \end{bmatrix} \tag{8-55}$$

8.2.2.5 计算极限误差

对于空间交会测量，设空间三维坐标 (X,Y,Z) 的极限误差分别为 δ_X、δ_Y、δ_Z，且观测量极限误差为基线测距极限误差 δ_B，测角极限误差 δ_{A_1}、δ_{A_2} 和 δ_{E_1}、δ_{E_2}，则空间坐标极限误差传递计算公式为

$$\delta_X = (\cos A_1 \sin A_2)\delta_B/\lambda + B(\sin A_1 \sin A_2 \sin A + \sin A_2 \cos A_1 \cos A)\delta_{A_1}/\lambda^2 + B(\cos A_1 \cos A_2 \sin A - \sin A_2 \cos A_1 \cos A)\delta_{A_2}/\lambda^2 \tag{8-56}$$

$$\delta_Y = (\sin A_1 \sin A_2)\delta_B/\lambda + B(\cos A_1 \sin A_2 \sin A - \sin A_1 \sin A_2 \cos A)\delta_{A_1}/\lambda^2 + B(\sin A_1 \cos A_2 \sin A - \sin A_1 \sin A_2 \cos A)\delta_{A_2}/\lambda^2 \tag{8-57}$$

$$\delta_Z = (\sin A_2 \tan E_1 + \sin A_1 \tan E_2)\delta_B/(2\lambda) + B(\sin A_2 \tan E_1 \cos A + \sin A \cos A_1 \tan E_2 - \sin A_1 \tan E_2 \cos A)\delta_{A_1}/2\lambda^2 + B(\cos A_2 \tan E_1 \sin A - \cos A \sin A_2 \tan E_1 + \sin A_1 \tan E_2 \cos A)\delta_{A_2}/2\lambda^2 + \left(\frac{B\sin A_2}{\lambda \cos^2 E_1}\right)\delta_{E_1} + \left(\frac{B\sin A_1}{\lambda \cos^2 E_2}\right)\delta_{E_2} \tag{8-58}$$

当给定某一坐标位置(B,A_1,A_2,E_1,E_2)后,代入上式就可以计算空间三维坐标的极限误差。对于给定的(阈值)常数 C,若 $\delta\leqslant C$,则满足测量要求,反之,不满足要求。极限误差的另一种用途同样是用来确定观测设备的使用范围,指导测量方案设计。

8.2.2.6 计算系统误差

设空间三维坐标(X,Y,Z)的系统误差分别为 $\bar{\delta}_X$、$\bar{\delta}_Y$、$\bar{\delta}_Z$。观测系统误差为基线测距极限误差 $\bar{\delta}_B$,测角极限误差 $\bar{\delta}_{A_1}$、$\bar{\delta}_{A_2}$和 $\bar{\delta}_{E_1}$、$\bar{\delta}_{E_2}$,则空间坐标(X,Y,Z)系统误差的传递计算公式为

$$\begin{aligned}\bar{\delta}_X = &(\cos A_1\sin A_2)\bar{\delta}_B/\lambda + B(\sin A_1\sin A_2\sin A + \sin A_2\cos A_1\cos A)\bar{\delta}_{A_1}/\lambda^2 + \\ &B(\cos A_1\cos A_2\sin A - \sin A_2\cos A_1\cos A)\bar{\delta}_{A_2}/\lambda^2\end{aligned} \tag{8-59}$$

$$\begin{aligned}\bar{\delta}_Y = &(\sin A_1\sin A_2)\bar{\delta}_B/\lambda + B(\cos A_1\sin A_2\sin A - \sin A_1\sin A_2\cos A)\bar{\delta}_{A_1}/\lambda^2 + \\ &B(\sin A_1\cos A_2\sin A - \sin A_1\sin A_2\cos A)\bar{\delta}_{A_2}/\lambda^2\end{aligned} \tag{8-60}$$

$$\begin{aligned}\bar{\delta}_Z = &(\sin A_2\tan E_1 + \sin A_1\tan E_2)\bar{\delta}_B/(2\lambda) + \\ &B(\sin A_2\tan E_1\cos A + \sin A\cos A_1\tan E_2 - \sin A_1\tan E_2\cos A)\bar{\delta}_{A_1}/2\lambda^2 + \\ &B(\cos A_2\tan E_1\sin A - \cos A\sin A_2\tan E_1 + \sin A_1\tan E_2\cos A)\bar{\delta}_{A_2}/2\lambda^2 + \\ &\left(\frac{B\sin A_2}{\lambda\cos^2E_1}\right)\bar{\delta}_{E_1} + \left(\frac{B\sin A_1}{\lambda\cos^2E_2}\right)\bar{\delta}_{E_2}\end{aligned} \tag{8-61}$$

计算系统误差是为了评估经过传递系数的传播,在空间位置系统误差产生的大小。对于给定的(阈值)常数 C_0,若 $\bar{\delta}\leqslant C_0$,则满足测量要求,反之,不满足要求。

8.2.3 测量不确定度分析的作用

进行测量不确定度或误差分析的作用主要体现在以下两个方面:

1)指导光电测量设备(系统)的研制、改进和发展

在试验设备或系统研制的过程中,必须提出研制设备的不确定度指标或精度指标。为了满足其指标,就必须全面分析影响合成不确定度指标的各个环节的量值传递关系,进行不确定度分量大小的分配。特别是通过采用基于误差源分析的方法就可以找出不同环节的各种误差源,从而在设计和制造中采取限制和减小这些误差源的措施。最后通过鉴定或校准,就可以来确定设备(系统)本身的不确定度或合成不确定度。通过在实际使用中的考核和质量评定,就可进一步对其进行改进和发展。

2)指导光电测量方案的设计和确定测量设备(系统)的使用范围

在光电设备(系统)的使用中,往往不能按鉴定或校准时给定的条件来进行测

量。其测量结果能否满足其任务要求,就需要通过测量不确定度或误差的分析评估,来指导测量方案设计。当估计或进行模拟测量的结果满足不了不确定度或精度要求时,必要时需调整测量方案,如增加观测裕度、控制测量范围,甚至更换更高精度的测量设备(系统)或在采用新的数据处理方法等。在设备(系统)的使用中,进行测量不确定度或误差的分析评估,还有利于针对不同任务的测试精度要求,在各测试环节中,灵活地采用限制、减小或者放宽误差的措施和方法,从而尽可能地做到节省人力、物力、财力和提高工作效率。

参考文献

[1] Guide to the Expression of Uncertainty in Measurement. Switzerland: ISO,1993.

[2] 刘智敏. 不确定度原理. 北京:中国计量出版社,1993.

[3] 宋明顺. 测量不确定度评定与数据处理. 北京:中国计量出版社,2000.

[4] 国家质量技术监督计量司. 测量不确定度评定与表示指南. 北京:中国计量出版社,2000.

[5] 沙定国,刘智敏. 测量不确定度的表示方法. 北京:中国科学技术出版社,1994.

附录A 时间系统

A.1 时间系统的重要意义

时间系统是航空飞行试验测量技术基础的重要组成部分。在飞行试验中,时间系统是保证试验中各测量系统、设备和各测量参数同步的基准,是进行测量数据分析的基础。

A.2 时间系统的有关概念

时间包含“时刻”和“时间间隔”两个概念。时刻是发生某一事件的瞬间,是时间系统中时间历程中的某一个点。时间间隔是指发生某一现象所经历的过程,是这一过程始末的时刻之差。

时间系统有其尺度(时间的单位)和原点(起始历元)。只有把尺度与原点结合起来,才能给出统一的时间系统和准确的时间概念。

在航空飞行试验中一般使用的是北京时间系统,GPS 测量中使用的是 GPS 时间系统。GPS 时间涉及三大类时间系统,即世界时、原子时和力学时。

A.2.1 世界时系统

世界时系统用 UT 表示,是 Universal Time 的缩写,是以地球自转运动规律为基础的一种时间系统。因为地球自转运动是连续的,而且比较均匀,易于观测,所以世界时系统是人类最先建立的时间系统。由于观察地球自转运动时,所选空间参考点不同,世界时系统又有恒星时、平太阳时和世界时三种形式。世界时是以平子夜为零时起算的格林尼治平太阳时。

A.2.2 原子时系统

随着空间科学技术和现代天文学、大地测量学新技术的发展和应用,时间准确度和稳定度日益提高,以地球自转为基础的世界时系统已不能满足要求。为此,在20 世纪 50 年代建立了以物质内部原子运动的特征为基础的原子时系统。由于物质内部的原子跃迁所辐射和吸收的电磁波频率具有很高的稳定性和复现性,所以由此而建立的原子时系统,便成为当代最理想和精确的时间系统。

(1) 原子时。原子时(Atomic Time 的缩写)是用高精度原子钟来保持的。目前国际上将约 100 台原子钟互相比对,并经过数据处理推算出统一的原子时,称为国际原子时,用 AT 表示。

(2) 协调世界时。原子时的秒长虽然均匀,稳定性也很高,但它与地球自转没有关联。世界时 UT 的秒长虽不均匀,但与地球自转规律紧密相关。原子时秒长与世界时秒长不等,大约每年相差 1s,如此累积下去两者会愈差愈大,为了协调原子时与世界时的关系,专门建立了一种折衷的时间系统,称为协调世界时用 UTC 表示,Coordinate Universal Time 简称协调时。

根据国际规定,协调世界时的秒长采用原子时的秒长,使其累积的时刻与 UT 时刻之差始终保持在 ±0.9s 之内,超过此值时,采用跳秒(或闰秒)的方法来调整。

目前,几乎所有国家发播的时号均以协调世界时 UTC 为基准。我国采用的北京时为地方时。协调世界时(UTC)加上 8h 就为北京时间。

北京时间是我国通用的标准时间,是东经 120°第八时区的区时在中国的称呼。北京位于东经 116°21′,因此北京时间并不是北京的地方平时。北京时间与北京地方平时相差约 14min30s,比格林尼治时间(协调世界时)早 8h。我国幅员辽阔,可分属五个时区,为方便起见,在我国境内均采用第八时区的时间,即统一采用北京时间。所以协调世界时 UTC 与北京时要相差 8h。

A.2.3 力学时系统

在天文学中,天体的星历是根据天体动力学理论建立的运动方程而编算的,其中所采用的独立变量时间参数 T 称为力学时。力学时是均匀的。根据运动方程及所对应的参考点不同,力学时可分为太阳系质心力学时 BDT 和地球质心力学时 TDT 两种。

在 GPS 定位中,地球质心力学时作为一种严格均匀的时间尺度和独立变量,被用于描述 GPS 卫星的运动。

A.2.4 GPS 时间系统

A.2.4.1 GPS 时间系统的定义

为了精密导航和定位的需要,GPS 建立了专用的时间系统,简称为 GPST,是 GPS Time 的缩写。GPST 属于原子时系统,其秒长与原子时的秒长相同,但原点不同。GPST 的原点于 1980 年 1 月 6 日 0 时与协调世界时 UTC 时刻相一致,以后即按原子秒长累积计时。因此 GPST 是一个连续的时间系统。

GPST 与 UTC 之间的差值 n 为 1 秒的整数倍。随着年月日的改变,这个差值是在变化的,如 1999 年 1 月 1 日—2006 年 1 月 1 日期间为 13s;2006 年 1 月 1 日以后为 14s,以后还将变化。

A.2.4.2 GPST 与北京时间系统的关系

之所以我们要找出 GPS 时间与北京时间的关系,是因为在试验中所获得的各种参数的时间在大多数情况下是北京时间，另一种就是 GPS 时间。它们是通过协调世界时发生关系。根据这种关系，才能使各参数实现同步。它们之间的关系如下：

(1) GPST 与协调世界时 UTC 的关系：

GPST $-n$ (s) = UTC

式中，n 是在变化的，它是 GPST 与协调世界时 UTC 的差异。

(2) 协调世界时 UTC 与北京时的关系：

UTC + 8h = 北京时

(3) 北京时与 GPST 的关系：

北京时 = GPST $-n$(s) + 8h

A.2.5 GLONASS 时间系统

苏联研制的全球导航卫星系统采用的是 GLONASS 时间系统。它与 UTC 保持一致，即 GLONASS 时间也采用原子秒长，是莫斯科的 UTC 时间（含跳秒改正），但同 UTC 一样，时标不连续，因此 GLONASS 时间系统与 GPST 之间也有整秒的差异，同时还比 GPST 提前了 3h。另外，两个时间系统之间的计时方式也不一样。

A.2.6 北斗时间系统

北斗时间系统与 GPST 一样，无闰秒，它与中国科学院国家授时中心的 UTC (NTSC) 时间保持一致，相差小于 1μs（模 1s），因此它主要是通过放置在国家授时中心的标校站来完成的。目前的"北斗一号"卫星与 GPS 和 GLONASS 的卫星不同，"北斗一号"卫星主要起转发地面中央站和用户站信号的作用。

附录 B　坐标系统

B.1　坐标系统

在航空试验中，所有的测量工作必须在一定的参考坐标系中进行。坐标系统有："1954 年北京坐标系"，"1980 年国家大地坐标系"、"WGS－84 世界大地坐标系"、"2000 国家大地坐标系"、"天文坐标系"、"高斯—克吕格平面直角坐标系"、属于"站心坐标系"的"发射坐标系"、"垂线测量坐标系"、"法线测量坐标系"（或称"切平面直角坐标系"）和"世界坐标系"等。

GPS 卫星定位技术中涉及的坐标系统有两大类：一类是固结在地球上与地球一起公转和自转的地球坐标系，又称为地固坐标系。它对于描述地面测站的位置以及 GPS 接收机载体在地球表面的运动状态是非常方便的；另一类是与地球自转无关的天球坐标系，它是一种惯性坐标系，其坐标原点和各坐标轴的指向在空间是保持不动的，对于描述绕地球质心作圆周运动的 GPS 卫星运动位置、确定卫星的运行轨道和状态是极其方便的。因此，这两大类坐标系在 GPS 导航定位中有各自的用处。

B.1.1　参考地球椭球

为建立统一的、精确的坐标系，精确测定点位的坐标和进行计算，大地测量工作者采用与地球形状、大小最接近的旋转椭球来代表地球，称为地球椭球。地球椭球一般用以四个参数来表征：

（1）a 为地球椭球的长半轴；

（2）GM 为引力常数与地球质量乘积；

（3）J_2 为地球重力场二阶带球谐系数；

（4）ω 为地球自转角速度。

当已知以上四个参数后，根据公式可导出地球椭球扁率 f 和赤道重力 γ_e 等参数。常用到的是地球椭球的长半轴和地球椭球扁率 f 两个参数以及通过这两个参数导出的一些其它参数或系数，具体见表 B－1。

表 B－1　两种椭球体的主要参数及其子午线弧长计算的 C 系数

参数与系数	椭球体名称	
	WGS－84 大地坐标系	1980 国家大地坐标系
a	6378.17	6378.140
$1/f$	298.257 223 563	298.257

（续）

参数与系数	椭球体名称	
	WGS－84 大地坐标系	1980 国家大地坐标系
e^2	0.006 694 379 990 14	0.006 694 384 999 588
e'^2	0.006 739 496 742 28	0.006 739 501 894 73
C_0	6 367 499.135 823 4	6 367 452.132 79
C_1	32 009.818 530 6	32 009.857 529 7
C_2	133.959 889 7	133.960 153 1
C_3	0.697 548 3	0.697 553 1
C_4	0.003 943 1	0.003 940 2

B.1.2　参考椭球、参心坐标系与地心坐标系

地球表面上的任一点 P，它有如图 B－1 所示的几种坐标表示方法。具体介绍如下：

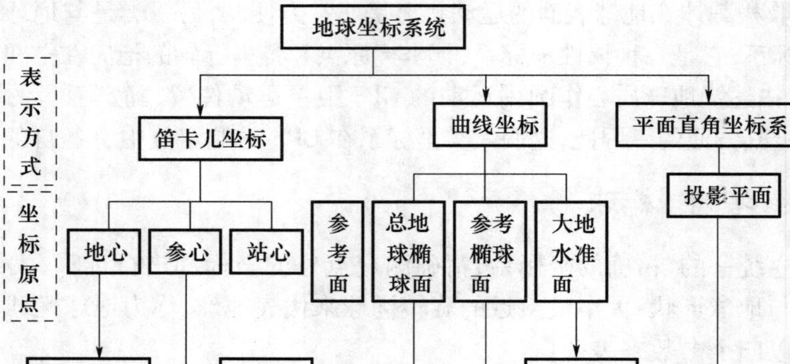

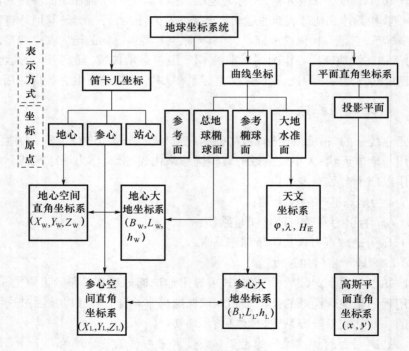

图 B－1　地球坐标系统

B.1.2.1　参考椭球、参心坐标系

一个国家或地区，为了建立大地坐标系，在确定或选择合适的地球椭球后，利用本国的天文、重力和大地测量数据，将地球椭球定位和定向，这个椭球称为参考

椭球。参考椭球面应与在本地区的大地水准面实现最佳拟合,它是处理大地测量成果的基准面。

以参考椭球为基准建立的大地坐标系统称为参心坐标系,它的坐标系原点是参考椭球的中心。目前,世界各国都已建立了各自的参心坐标系。如我国的“1954 年北京坐标系”和“1980 年国家大地坐标系”,又如“1927 年北美坐标系”、“1950 年欧洲坐标系”和“1942 年苏联坐标系”等。

B.1.2.2 地心坐标系

参心坐标系不能满足航天技术和远程武器的需要,航天飞行和远程武器试验要求建立全球统一的地心坐标系。地心坐标系是以地球质心为坐标原点的坐标系,其地球椭球的中心应与地球质心重合,椭球的短轴应与地球的旋转轴一致,椭球面应与全球的大地水准面实现最佳拟合,椭球面的正常位应与大地水准面位相等,椭球的起始大地子午面应与起始天文子午面一致,椭球赤道面应与地球赤道面重合。地心坐标系是全球统一的坐标系。

应当指出,坐标系的建立是通过实际测量来实现的,因此它是一个不断精化的过程。如美国的地心坐标系,已由第一代“子午仪卫星导航系统”的 WGS－72 精化到 GPS 应用的 WGS－84。我国在布设完成全国 GPS 网以后,也正在进一步精化地心坐标系。

B.1.3 大地坐标系与空间大地直角坐标系

参心坐标系与地心坐标系的主要区别在于坐标原点不同,轴的指向也略有不同,但其表征地面一点坐标的方法相同,均采用大地坐标(L,B,h)。因此,在介绍大地坐标系时,就不再区分参心和地心,但在应用公式时,应特别注意采用相应的椭球参数。

B.1.3.1 大地坐标系

大地测量中以参考椭球为基准建立起来的坐标系称为大地坐标系。如图 B－2 所示,O 为椭球中心,是坐标系的原点;Z 轴是地球椭球的旋转轴,指向地球自转轴方向;X 轴指向起始大地子午面与赤道的交点(经度零点);Y 轴与 X 轴、Z 轴构成右手坐标系,X 轴与 Y 轴构成赤道面。

地面或空间一点 P 的大地坐标用大地经度 L、大地纬度 B 和大地高 h 表示。大地经度 L:过 P 点的大地子午面与起始大地子午面的夹角。大地纬度 B:过 P 点的椭球面的法线与赤道面的夹角。大地高 h:P 点沿法线至椭球面的距离称为 P 点的大地高。

B.1.3.2 大地直角坐标系

如图 B－2 所示,P 点的坐标也可用直角坐标(X,Y,Z)表示,则 $O-XYZ$ 称为大地直角坐标系。实际上(X,Y,Z)与(L,B,h)是同一点的两种坐标表示方式,它

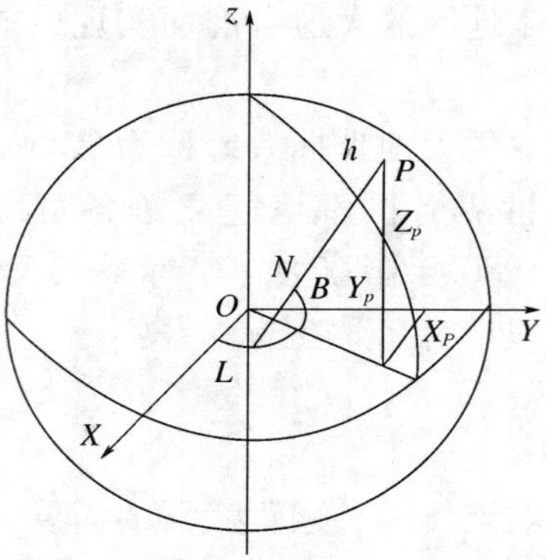

图 B-2 大地坐标系与大地直角坐标系

们是等价的。大地坐标可以明确表示点位在地球上的位置,而直角坐标更有利于坐标间的换算。

B.1.4 我国当前采用的主要坐标系

参心坐标系目前主要有:"1954 年北京坐标系"和"1980 年国家大地坐标系"。参心坐标系主要应用于测绘地图和工程测量等方面。

地心坐标系主要有:"1978 年地心坐标系"、"1988 年地心坐标系"、"WGS-84 世界大地坐标系",以及 2008 年 7 月 1 日启用的"2000 国家大地坐标系"。地心坐标系主要应用于航空、航天技术和远程武器等方面。

B.1.4.1 三种参心坐标系

(1) 1954 年北京坐标系。1954 年采用苏联 1942 年坐标系的坐标为起算数据,通过局部平差计算建立了"1954 年北京坐标系"。该坐标系的高程是以 1956 年青岛验潮站求出的黄海平均海水面为基准。

该坐标系采用的地球椭球为克拉索夫斯基椭球,其两个主要椭球参数为:

椭球长半轴 $a=6378245\text{m}$

椭球扁率 $f=1/298.3$

(2) 1980 年国家大地坐标系。1978 年 4 月召开了"全国天文大地网整体平差会议"。会议决定确定建立新的国家大地坐标系,并命名为"1980 年国家大地坐标系",简称"国家 80 系"(NGS-80)。该地球椭球参数采用 1975 年国际大地测量与地球物理联合会第 16 届大会的推荐值,其中:

椭球长半轴 $a=6378140\text{m}$

椭球扁率 $f=1/298.257$

(3) 1954 年新北京坐标系。该坐标系是结合国家 80 系和北京 54 坐标系(旧)而建立起来的一种参心坐标系。它既不同于 1954 年北京坐标系,因为坐标原点变成了与国家 80 系一致(设在陕西省泾阳县永乐镇),又与国家 80 系有一定的区别，因为使用的参考椭球仍为克拉索夫斯基椭球，简称“北京新 54 系”（BJ－54 新）。采用该坐标系的目的是既提高了点位精度，又避免地图大的变动。

B.1.4.2 三种地心坐标系

B.1.4.2.1 1978 年地心坐标系

该地心坐标系的定义是：坐标原点在地球质心。坐标轴的指向与“1954 年北京坐标系”和“1980 年国家大地坐标系”相同。它是通过五种方法确定“1978 年地心坐标系”与“1954 年北京坐标系”（整体平差转换值）的三个坐标平移转换参数（$\Delta X, \Delta Y, \Delta Z$）来实现的。其转换参数通常称为《DX－1》。求得的地心坐标的精度约为 ±10m。这是我国 1978 年建立的第一个地心坐标系，后来被更精确的“1988 年地心坐标系”所代替。

地球椭球采用 IAG－75 椭球。IAG－75 椭球是 1975 年国际大地测量协会（IAG）第 16 届大会推荐的地球椭球参数所确定的椭球。其两个主要的地球椭球参数为：

椭球长半轴 $a = 6378140\text{m}$

椭球扁率 $f = 1/298.257$

B.1.4.2.2 1988 年地心坐标系

该坐标系的定义是：坐标系原点为地球质心。Z 轴指向国际协议原点 C10（B1H1986），X 轴指向国际经度零点 B1H1986，Y 轴与 X 轴、Z 轴构成右手坐标系。地球椭球仍采用 IAG－75。

该坐标系是通过“全国多普网”、“卫星动力测地”和“全球天文大地水准面差距”三种方法，确定“1980 年国家大地坐标系”的七个转换参数来建立的。其转换参数通常称为《DX－2》。求得的地心坐标的精度大约为 ±5m。这是目前各基地采用的地心坐标系。

B.1.4.2.3 WGS－84 世界大地坐标系

GPS 导航定位中采用的坐标系是 WGS－84 坐标系，它属于协议地球坐标系，是以 WGS－84 椭球的地心为原点，Z 轴指向 BIH 1984.0 定义的协议地极北方向，即所谓的大地北方向，X 轴指向 BIH1984.0 的零子午面和 CTP 赤道的交点，Y 轴与 Z 轴、X 轴构成右手坐标系。该坐标系由美国国防部研究确定，WGS－84 坐标系采用的椭球称为 WGS－84 椭球，其常数为国际大地测量学和地球物理学联合会第 17 届大会的推荐值。

在试验中，常常要用到 WGS－84 椭球的以下两个常数：

长半轴 $a = (6378137 \pm 2)\text{m}$

第一偏心率 e 的平方，即 $e^2 = 1 - (b/a)^2 = 0.006\,694\,379\,990\,13$ 。

目前该坐标系已根据新的观测数据，进行了两次精化，其点位坐标精度优于0.5m。在应用GPS进行定位时，其广播星历采用的坐标系即为WGS－84。

B.1.4.2.4 2000国家大地坐标系

鉴于当时建立的1954年北京坐标系和1980国家大地坐标系已不能满足我国国民经济建设以及地球科学、空间科学和战略武器发展对高精度定位的需求，我国又建立了2000国家大地坐标系。经国务院批准，根据《中华人民共和国测绘法》，我国自2008年7月1日起启用2000国家大地坐标系（简称“2000坐标系”）。

“2000坐标系”是全球地心坐标系在我国的具体体现，其原点为包括海洋和大气的整个地球的质量中心。该坐标系的Z轴由原点指向历元2000.0的地球参考极的方向，该历元的指向由国际时间局给定的历元为1984.0的初始指向推算，定向的时间演化保证相对于地壳不产生残余的全球旋转；X轴由原点指向格林尼治参考子午线与地球赤道面（历元2000.0）的交点；Y轴与Z轴、X轴构成右手正交坐标系。采用广义相对论下的尺度。

“2000坐标系”采用的一些地球椭球参数为：

椭球长半轴 $a=6378137\text{m}$

椭球平均半径 $\overline{ab}=6371008.77138\text{m}$

椭球扁率 $f=1/298.257222101$

第一扁心率 $e=0.0818191910428$

第二扁心率 $e^1=0.0820944381519$

“2000坐标系”与现行国家大地坐标系转换衔接的过渡期为8～10年。同时，根据研究结果表明，采用“2000坐标系”后对地图要素坐标的影响为：在北纬56°～16°和东经72°～135°的范围内，由“1954年北京坐标系”改为“2000坐标系”时，高斯平面X坐标变化为－77m～－18m，平均变化为－47.8m；Y坐标变化为－63m～111m，平均变化为50.1m。

B.1.4.2.5 不同大地坐标系间的坐标转换

在实际工作中，常常需要将不同坐标系内的点位坐标转换到一个坐标系内，以便统一处理和应用。当两个坐标系的轴向、尺度相同，坐标原点不同，则坐标转换仅需坐标平移。但若轴向、尺度也不同时，则需先进行坐标轴、尺度变换，然后平移。

坐标转换常采用模型表述简单的空间地心大地直角坐标（X、Y、Z）转换方式，然后再将（X、Y、Z）转换为（L、B、h）。

不同空间地心大地直角坐标（X、Y、Z）的转换有三参数法和七参数法。三参数法仅是坐标原点的平移；七参数法除了三个平移参数外，还有3个欧拉角的旋转参数，以及坐标系尺度不完全一致的尺度变化参数。

不同大地坐标坐标系（L、B、h）转换，如“1980 年国家大地坐标系”转换到“WGS－84 世界大地坐标系”，除了考虑七个参数外，还要考虑两个不同椭球参数（Δa，Δf）的影响。

确定局部区域七个坐标转换参数的方法是，首先选择均匀分布且已精确知道的公共点（至少三个），然后根据布尔莎公式组成各点的新旧坐标差观测方程，按最小二乘法即可解算出七个坐标转换参数。通过在地面网与空间网（GPS 网）联合平差，解算出“1980 年国家大地坐标系”与“WGS－84 世界大地坐标系”的七个坐标转换参数。这七个坐标转换参数是适用于全国坐标系转换的。

B.2 天 文 坐 标

B.2.1 概述

天文坐标亦称“天球坐标”，是确定天体在天球上的位置而采用的一种坐标。它是一种球面坐标，是用天文经度、天文纬度和正常高 $H_{常}$ 来表示的。

天文经度：测站的天文子午面与天文起始子午面（格林尼治天文子午面）间的夹角称为该点的天文经度，用 λ 表示。其中东经（0°～180°）为正，西经（0°～180°）为负。

天文纬度：测站的铅垂线与赤道面的夹角称为该点的天文纬度。其中，北纬（0°～90°）为正，南纬（0°～90°）为负。

点位的天文坐标是由观测天体直接测定的。在飞行试验中，天文坐标主要用于垂线测量坐标系建立时天文北方向的确定和航迹系统（如光电经纬仪和测量雷达等）校准。在测量精度要求相对较低的情况下，航迹测量数据处理时所需的天文经纬度可用大地经纬度来代替。

B.2.2 垂线偏差、天文坐标与大地坐标的关系

（1）垂线偏差。地面或空间一点的铅垂线与该点对椭球面的法线间的夹角称为垂线偏差。垂线偏差在子午圈上的分量用 ξ 表示，在卯酉圈上的分量用 η 表示。显然，垂线偏差与椭球的定位有关。因此，不同大地坐标系其相应的垂线偏差也不同，使用时应特别注意区分。

（2）垂线偏差（ξ，η）与天文坐标（λ，φ）、大地坐标（L，B）间的关系：

$$\begin{cases} B = \varphi - \xi \\ L = \lambda - \eta\sec\varphi \end{cases} \tag{B－1}$$

或

$$\begin{cases} \xi = \varphi - B \\ \eta = (\lambda - L)\cos\varphi \end{cases} \tag{B－2}$$

因此，当已知一点的（λ，φ）和（L，B），即可求得垂线偏差，这是求垂线偏差的

天文大地方法。也可根据已知的或根据重力资料计算出的或查表内插获得的垂线偏差(ξ,η)及 GPS 测出的(L,B)计算出航空试验中建立垂线测量坐标系测站时所需的天文坐标(λ,φ)及天文方位角。

B.2.3 高斯—克吕格平面直角坐标系

为了准确地在平面上测绘地形图而又与实物相符,德国数学家高斯和德国大地测量学家克吕格经过多年研究,得出一种比较简便的方法,即将地面(椭球面)上的点按一定的规律投影到一个特定平面上。这一投影过程就叫高斯—克吕格投影,这个特定平面叫高斯—克吕格平面。在高斯—克吕格平面上,以中央子午线的投影为纵轴(X 轴),以赤道的投影为横轴(Y 轴),纵、横轴的交点 O 为原点建立的坐标系叫高斯—克吕格平面直角坐标系,简称高斯平面坐标系。高斯平面坐标系用 x,y 表示。

B.2.4 站心坐标系

原点位于测量系统旋转中心在地面上投影点,XY 方向可以依据一定的准则确定,即以测站为原点,则所构成的坐标系称为测站中心坐标系,简称“站心坐标系”。“站心坐标系”分为站心直角坐标系和站心极坐标系。

站心直角坐标系的 Z 轴与过测站 T_0 的椭球法线重合,指向天顶为正;X 轴垂直于 Z 轴(与过测站的大地子午线相切)并指向椭球的短轴;Y 轴垂直于 ZT_0X 平面(与过测站的大地平行圈相切),并构成左手坐标系。

站心极坐标系以测站的铅垂线为准,以测站点 T_0 到某点 j 的空间距离、天顶距和大地方位角来表示 j 点的位置。

飞行试验中使用的跟踪测量系统,一般使用垂线测量坐标系,偶尔也使用所谓的“发射坐标系”,有时也使用切面直角坐标系或世界坐标系。

B.2.5 发射坐标系

发射坐标系的定义为:原点位于发射台中心在发射工位的地面投影点上;Y 轴沿发射点铅垂线指向地球外;X 轴在水平面上指向目标运动方向,Z 轴在水平面上与 X 轴、Y 轴构成右手坐标系。

在航空飞行试验中,发射坐标系也应用于武器系统的地面试验中。

B.2.6 垂线测量坐标系

垂线测量坐标系属于球面坐标系,它以测量设备的旋转中心为原点,以过该原点的铅垂线为基准的测量坐标系,Y 轴沿铅垂线指向地球外方向,X 轴在水平面内指向天文北方向,Z 轴与 X 轴、Y 轴构成右手坐标系。垂线测量坐标系与站心极坐标系是等价的,转换容易。

建立垂线测量坐标系时需要知道测站点的天文经纬度和天文北方向。

B.3 几种常用方位角及其相互关系

B.3.1 几种常用方位角

用来表示一个方向的方位的角度叫"方位角"。由于选择基准方向的不同,方位角就有各种不同的定义和用途,如图 B－3 所示。图中:P_1 点为基准点,P_2 为目标点,N 为 P_1 点的大地北方向。

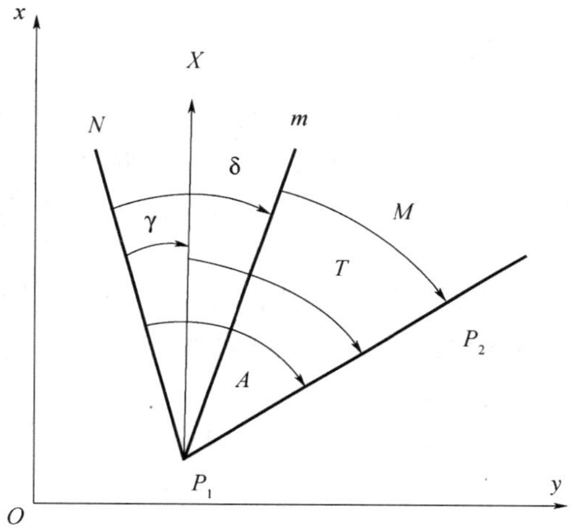

图 B－3 方位角示意图

B.3.1.1 大地方位角

大地方位角是以法线和地球参考椭球面为基准的。它不能直接测定,是通过推算得到的。椭球面上一个点至另一个目标点之间的大地方位角,是以该点的大地子午线与该点至目标的大地线间的夹角,如图 B－3 所示,以 A 表示。

B.3.1.2 天文方位角

地面上一个测站点至一个目标的天文方位角,是测站至目标的铅垂面与测站天文子午面间的夹角。也就是测站至目标的水平方向与天文北方向之间的夹角,由天文北方向起算,顺时针量取,用 α 表示。天文方位角是用天文测量方法测定的,它是以铅垂线和水准面为基准的。α 与 A 的差别很小,一般在数角秒之内,在赤道即纬度 φ 等于零度处 α 与 A 相等。

B.3.1.3 坐标方位角

图 B－3 中,在高斯投影平面上,过 P_1 点作平行于纵坐标轴的直线 P_1X,则

P_1X 称为坐标纵线，X 所指的方向坐标北方向。以坐标北方向起算，顺时针量至目标方向的夹角称"坐标方位角"，习惯上用 T 表示。

B.3.1.4 磁方位角

磁针静止时，其南北两端所指的方向，称为磁子午线方向。在图 B-3 中，过 P_1 点的磁子午线为 P_1m，则 m 所指的方向即为磁北方向。以磁北为起算方向，顺时针量至目标方向之间的夹角叫磁方位角，习惯上用 M 表示。飞机上导航用的磁罗盘指示的就是磁方位角。

B.3.2 各种方位角的相互关系

$$A = T + \gamma = M + \delta = \alpha - (\lambda - L)\sin\varphi = \alpha - \eta\tan\varphi \quad \text{(B-3)}$$

式中，A 为大地方位角；T 为坐标方位角；M 为磁方位角；α 为天文方位角；γ 为子午线收敛角；δ 为磁偏角；λ、φ 为天文经纬度；η 为垂线偏差分量；L 为大地经度。

在使用垂线测量坐标系时，设置方位标时需要知道天文北方向，也就是需要知道天文方位角。而直接测量天文方位角比较麻烦，常常是通过方位角的转换计算获得。例如，根据以下两式进行计算：

$$\alpha = A + (\lambda - L)\sin\varphi \quad \text{(B-4)}$$

或

$$\alpha = A + \eta\tan\varphi \quad \text{(B-5)}$$

式(B-5)中的大地方位角 A 可由式 $A = T + \gamma$ 计算获得，而 T 和 γ 可根据该点的高斯坐标计算获得，大地方位角 A 也可由切平面直角坐标计算获得。式(B-3)中的垂线偏差分量 η 较难获得，因此在精度许可的情况下，在选用垂线测量坐标系时的天文北方向可用大地北方向来代替。

内 容 简 介

本书是飞行试验光电测量的一部专著，汇集了作者多年来在飞行试验光电测量工作的研究成果。本书从测量基础理论入手，描述了飞行试验光电测量的主要内容和方法。各种算法均在飞行试验中得到了验证与应用。

本书以航空飞行试验光电测量工程为背景，从理论与方法上系统地描述航空飞行器飞行试验光电测量理论与方法。全书共分八章。前三章论述了航空飞行试验光电测量理论基础；后五章论述了航空飞行试验光电测量的主要方法。

本书可作为航空类高等院校对航空飞行试验光电测量与测控专业感兴趣的本科生和研究生的专题阅读教材，也可作为从事航空、航天、兵器、船舶试验的科技工作者和工程技术人员参考资料。

The book is an optical-electric measurement monograph in flight test, which collects a set of optical-electric measurement research work by author over the years. It presents optical-electric measurement in flight test from the basic theory and the primary coverage step by step and algorithms applied which are verified in flight test.

The book introduces the theory and methods of optical – electronic measurement systematically with the background of aviation flight test engineering. The book has eight chapters which the top three chapters discuss theoretical basis of measurement, and the others discuss algorithms and error analysis used in flight test.

The book can be used as a thematic reading material for undergraduate and graduate students of aviation universities, who are interested in aviation measurement engineering of flight test, and also as a reference for scientists and engineering technicians engaged in test study of aviation, aerospace, weapons, ship, and so on.